化工仪表及自动化

（化工类专业适用）

第六版

厉玉鸣　刘慧敏　主编

化学工业出版社
·北京·

本书是在基本保持第五版体系结构的基础上，对其内容进行除旧添新，适当修改而成的。本书内容分为两篇。第一篇是化工检测仪表，讲述检测仪表的基本知识，重点介绍工业生产过程中的压力、流量、物位、温度的检测原理及相应的仪表结构选用，并介绍了工厂中常用的显示仪表。第二篇是化工自动化基础，介绍工业生产过程中的自动控制系统方面的知识，以及构成自动控制系统的被控对象、控制仪表及装置。在简单、复杂控制系统的基础上，还介绍了高级控制系统与计算机控制系统，最后结合生产过程介绍了典型化工单元操作的控制方案。

本书可作为高等职业技术学院、大专和成人继续教育的化工类专业相关课程的教材，也可作为化工、炼油、冶金、轻工、林业等院校及有关企业、单位的职工教育学校教材，并可供广大化工行业中的工艺技术人员参考。

图书在版编目（CIP）数据

化工仪表及自动化：化工类专业适用/厉玉鸣，刘慧敏主编. —6 版. —北京：化学工业出版社，2020.2（2025.1 重印）

“十二五”职业教育国家规划教材　经全国职业教育教材审定委员会审定

ISBN 978-7-122-36043-4

Ⅰ.①化…　Ⅱ.①厉…　②刘…　Ⅲ.①化工仪表-高等职业教育-教材②化工过程-自动控制系统-高等职业教育-教材　Ⅳ.①TQ056

中国版本图书馆 CIP 数据核字（2019）第 297860 号

责任编辑：唐旭华　　　　装帧设计：史利平

责任校对：宋　夏

出版发行：化学工业出版社（北京市东城区青年湖南街 13 号　邮政编码 100011）

印　　刷：三河市航远印刷有限公司

装　　订：三河市宇新装订厂

787mm×1092mm　1/16　印张 18¼　字数 454 千字　　2025 年 1 月北京第 6 版第 12 次印刷

购书咨询：010-64518888　　　　售后服务：010-64518899

网　　址：http://www.cip.com.cn

凡购买本书，如有缺损质量问题，本社销售中心负责调换。

定　　价：43.00 元

前　言

《化工仪表及自动化》1985年根据教育部审定的教学大纲编写而成，适用于高等工业专科学校化工类专业，并同时被选定为中央电视广播大学的教学用书。本书自1987年2月正式出版以来，进行过多次修订，被许多学校和企业选作教材或培训用书，深受广大读者好评。本书先后入选“教育部高职高专规划教材”“普通高等教育‘十一五’国家级规划教材”“‘十二五’职业教育国家规划教材”，并荣获中国石油和化学工业优秀教材奖一等奖。

近年来，随着高等教育的深化改革，以及科学技术的快速发展，社会对人才的需求呈现多层次、多规格、多样化的局面。为了更好地为高等职业技术教育服务，满足高等职业技术学院及高等专科学校的教学需求，在听取了有关学校老师以及企业专家的意见与要求后，决定对本书再次进行修订，编写《化工仪表及自动化》第六版。

本次修订的总体思路是在基本保持原书体系结构的基础上，对内容进行适当删减、补充。改写了原书中某些显得烦琐或工艺类人员较少接触的内容，增加了大量反映当前自动化水平的新内容。如删除了目前较少使用的模拟控制器；增加了一些自动化仪表、安全仪表系统的内容；结合岗位需求更新了部分例题分析和习题与思考题，力求简明扼要、深入浅出，使工艺类人员对工业自动化的新发展、新技术有较全面的了解。全书基本覆盖了国内外自动化仪表方面的最新技术和发展动态，注重工程应用，将教学内容的先进性与叙述的深入浅出融为一体，以便更好地满足化工类学生学习的需要。

全书共分两篇。第一篇是化工检测仪表（第一章至第六章），第二篇是化工自动化基础（第七章至第十七章）。为了方便广大师生学习使用，本书每章中都设有“例题分析”及“习题与思考题”。另外，与本书配套的学习指导书《化工仪表及自动化例题习题集》（第三版）收集了大量的例题与习题，给出了例题分析、题解与习题答案，欢迎读者选用。

本书相关电子课件可免费提供给采用本书作为教材的大专院校使用，如有需要请联系：cipedu@163. com。

本书由北京化工大学厉玉鸣、河北化工医药职业技术学院刘慧敏担任主编。前五版编写人员有张谦、陈亚男、李慧、黄玉洁、蔡夕忠等。本次修订刘慧敏修改编写内容有第二章第三节、第四节及例题分析和习题与思考题、第三章第一节、第二节、第六节及例题分析和习题与思考题、第四章第三节、第四节及例题分析和习题与思考题、第五章、第六章、第十章、第十一章第四节及例题分析和习题与思考题、第十五章、第十六章、第十七章第五节；广西工业职业技术学院的谢彤、辽宁石化职业技术学院的李忠明、兰州石化职业技术学院的丁炜、陕西工业职业技术学院的罗晋朝、南京科技职业学院的李剑、河北化工医药职业技术学院张新岭修订其余章节。厉玉鸣、刘慧敏对全书进行统稿及审定。

本书在历次修订过程中，得到了许多院校多位专家的支持，包括华东理工大学章先楼、北京化工大学沈承林、湖南石油化工职业技术学院周哲民、常州工程职业技术学院刘书凯、河北化工医药职业技术学院程普、南京科技职业学院王永红等，他们对本书的修订和出版付出了辛勤的劳动，并提出了许多宝贵的意见，在此深表感谢！

编者
2020 年 1 月

目　录

第二篇 化工自动化基础

绪　论

自动化技术的研究开发和应用水平是衡量一个国家发达程度的重要标志。自动化技术的进步推动了工业生产的飞速发展，特别是在石油、化工、冶金、轻工等部门，由于采用了自动化技术，大大提高了劳动生产率，获得了巨大的社会效益和经济效益。

一、化工自动化的意义及目的

化工生产过程自动化，就是在化工设备、装置及管道上，配置一些自动化装置，替代操作工人的部分直接劳动，使生产在不同程度上自动地进行。这种部分的或全部使用自动化装置来管理化工生产过程的办法，就称为化工生产过程自动化，简称为化工自动化。

自动化是提高社会生产力的有力工具之一。实现化工生产过程自动化的主要目的如下。

① 加快生产速度、降低生产成本、提高产品产量和质量。在人工操作的生产过程中，由于人的五官、手、脚，对外界的观察与控制的精确度和速度是有一定限度的。而且由于体力关系，人直接操纵设备的力量也是有限的。如果用自动化装置代替人的操作，则以上情况可以得到避免和改善，并且通过自动控制系统，使生产过程在最佳条件下进行，从而可以大大加快生产速度、降低能耗、实现优质高产。

② 减轻劳动强度、改善劳动条件。多数化工生产过程是在高温、高压或低温低压下进行，还有的是易燃、易爆或有毒、有腐蚀性、有刺激性气味。实现了化工自动化，工人只要对自动化装置的运转进行监控，而不需要再直接从事大量而又危险的现场操作。

③ 能够保证生产安全，防止事故发生或扩大，达到延长设备使用寿命、提高设备利用率、保障人身安全的目的。

④ 生产过程自动化的实现，能根本改变劳动方式，提高工人文化技术水平，以适应当代信息技术革命和信息产业革命的需要。

二、化工自动化的发展概况

在化工生产过程自动化的发展初级阶段，首先是应用一些自动检测仪表来监视生产。在20世纪40年代以前，绝大多数化工生产处于手工操作状况，操作工人根据反映主要工艺参数的仪表指示情况，用人工来改变操作条件，生产过程单凭经验进行。对于那些连续生产的化工厂，在进出物料彼此联系中装设了大的贮槽，起着克服干扰（扰动）影响及稳定生产的作用，显然生产的效率很低，花在设备上的投资很大。

20世纪50年代至60年代，人们对化工生产的各种单元操作进行了大量的开发工作，使得化工生产过程朝着大规模、高效率、连续生产、综合利用方向迅速发展。因此，要使这类工厂生产运行正常，如果没有先进的自动检测仪表和控制系统，几乎是不可能的事。此时，在实际生产中应用的自动控制系统主要是压力、流量、液位和温度四大参数的简单控制。同时，串级、比值、多冲量等复杂控制系统也得到了一定程度的发展。所应用的自动化技术工具主要是基地式电动、气动仪表及膜片式的单元组合仪表。此时期由于对化工对象的动态特性了解不够深入，因此，半经验、半理论的设计准则和整定公式，在自动控制系统设计和参数整定中起了相当重要的作用，解决了许多实际问题。

20世纪70年代以来，化工自动化技术水平得到了很大的提高。在自动化技术工具方面，仪表的更新非常迅速，特别是计算机在自动化中发挥越来越重要的作用，促使常规仪表不断改进。新型智能传感器和控制仪表的问世使仪表与计算机之间的直接联系极为方便。在自动控制系统方面，由于控制理论和控制技术的发展，给自动控制系统的发展创造了各种有利的条件，各种新型控制系统相继出现，控制系统的设计与整定方法也有了新的发展。因此，自动化仪表及系统的不断发展变革，以满足生产过程中对能量利用、产品质量、收率等各个方面的越来越高的要求。

20世纪70年代，计算机开始用于控制生产过程，出现了计算机控制系统。最初是用计算机代替常规控制仪表，实现集中控制，这就是直接数字控制系统（DDC）。由于集中控制的固有缺陷，很难取得显著的社会效益和经济效益，因此很快就被集散控制系统（DCS）所代替。集散控制系统一方面将控制回路分散化，另一方面又将数据显示、实时监督等功能集中化，这种既集中又分散的控制系统在20世纪80年代得到了很快的发展和广泛的应用。DCS不仅可以实现许多复杂控制系统，而且在DCS的基础上还可以实现许多先进控制和优化控制。随着计算机及网络技术的发展，DCS还可以实现多层次计算机网络构成的管控一体化系统（CIPS）。

20世纪80年代末至90年代，现场总线和现场总线控制系统得到了迅速的发展。现场总线是顺应智能现场仪表而发展起来的一种开放型的数字通信技术，它是综合运用微处理器技术、网络技术、通信技术和自动控制的产物。采用现场总线作为系统的底层控制网络，构造了新一代的网络集成式全分布计算机控制系统，这就是现场总线控制系统（FCS）。FCS的最显著特征是它的开放性、分散性和数字通信，较DCS而言，更好地体现了“信息集中，控制分散”的思想，因此有着更加广泛的应用基础。FCS的出现，使自动化仪表、DCS和PLC产品的体系结构、功能结构都发生了很大的变化。

化工生产过程自动化是一门综合性的技术学科。它是利用自动控制学科、仪器仪表学科及计算机学科的理论与技术服务于化学工程学科。随着现代科学技术的进步，本学科将不断发展并日益被人们所重视。在化工生产过程中，由于实现了自动化，人们通过自动化装置来管理生产，自动化装置与工艺及设备已结合成为有机的整体。因此，越来越多的工艺技术人员认识到：学习仪表及自动化方面的知识，对于管理与开发现代化化工生产过程是十分必要的。

三、化工仪表及自动化系统的分类

在化工生产过程中，需要测量与控制的参数是多种多样的，但主要的有热工量（压力、流量、液位、温度等）和成分（或物性）量。因而化工自动化仪表按其功能不同，大致分成四个大类：检测仪表（包括各种参数的测量和变送）、显示仪表（包括模拟量显示和数字量显示）、控制仪表（包括气动、电动控制仪表及数字式控制器）和执行器（包括气动、电动、液动等执行器）。这四大类仪表之间的关系如图0-1所示。

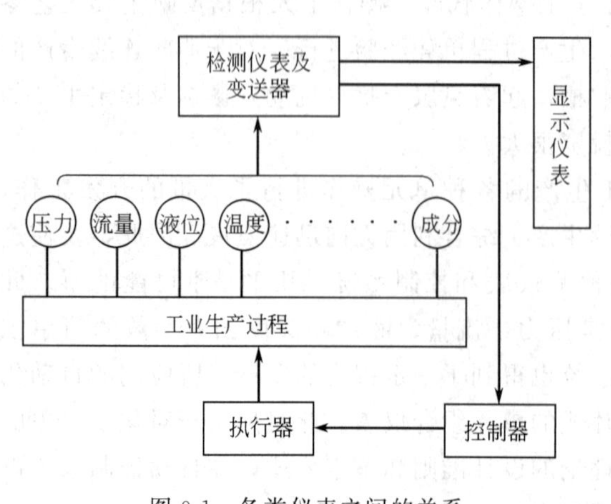

图0-1　各类仪表之间的关系

利用上述各类仪表，可以构成自动检测、自动操纵、自动保护和自动控制这样四种自动化系统。它们的主要作用如下。

1. 自动检测系统

利用各种仪表对生产过程中主要工艺参数进行测量、指示或记录的，称为自动检测系统。它代替了操作人员对工艺参数的不断观察与记录，因此起到对过程信息的获取与记录作用。这在生产过程自动化中，是最基本的也是十分重要的内容。

图 0-2 的热交换器是利用蒸汽来加热冷液的，冷液经加热后的温度是否达到要求，可用测温元件配上平衡电桥来进行测量、指示和记录；冷液的流量可以用孔板配上流量计进行检测；蒸汽压力可以用压力表来指示。这些就是自动检测系统。

自动检测系统中主要的自动化装置为敏感元件、传感器与显示仪表。敏感元件亦称检测元件，它的作用是对被测变量作出响应，把它转换为适合测量的物理量。

传感器可以对检测元件输出的物理量信号做进一步信号转换，当转换后的信号为标准的统一信号（例 0～10mA、4～20mA、0.02～0.1MPa 等）时，此时的传感器一般称为变送器。例流量变送器常采用差压变送器。

显示仪表的作用，是将检测结果以指针位移、数字、图像等形式，准确地指示、记录或储存，使操作人员能正确了解工艺操作情况和状态。例图 0-2 所示系统中的平衡电桥就属于

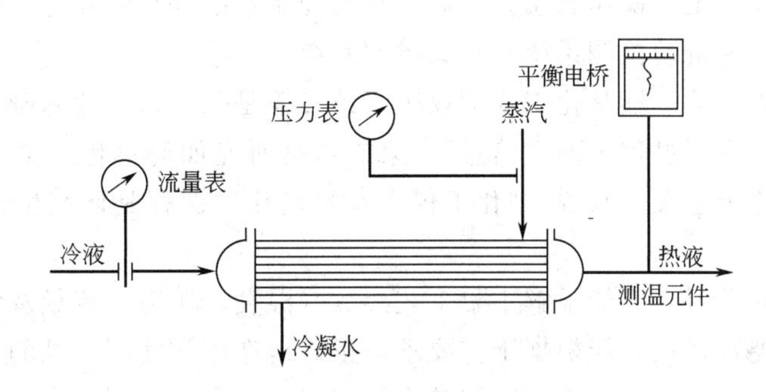

图 0-2　热交换器自动检测系统示意图

显示记录仪表。

2. 自动信号和联锁保护系统

生产过程中，有时由于一些偶然因素的影响，导致工艺参数超出允许的变化范围而出现不正常情况时，就有可能引起事故。为此，常对某些关键性参数设有自动信号联锁保护装置。当工艺参数超过了允许范围，在事故即将发生以前，信号系统就自动地发出声光信号警报，告诫操作人员注意，并及时采取措施。如工况已到达危险状态，联锁系统立即自动采取紧急措施，打开安全阀或切断某些通路，必要时紧急停车，以防止事故的发生和扩大。它是生产过程中的一种安全装置。例如某反应器的反应温度超过了允许极限值，自动信号系统就会发出声光信号，报警给工艺操作人员以及时处理生产事故。由于生产过程的强化，往往靠操作人员处理事故已成为不可能，因为在一个强化的生产过程中，事故常常会在几秒钟内发生，由操作人员直接处理是根本来不及的。而自动联锁保护系统可以圆满地解决这类问题。如当反应器的温度或压力进入危险限时，联锁系统可立即采取应急措施，加大冷却剂量或关闭进料阀门，减缓或停止反应，从而可避免引起爆炸等生产事故。

3. 自动操纵及自动开停车系统

自动操纵系统可以根据预先规定的步骤自动地对生产设备进行某种周期性操作。例如合

成氨造气车间的煤气发生炉，要求按照吹风、上吹、下吹制气、吹净等步骤周期性地接通空气和水蒸气，利用自动操纵机可以代替人工自动地按照一定的时间程序扳动空气和水蒸气的阀门，使它们交替地接通煤气发生炉，从而极大地减轻了操作人员的重复性体力劳动。

自动开停车系统可以按照预先规定好的步骤，将生产过程自动地投入运行或自动停车。

4. 自动控制系统

生产过程中各种工艺条件不可能是一成不变的。特别是化工生产，大多数是连续生产，各设备相互关联着，当其中某一设备的工艺条件发生变化时，都可能引起其他设备中某些参数或多或少的波动，偏离了正常的工艺条件。为此，就需要用一些自动控制装置，对生产中某些关键性参数进行自动控制，使它们在受到外界干扰的影响而偏离正常状态时，能自动地调回到规定的数值范围内，为此目的而设置的系统就是自动控制系统。

由以上所述可以看出，自动检测系统只能完成“了解”生产过程进行情况的任务；自动信号联锁保护系统只能在工艺条件进入某种极限状态时，采取安全措施，以免发生生产事故；自动操纵系统只能按照预先规定好的步骤进行某种周期性操纵；只有自动控制系统才能自动地排除各种干扰因素对工艺参数的影响，使它们始终保持在预先规定的数值上，保证生产维持在正常或最佳的工艺操作状态。因此，自动控制系统是自动化生产中的核心部分。

本门课程重点介绍自动检测系统与自动控制系统。

本课程分为两篇，第一篇是化工检测仪表，第二篇是化工自动化基础。实际上，第一篇是研究如何获取化工生产过程中的“信息”；第二篇是研究如何对化工生产过程进行有效的“控制”。所以，从这个意义上来说，“化工仪表及自动化”课程是研究生产过程的“信息与控制”的。

通过本门课程的学习，应能了解主要工艺参数（温度、压力、流量及物位）的检测方法及其仪表的工作原理及特点；能根据工艺要求，正确地选用和使用常见的检测仪表及控制仪表；能了解化工自动化的初步知识，理解基本控制规律，懂得控制器参数是如何影响控制质量的；能根据工艺的需要，和自控设计人员共同讨论和提出合理的自动控制方案；能为自控设计提供正确的工艺条件和数据；能在生产开停车过程中，初步掌握自动控制系统的投运及控制器的参数整定；能了解检测技术和控制技术的发展趋势和最新发展动态。

第一篇　化工检测仪表

在化工生产过程中，为了有效地进行生产操作和自动控制，需要对工艺生产中的一些主要参数进行自动检测。用来检测这些参数的仪表称为化工检测仪表。本篇将在介绍有关检测和检测仪表的基本知识的基础上，介绍有关压力、流量、液位、温度等参数的检测方法及其相应的检测仪表。

第一章　检测仪表基本知识

一、测量过程与测量误差

测量过程是将被测参数与其相应的测量单位进行比较的过程。而检测仪表就是实现这种比较的工具。各种检测仪表不论采用哪一种原理，它们都是要将被测参数经过一次或多次的信号能量的转换，最后获得便于测量的信号能量形式，并由指针位移或数字形式显示出来。例如各种炉温的测量，常常是利用热电偶的热电效应，把被测温度转换成直流毫伏信号（电能），然后变为毫伏检测仪表上的指针位移，并与温度标尺相比较而显示出被测温度的数值。

在测量过程中，由于所使用的测量工具本身不够准确、观测者的主观性和周围环境的影响等，使得测量的结果不可能绝对准确。由仪表读得的被测值（测量值）与被测参数的真实值之间，总是存在一定的差距，这种差距就称为测量误差。

测量误差按其产生原因的不同，可以分为三类，有系统误差、疏忽误差和偶然误差。

测量误差通常有两种表示方法，即绝对表示法和相对表示法。

绝对误差在理论上是指仪表指示值 x_I 和被测量的真实值 x_t 之间的差值，可表示为

$$\Delta = x_I - x_t$$

在工程上，要知道被测量的真实值 x_t 是困难的。因此，所谓检测仪表在其标尺范围内各点读数的绝对误差，一般是指用被校表（准确度较低）和标准表（准确度较高）同时对同一参数测量所得到的两个读数之差，可用下式表示

$$\Delta = x - x_0$$

式中　Δ——绝对误差；

　　x——被校表的读数值；

　　x_0——标准表的读数值。

测量误差还可以用相对误差来表示。某一被测量的相对误差等于这一点的绝对误差 Δ 与它的真实值 x_t（或 x_0）之比。可用式子表示

$$\Lambda = \frac{\Delta}{x_0} = \frac{x - x_0}{x_0} \quad 或 \quad \frac{x_I - x_t}{x_t}$$

式中　Λ——仪表在 x_0 处的相对误差。

二、检测仪表的品质指标

一台仪表的优劣，可用它的品质（性能）指标来衡量。现将几项常见的指标简介如下。

1. 检测仪表的准确度（习惯上称精确度）

前面已经说过，仪表的测量误差可以用绝对误差 Δ 来表示。但是，必须指出，仪表的绝对误差在测量范围内的各点上是不相同的。因此，我们常说的“绝对误差”指的是绝对误差的最大值 Δ_{max}。

事实上，由于仪表的准确度不仅与绝对误差有关，而且还与仪表的标尺范围有关。例如，两台标尺范围（即测量范围）不同的仪表，如果它们的绝对误差相等的话，标尺范围大的仪表准确度较标尺范围小的为高。因此，工业仪表经常将绝对误差折合成仪表标尺范围的百分数表示，称为相对百分误差 δ，即

$$\delta=\frac{\Delta_{max}}{\text{标尺上限值}-\text{标尺下限值}}\times 100\%$$

仪表的标尺上限值与下限值之差，一般称为仪表的量程（Span）。

根据仪表的使用要求，规定一个在正常情况下允许的最大误差，这个允许的最大误差就叫允许误差。允许误差一般用相对百分误差来表示，即某一台仪表的允许误差是指在规定的正常情况下允许的相对百分误差的最大值，即

$$\delta_{允}=\pm\frac{\text{仪表允许的最大绝对误差值}}{\text{标尺上限值}-\text{标尺下限值}}\times 100\%$$

仪表的 $\delta_{允}$ 越大，表示它的准确度越低；反之，仪表的 $\delta_{允}$ 越小，表示仪表的准确度越高。

事实上，国家就是利用这一办法来统一规定仪表的准确度（精度）等级的。将仪表的允许相对百分误差去掉“±”号及“%”号，便可以用来确定仪表的准确度等级。目前，我国生产的仪表常用的准确度等级有 0.005，0.02，0.05，0.1，0.2，0.4，0.5，1.0，1.5，2.5，4.0 等。如果某台测温仪表的允许误差为±1.5%，则认为该仪表的准确度等级符合 1.5 级。为了进一步说明如何确定仪表的准确度等级，下面再举一个例子。

【例 1-1】 某台测温仪表的测温范围为 200～700℃，仪表的最大绝对误差为±4℃，试确定该仪表的相对百分误差与准确度等级。

解 仪表的相对百分误差为

$$\delta=\frac{\pm 4}{700-200}\times 100\%=\pm 0.8\%$$

如果将仪表的 δ 去掉“±”号与“%”号，其数值为 0.8。由于国家规定的精度等级中没有 0.8 级仪表，同时，该仪表的误差超过了 0.5 级仪表所允许的最大误差，所以，这台测温仪表的精度等级为 1.0 级。

仪表准确度等级是衡量仪表质量优劣的重要指标之一。一般数值越小，仪表准确度等级越高，仪表的准确度也越高。工业现场用的测量仪表，其准确度大多是 0.5 级以下的。

根据仪表校验数据来确定仪表精度等级和根据工艺要求来选择仪表精度等级，情况是不一样的。根据仪表校验数据来确定仪表精度等级时，仪表的允许误差应该大于（至少等于）仪表校验所得的相对百分误差；根据工艺要求来选择仪表精度等级时，仪表的允许误差应该

小于（至多等于）工艺上所允许的最大相对百分误差。

仪表的准确度等级一般可用不同的符号形式标志在仪表面板上，如 (0.5) △1.0 等。

2. 检测仪表的恒定度

检测仪表的恒定度常用变差（又称来回差）来表示。它是在外界条件不变的情况下，用同一仪表对某一参数值进行正反行程（即被测参数逐渐由小到大和逐渐由大到小）测量时，仪表正、反行程指示值之间存在的差值，此差值即为变差，如图 1-1 所示。

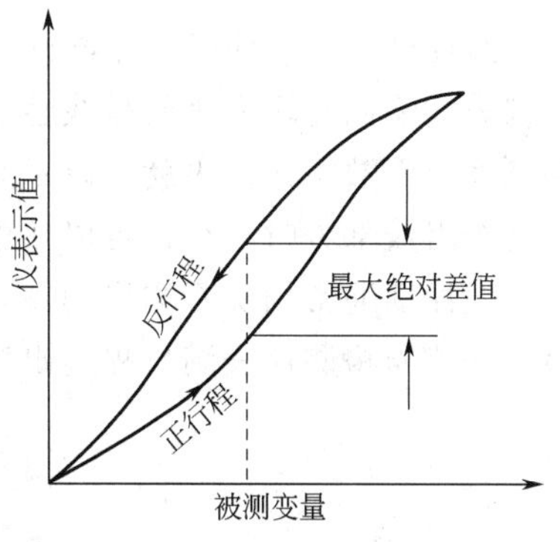

图 1-1　检测仪表的变差

造成变差的原因很多，例如传动机构的间隙、运动件间的摩擦、弹性元件弹性滞后的影响等。变差的大小，用仪表测量同一参数值，正、反行程指示值间的最大绝对差值与仪表标尺范围之比的百分数表示，即

$$\text{变差}=\frac{\text{最大绝对差值}}{\text{标尺上限值}-\text{标尺下限值}}\times 100\%$$

必须注意，仪表的变差不能超出仪表的允许误差，否则应及时检修。

3. 灵敏度与灵敏限（也叫灵敏阈）

仪表指针的线位移或角位移，与引起这个位移的被测参数变化量的比值称为仪表的灵敏度，用公式表示如下

$$S=\frac{\Delta \alpha}{\Delta x}$$

式中　S——仪表的灵敏度；

$\Delta \alpha$——指针的线位移或角位移；

Δx——引起 $\Delta \alpha$ 所需的被测参数变化量。

所以，仪表的灵敏度，在数值上就等于单位被测参数变化量所引起的仪表指针移动的距离（或转角）。例一台测量范围为 0～100℃的测温仪表，其标尺长度为 20mm，则其灵敏度 S 为 0.2mm/℃，即温度每变化 1℃，指针移动了 0.2mm。

所谓仪表的灵敏限，是指引起仪表指针发生动作的被测参数的最小变化量。通常仪表灵敏限的数值应不大于仪表允许绝对误差的一半。

值得注意的是，上述指标一般只适用于指针式仪表。在数字式仪表中，不同量程下的分辨力是不同的，往往用相应于最低量程的分辨力来表示仪表的分辨力指标。数字式仪表的分辨力就是在仪表的最低量程上最末一位改变一个数所表示的被测参数变化量。例如，某表的最低量程是 0～1.0000V，五位数字显示，末位一个数字的等效电压为 10μV，则可说该表的分辨力为 10μV。将分辨力除以仪表的满度量程就是仪表的分辨率。数字式仪表能稳定显示的位数越多，则分辨力越高。

4. 反应时间

当用仪表对被测量进行测量时，被测量突然变化以后，仪表指示值总是要经过一段时间后才能准确地显示出来。反应时间就是用来衡量仪表能不能尽快反映出参数变化的品质指标。反应时间大，说明仪表需要较长时间才能给出准确的指示值，那就不宜用来测量变化频繁的参数。因为在这种情况下，当仪表尚未准确显示出被测值时，参数本身却早已改变了，使仪表始终指示不出参数瞬时值的真实情况。所以，仪表反应时间的长短，实际上反映了仪

表动态特性的好坏。

仪表的反应时间有不同的表示方法。当输入信号突然变化一个数值后，输出信号将由原始值逐渐变化到新的稳态值。仪表的输出信号（即指示值）由开始变化到新稳态值的63.2%所用的时间，可用来表示反应时间，也有用变化到新稳态值的95%所用的时间来表示反应时间的。

5. **线性度**

线性度用来说明输出量与输入量的实际关系曲线偏离直线的程度。通常我们总是希望检测仪表的输出与输入之间呈线性关系。因为在线性情况下，模拟式仪表的刻度就可以做成均匀刻度，而数字式仪表就可以不必采取线性化措施。此外，当线性的检测仪表作为控制系统的一个组成部分时，往往可以使整个系统的分析设计得到简化。

线性度通常用实际测得的输入—输出特性曲线（称为标定曲线）与理论拟合直线之间的最大偏差与检测仪表满量程输出范围之比的百分数来表示（如图 1-2 所示），即

$$\delta f=\frac{\Delta f_{\max}}{\text{仪表量程}}\times 100\%$$

式中 δf——线性度（又称非线性误差）；

$\Delta f_{\max}$——标定曲线对于理论拟合直线的最大偏差（以仪表示值的单位计算）。

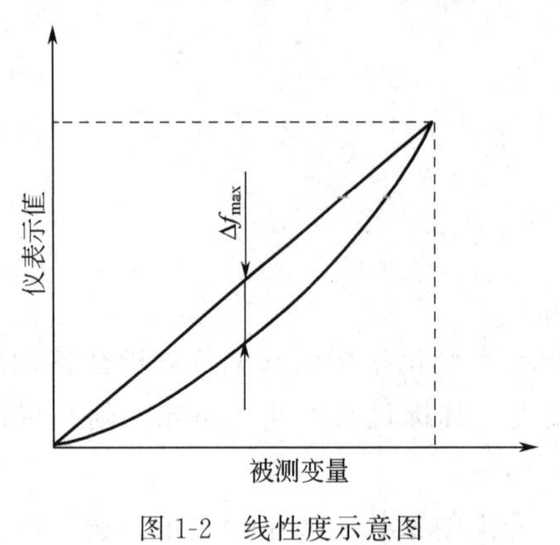

图 1-2 线性度示意图

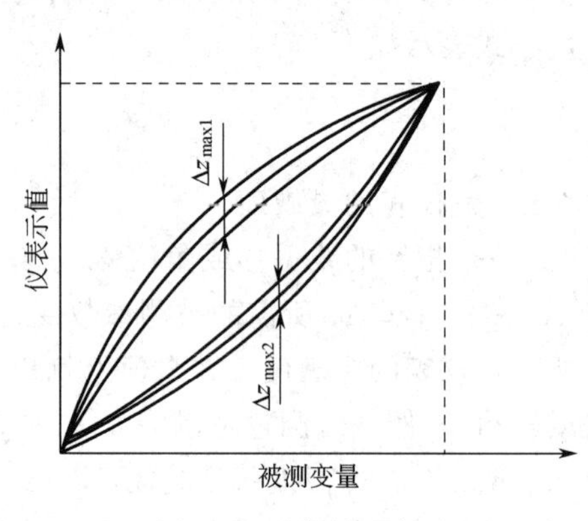

图 1-3 重复性示意图

6. **重复性**

重复性表示检测仪表在被测参数按同一方向做全量程连续多次变动时所得标定特性曲线不一致的程度。若标定的特性曲线一致，重复性就好，重复性误差就小。如图 1-3 所示，分别求出沿正反行程多次循环测量的各个测试点仪表示值之间的最大偏差 $\Delta z_{\max1}$ 和 $\Delta z_{\max2}$，再取这两个最大偏差中之较大者为 $\Delta z_{\max}$。重复性误差 δz 通常用 $\Delta z_{\max}$ 与测量仪表满量程输出范围之比的百分数来表示，即

$$\delta z=\frac{\Delta z_{\max}}{\text{仪表量程}}\times 100\%$$

式中 δz——重复性误差；

$\Delta z_{\max}$——同方向多次重复测量时仪表示值的最大偏差值（以仪表示值的单位计算）。

三、检测仪表的分类

化工生产中使用的仪表类型繁多、结构复杂，因而分类方法也不少，现将常见的几种分

类方法简介如下。

① 依据所测参数的不同，可分成压力（包括差压、负压）检测仪表、流量检测仪表、物位（液位）检测仪表、温度检测仪表、物质成分分析仪表及物性检测仪表等。

② 按表达示数的方式不同，可分成指示型、记录型、讯号型、远传指示型、累积型等。

③ 按精度等级及使用场合的不同，可分为实用仪表、范型仪表和标准仪表，分别使用在现场、实验室和标定室。

四、现代检测技术与传感器的发展

1. 软测量技术的发展

随着现代工业过程对控制、计量、节能增效和运行可靠性等要求的不断提高，现代过程检测有了很大的深化和拓展。单纯依据压力、流量、物位和温度等过程变量的测量信息往往不能完全满足工艺操作和控制的要求，很多控制系统需要获取诸如成分、物性及至反映过程的多维时空分布信息（如化学反应器内的介质浓度及其分布等），才能实现更有效的过程控制、故障诊断等功能。在实际工业过程中存在许多无法或难以用传感器或过程检测仪表直接测量的重要过程参数。

软测量技术也叫软仪表技术，始于 20 世纪 80 年代中后期，就是利用易测量过程变量（常称为辅助变量或二次变量，例如工业过程中容易获取的压力、温度等过程变量），依据这些易测过程变量与难以直接测量的待测过程变量（常称为主导变量，例如精馏塔中的各种组分浓度等）之间的数学关系（软测量模型），通过各种数学计算和估计方法，实现对待测过程变量的测量。

经过多年的发展，软测量技术已经建立了不少构造软仪表的理论和方法。软测量技术可分为机理建模、回归分析、状态估计、模式识别、人神经网络、模糊数学、过程层析成像、相关分析和现代非线性信息处理技术等 9 种，其中前 6 种的研究较为深入，在实际工业装置中已经得到了成功的应用。

2. 现代传感器技术的发展

现代传感器技术发展的显著特征是：研究新材料，开发利用新功能，使传感器多功能化、微型化、集成化、数字化、智能化。

（1）新材料、新功能的开发，新加工技术的使用　传感器材料是传感技术的重要基础。因此，开发新型功能材料是发展传感技术的关键。半导体材料和半导体技术使传感器技术跃上了一个新台阶。半导体材料与工艺不仅使经典传感器焕然一新，而且发展了许多基于半导体材料的热电、光电特性及种类众多的化学传感器等新型传感器。如各种红外、光电器件（探测器）、热电器件（如热电偶）、热释电器件、气体传感器、离子传感器、生物传感器等。半导体光、热探测器具有高灵敏度、高精度、非接触的特点，由此发展了红外传感器、激光传感器、光纤传感器等现代传感器。以硅为基体的许多半导体材料易于微型化、集成化、多功能化和智能化，工艺技术成熟，因此应用最广，也最具开拓性，是今后一个相当长的时间内研究和开发的重要材料之一。

被称为“最有希望的敏感材料”的是陶瓷材料和有机材料。近年来功能陶瓷材料发展很快，在气敏、热敏、光敏传感器中得到广泛的应用。目前已经能够按照人为设计的配方，制造出所要求性能的功能材料。陶瓷敏感材料种类繁多，应用广泛，极有发展潜力，常用的有半导体陶瓷、压电陶瓷、热释电陶瓷、离子导电陶瓷、超导陶瓷和铁氧体等。半导体陶瓷是传感器应用的主要材料，其中尤以热敏、湿敏和气敏最为突出。高分子有机敏感材料是近几年人们极为关注的具有应用潜力的新型敏感材料，可制成热敏、光敏、气敏、湿敏、力敏、离子敏和生物敏等元件。高分子有机敏感材料及其复合材料将以其独特的性能在各类敏感材料中占有重要的地位。生物活性物质（如酶、抗体、激素）和生物敏感材料（如微生物、组织切片）对生物体内化学成分具有敏感功能，且噪声低、选择性好，灵敏度高。

检测元件的性能除由其材料决定外，还与其加工技术有关，采用新的加工技术，如集成技术、薄膜技术、硅微机械加工技术、离子注入技术、静电封接技术等，能制作出质地均匀、性能稳定、可靠性高、体积小、重量轻、成本低、易集成化的检测元件。

（2）多维、多功能化的传感器　目前的传感器主要是用来测量一个点的参数，但应用时往往需要测量一条线上或一个面上的参数，因此需要相应地研究二维乃至三维的传感器。将检测元件和放大电路、运算电路等利用IC技术制作在同一芯片或制成混合式的传感器。实现从点到一维、二维、三维空间图像的检出。在某些场合，希望能在某一点同时测得两个参数，甚至更多的参数，因此要求能有测量多参数的传感器。气体传感器在多功能方面的进步最具有代表性。例如，一种能够同时测量四种气体的多功能传感器，共有六个不同材料制成的敏感部分，它们对被测的四种气体虽均有响应，但其响应的灵敏度却有很大差别，根据其从不同敏感部分的输出差异即可测出被测气体的浓度。

（3）微型化、集成化、数值化和智能化　微电子技术的迅速发展使得传感器的微型化和集成化成为可能，而与微处理器的结合，形成新一代的智能传感器，是传感器发展的一种新的趋势。智能传感器是一种带有微处理器兼有检测信息和信息处理功能的传感器。智能传感器通常具有自校零、自标定、自校正、自补偿功能；能够自动采集数据，并对数据进行预处理；能够自动进行检验。自选量程、自寻故障；具有数据存储、记忆与信息处理功能；具有双向通信、标准化数字输出或者符号输出功能；具有判断、决策处理功能。其主要特点是：高精度，高可靠性和高稳定性，高信噪比与高分辨力，强自适应性以及高性价比。可见，智能化是现代化新型传感器的一个必然发展趋势。

（4）新型网络传感器的发展　作为现代信息技术三大核心技术之一的传感器技术，从诞生到现在，已经经历了从“聋哑传感器”（Dumb Sensor）、“智能传感器”（Smart Sensor）到“网络化传感器”（Networked Sensor）的发展历程。

近几年来，工业控制系统继模拟仪表控制系统、集中式数字控制系统、分布式控制系统之后，基于各种现场总线标准的分布式测量和控制系统DMCS（Distributed Measurement and Control System）得到了广泛的应用。目前在DMCS中所采用的控制总线网络多种多样，千差万别，内部结构、通信接口、通信协议各不相同。比较有影响的现场总线有Foundation Fieldbus（FF）、LonWorks、Profibus、HART、CAN、Dupline等。目前许多新型传感器已经不再需要数据采集和变送系统的转换，而直接具有符合上述总线标准的接口，可以直接连接在工业控制系统的总线上使用，这样就极大地提高了整个系统的性能、简化了系统的复杂程度并降低了成本。可以说这类传感器已经具有相当强的网络通信功能，可以将其称为“具有网络功能的智能传感器”，但由于每种总线标准都有自己规定的协议格式，只适合各自的领域应用，相互之间互不兼容，从而给系统的扩展及维护等带来不利影响。

例题分析

1. 某台具有线性关系的温度变送器，其测温范围为0～200℃，变送器的输出为4～20mA。对这台温度变送器进行校验，得到下列数据：

输入信号	标准温度/℃	0	50	100	150	200
输出信号/mA	正行程读数 $x_{正}$	4	8	12.01	16.01	20
	反行程读数 $x_{反}$	4.02	8.10	12.10	16.09	20.01

试根据以上校验数据确定该仪表的变差、准确度等级与线性度。

解 该题的解题步骤如下。

(1) 根据仪表的输出范围确定在各温度测试点的输出标准值 $x_{标}$。任一温度值的标准输出信号(mA)为

$$I=\frac{温度值(输出上限值-输出下限值)}{输入上限值-输入下限值}+4$$

例如，当温度为50℃时，对应的输出应为

$$I=\frac{50(20-4)}{200-0}+4=8\ (\mathrm{mA})$$

其余类推。

(2) 算出各测试点正、反行程时的绝对误差 $\Delta_{正}$ 与 $\Delta_{反}$，并算出正、反行程之差 $\Delta_{变}$，分别填入下表内(计算 $\Delta_{变}$ 时可不考虑符号，取正值)。

输　入　信　号/℃		0	50	100	150	200
输出信号/mA	正行程读数 $x_{正}$	4	8	12.01	16.01	20
	反行程读数 $x_{反}$	4.02	8.10	12.10	16.09	20.01
	标准值 $x_{标}$	4	8	12	16	20
绝对误差/mA	正行程 $\Delta_{正}$	0	0	0.01	0.01	0
	反行程 $\Delta_{反}$	0.02	0.10	0.10	0.09	0.01
正反行程之差 $\Delta_{变}$		0.02	0.10	0.09	0.08	0.01

(3) 由上表找出最大的绝对误差 Δ_{max}，并计算最大的相对百分误差 δ_{max}。由上表可知

$$\Delta_{max}=0.10\ (\mathrm{mA})$$

$$\delta_{max}=\frac{0.10}{20-4}\times100\%=0.625\%$$

去掉 δ_{max} 的“±”号及“%”号后，其数值为0.625，数值在0.5～1.0之间，由于该表的 δ_{max} 已超过0.5级表所允许的 $\delta_{允}$，故该表的准确度等级为1.0级。

(4) 计算变差

$$\delta_{变}=\frac{\Delta_{变max}}{20-4}\times100\%=0.625\%$$

由于该变差数值在1.0级表允许的误差范围内，故不影响表的准确度等级。注意若变差数值 $\Delta_{变max}$ 超过了绝对误差 Δ_{max}，则应以 $\Delta_{变max}$ 来确定仪表的准确度等级。

(5) 由计算结果可知，非线性误差的最大值 $\Delta f_{max}=0.10$，故线性度 δf 为

$$\delta f=\frac{\Delta f_{max}}{仪表量程}\times100\%=\frac{0.10}{20-4}\times100\%=0.625\%$$

注意，在具体校验仪表时，为了可靠起见，应适当增加测试点与实验次数，本例题只是简单列举几个数据说明问题罢了。

2. 某台测温仪表的测温范围为200～1000℃，工艺上要求测温误差不能大于±5℃，试确定应选仪表的准确度等级。

解 工艺上允许的相对百分误差为

$$\delta_{允}=\frac{\pm 5}{1000-200}\times 100\%=0.625\%$$

要求所选的仪表的相对百分误差不能大于工艺上的 $\delta_{允}$，才能保证测温误差不大于±5℃，所以所选仪表的准确度等级应为0.5级。当然仪表的准确度等级越高，能使测温误差越小，但为了不增加投资费用，不宜选过高准确度的仪表。

习题与思考题

1. 什么叫测量与测量误差？

2. 根据测量误差产生的原因，测量误差有哪几种？

3. 某温度表的测温范围为0～1000℃，准确度等级为0.5级，试问此温度表的允许最大绝对误差为多少？在校验点为500℃时，温度表的指示值504℃，试问该温度表在这一点上准确度是否符合1级，为什么？

4. 在测量系统中，常见的信号传递形式有哪几种？

5. 根据被测参数获得方式的不同，直接测量有哪几种方法？各有什么优缺点？

6. 用一只标准压力表校验一只待校压力表，待校压力表的测量范围为0～100kPa。校验结果如下表所示。试计算各点的绝对误差、变差，并确定待校压力表的准确度等级。

待校压力表读数/kPa		0	25	50	75	100
标准压力表读数/kPa	正行程	0	24.9	49.6	74.3	99.6
	反行程	0	25.1	49.8	74.8	99.9
绝对误差/kPa	正行程					
	反行程					
变差/kPa						

7. 用一台测量范围为0～1000℃的温度仪表来测量反应器的温度，若最大允许误差为3℃，试确定应选仪表的准确度等级。

8. 试简述仪表的灵敏度、灵敏限和分辨力。

第二章 压 力 检 测

化工生产中，所谓压力是指由气体或液体均匀垂直地作用于单位面积上的力。在工业生产过程中，压力往往是重要的操作参数之一。在化工、炼油等生产过程中，经常会遇到压力和真空度的检测，其中包括比大气压力高很多的高压、超高压和比大气压力低很多的真空度的检测。如高压聚乙烯，要在 150MPa 或更高压力下进行聚合；氢气和氮气合成氨气时，要在 15MPa 或 32MPa 的压力下进行反应；而炼油厂减压蒸馏，则要在比大气压低很多的真空下进行。如果压力不符合要求，不仅会影响生产效率，降低产品质量，有时还会造成严重的生产事故。在化学反应中，压力既影响物料平衡关系，也影响化学反应速度。所以，压力的检测与控制，对保证生产过程正常进行，达到高产、优质、低消耗和安全是十分重要的。

第一节 压力单位及测压仪表

由于压力是指均匀垂直地作用在单位面积上的力，故可用下式表示

$$p=\frac{F}{S} \tag{2-1}$$

式中，p 表示压力；F 表示垂直作用力；S 表示受力面积。

根据国际单位制（代号为 SI）规定，压力的单位为帕斯卡，简称帕（Pa），1 帕为 1 牛顿每平方米，即

$$1\text{Pa}=1\text{N/m}^2 \tag{2-2}$$

帕所代表的压力较小，工程上经常使用兆帕（MPa）。帕与兆帕之间的关系为

$$1\text{MPa}=1\times10^6\text{Pa} \tag{2-3}$$

过去使用的压力单位比较多，根据 1984 年 2 月 27 日国务院“关于在我国统一实行法定计量单位的命令”的规定，这些单位将不再使用。但为了使大家了解国际单位制中的压力单位（Pa 或 MPa）与过去的单位之间的关系，下面给出几种单位之间的换算关系见表 2-1。

表 2-1 各种压力单位换算表

压力单位	帕 Pa	兆帕 MPa	工程大气压 kgf/cm^2	物理大气压 atm	汞柱 mmHg	水柱 mH_2O	磅/英寸² lb/ln^2	巴 bar
帕	1	1×10^{-6}	1.0197×10^{-5}	9.869×10^{-6}	7.501×10^{-3}	1.0197×10^{-4}	1.450×10^{-4}	1×10^{-5}
兆帕	1×10^{6}	1	10.197	9.869	7.501×10^{3}	1.0197×10^{2}	1.450×10^{2}	10
工程大气压	9.807×10^{4}	9.807×10^{-2}	1	0.9678	735.6	10.00	14.22	0.9807
物理大气压	1.0133×10^{5}	0.10133	1.0332	1	760	10.33	14.70	1.0133
汞柱	1.3332×10^{2}	1.3332×10^{-4}	1.3595×10^{-3}	1.3158×10^{-3}	1	0.0136	1.934×10^{-2}	1.3332×10^{-3}
水柱	9.806×10^{3}	9.806×10^{-3}	0.1000	0.09678	73.55	1	1.422	0.09806
磅/英寸²	6.895×10^{3}	6.895×10^{-3}	0.07031	0.06805	51.71	0.7031	1	0.06895
巴	1×10^{5}	0.1	1.0197	0.9869	750.1	10.197	14.50	1

在压力检测中，常有表压、绝对压力、负压或真空度之分，其关系见图 2-1。

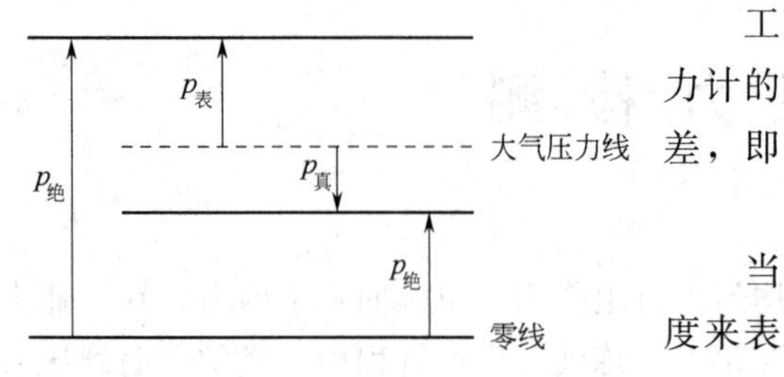

图 2-1 表压、绝对压力、负压（真空度）的关系

工程上所用的压力指示值，大多为表压（绝对压力计的指示值除外）。表压是绝对压力和大气压力之差，即

$$p_{表压}=p_{绝对压力}-p_{大气压力}$$

当被测压力低于大气压力时，一般用负压或真空度来表示，它是大气压力与绝对压力之差，即

$$p_{真空度}=p_{大气压力}-p_{绝对压力}$$

因为各种工艺设备和测量仪表通常是处于大气之中，本身就承受着大气压力。所以，工程上经常用表压或真空度来表示压力的大小。以后所提到的压力，除特别说明外，均指表压或真空度。

测量压力和真空度的仪表很多，按照其转换原理的不同，大致可分为四大类。

1. 液柱式压力计

它是根据流体静力学原理，将被测压力转换成液柱高度进行测量的。按其结构形式的不同，有 U 形管压力计、单管压力计和斜管压力计等。这种压力计结构简单、使用方便。但其精度受工作液的毛细管作用、密度及视差等因素影响，测量范围较窄，一般用来测量低压力或真空度。

2. 弹性式压力计

它是将被测压力转换成弹性元件变形的位移进行测量的。例如弹簧管压力计、波纹管压力计及膜式压力计等。

3. 电气式压力计

它是通过机械和电气元件将被测压力转换成电量（如电压、电流、频率等）来进行测量的仪表，例如电容式、电阻式、电感式、应变片式和霍尔片式等压力计。

4. 活塞式压力计

它是根据水压机液体传送压力的原理，将被测压力转换成活塞上所加平衡砝码的重量进行测量的。它的测量精度很高，允许误差可小到 0.05％～0.02％。但结构较复杂，价格较贵。一般作为标准型压力测量仪器，可检验其他类型的压力计。

第二节 弹性式压力计

弹性式压力计是利用各种形式的弹性元件，在被测介质压力的作用下，使弹性元件受压后产生弹性变形的原理而制成的测压仪表。这种仪表具有结构简单、使用可靠、读数清晰、牢固可靠、价格低廉、测量范围广以及有足够的精度等优点。若增加附加装置，如记录机构、电气变换装置、控制元件等，则可以实现压力的记录、远传、信号报警、自动控制等。弹性式压力计可以用来测量几百帕到数千兆帕范围内的压力，因此在工业上是应用最为广泛的一种测压仪表。

一、弹性元件

弹性元件是一种简易可靠的测压敏感元件。它不仅是弹性式压力计的测压元件，也经常用来作为气动单元组合仪表的基本组成元件。当测压范围不同时，所用的弹性元件也不一样，常用的几种弹性元件的结构如图 2-2 所示。

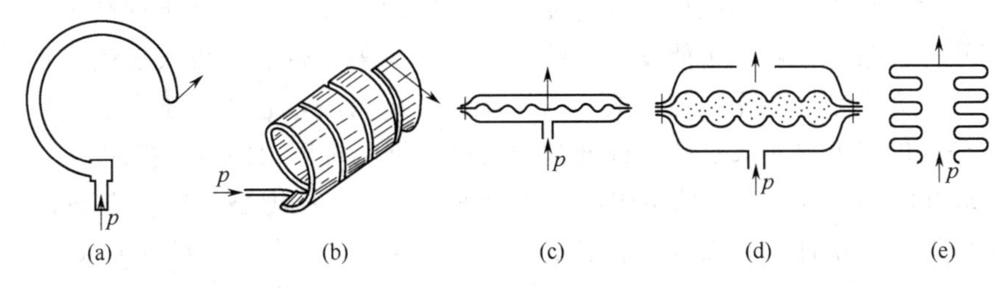

图 2-2 弹性元件示意图

1. 弹簧管式弹性元件

弹簧管式弹性元件的测压范围较宽，可测量高达 1000MPa 的压力。单圈弹簧管是弯成圆弧形的金属管子，它的截面做成扁圆形或椭圆形，如图 2-2(a) 所示。当通入压力 p 后，它的自由端就会产生位移。这种单圈弹簧管自由端位移较小，因此能测量较高的压力。为了增加自由端的位移，可以制成多圈弹簧管，如图 2-2(b) 所示。

2. 薄膜式弹性元件

薄膜式弹性元件根据其结构不同还可以分为膜片与膜盒等。它的测压范围较弹簧管式的为低。图 2-2(c) 为膜片式弹性元件，它是由金属或非金属材料做成的具有弹性的一张膜片(有平膜片与波纹膜片两种形式)，在压力作用下能产生变形。有时也可以由两张金属膜片沿周口对焊起来，成一薄壁盒子，内充液体（例如硅油)，称为膜盒，如图 2-2(d) 所示。

3. 波纹管式弹性元件

波纹管式弹性元件是一个周围为波纹状的薄壁金属筒体，如图 2-2(e) 所示。这种弹性元件易于变形，而且位移很大，常用于微压与低压的测量（一般不超过 1MPa)。

二、弹簧管压力表

弹簧管压力表的测量范围极广，品种规格繁多。按其所使用的测压元件不同，可有单圈弹簧管压力表与多圈弹簧管压力表。按其用途不同，除普通弹簧管压力表外，还有耐腐蚀的氨用压力表、禁油的氧气压力表等。它们的外形与结构基本上是相同的，只是所用的材料有所不同。

弹簧管压力表的结构原理如图 2-3 所示。

弹簧管 1 是压力表的检测元件。图中所示为单圈弹簧管，它是一根弯成 270°圆弧的椭圆截面的空心金属管子。管子的自由端 B 封闭，管子的另一端固定在接头 9 上。当通入被测的压力 p 后，由于椭圆形截面在压力 p 的作用下，将趋于圆形，弯成圆弧形的弹簧管随之产生向外挺直的扩张变形。由于变形，使弹簧管的自由端 B 产生位移。输入压力 p 越大，产生的变形也越大。由于输入压力与弹簧管自由端 B 的位移成正比，所以只要测得 B 点的位移量，就能反映压力 P 的大小，这就是弹簧管压力计的基本测量原理。

弹簧管自由端 B 的位移量一般很小，直接显示有困难，所以必须通过放大机构才能指示出来。具体过程是这样的：弹簧管自由端 B 的位移通过拉杆 2（见图 2-3）使扇形齿轮 3 作逆时针偏转，于是指针 5 通过同轴的中心齿轮 4 的带动而作顺时针偏转，在面板 6 的刻度标尺上显示出被测压力 p 的数值。由于弹簧管自由端的位移与被测压力之间具有正比关系，因此弹簧管压力表的刻度标尺是线性的。

游丝 7 用来克服因扇形齿轮和中心齿轮间的传动间隙而产生的仪表变差。改变调整螺钉 8 的位置（即改变机械传动的放大系数)，可以实现压力表量程的调整。

在生产过程中，常常需要把压力控制在某一范围内，即当压力低于或高于给定范围时，就会破坏正常工艺条件，甚至可能发生危险。这时就应采用带有报警或控制触点的压力表。将普通弹簧管压力表稍加变化，便可成为电接点信号压力表，它能在压力偏离给定范围时，及时发出信号，以提醒操作人员注意或通过中间继电器实现压力的自动控制。

图 2-4 是电接点信号压力表的结构和工作原理示意图。压力表指针上有动触点 2，表盘上另有两个可调节的指针，上面分别有静触点 1 和静触点 4。当压力超过上限给定数值（此数值由静触点 4 的指针位置确定）时，动触点 2 和静触点 4 接触，红色信号灯 5 的电路被接通，使红灯发亮，若压力低到下限给定数值时，动触点 2 与静触点 1 接触，接通了绿色信号灯 3 的电路。静触点 1、4 的位置可根据需要灵活调节。

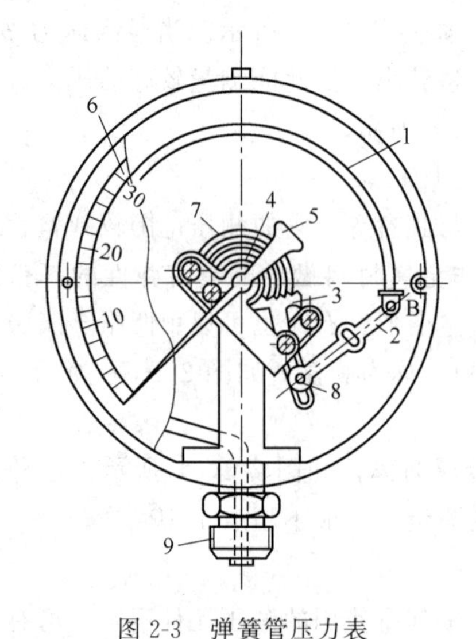

图 2-3　弹簧管压力表

1—弹簧管；2—拉杆；3—扇形齿轮；4—中心齿轮；5—指针；6—面板；7—游丝；8—调整螺钉；9—接头

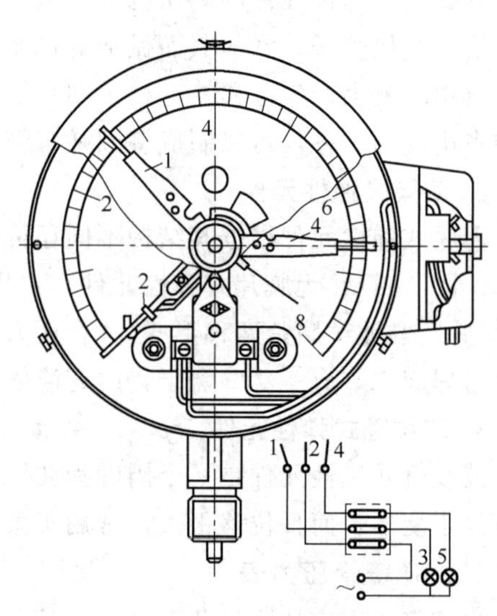

图 2-4　电接点信号压力表

1,4—静触点；2—动触点；3—绿灯；5—红灯

第三节　电气式压力计

把压力转换为电信号输出，然后测量电信号的压力表叫电气式压力计。这种压力计的测量范围较广，分别可测 $7\times10^{-5}\sim5\times10^{8}$ Pa 的压力，允许误差可至 0.2%。由于可以远距离传送信号，所以在工业生产过程中可以实现压力自动控制和报警，并可与工业控制机联用。

电气式压力计一般由压力传感器、测量电路和信号处理装置所组成。常用的信号处理装置有指示器、记录仪、应变仪以及控制器、微处理机等。图 2-5 是电气式压力计的组成方框图。

压力传感器的作用是把压力信号检测出来，并转换成电信号输出。为此，常在弹簧管压力计中附加一些变换装置，把弹簧管自由端的机械位移转换为某些电量的变化，从而构成各种弹簧管式的电气压力计，如电阻式、电感式和霍尔片式等。但是，这类压力计都是先经弹簧管把压力变换成位移后再转化为电量而进行测量的。所以，它们不能适应快速变化的脉动压力和高真空、超高压等场合下进行检测的需要，因而出现了另一类电气式压力计，如应变片式、压阻式和电容式等。下面简单介绍应变片式、压阻式和电容式压力传感器。

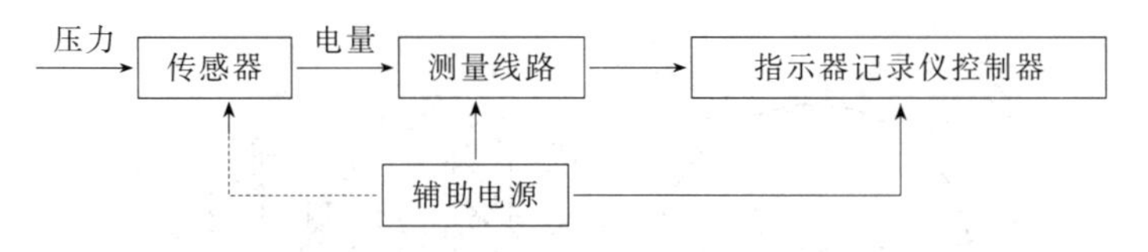

图 2-5　电气式压力计的组成方框图

一、应变片式压力传感器

应变片式压力传感器是利用电阻应变原理构成的。电阻应变片有金属应变片（金属丝或金属箔）和半导体应变片两类。被测压力使应变片产生应变。当应变片产生压缩应变时，其阻值减小；当应变片产生拉伸应变时，其阻值增加。应变片阻值的变化，再通过桥式电路获得相应的毫伏级电势输出，并用毫伏计或其他记录仪表显示出被测压力，从而组成应变片式压力计。

图 2-6 是 BPR-2 型应变片式压力传感器的原理图。应变筒 1 的上端与外壳 2 固定在一起，下端与不锈钢密封膜片 3 紧密接触，两片康铜丝应变片 r_1 和 r_2 用特殊胶黏剂（缩醛胶等）贴紧在应变筒的外壁。r_1 沿应变筒轴向贴放，作为测量片；r_2 沿径向贴放，作为温度补偿片。应变片与筒体之间不发生相对滑动，并且保持电气绝缘。当被测压力 p 作用于膜片而使应变筒作轴向受压变形时，沿轴向贴放的应变片 r_1 也将产生轴向压缩应变 ε_1，于是 r_1 的阻值变小；而沿径向贴放的应变片 r_2，由于本身受到横向压缩将引起纵向拉伸应变 ε_2，于是 r_2 阻值变大。但是由于 ε_2 比 ε_1 要小，故实际上 r_1 的减少量将比 r_2 的增大量为大。

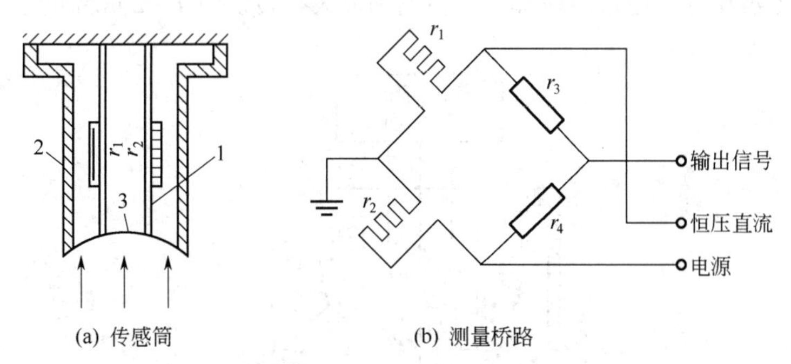

(a) 传感筒　　(b) 测量桥路

图 2-6　应变片式压力传感器示意图

1—应变筒；2—外壳；3—密封膜片

应变片 r_1 和 r_2 与两个固定电阻 r_3 和 r_4 组成桥式电路，如图 2-6(b) 所示。由于 r_1 和 r_2 的阻值变化而使桥路失去平衡，从而获得不平衡电压 ΔU 作为传感器的输出信号，在桥路供给直流稳压电源最大为 10V 时，可得最大 ΔU 为 5mV 的输出。传感器的被测压力可达 25MPa。由于传感器的固有频率在 25000Hz 以上，故有较好的动态性能，适用于快速变化的压力检测。传感器的非线性及滞后误差小于额定压力的 1%。

二、压阻式压力传感器

压阻式压力传感器是利用单晶硅的压阻效应而构成。其工作原理如图 2-7 所示。采用单晶硅片为弹性元件，在单晶硅膜片上利用集成电路的工艺，在单晶面的特定方向扩散一组等值电阻。并将电阻接成桥路，单晶硅片置于传感器腔内。当压力发生变化时，单晶硅产生应变，使直接扩散在上面的应变电阻产生与被测压力成比例的变化，再由桥式电路获得相应的电压输出信号。

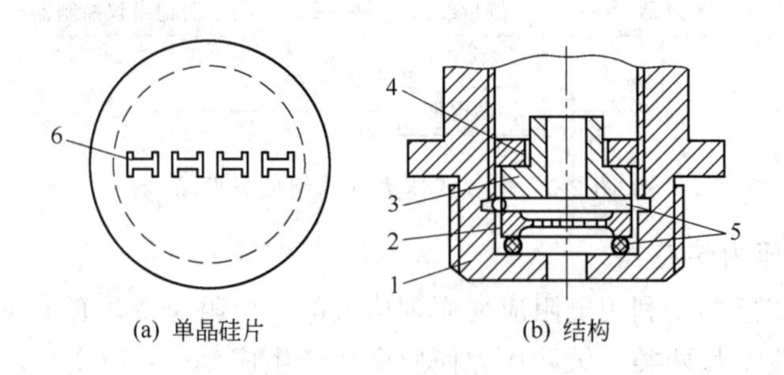

图 2-7 压阻式压力传感器

1—基座；2—单晶硅片；3—导环；4—螺母；5—密封垫圈；6—等效电阻

压阻式压力传感器具有精度高、工作可靠、频率响应高、迟滞小、尺寸小、重量轻、结构简单等特点，可以适应恶劣的环境条件下工作，便于实现显示数字化。压阻式压力传感器不仅可以用来测量压力，稍加改变，就可以用来测量差压、高度、速度、加速度等参数。

三、电容式压力传感器

电容式压力传感器是将压力的变化转换为电容量的变化，然后进行测量的。图 2-8 所示是 CECY 型电容式压力变送器的测量部分。测量膜盒内充以填充液（硅油），中心感应膜片 1（可动电极）和其两边弧形固定电极 2 分别形成电容 C_1 和 C_2。当被测压力加在测量侧 3 的隔离膜片 4 上后，通过腔内填充液的液压传递，将被测压力引入到中心感压膜片，使中心感压膜片产生位移，因而，使中心感压膜片与两边弧形固定电极的间距不再相等，从而使 C_1 和 C_2 的电容量不再相等。通过转换部分的检测和放大，转换为 4～20mA 的直流电信号输出。

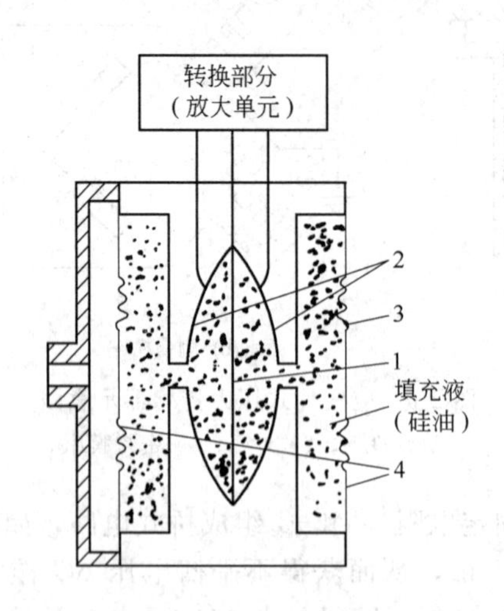

图 2-8 电容式测量膜盒

1—中心感应膜片（可动电极）；2—固定电极；3—测量侧；4—隔离膜片

电容式压力传感器的精度较高，允许误差不超过量程的±0.25%。由于它的结构性能经受振动和冲击，其可靠性、稳定性高。当测量膜盒的两侧通过不同压力时，便可以用来测量差压、液位等参数。

第四节　智能式变送器

智能式变送器是在普通的模拟式变送器的基础上，增加微处理器而形成的一种智能式检测仪表。实际应用的智能变送器种类很多，结构各有差异。按照被检测变量的不同，分为智能压力变送器、智能差压变送器、智能温度变送器等。

一、智能变送器的特点

与普通的模拟式变送器相比较，智能式变送器具有下述主要特点。

① 性能稳定，可靠性好，测量精度高。

② 量程范围可达 100∶1，时间常数可在 0～36s 内调整，有较宽的零点迁移范围。

③ 具有温度、静压的自动补偿功能，在检测温度时，可对非线性进行自动校正。

④ 具有数字、模拟两种输出方式，能够实现双向数据通信，可以与现场总线网络和上位计算机相连。

⑤ 可以进行远程通信，通过现场通信器，使变送器具有自修正、自补偿、自诊断及错误方式告警等多种功能，简化了调整、校准与维护过程，使维护和使用都十分方便。

二、智能变送器的结构原理

智能变送器从整体上来看，由硬件和软件两大部分组成。硬件部分包括传感器部分、微处理器电路、输入输出电路、人-机联系部件等；软件部分包括系统程序和用户程序。不同品种和不同厂家的智能变送器的组成基本相同，只是在传感器类型、电路形式、程序编码和软件功能上有所差异。

智能变送器从电路结构上来看，包括传感器部件和电子部件两部分。传感器部分视变送器的功能和设计原理而不同，例如可以是热电偶或热电阻的温度变送器，也可以是电容式或压阻式压力（差压）变送器等。变送器的电子部件均由微处理器、模-数转换和数-模转换器等组成。不同产品和不同厂家，在电路结构上也不完全相同。

下面以美国费希尔-罗斯蒙特公司（Fisher-Rosemount）的 3051C 型差压送器为例对其工作原理作简单介绍。

3051C 型智能差压变送器和 HART 手持通信器如图 2-9 所示，其中，3051C 型智能差压变送器由传感膜头和电子线路板组成。

被测介质压力通过电容传感器转换为与之成正比的差动电容信号。传感膜头还同时进行温度的测量，用于补偿温度变化的影响。上述电容和温度信号通过 A/D 转换器转换为数字信号，输入到电子线路板模块。

在工厂的特性化过程中，所有的传感器都经受了整个工作范围内的压力与温度循环测试。根据测试数据所得到的修正系数，都储存在传感膜头的内存中，从而可保证变送器在运行过程中能精确地进行信号修正。

电子线路板模块接收来自传感膜头的数字输入信号和修正系数，然后对信号加以修正与线性化。电子线路板模块的输出部分将数字信号转换成 4～20mA DC 电流信号，并与手持通信器进行通信。

在电子线路板模块的永久性 EEPROM 存储器中存有变送器的组态数据，当遇到意外停电，其中数据仍可保存，所以恢复供电之后，变送器能立即工作。

数字通信格式符合 HART 协议，该协议使用了工业标准 Bell 202 频移调制（FSK）技

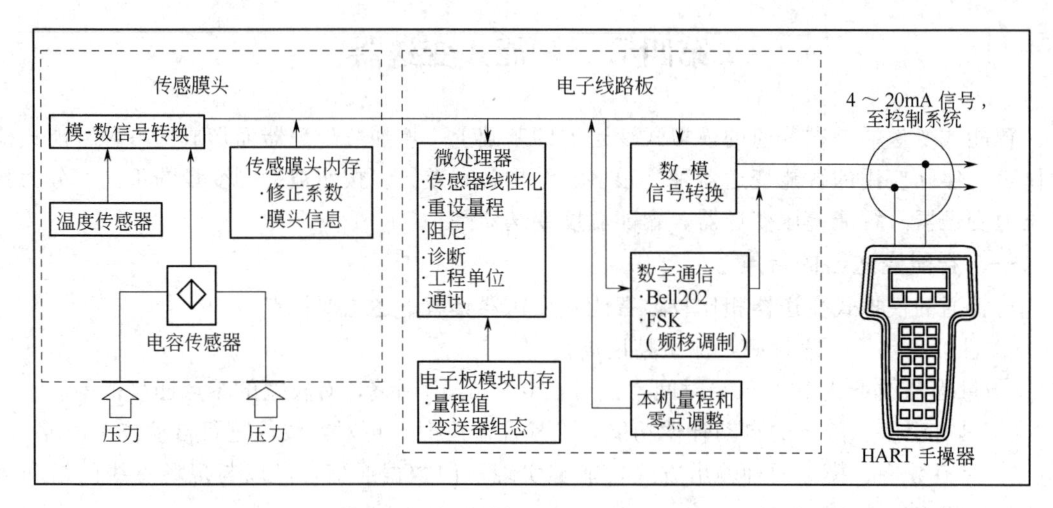

图 2-9　3051C 型智能差压变送器（4～20mA）和 HART 手持通信器

术。通过在 4～20mA DC 输出信号上叠加高频信号来完成远程通信。罗斯蒙特公司采用这一技术，能在不影响回路完整性的情况下实现同时通信和输出。

3051C 型差压变送器所用的 HART 手持通信器上有键盘及液晶显示器。它可以接在现场变送器的信号端子上，就地设定或检测，也可以在远离现场的控制室中，接在某个变送器的信号线上进行远程设定及检测。为了便于通信，信号回路必须有不小于 250Ω 的负载电阻。其连接示意图如图 2-10 所示。

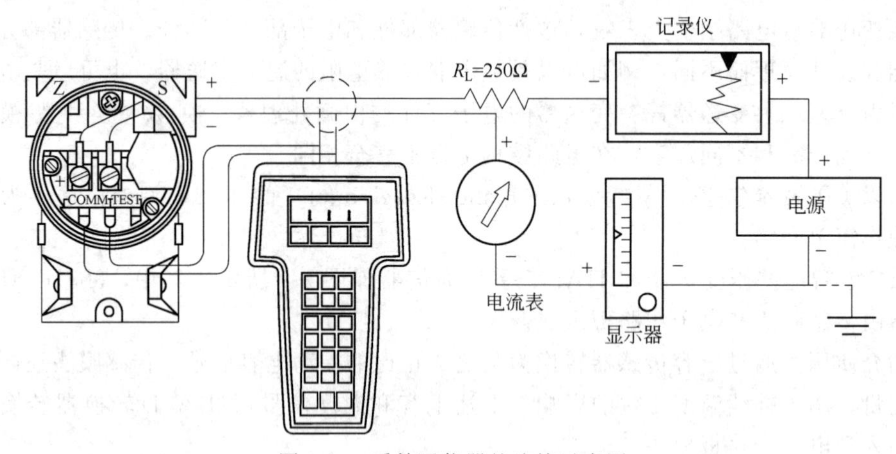

图 2-10　手持通信器的连接示意图

手持通信器能够实现下列功能。

(1) 组态　组态可分为两部分。首先，设定变送器的工作参数，包括测量范围、线性或平方根输出、阻尼时间常数、工程单位选择；其次，可向变送器输入信息性数据，以便对变送器进行识别与物理描述，包括给变送器指定工位号、描述符等。

(2) 测量范围的变更　当需要更改测量范围时，不需到现场调整。

(3) 变送器的校准　包括零点和量程的校准。

(4) 自诊断　3051C 型变送器可进行连接自诊断。当出现问题时，变送器将激活用户选定的模拟输出报警。手持通信器可以询问变送器，确定问题所在。变送器向手持通信器输出特定的信息，以识别问题，从而可以快速地进行维修。

由于智能型差压变送器有好的总体性能及长期稳定工作能力，所以每五年才需校验一次。智能型差压变送器与手持通信器结合使用，可远离生产现场，尤其是危险或不易到达的地方，给变送器的运行和维护带来了极大的方便。

三、HART475 手持通信器

HART（Highway Addressable Remote Transducer），可寻址远程传感器高速通道的开放通信协议，是一种用于现场智能仪表和控制室设备之间的通信协议。使用 HART 手持通信器几乎可用来完成所有的现场仪表检修调试工作，包括故障诊断、日常检修、开车调试、校准等。

艾默生 Rosemount（美国罗斯蒙特）HART475 手持通信器是 HART375 手持通信器的改良升级型号，它支持 HART 通信协议，也支持基金会现场总线通信协议，并具有通用、可靠、便携、本安、易于升级等特点。

HART475 手持通信器的外形如图 2-11 所示，它主要由触摸显示屏幕和键盘组成。

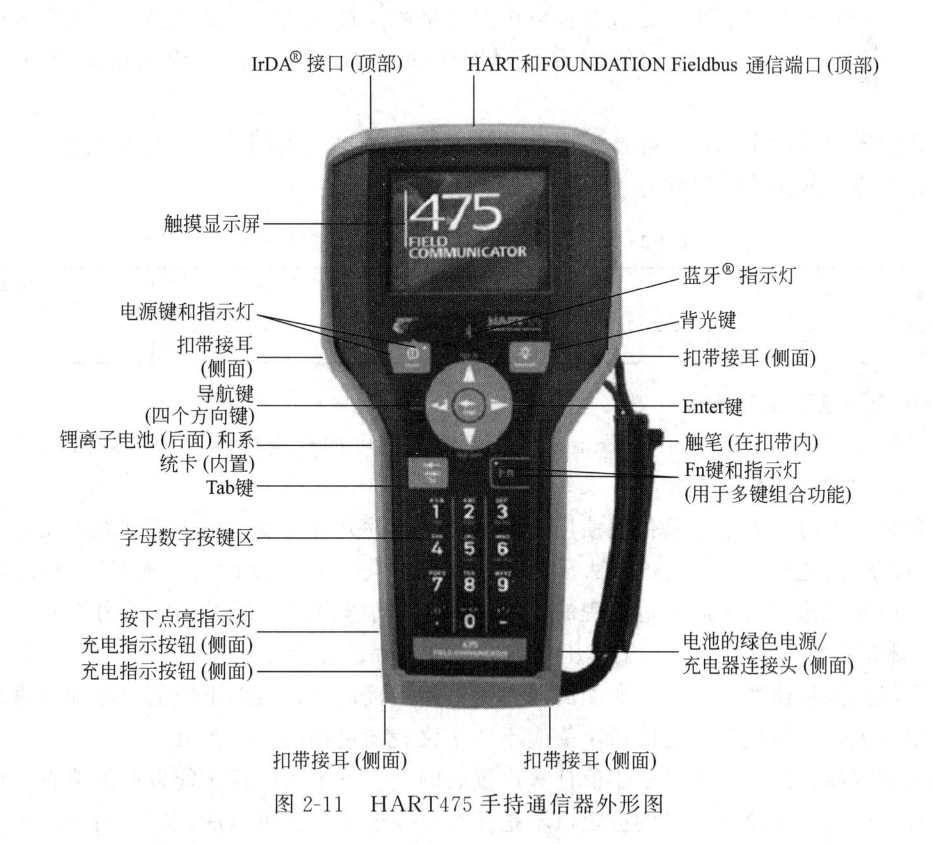

图 2-11　HART475 手持通信器外形图

第五节　压力计的选用及安装

正确地选用及安装是保证压力计在生产过程中发挥应有作用的重要环节。

一、压力计的选用

压力计的选用应根据工艺生产过程对压力测量的要求，结合其他各方面的情况，加以全面的考虑和具体的分析。选用压力计和选用其他仪表一样，一般应该考虑以下几个方面的问题。

1. 仪表类型的选用

仪表类型的选用必须满足工艺生产的要求。例如是否需要远传变送、自动记录或报警；被测介质的物理化学性质（诸如腐蚀性、温度高低、黏度大小、脏污程度、易燃易爆等）是否对测量仪表提出特殊要求；现场环境条件（诸如高温、电磁场、振动及现场安装条件等）对仪表类型有否特殊要求等。总之，根据工艺要求正确选用仪表类型是保证仪表正常工作及安全生产的重要前提。

例如普通压力计的弹簧管多采用铜合金，高压的也有采用碳钢的，而氨用压力计弹簧管的材料却都采用碳钢的，不允许采用铜合金的。因为氨气对铜的腐蚀极强，所以普通压力计用于氨气压力测量很快就要损坏。

氧气压力计和普通压力计在结构和材质上完全相同，只是氧用压力计要严格禁油。因为油进入氧气系统会引起爆炸。所以氧气压力计在校验时，不能像普通压力计那样采用变压器油作为工作介质，并且氧用压力计在存放中要严格避免接触油污。如果必须采用现有的带油污的压力计测量氧气压力时，使用前必须用四氯化碳反复清洗，认真检查直到无油污时为止。

弹簧管压力计由于测量的介质不同，其外观的颜色也是不同的，其色标的含义如表 2-2 所示。在维修更换压力计时注意不允许混用。

表 2-2 弹簧管压力计色标与测量介质的关系

测量介质	氧	氢	氨	氯	乙炔	其他可燃性气体	其他惰性气体或液体
色标颜色	天蓝色	绿色	黄色	褐色	白色	红色	黑色

2. 仪表测量范围的确定

仪表的测量范围（measuring range）是指被测量可按规定精确度进行测量的范围，它是根据操作中需要测量的参数大小来确定的。

在测量压力时，为了延长仪表使用寿命，避免弹性元件因受力过大而损坏，压力计的上限值应该高于工艺生产中可能的最大压力值。根据“化工自控设计技术规定”，在测量稳定压力时，最大工作压力不应超过量程的 2/3；测量脉动压力时，最大工作压力不应超过量程的 1/2；测量高压压力时，最大工作压力不应超过量程的 3/5。

为了保证测量值的准确度，所测的压力值不能太接近于仪表的下限值，亦即仪表的量程不能选得太大，一般被测压力的最小值应不低于仪表满量程的 1/3 为宜。

根据被测参数的最大值和最小值计算出仪表的上、下限后，还不能以此数值直接作为仪表的量程范围。因为仪表标尺的极限值不是任意取一个数字都可以的，它是由国家主管部门用规程或标准规定了的。因此，我们选用仪表的标尺极限值时，也只能采用相应的规程或标准中的数值（一般可在相应的产品目录中查到）。

3. 仪表准确度等级的选取

仪表准确度是根据工艺生产上所允许的最大测量误差来确定的。一般来说，所选用的仪表越精密，则测量结果越精确、可靠。但不能认为选用的仪表准确度越高越好，因为越精密的仪表，一般价格越贵，操作和维护越费事。因此，在满足工艺要求的前提下，应尽可能选用准确度较低、价廉耐用的仪表。

二、压力计的安装

压力计的安装正确与否，影响到测量的准确性和压力计的使用寿命。

1. 测压点的选择

所选择的取压点应能反映被测压力的真实大小。

① 要选在被测介质直线流动的管段部分，不要选在管路拐弯、分叉、死角或其他易形成漩涡的地方。

② 测量流动介质的压力时，应使取压点与流动方向垂直，取压管内端面与生产设备连接处的内壁应保持平齐，不应有凸出物或毛刺。

③ 测量液体压力时，取压点应在管道下部，使导压管内不积存气体；测量气体压力时，取压点应在管道上方，使导压管内不积存液体。

2. 导压管铺设

① 导出管粗细要合适，一般内径为 6～10mm，长度应尽可能短，最长不得超过 50m，以减少压力指示的迟缓。如超过 50m，应选用能远距离传送的压力计。

② 导压管水平安装时应保证有 1∶10～1∶20 的倾斜度，以利于积存于其中之液体（或气体）的排出。

③ 当被测介质易冷凝或冻结时，必须加保温伴热管线。

④ 取压口到压力计之间应装有切断阀，以备检修压力计时使用。切断阀应装设在靠近取压口的地方。

3. 压力计的安装

① 压力计应安装在易观察和检修的地方。

② 安装地点应力求避免振动和高温影响。

③ 测量蒸汽压力时，应加装凝液管，以防止高温蒸汽直接与测压元件接触［见图 2-12(a)］；对于有腐蚀性介质的压力测量，应加装有中性介质的隔离罐，图 2-12(b) 表示了被测介质密度 ρ_2 大于和小于隔离液体密度 ρ_1 的两种情况。

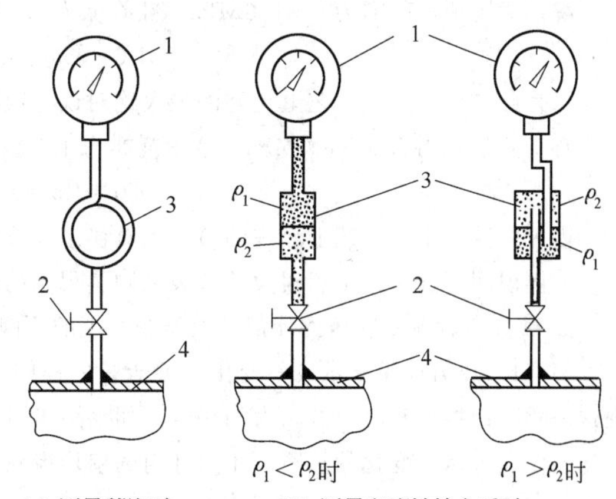

图 2-12　压力计安装示意图

1—压力计；2—切断阀门；3—凝液管；4—取压容器

总之，针对被测介质的不同性质（高温、低温、腐蚀、脏污、结晶、沉淀、黏稠等），要采取相应的防热、防腐、防冻、防堵等措施。

④ 压力计的连接处，应根据被测压力的高低和介质性质，选择适当的材料，作为密封垫片，以防泄漏。一般低于 80℃及 2MPa 时，用牛皮或橡胶垫片；350～450℃及 5MPa 以下用石棉或铝垫片；温度及压力更高（50MPa 以下）用退火紫铜或铅垫片。但测量氧气压力时，不能使用浸油垫片及有机化合物垫片；测量乙炔压力时，不能使用铜垫片，因它们均有发生爆炸的危险。

⑤ 当被测压力较小，而压力计与取压口又不在同一高度时，对由此高度差而引起的测量误差应按 $\Delta p=\pm H\rho g$ 进行修正。式中 H 为高度差；ρ 为导压管中介质的密度；g 为重力加速度。

⑥ 为安全起见，测量高压的仪表除选用表壳有通气孔的外，安装时表壳应向墙壁或无人通过之处，以防发生意外。

例题分析

1. 某台往复式压缩机的出口压力范围为25～28MPa，测量误差不得大于1MPa。工艺上要求就地观察，并能高低限报警，试正确选用一台压力表，指示型号、准确度等级与测量范围。

解 由于往复式压缩机出口压力脉动较大，所以选择仪表的上限值为

$$p_1 = p_{max} \times 2 = 28 \times 2 = 56 \text{ (MPa)}$$

根据就地观察及能进行高低限报警的要求，选用电接点压力表，由本章附录，可查得选用YX—150型电接点压力表，测量范围为0～60MPa。

由于$\frac{25}{60} > \frac{1}{3}$，故被测压力的最小值不低于满量程的1/3，这是允许的。

另外，根据测量误差的要求，可算得允许误差为

$$\frac{1}{60} \times 100\% = 1.67\%$$

所以，准确度等级为1.5级的仪表完全可以满足误差要求。

至此，可以确定，选择的压力表为YX—150型电接点压力表，测量范围为0～60MPa，准确度等级为1.5级。

2. 如果某反应器最大压力为0.6MPa，允许最大绝对误差为±0.02MPa。现用一台测量范围为0～1.6MPa，准确度为1.5级的压力表来进行测量，问能否符合工艺上的误差要求？若采用一台测量范围为0～1.0MPa，准确度为1.5级的压力表，问能符合误差要求吗？试说明其理由。

解 对于测量范围为0～1.6MPa，准确度为1.5级的压力表，允许的最大绝对误差为

$$1.6 \times 1.5\% = 0.024 \text{ (MPa)}$$

因为此数值超过了工艺上允许的最大绝对误差数值，所以是不合格的。

对于测量范围为0～1.0MPa，准确度亦为1.5级的压力表，允许的最大绝对误差为

$$1.0 \times 1.5\% = 0.015 \text{ (MPa)}$$

因为此数值小于工艺上允许的最大绝对误差，故符合对测量准确度的要求，可以采用。

该例说明了选一台量程很大的仪表来测量很小的参数值是不适宜的。

3. 试分析就地安装压力计常见故障及产生的原因。

答 (1) 压力计无指示或不变化　可能是取样阀或导压管堵塞，新安装及不定期排污的压力计常会出现这一故障；振动及压力波动大的场合，如水泵出口压力计，常会把压力计的指针振松，会造成工艺压力变化而仪表显示不变化的故障；压力计内的扇形齿轮与轴齿轮脱开，大多是由于安装在振动大的设备上的原因。

(2) 去除压力后指针不回零　产生的原因可能有指针松动、游丝有问题，如游丝力矩不足、游丝变形等，扇形齿轮磨损所致，压力计接头内有污物堵塞；测量介质如是液体或有冷凝液，压力计的位置又低于测压点，则导压管内的液体或冷凝液重度产生的静压力，造成压力计的指针不回零，这是正常现象，只需排污即可。

(3) 压力计指针有跳动或停滞现象　压力计反应迟钝不灵敏，可能的原因有指针松动，指针与表玻璃或刻度盘相碰存在摩擦所致；再就是扇形齿轮与中心轴摩擦，或者太脏有污物，导压管堵塞也会使仪表反应迟钝。

4. 试分析手持通信器与变送器不能通信的原因。

答 (1) 变送器的外部接线有问题，如接触不良引起负载电阻过大，或者负载电阻小于250Ω；或者是信号线正、负极接错；供电电源的极性接错及供电线路受到干扰。

(2) 变送器有故障也会使通信器与变送器无法建立通信，如变送器的输出电流超出了4～20mA范围。

(3) 手操器接入电路的位置不当，如图2-13所示，连接在A、B处都能正常通信，但如果接到C处就不行了，还有就是单元地址有错。

(4) 把手操器混用了，有的手操器只能用在本厂的产品上，不兼容其他厂的产品，就是同一厂的手操

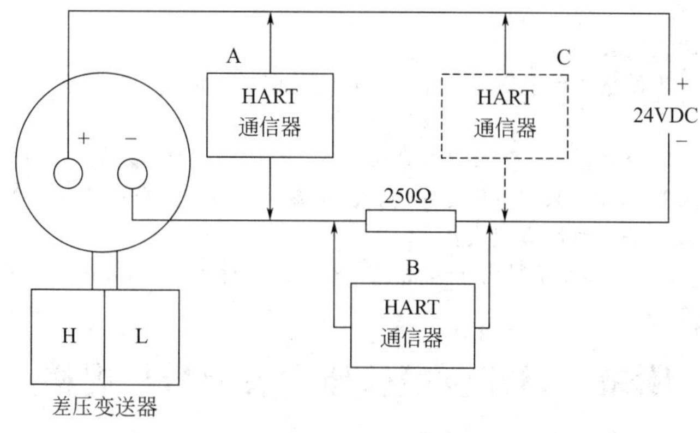

图 2-13 手持通信器与变送器连接示意图

器，有时对不同年份、不同批次的产品都存在不兼容的问题，所以最好配套使用。

（5）对现场变送器的通信协议不了解，大多数变送器用的 HART 协议，有时也有例外，如果无法通信时，可根据现场变送器的型号来确定是什么通信协议。如 3051 在它的主型号后是量程代码的阿拉伯数字，而量程代码后的大写英文就是通信协议了，如“A”“M”表示 HART 协议，“FF”表示 FF 现场总线，“W”表示 PROFIBUS 总线。如 EJA 在它的主型号后的大写英文就是通信协议了，如“E”表示 HART 协议，“D”表示 BRAIN 协议，“FF”表示 FF 现场总线。

习题与思考题

1. 什么叫压力？表压力、绝对压力、负压力（真空度）之间有何关系？

2. 为什么一般工业上的压力计都做成测表压或真空度，而不做成测绝对压力的型式？

3. 测压仪表有哪几类？各基于什么原理？

4. 作为感测压力的弹性元件有哪几种？各有何特点？

5. 弹簧管压力计的测压原理是什么？试述弹簧管压力计的主要组成及测压过程。

6. 现有一压缩机气柜压力需要用电接点压力表控制在一定范围内，试画出其原理线路图。

7. 应变式与压阻式压力计各采用什么测压元件？

8. 电容式压力传感器的工作原理是什么？有何特点？

9. 某压力表的测量范围为 0～1MPa，准确度等级为 1.5 级。试问此压力表的允许最大绝对误差是多少？若用标准压力计来校验该压力表，在校验点为 0.5MPa 时，标准压力计上读数为 0.508MPa，试问被校压力表在这一点是否符合 1.5 级准确度？为什么？

10. 为什么测量仪表的测量范围要根据测量值的大小来选取？选一台量程很大的仪表来测量很小的参数值有何问题？

11. 某台空压机的缓冲器，其工作压力范围为 1.1～1.6MPa，工艺要求就地观察罐内压力，并要求测量结果的误差不得大于罐内压力的±5%，试选择一台合适的压力计（类型、测量范围、准确度等级），并说明其理由。

12. 某合成氨厂合成塔压力控制指标为 14MPa±0.4MPa，试选择一台就地指示的压力表（给出型号、测量范围、准确度等级）。

13. 现有一台测量范围为 0～1.6MPa，准确度为 1.5 级的普通弹簧管压力表，校验后，其结果为

	正 行 程					反 行 程				
被校表读数/MPa	0.0	0.4	0.8	1.2	1.6	1.6	1.2	0.8	0.4	0.0
标准表读数/MPa	0.000	0.385	0.790	1.210	1.595	1.595	1.215	0.810	0.405	0.000

试问这只表合格否？它能否应用于某空气贮罐的压力测量？该贮罐工作压力为 0.8～1.0MPa，测量的绝对

误差不允许大于0.05MPa。

14. 压力计安装要注意什么问题？

15. 图2-12(b)所示为什么能用来测量有腐蚀性介质的压力？你能否设计另一种能隔离被测介质、防止腐蚀的测压方案。

16. 试简述智能变送器的主要特点及基本组成部分。

17. 电容式差压变送器、3051系列差压变送器，EJA系列差压变送器的供电电源各是多大？统一标准信号多大？为几线制连接？为何种防爆仪表？

18. 某电动压力变送器，其输出信号为4～20mA，对应的量程为0～25MPa，当输入压力为16 MPa时，变送器的输出电流是多少？

附录　常用弹簧管压力表型号与规格

名　称	型　号[①]	测　量　范　围/MPa	准确度等级
普通弹簧管压力表	Y—40 Y—40Z	0～0.1,0.16,0.25,0.4,0.6,1,1.6,2.5,4,6	2.5
	Y—60 Y—60T Y—60TQ Y—60Z Y—60ZT	低压:0～0.06,0.1,0.16,0.25,0.4,0.6,1,2.5,4,6 中压:0～10,16,25,40	1.5 2.5
	Y—100 Y—100T Y—100TQ Y—100Z Y—100ZT	低压:0～0.06,0.1,0.16,0.25,0.4,0.6,1,2.5,4,6 中压:0～10,16,25,40,60	1.5 2.5
	Y—150 Y—150T Y—150TQ Y—150Z Y—150ZT	低压:0～0.06,0.1,0.16,0.25,0.4,0.6,1,2.5,4,6 中压:0～10,16,25,40,60 高压:0～100,160,250(Y—150)	1.5 2.5
	Y—200 Y—200T Y—200ZT	低压:0～0.06,0.1,0.16,0.25,0.4,0.6,1,2.5,4,6 中压:0～10,16,25,40,60 高压:0～100,160,250(Y—200)	1.5 2.5
	Y—250 Y—250T Y—250ZT	低压:0～0.06,0.1,0.16,0.25,0.4,0.6,1,2.5,4,6 中压:0～10,16,25,40,60 高压:0～100,160,250(Y—250) 超高压:0～400,600,100(Y—250)	1.5
标准压力表	YB—150	−0.1～0,0～0.1,0.16,0.25,0.4,0.6,1,1.6,2.5,4,6,10,25,40,60,100,160,250	0.25 0.35 0.5
真空表	Z—60 Z—100 Z—150 Z—200 Z—250	−0.1～0	1.5
压力真空表	YZ—60 YZ—100 YZ—150 YZ—200	−0.1～0～0.1,0.16,0.25,0.4,0.6,1,1.6,2.5	1.5
氨用压力表	YA—100 YA—150	0～0.25,0.4,0.6,1,1.6,2.5,4,6,10,16,25,40,60,100,160	1.5 2.5
氨用真空表	ZA—100 ZA—150	−0.1～0	1.5 2.5

续表

名　称	型　号①	测　量　范　围/MPa	准确度等级
氨用压力真空表	YZA—100 YZA—150	−0.1～0,0.1,0.16,0.25,0.4,0.6,1,1.6,2.5	1.5 2.5
电接点压力表	YX—150 YXA—150 （氨用）	0～0.1,0.16,0.25,0.4,0.6,1,1.6,2.5,4,6,10,16,25,40,60	1.5 2.5
电接点真空表	ZX—150 ZXA—150 （氨用）	−0.1～0	1.5 2.5
电接点压力真空表	YZX—150 YZXA—150	−0.1～0.1,0.16,0.25,0.4,0.6,1,1.6,2.5	1.5 2.5

① 符号说明：Y—压力；Z—真空；B—标准；A—氨用表；X—信号电接点。型号后面的数字表示表盘外壳直径(mm)。数字后面的符号：Z—轴向无边；T—径向有后边；TQ—径向有前边；ZT—轴向带边；数字后面无符号表示径向。

第三章 流量检测

在化工和炼油生产过程中，为了有效地进行生产操作和控制，经常需要测量生产过程中各种介质（液体、气体和蒸汽等）的流量，以便为生产操作和控制提供依据。同时，为了进行经济核算，经常需要知道在一段时间（如一班、一天等）内流过的介质总量。所以，介质流量是控制生产过程达到优质高产和安全生产以及进行经济核算所必需的一个重要参数。

第一节 概 述

一、流量和总量

一般所讲的流量大小是指单位时间内流过管道某一截面的流体数量的大小，即瞬时流量。而在某一段时间内流过管道的流体流量的总和，即瞬时流量在某一段时间内的累计值，称为总量。

流量和总量，可以用质量表示，也可以用体积表示。单位时间内流过的流体以质量表示的称为质量流量，常用符号 M 表示。以体积表示的称为体积流量，常用符号 Q 表示。若流体的密度是 ρ，则体积流量与质量流量之间的关系是

$$M=Q\rho \quad 或 \quad Q=\frac{M}{\rho} \tag{3-1}$$

如以 t 表示时间，则流量和总量之间的关系是

$$Q_{总}=\int_0^t Q\mathrm{d}t; \quad M_{总}=\int_0^t M\mathrm{d}t \tag{3-2}$$

测量流体流量的仪表一般叫流量计；测量流体总量的仪表常称为计量表。然而两者并不是截然划分的，在流量计上配以累积机构，也可以读出总量。

常用的流量单位有吨每小时（t/h）、千克每小时（kg/h）、千克每秒（kg/s）、立方米每小时（m^3/h）、升每小时（L/h）、升每分（L/min）等。

二、流量测量仪表

测量流量的方法很多，其测量原理和所应用的仪表结构形式各不相同。目前有许多流量检测的分类方法，我们仅举一种大致的分类法，简介如下。

1. 速度式流量计

这是一种以测量流体在管道内的流速作为测量依据来计算流量的仪表。例如差压式流量计、转子流量计、电磁流量计、涡轮流量计、堰式流量计等。

2. 容积式流量计

这是一种以单位时间内所排出流体的固定容积的数目作为测量依据来计算流量的仪表。例如椭圆齿轮流量计、活塞式流量计等。

3. 质量式流量计

这是一种以测量流过的质量 M 为依据的流量计，例如惯性力式质量流量计、补偿式质量流量计等。它具有被测流量的数值不受流体的温度、压力、黏度等变化的影响，是一种在发展中的流量测量仪表。

表 3-1 给出了部分流量测量仪表及性能。

表 3-1 部分流量测量仪表及性能

仪表名称	测量精度	主要应用场合	说明
差压式流量计	1.5	可测液体、蒸汽和气体的流量	应用范围广，适应性强，性能稳定可靠，安装要求较高，需一定直管道
椭圆齿轮流量计	0.2～1.5	可测量黏度液体的流量和总量	计量精度高，范围度宽结构复杂，一般不适于高低温场合
腰轮流量计	0.2～0.5	可测液体和气体的流量和总量	精度高，无需配套的管道
浮子式流量计	1.5～2.5	可测液体、气体的流量	适用于小管径、低流速、没有上游直管道的要求，压力损失较小，使用流体与工厂标定流体不同时，要做流量示值修正
涡轮流量计	0.2～1.5	可测基本洁净的液体、气体的流量和总量	线性工作范围宽，输出电脉冲信号，易实现数字化显示，抗干扰能力强，可靠性受磨损的制约，弯道型不适于测量高黏度液体
电磁流量计	0.5～2.5	可测各种导电液体和液固两相流体介质的流量	不产生压力损失，不受流体密度、黏度、温度、压力变化的影响，测量范围度大，可用于各种腐蚀性流体及含固体颗粒或纤维的液体，输出线性，不能测气体、蒸汽和含气泡的液体及电导率很低的液体流量，不能用于高温和低温的流体的测量
涡街流量计	0.5～2	可测各种液体、气体、蒸汽的流量	可靠性高，应用范围广，输出与流量成正比的脉冲信号，无零点漂移，安装费用较低，测量气体时，上限流速受介质可压缩性变化的限制，下限流速受雷诺数和传感器灵敏度限制
超声波流量计	0.5～1.5	用于测量导声流体的流量	可测非导电性介质，是对非接触式测量的电磁流量计的一种补充，可用于特大型圆管和矩形管道，价格较高
质量流量计	0.5～1	可测液体、气体、浆体的质量流量	热式质量流量计使用性能相对可靠，响应慢 科氏质量流量计具有较高的测量精度

下面主要介绍差压式流量计和转子流量计，并简述几种其他类型的流量计。

第二节　差压式流量计

差压式(也称节流式) 流量计是基于流体流动的节流原理，利用流体流经节流装置时产生的压力差而实现流量检测的。它是目前生产中测量流量最成熟、最常用的方法之一。通常是由能将被测流量转换成压差信号的节流装置（如孔板、喷嘴、文丘里管等）和能将此压差转换成对应的流量值显示出来的差压计所组成。在单元组合仪表中，由节流装置产生的压差信号，经常通过差压变送器转换成相应的信号（电的或气的），以供显示，记录或控制用。

一、节流现象与流量基本方程式

1. 节流现象

流体在有节流装置的管道中流动时，在节流装置前后的管壁处，流体的静压力产生差异的现象称为节流现象。

所谓节流装置就是在管道中放置的一个局部收缩元件，应用最广泛的是孔板，其次是喷嘴、文丘里管。下面以孔板为例说明节流装置的节流现象。

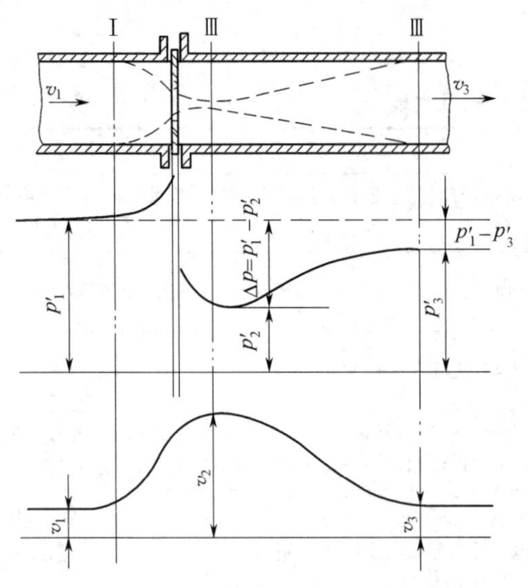

图 3-1　孔板装置及压力、流速分布图

具有一定能量的流体，才可能在管道中形成流动状态。流动流体的能量有两种形式，即静压能和动能。流体由于有压力而具有静压能，又由于流体有流动速度而具有动能。这两种形式的能量在一定条件下可以互相转化。但是，根据能量守恒定律，流体所具有的静压能和动能，再加上克服流动阻力的能量损失，在没有外加能量的情况下，其总和是不变的。图 3-1 表示在孔板前后流体的流速与压力的分布情况。流体在管道截面Ⅰ前，以一定的流速 v_1 流动。此时静压力为 p'_1。在接近节流装置时，由于遇到节流装置的阻挡，使靠近管壁处的流体受到节流装置的阻挡作用最大，因而使一部分动能转化为静压能，出现了节流装置入口端面靠近管壁处的流体静压力升高，并且比管道中心处的压力要大，即在节流装置入口端面处产生一径向压差。这一径向压差使流体产生径向附加速度，从而使靠近管壁处的流体质点的流向就与管道中心轴线相倾斜，形成了流束的收缩运动。由于惯性作用，流束的最小截面并不在孔板的孔处，而是经过孔板后仍继续收缩，到截面Ⅱ处达到最小，这时流速最大，达到 v_2，随后流束又逐渐扩大，至截面Ⅲ后完全复原，流速便降低到原来的数值，即 $v_3=v_1$。

由于节流装置造成流束的局部收缩，使流体的流速发生变化，即动能发生变化。与此同时，表征流体静压能的静压力也要变化。在Ⅰ截面，流体具有静压力 p'_1。到达截面Ⅱ，流速增加到最大值，静压力就降低到最小值 p'_2，而后又随着流束的恢复而逐渐恢复。由于在孔板端面处，流通截面突然缩小与扩大，使流体形成局部涡流，要消耗一部分能量，同时流体流经孔板时，要克服摩擦力，所以流体的静压力不能恢复到原来的数值 p'_1，而产生了压力损失 $\delta_p=p'_1-p'_3$。

节流装置前流体压力较高，称为正压，常以“＋”标志；节流装置后流体压力较低，称为负压，常以“－”标志。节流装置前后压差的大小与流量有关。管道中流动的流体流量越大，在节流装置前后产生的压差也越大，我们只要测出孔板前后侧压差的大小，即可表示流量的大小，这就是节流装置测量流量的基本原理。

值得注意的是：要准确地测量出截面Ⅰ与截面Ⅱ处的压力 p'_1、p'_2 是有困难的，这是因为产生最低静压力 p'_2 的截面Ⅱ的位置是随着流速的不同而改变的，事先根本无法确定。实际上是在孔板前后的管壁上选择两个固定的取压点，来测量流体在节流装置前后的压力变化的。因而所测得的压差与流量之间的关系，与测压点及测压方式的选择是紧密相关的。

2. 流量基本方程式

流量基本方程式是阐明流量与压差之间的定量关系的基本流量公式。它是根据流体力学

中的伯努利方程式和连续性方程式推导而得的，即

$$Q=\alpha\varepsilon F_0\sqrt{\frac{2}{\rho_1}\Delta p} \tag{3-3}$$

$$M=\alpha\varepsilon F_0\sqrt{2\rho_1\Delta p} \tag{3-4}$$

式中 α——流量系数。它与节流装置的结构形式、取压方式、孔口截面积与管道截面积之比 m、雷诺数 Re、孔口边缘锐度、管壁粗糙度等因素有关；

ε——膨胀校正系数，它与孔板前后压力的相对变化量、介质的等熵指数、孔口截面积与管道截面积之比等因素有关。运用时可查阅有关手册而得。但对不可压缩的液体来说，常取 $\varepsilon=1$；

F_0——节流装置的开孔截面积；

Δp——节流装置前后实际测得的压力差；

ρ_1——节流装置前的流体密度。

由流量基本方程式可以看出，要知道流量与压差的确切关系，关键在于 α 的取值。α 是一个受许多因素影响的综合性系数，对于标准节流装置，其值可从有关手册中查出；对于非标准节流装置，其值要由实验方法确定。所以，在进行节流装置的设计计算时，是针对特定条件，选择一个 α 值来计算的，计算的结果只能应用在一定条件下。一旦条件改变（例如节流装置形式、尺寸、取压方式、工艺条件等的改变），就不能随意套用，必须另行计算。例如，按小负荷情况下计算的孔板，用来测量大负荷时流体的流量，就会引起较大的误差，必须加以必要的修正。

由流量基本方程式还可以看出，流量与压力差 Δp 的平方根成正比。所以，用这种流量计测量流量时，如果不加开方器，流量标尺刻度是不均匀的。起始部分的刻度很密，后来逐渐变疏。因此，在用差压法测量流量时，被测流量值不应接近于仪表的下限值，否则误差将会很大。

二、标准节流装置

差压式流量计，由于使用历史长久，已经积累了丰富的实践经验和完整的实验资料。因此，国内外已把最常用的节流装置孔板、喷嘴、文丘里管等标准化，并称为“标准节流装置”。采用标准节流装置进行设计计算时都有统一标准的规定、要求和计算所需要的通用化实验数据资料。需要时可查阅有关的手册或资料。目前，有些单位还将标准节流装置的设计计算编制出相应的语言程序，利用计算机来进行设计计算，既节省了人力，又提高了计算速度与精度。

1. 节流装置的选用

选用标准节流装置，应根据被测介质流量测量的条件和要求，结合各种标准节流装置的特点，从测量精度要求、允许的压力损失大小、可能给出的直管段长度、被测介质的物理化学性质（如腐蚀、脏污等）、结构的复杂程度和价格的高低、安装是否方便等几方面综合考虑。一般来说，可归纳为如下几点。

① 在加工制造和安装方面，以孔板为最简单，喷嘴次之，文丘里管最复杂。造价高低也与此相对应。实际上，在一般场合下，以采用孔板为最多。

② 当要求压力损失较小时，可采用喷嘴、文丘里管等。

③ 在测量某些易使节流装置腐蚀、沾污、磨损、变形的介质流量时，采用喷嘴较采用

孔板为好。

④ 在流量值与压差值都相同的条件下，使用喷嘴有较高的测量精度，而且所需的直管长度也较短。

⑤ 如被测介质是高温、高压的，则可选用孔板和喷嘴。文丘里管只适用于低压的流体介质。

2. 节流装置的安装使用

在安装和使用节流装置时，应注意如下事项。

① 必须保证节流装置的开孔和管道的轴线同心，并使节流装置端面与管道的轴线垂直。

② 在节流装置前后长度为两倍于管径（$2D$）的一段管道内壁上，不应有凸出物和明显的粗糙或不平现象。

③ 任何局部阻力（如弯管、三通管、闸阀等）均会引起流速在截面上重新分布，引起流量系数变化。所以在节流装置的上、下游必须配置一定长度的直管。

④ 标准节流装置（孔板、喷嘴），一般都用于直径 $D \geqslant 50\text{mm}$ 的管道中。

⑤ 被测介质应充满全部管道并且连续流动。

⑥ 管道内的流束（流动状态）应该是稳定的。

⑦ 被测介质在通过节流装置时应不发生相变。例如：流体不蒸发和析出气体，气体不冷凝等。当流过节流装置的流体出现气液混相时，将会使测量造成很大误差。譬如说，测量饱和蒸汽流量的差压计，当蒸汽由于温度降低而冷凝，使蒸汽中夹杂水滴时，将会使测量结果完全失真，这是使用中特别要注意的。

节流装置将管道中流体流量的大小转换为相应的压差大小，但这个压差信号还必须由导压管引出，并用相应的差压计来测量。所以差压式流量计一般应由节流装置、导压管、差压计三部分组成。用在流量测量上的差压计有很多类型，例如双波纹管差压计、膜盒式盖压计、浮标式差压计、差压变送器等。这里我们仅介绍差压变送器。

三、差压变送器

变送器是单元组合式仪表中不可缺少的基本单元之一。

所谓单元组合式仪表，这是将对参数的检测及其变送、显示、控制等各部分，分别做成只完成某一种功能而又能各自独立工作的单元仪表（简称单元，例如变送单元、显示单元、控制单元等）。这些单元之间以统一的标准信号互相联系，可以根据不同的要求，方便地将各单元任意组合成各种控制系统，适用性和灵活性都较好。

按使用的能源不同，单元组合式仪表有气动单元组合式仪表（QDZ 型）和电动单元组合式仪表（DDZ 型）。电动单元组合式仪表以电为能源，信号之间联系比较方便，适宜于远距离传送，集中控制，便于与计算机联用。

差压变送器可以将差压信号 Δp 转换为统一标准的气压信号或电流信号，可以连续地测量差压、液位、分界面等工艺参数。当它与节流装置配合时，可以用来连续测量液体、蒸汽和气体的流量。如图 3-2 为节流式流量检测系统框图。

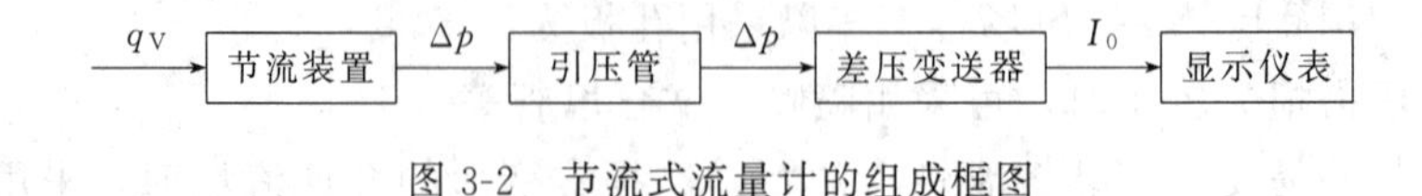

图 3-2　节流式流量计的组成框图

当第二章中介绍的电容式压力传感器的测量膜盒的两侧通以差压信号时，便成了电容式差压传感器，如果与节流装置联用，也可以将流量信号转换成 4～20mA 的直流电流信号。这是一种开环检测仪表，具有结构简单、过载能力强、可靠性好、体积小、重量轻、响应快、使用方便等一系列优点。

四、差压式流量计的测量误差

差压式流量计的应用是非常广泛的。但是，在现场实际应用时，往往具有比较大的测量误差，有的甚至高达 10%～20%（应当指出，造成这么大的误差实际上完全是由于使用不当引起的，而不是仪表本身的测量误差）。特别是在采用差压式流量计作为工艺生产过程中物料（水、蒸汽以及各种原料、半成品、成品等液体和气体）的计量，进行经济核算和测取物料衡算数据时，这一矛盾更显得突出。然而在只要求流量相对值的场合下，对流量指示值与实际值之间的偏差往往不被注意，但是事实上误差却是客观存在的。因此，必须引起注意的是：不仅需要合理的选型、准确的设计计算和加工制造，更要注意正确的安装、维护和符合使用条件等，才能保证差压式流量计有足够的实际测量精度。

下面列举一些造成测量误差的原因，以便在应用中注意，并予以适当解决。

1. 被测流体工作状态的变动

如果实际使用时被测流体的工作状态（温度、压力、湿度）以及相应的流体重度、黏度、雷诺数等参数数值，与设计计算时有所变动，则会造成原来由差压计算得到的流量值与实际的流量值之间有较大的误差。为了消除这个误差，必须按新的工艺条件重新进行设计计算，或者将所测的数值加以必要的修正。

2. 节流装置安装不正确

节流装置安装不正确，也是引起差压式流量计测量误差的重要原因之一。在安装节流装置时，除了要注意前面所讲的节流装置的安装使用方面的问题外，还必须注意节流装置的安装方向。一般地说，节流装置露出部分所标注的“+”号一侧，应当是流体的入口方向。当用孔板作为节流装置时，应使流体从孔板 90°锐口的一侧流入。

另外，在使用中，要保持节流装置的清洁。如在节流装置处有沉淀、结焦、堵塞等现象，也会引起较大的测量误差，必须及时清洗。

3. 孔板入口边缘的磨损

节流装置使用日久，特别是在被测介质夹杂有固体颗粒等机械物情况下，或者由于化学腐蚀，都会造成节流装置的几何形状和尺寸的变化。对于使用广泛的孔板来说，它的入口边缘的尖锐度会由于冲击、磨损和腐蚀而变钝。这样，在相等数量的流体经过时所产生的压差 Δp 将变小，从而引起仪表指示值偏低。故应注意检查、维修，必要时应换用新的孔板。

4. 导压管安装不正确，或有堵塞、渗漏等现象

导压管要正确地安装，防止堵塞与渗漏，否则会引起较大的测量误差。对于不同的被测介质，导压管的安装亦有不同的要求，下面结合几类具体情况来讨论。

（1）测量液体的流量时，应该使两根导压管内都充满同样的液体而无气泡，以使两根导压管内的液体密度相等。这样，由两根导压管内液柱所附加在差压计正负压室的压力可以互相抵消。为了使导压管内没有气泡，必须做到：

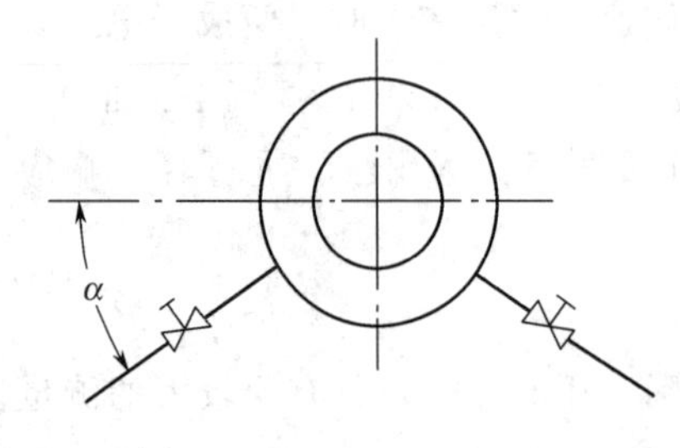

图 3-3　测量液体流量时的取压点位置

① 取压点应该位于节流装置的下半部，与水平线夹角 α 应为 0°～45°，如图 3-3 所示（如果从底部引出，液体中夹带的固体杂质会沉积在引压管内，引起堵塞，亦属不宜）；

② 引压导管最好垂直向下，如条件不许可，导管亦应下倾一定的坡度(至少 1∶20～1∶10)，使气泡易于排出；

③ 在引压导管的管路内，应有排气的装置。如果差压计只能装在节流装置之上时，则须加装贮气罐，如图 3-4(a)、(b) 中的放空阀 3 与贮气罐 6。这样，即使有少量气泡，对差压 Δp 的测量仍无影响。

(2) 测量气体测量时，上述的这些基本原则仍然适用。尽管在引压导管的连接方式上有些不同，其目的仍是要保持两根导管内流体的密度相等。为此，必须使管内不积聚气体中可能夹带的液体，具体措施是：

① 取压点应在节流装置的上半部；

② 引压导管最好垂直向上，至少亦应向上倾斜一定的坡度，以使引压导管中不滞留液体；

③ 如果差压计必须装在节流装置之下，则须加装贮液罐和排放阀，如图 3-5 所示。

(3) 测量蒸汽的流量时，要实现上述的基本原则，必须解决蒸汽冷凝液的等液位问题，以消除冷凝液液位的高低对测量精度的影响。

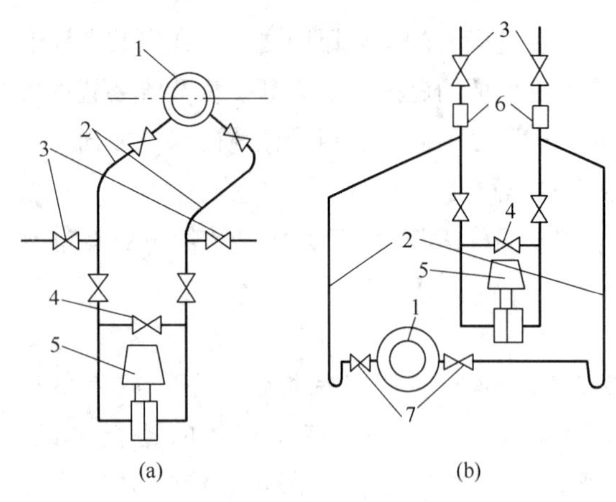

图 3-4　测量液体流量时的连接图

1—节流装置；2—引压导管；3—放空阀；4—平衡阀；5—差压变送器；6—贮气罐；7—切断阀

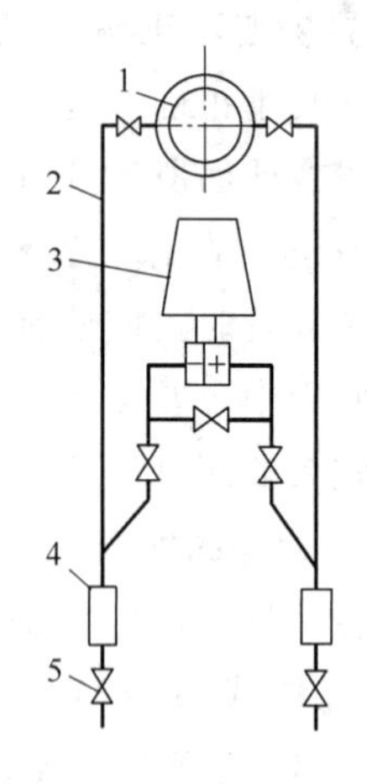

图 3-5　测量气体流量时的连接图

1—节流装置；2—引压导管；3—差压变送器；4—贮液罐；5—排放阀

最常用的接法如图 3-6 所示。取压点从节流装置的水平位置流出，并分别安装凝液罐 2。这样，两根导管内都充满了冷凝液，而且液位一样高，从而实现了差压 Δp 的准确测量。

自凝液罐至差压计的接法与测量液体流量时相同。

5. 差压计安装或使用不正确

差压计或差压变送器安装或使用不正确也会引起测量误差。

由引压导管接至差压计或变送器前，必须安装切断阀1、2和平衡阀3，如图3-7所示。我们知道，差压计是用来测量差压Δp的，但如果两切断阀不能同时开闭时，就会造成差压计单向受很大的静压力，有时会使仪表产生附加误差，严重时会使仪表损坏。为了防止差压计单向受很大的静压力，必须正确使用平衡阀。在启用差压计时，应先开平衡阀3，使正、负压室连通，受压相同，然后再打开切断阀1、2，最后再关闭平衡阀3，差压计即可投入运行。差压计需要停用时，应先打开平衡阀，然后再关闭切断阀1、2。

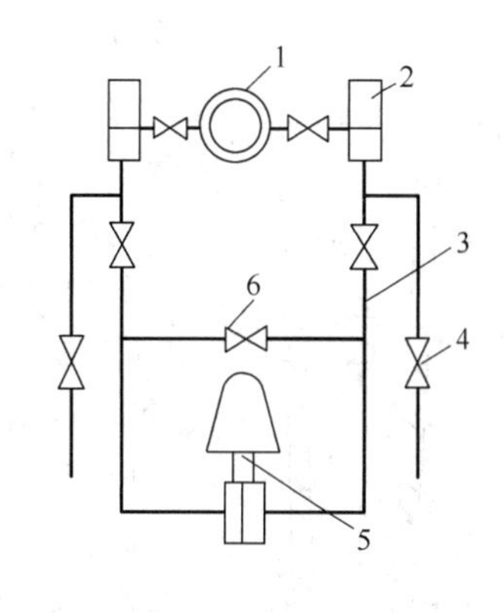

图3-6　测量蒸汽流量的连接图

1—节流装置；2—凝液罐；3—引压导管；4—排放阀；5—差压变送器；6—平衡阀

当切断阀1、2关闭时，打开平衡阀3，便可进行仪表的零点校验。

测量腐蚀性（或易凝固等不适宜直接进入差压计的）介质的流量时，必须采取隔离措施。最常用的方法是用某一种与被测介质不互溶亦不起化学变化的中性液体作为隔离液，同时起传递压力的作用。当隔离液的密度ρ_1'大于或小于被测介质密度ρ_1时，隔离罐分别采用图3-8所示的两种类型。

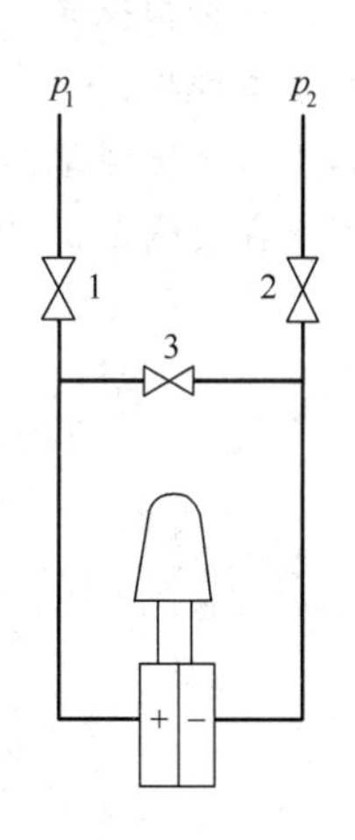

图3-7　差压计阀组安装示意图

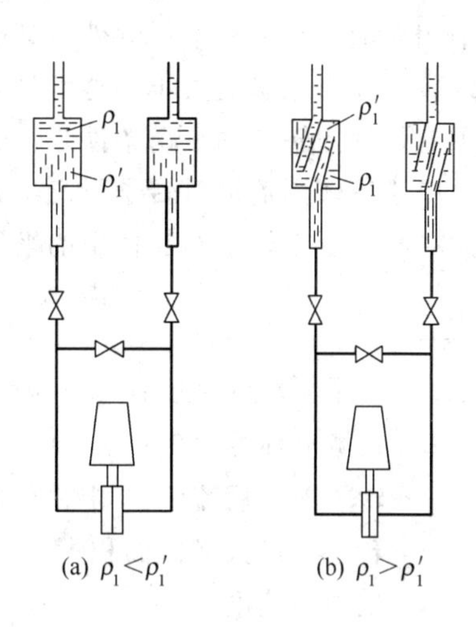

图3-8　隔离罐的两种型式

第三节　转子流量计

在工业生产中经常遇到小流量的检测，因其流体的流速低，这就要求测量仪表具有较高的灵敏度，才能保证一定的精度。节流装置对管径小于50mm、低雷诺数的流体的测量精度是不高的。而转子流量计则特别适宜于测量管径50mm以下管道的流量。测量的流量可小到每小时几升。

一、工作原理

转子流量计与前面所讲的差压式流量计在工作原理上是不相同的，差压式流量计，是在

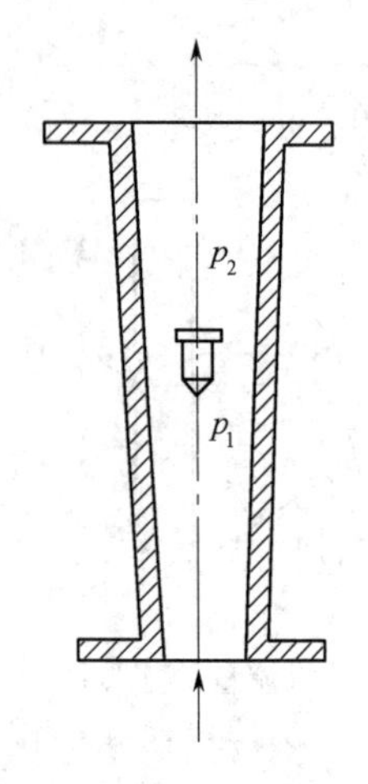

图 3-9　转子流量计的工作原理图

节流面积（如孔板面积）不变的条件下，以差压变化来反映流量的大小，而转子流量计，却是以压降不变，利用节流面积的变化来测量流量的大小，即转子流量计采用的是恒压降、变节流面积的流量测量法。

图 3-9 是指示式转子流量计的原理图，它基本上由两个部分组成，一个是由下往上逐渐扩大的锥形管（通常用玻璃制成，锥度为 40′～3°）；另一个是放在锥形管内可自由运动的转子。工作时，被测流体（气体或液体）由锥形管下部进入，沿着锥形管向上运动，流过转子与锥形管之间的环隙，再从锥形管上部流出。当流体流过锥形管时，位于锥形管中的转子受到一个向上的力，使转子浮起。当这个力正好等于浸没在流体里的转子重力（即等于转子重量减去流体对转子的浮力）时，则作用在转子上的上下两个力达到平衡，此时转子就停浮在一定的高度上。假如被测流体的流量突然由小变大时，作用在转子上的力就加大。因为转子在流体中的重力是不变的，即作用在转子上的向下力是不变的，所以转子就上升。由于转子在锥形管中位置的升高，造成转子与锥形管间环隙增大，即流通面积增大。随着环隙的增大，流过此环隙的流体流速变慢，因而，流体作用在转子上的力也就变小。当流体作用在转子上的力再次等于转子在流体中的重力时，转子又稳定在一个新的高度上。这样，转子在锥形管中的平衡位置的高低与被测介质的流量大小相对应。如果在锥形管外沿其高度刻上对应的流量值，那么根据转子平衡位置的高低就可以直接读出流量的大小。这就是转子流量计测量流量的基本原理。

转子流量计中转子的平衡条件是：转子在流体中的重力等于流体因流动对转子所产生的作用力。由于流体因流动对转子所产生的作用力实际上就是流体在转子前后的静压降与转子截面积的乘积，所以转子在流体中的平衡条件是

$$V(\rho_t-\rho_f)g=(p_1-p_2)A \tag{3-5}$$

式中　V——转子的体积；

ρ_t——转子材料的密度；

ρ_f——被测流体的密度；

p_1，p_2——转子前、后流体作用在转子上的静压力；

A——转子的最大横截面积；

g——重力加速度。

由于在测量过程中，V、ρ_t、ρ_f、A、g 均为常数，所以由式(3-5) 可知，(p_1-p_2) 也应为常数。这就是说，在转子流量计中，流体在转子前后的压降是固定不变的。所以，转子流量计是以定压降变节流面积法测量流量的。这正好与差压法测量流量的情况相反，差压法测量流量时，压差是变化的，而节流面积却是不变的。

由式(3-5) 可得

$$\Delta p=p_1-p_2=\frac{V(\rho_t-\rho_f)g}{A} \tag{3-6}$$

在 Δp 一定的情况下，流过转子流量计的流量与转子和锥形管间环隙面积 F_0 有关。由于锥形管由下往上逐渐扩大，所以 F_0 是与转子浮起的高度有关的。这样，根据转子的高度就可以判断被测介质的流量大小，可用下式表示

$$M=\phi h\sqrt{2\rho_f\Delta p}$$

或
$$Q=\phi h\sqrt{\frac{2}{\rho_f}\Delta p}$$

将式(3-6) 代入上两式，分别得到

$$M=\phi h\sqrt{\frac{2gV(\rho_t-\rho_f)\rho_f}{A}} \tag{3-7}$$

$$Q=\phi h\sqrt{\frac{2gV(\rho_t-\rho_f)}{\rho_f A}} \tag{3-8}$$

式中 ϕ——仪表常数；

h——转子的高度。

其他符号的意义同前述。

二、电远传式转子流量计

以上所讲的指示式转子流量计，只适用于就地指示。电远传式转子流量计可以将反映流量大小的转子高度 h 转换为电信号，适合于远传，进行显示或记录。

LZD 系列电远传式转子流量计主要由流量变送及电动显示两部分组成。

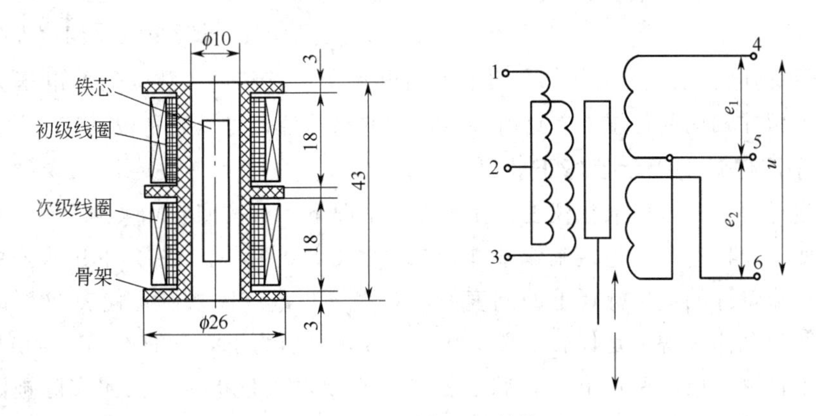

图 3-10　差动变压器结构

1. 流量变送部分

LZD 系列电远传式转子流量计是用差动变压器进行流量变送的。

差动变压器的结构与原理如图 3-10 所示。它由铁芯、线圈以及骨架组成。线圈骨架分成长度相等的两段，初级线圈均匀地密绕在两段骨架的内层，并使两个线圈同相串联相接；次级线圈分别均匀地密绕在两段骨架的外层，并将两个线圈反相串联相接。

当铁芯处在差动变压器两段线圈的中间位置时，初级激磁线圈激励的磁力线穿过上、下两个次级线圈的数目相同，因而每个匝数相等的次级线圈中产生的感应电势 e_1、e_2 相等。由于两个次级线圈系反相串联，所以 e_1、e_2 相互抵消，从而输出端 4、6 之间的总电势为零。即

$$u=e_1-e_2=0$$

当铁芯向上移动时，由于铁芯改变了两段线圈中初、次级的耦合情况，使磁力线通过上段线圈的数目增多，通过下段线圈的磁力线数目减少，因而上段次级线圈产生的感应电势比下段次级线圈产生的感应电势大，即 $e_1>e_2$，于是 4、6 两端输出的总电势 $u=e_1-e_2>0$。当铁芯向下移动时，情况与上移正好相反，即输出的总电势 $u=e_1-e_2<0$。无论哪种情况，我们都把这个输出的总电势称为不平衡电势，它的大小和相位由铁芯相对于线圈中心移动的

距离和方向来决定。

若将转子流量计的转子与差动变压器的铁芯连接起来，使转子随流量变化的运动带动铁芯一起运动，那么，就可以将流量的大小转换成输出感应电势的大小，这就是电远传转子流量计的转换原理。

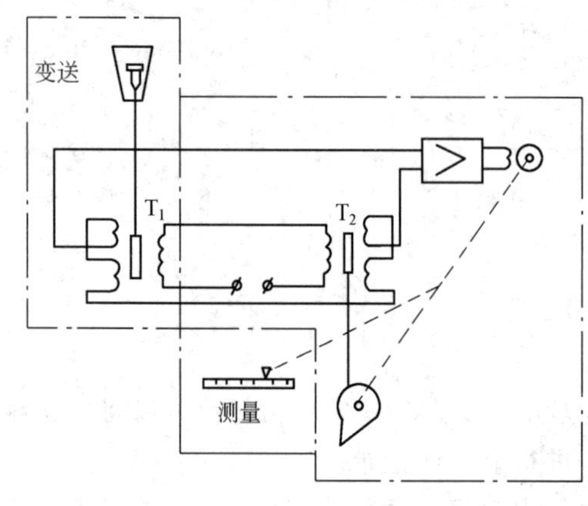

图 3-11　LZD 系列电远传转子流量计

2. 电动显示部分

图 3-11 是 LZD 系列电远传转子流量计的原理图。当被测介质流量变化时，引起转子停浮的高度发生变化，转子通过连杆带动发送的差动变压器 T_1 中的铁芯上下移动。当流量增加时，铁芯向上移动，变压器 T_1 的次级绕组输出一不平衡电势，进入电子放大器。放大后的信号一方面通过可逆电机带动显示机构动作，另一方面通过凸轮带动接收的差动变压器 T_2 中的铁芯向上移动。使 T_2 的次级绕组也产生一个不平衡电势。由于 T_1、T_2 的次级绕组是反向串联的，因此由 T_2 产生的不平衡电势去抵消 T_1 产生的不平衡电势，一直到进入放大器的电压为零后，T_2 中的铁芯便停留在相应的位置上，这时显示机构的指示值便可以表示被测流量的大小了。

三、转子流量计的指示值修正

转子流量计是一种非标准化仪表，在大多数情况下，可按照实际被测介质进行刻度。但仪表厂为了便于成批生产，是在工业基准状态（20℃，0.10133MPa）下用水或空气进行刻度的，即转子流量计的流量标尺上的刻度值，对用于测量液体来讲是代表 20℃时水的流量值，对用于测量气体来讲则是代表 20℃，0.10133MPa 压力下空气的流量值。所以，在实际使用时，如果被测介质的密度和工作状态不同，必须对流量指示值按照实际被测介质的密度、温度、压力等参数的具体情况进行修正。

（1）液体流量测量时的修正　测量液体的转子流量计，由于制造厂是在常温（20℃）下用水标定的，根据式(3-8) 可写为

$$Q_0 = \phi h \sqrt{\frac{2gV(\rho_t - \rho_w)}{\rho_w A}} \tag{3-9}$$

式中，Q_0 为用水标定时的刻度流量；ρ_w 为水的密度。其他符号同式(3-8)。

如果使用时被测介质不是水，则由于密度的不同必须对流量刻度进行修正或重新标定。对一般液体介质来说，当温度和压力改变时，对密度影响不大。如果被测介质的黏度与水的黏度相差不大（不超过 0.03Pa·s），可近似认为 ϕ 是常数，则有

$$Q_f = \phi h \sqrt{\frac{2gV(\rho_t - \rho_f)}{\rho_f A}} \tag{3-10}$$

式中，Q_f 表示密度为 ρ_f 的被测介质实际流量。

式(3-9) 与式(3-10) 相除，整理后得

$$Q_0 = \sqrt{\frac{(\rho_t - \rho_w)\rho_f}{(\rho_t - \rho_f)\rho_w}} \times Q_f = K_Q Q_f \tag{3-11}$$

$$K_Q=\sqrt{\frac{(\rho_t-\rho_w)\rho_f}{(\rho_t-\rho_f)\rho_w}} \tag{3-12}$$

式中，K_Q 为体积流量密度修正系数。

同理可导得质量流量的修正公式为

$$Q_0=\sqrt{\frac{\rho_f-\rho_w}{(\rho_t-\rho_f)\rho_f\rho_w}}\times M_f=K_M M_f \tag{3-13}$$

$$K_M=\sqrt{\frac{\rho_t-\rho_w}{(\rho_t-\rho_f)\rho_f\rho_w}} \tag{3-14}$$

式中，K_M 为质量流量密度修正系数；M_f 为流过仪表的被测介质的实际质量流量。

【例 3-1】 现用一只以水标定的转子流量计来测量苯的流量，已知转子材料为不锈钢，$\rho_t=7.9\text{g/cm}^3$，苯的密度为 $\rho_f=0.83\text{g/cm}^3$。试问流量计读数为 3.6L/s 时，苯的实际流量是多少？

解 由式(3-12) 计算得

$$K_Q=0.9$$

将此值代入式(3-11)，得

$$Q_f=\frac{1}{K_Q}\times Q_0=\frac{1}{0.9}\times 3.6=4\text{L/s}$$

即苯的实际流量为 4L/s。

(2) 气体流量测定时的修正　对于气体介质流量值的修正，除了被测介质的密度不同以外，被测介质的工作压力和温度的影响也较显著，因此对密度、工作压力和温度均需进行修正。

转子流量计用来测量气体时，制造厂是在工业基准状态（293K，0.10133MPa 绝对压力）下用空气进行标定的。对于非空气介质在不同于上述基准状态下测量时，要进行校正。

当已知仪表显示刻度 Q_0，要计算实际的工作介质流量时，可按下式修正。

$$Q_1=\sqrt{\frac{\rho_0}{\rho_1}}\times\sqrt{\frac{p_1}{p_0}}\times\sqrt{\frac{T_0}{T_1}}\times Q_0=\frac{1}{K_\rho}\times\frac{1}{K_p}\times\frac{1}{K_T}\times Q_0 \tag{3-15}$$

式中　Q_1——被测介质的流量，Nm^3/h；

ρ_1——被测介质在标准状态下的密度，kg/Nm^3；

ρ_0——校验用介质空气在标准状态下的密度（1.293kg/Nm^3）；

p_1——被测介质的绝对压力，MPa；

p_0——工业基准状态时的绝对压力（0.10133MPa）；

T_0——工业基准状态时的绝对温度（293K）；

T_1——被测介质的绝对温度，K；

Q_0——按标准状态刻度的显示流量值，Nm^3/h；

K_ρ——密度修正系数；

K_p——压力修正系数；

K_T——温度修正系数。

值得注意的是，由式(3-15) 计算得到的 Q_1 是被测介质在单位时间（小时）内流过转子流量计的标准状态下的容积数（标准立方米），而不是被测介质在实际工作状态下的容积流量。这是因为气体计量时，一般用标准立方米计，而不用实际工作状态下的容积数来计。

【例 3-2】 某厂用转子流量计来测量温度为 27℃，表压为 0.16MPa 的空气流量，问转子流量计读数为 38Nm³/h 时，空气的实际流量是多少？

解 已知 $Q_0=38\text{Nm}^3/\text{h}$，$p_1=0.16+0.10133=0.26133\text{MPa}$，$T_1=27+273=300\text{K}$，$T_0=293\text{K}$，$p_0=0.10133\text{MPa}$，$\rho_1=\rho_0=1.293\text{kg/Nm}^3$。

将上列数据代入式(3-15)，便可得

$$Q_1=\sqrt{\frac{1.293}{1.293}}\times\sqrt{\frac{0.26133}{0.10133}}\times\sqrt{\frac{293}{300}}\times 38\approx 60.3\ \text{Nm}^3/\text{h}$$

即这时空气的流量为 60.3Nm³/h。

(3) 蒸汽流量测量时的换算　转子流量计用来测量水蒸气流量时，若将蒸汽流量换算为水流量，可按式(3-13) 计算。若转子材料为不锈钢，$\rho_t=7.9\text{g/cm}^3$，则有

$$Q_0=\sqrt{\frac{\rho_t-\rho_w}{(\rho_t-\rho_f)\rho_f\times\rho_w}}\times M_f=\sqrt{\frac{7.9-1}{7.9-\rho_f}}\times\sqrt{\frac{1000}{\rho_f}}M_f \tag{3-16}$$

当 $\rho_f \ll \rho_t$ 时，可算得

$$Q_0=29.56\sqrt{\frac{1}{\rho_f}}\times M_f \tag{3-17}$$

式中，Q_0 为水流量，L/h；ρ_f 为蒸汽密度，kg/m³；M_f 为蒸汽流量，kg/h。

由上式可以看出，若已知某饱和蒸汽（温度不超过 200℃）流量值时，可从上式换算成相应的水流量值，然后按转子流量计规格选择合适口径的仪表。

第四节　漩涡流量计

漩涡流量计又称涡街流量计。它可以用来测量各种管道中的液体、气体、蒸汽的流量，是目前工业控制、能源计量及节能管理中常用的新型流量仪表。

漩涡流量计的特点是精确度高、测量范围宽、没有运动部件、无机械磨损、维护方便、压力损失小、节能效果明显。

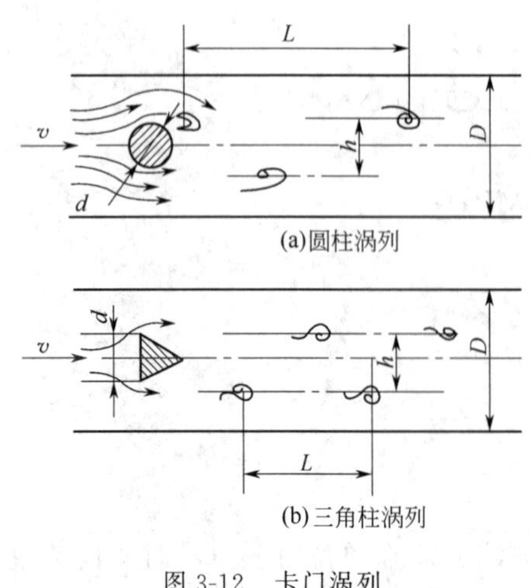

图 3-12　卡门涡列

漩涡流量计是利用有规则的漩涡剥离现象来测量流体流量的仪表。在流体中垂直插入一个非流线形的柱状物（圆柱或三角柱）作为漩涡发生体，如图 3-12 所示。当雷诺数达到一定的数值时，会在柱状物的下游处产生如图所示的两列不对称但有规律的交替漩涡，像这样的漩涡涡列就是卡门涡列。该漩涡涡列通常是不稳定的。当两漩涡列之间的距离 h 和同列的两漩涡之间的距离 L 之比能满足 $h/L=0.281$ 时，所产生的非对称漩涡列才能达到稳定。

由圆柱漩涡发生体形成的卡门漩涡，其单列漩涡产生的频率为

$$f=S_{\mathrm{f}}\frac{v}{d} \tag{3-18}$$

式中　f——单列漩涡产生的频率，Hz；

v——流体平均流速，m/s；

d——圆柱直径，m；

S_{f}——斯特罗哈尔系数（当雷诺数 $Re=5\times10^2\sim15\times10^4$ 时，$S_{\mathrm{f}}=0.2$）。

由上式可知，当 S_{f} 近似为常数时，漩涡产生的频率 f 与流体的平均流速成正比，测得 f 即可求得体积流量 Q。

漩涡频率的检测方法有热学法、电容法和差压法等。图 3-13 所示的是一种热学法。它采用铂电阻丝作为漩涡频率的转换元件。在圆柱形发生体上有一段空腔（检测器），被隔墙分成两部分。在隔墙中央有一小孔，小孔上装有一根被加热了的细铂丝。在产生漩涡的一侧，流速降低，静压升高，于是在有漩涡的一侧和无漩涡的一侧之间产生静压差。流体从空腔上的导压孔进入，向未产生漩涡的一侧流出。流体在空腔内流动将铂丝上的热量带走，铂丝温度下降，电阻值减小。由于漩涡是交替地出现在柱状物的两侧，所以铂热电阻丝阻值的变化也是交替的，且阻值变化的频率与漩涡产生的频率相对应，故可通过测量铂丝阻值变化的频率来推算流量。

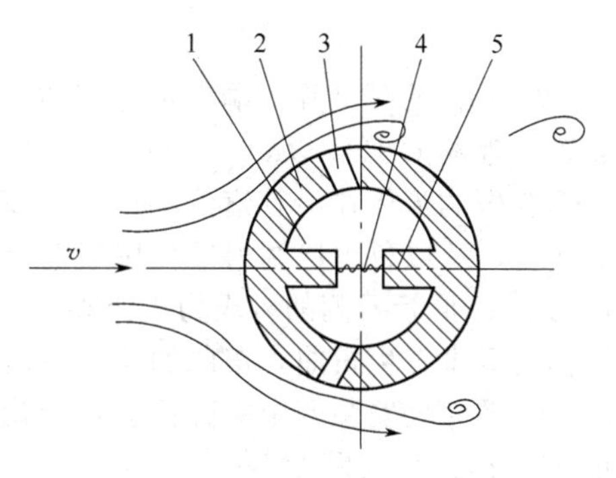

图 3-13　圆柱检出器原理图

1—空腔；2—圆柱棒；3—导压孔；4—铂电阻丝；5—隔墙

铂丝阻值的变化频率，采用一个不平衡电桥进行转换、放大和整形，再变换成 0～10mA 或 4～20mA 直流电流信号输出，供显示、累积流量或进行自动控制。

第五节　质量流量计

在化工和炼油生产过程中所用的流量仪表，不论是差压式流量计、漩涡流量计，还是转子、靶式、涡轮、电磁和椭圆齿轮流量计，从原理上来讲它们所能直接测得的都是体积流量 Q。但是，在工业生产中，由于物料平衡、热平衡以及储存、经济核算等所需要的却往往不是体积流量，而是质量流量。所以，在测量工作中，往往需要将已测出的体积流量 Q，乘以介质的密度换算成质量流量 M。由于介质密度受工作压力、温度、黏度、成分以及相变等许多因素变动的影响，这些因素往往会给测量结果带来较大的测量误差。而质量流量计则是直接测量单位时间内所流过的介质的质量，即质量流量 M。因而，质量流量计的最后输出信号将与被测介质的压力、温度、黏度、流动的雷诺数等无关，而只与介质的质量流量 M 成比例，这就能从根本上提高流量测量的精度，省去了烦琐的换算和修正。

质量流量计大致可分为两大类：一类是直接式质量流量计，即直接检测流体的质量流量；另一类是间接式或推导式质量流量计，这类流量计是通过体积流量计和密度计的组合来测量质量流量。

一、直接式质量流量计

直接式质量流量计的形式很多，有量热式、角动量式、差压式以及科氏力式等。下面介绍其中的一种——科里奥利质量流量计，简称科氏力流量计。

这种流量计的测量原理是基于流体在振动管中流动时，将产生与质量流量成正比的科里奥利力。图 3-14 是一种 U 形管式科氏力流量计的示意图。

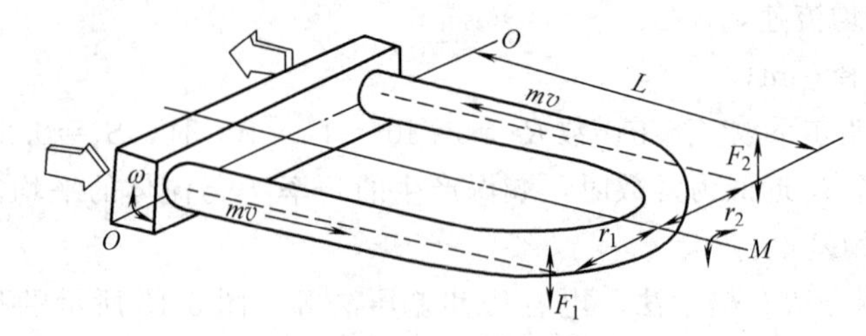

图 3-14　科氏力流量计测量原理

U 形管的两个开口端固定，流体从一端流入，由另一端流出。在 U 形管顶端装有电磁装置，激发 U 形管以 $O—O$ 为轴，按固有的频率振动，振动方向垂直于 U 形管所在平面。U 形管内的流体在沿管道流动的同时又随管道做垂直运动，此时流体就会产生一科里奥利加速度，并以科里奥利力反作用于 U 形管。由于流体在 U 形管两侧的流动方向相反，因此作用于 U 形管两侧的科氏力大小相等方向相反，于是形成一个作用力矩。U 形管在该力矩的作用下将发生扭曲，扭曲的角度与通过 U 形管的流体质量流量成正比。如果在 U 形管两侧中心平面处安装两个电磁传感器测出 U 形管扭转角度的大小，就可以得到所测的质量流量 M，其关系式为

$$\mathrm{M}=\frac{\mathrm{K}_s\theta}{4\omega\mathrm{r}} \tag{3-19}$$

式中，θ 为扭转角；K_s 为扭转弹性系数；ω 为振动角速度；r 为 U 形管跨度半径。

科氏力质量流量计的特点是能够直接测量质量流量，不受流体物性（密度、黏度等）的影响，测量精度高；测量值不受管道内流场影响，没有上、下游直管段长度的要求；可测各种非牛顿流体以及黏滞和含微粒的浆液。但是它的阻力损失较大，零点不稳定以及管路振动会影响测量精度。

二、间接式质量流量计

这类仪表是由测量体积流量的仪表与测量密度的仪表配合，再用运算器将两表的测量结果加以适当的运算，间接得出质量流量。

（1）测量体积流量 Q 的仪表与密度计配合　这种测量方法如图 3-15 所示。测量体积流量的仪表可采用涡轮流量计、电磁流量计、容积式流量计和漩涡流量计等。如图 3-15 所示，涡轮流量计的输出信号 $y\propto Q$，密度计的输出信号 $x\propto\rho$，通过运算器进行乘法运算，即得质量流量

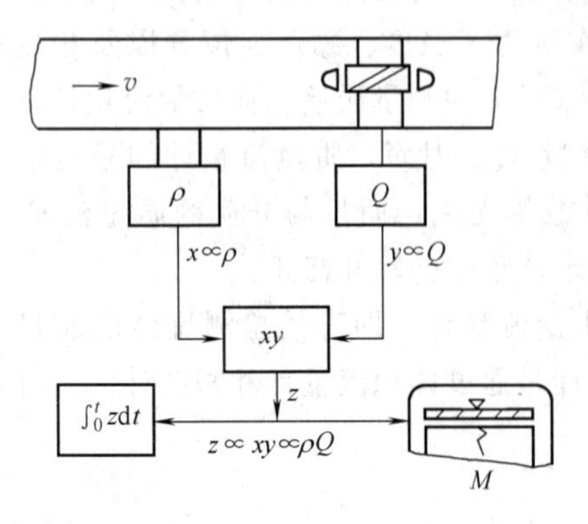

图 3-15　涡轮流量计与密度计配合

$$xy=K\rho Q \tag{3-20}$$

式中，K 为系数。

（2）测量 ρQ^2 的仪表与密度计配合　能够测量 ρQ^2 的仪表有差压式流量计、靶式流量计和动压测量管等。如图 3-16 所示，由孔板两端取出的压差 Δp 与 ρQ^2 成正比。差压变送器的输出信号 $y\propto\rho Q^2$，

密度计的输出信号 $x \propto \rho$，两信号通过运算器相乘再开方，即得质量流量

$$\sqrt{xy} = K\rho Q \tag{3-21}$$

式中，K 为系数。

(3) 测量 ρQ^2 的仪表与测量 Q 的仪表配合　这种测量方法如图 3-17 所示。测量 ρQ^2 的仪表输出的信号 x，除以测量 Q 的仪表输出信号 y，即得质量流量

$$\frac{x}{y} = K\frac{\rho Q^2}{Q} = K\rho Q \tag{3-22}$$

式中，K 为系数。

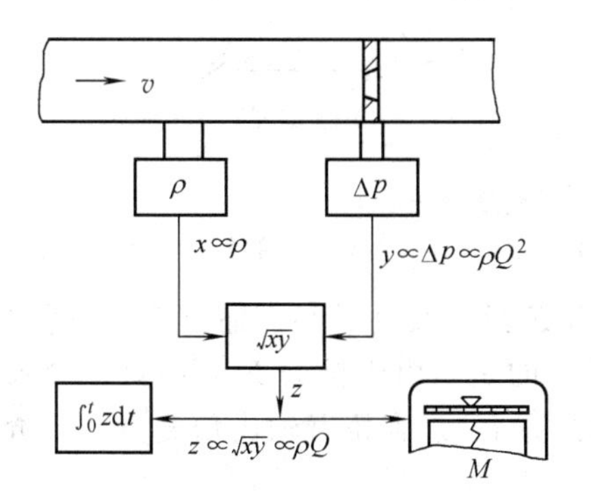

图 3-16　差压流量计与密度计配合

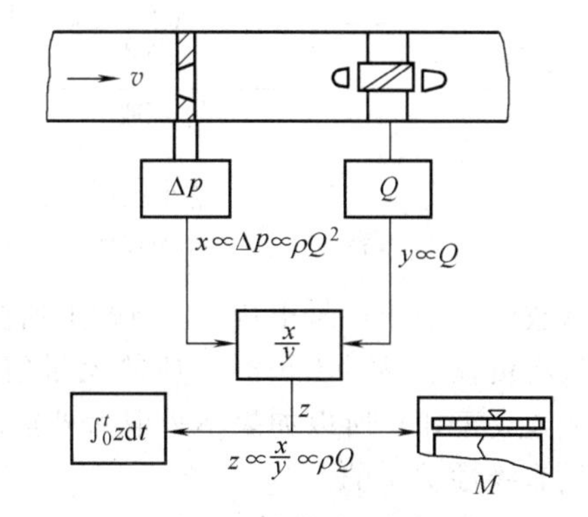

图 3-17　差压流量计与涡轮流量计配合

第六节　其他流量计

流量计的种类很多，除了以上介绍的几种流量计外，常用的还有靶式流量计、椭圆齿轮流量计、涡轮流量计、电磁流量计等。随着工业生产自动化水平的提高，许多新的流量检测方法也日益被人们重视和采用，例如超声波、激光、X 射线及核磁共振等技术被逐渐应用到工业生产中，成为目前较新的流量检测技术。

一、靶式流量计

在化工生产中，经常会遇到某些黏度较高或含有悬浮物介质的流量检测。在这种情况下，差压式流量计和转子流量计因结构及特性上的原因，均不能适应这种特殊介质流量检测的要求。这时可采用在管道中插入一块靶子作为节流元件的靶式流量计，如图 3-18 所示。

靶式流量计是在管道中心垂直于流体流动的方向上安装一圆盘形的靶，流体经过时由于受阻必然要冲击圆盘形的靶，靶上所受的作用力与流体流速（或流量）之间存在着一定的关系。流速越大，则靶上所受到的力也越大。因此只要通过力矩转换的方式测出靶上受到的作用力 F，便可以求出通过流体的流量。力矩转换的方式有气动和电动两大类，分别可以将作用力转换为气压信号和电流信号。进而可以进行显示、记录或控制。

采用半导体应变片作为转换元件的靶式流量变送器是电动靶式流量变送器的一种类型，其结构如图 3-18 所示。

靶 1 上所受到的流体推力 F，经输出力杠杆 2，由推杆使悬臂块 4 产生微弯曲的弹性变形，于是，用特殊胶合剂贴紧在悬臂块 4 正面的半导体应变片 R_1 和 R_4 的电阻值，由于受到拉伸应变而增大，而贴紧在悬臂块 4 背面的半导体应变片 R_2 和 R_4 的电阻值，则因受到压缩应变而减小。由于 R_1、R_3 和 R_2、R_4 处于测量桥路相对桥臂的支路上，从而提高了变

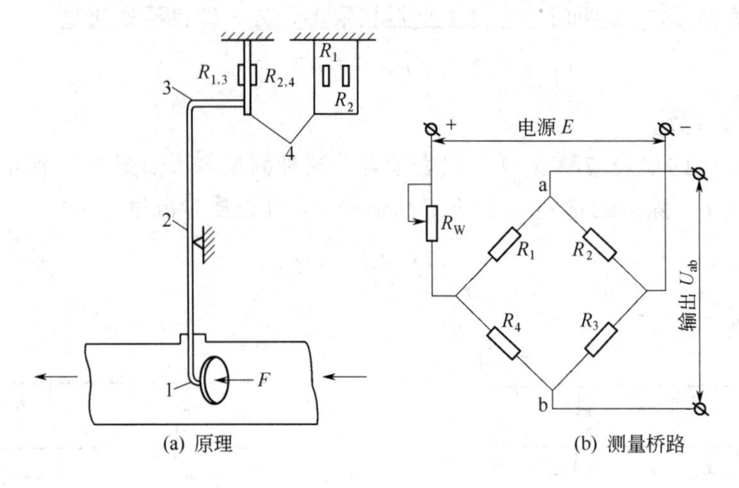

图 3-18　半导体应变片式靶式流量变送器

1—靶；2—输出力杠杆；3—推杆；4—悬臂块；R_1～R_4—半导体应变片

送的灵敏度。输出信号电压 U_{ab} 与靶上所受到的推力 F 具有线性关系。输出信号电压 U_{ab} 可由毫伏测量仪表显示出被测介质的流量值。但要注意的是，由于推力 F 是与被测介质流量 Q 的平方成正比，所以如果不采取另外措施（例加开方器），则桥臂输出信号电压与介质流量是呈非线性关系的。

二、椭圆齿轮流量计

椭圆齿轮流量计是属于容积式流量计的一种。它对被测流体的黏度变化不敏感，特别适合于测量高黏度的流体（例如重油、聚乙烯醇、树脂等），甚至糊状物的流量。

1. 工作原理

椭圆齿轮流量计的测量部分是由两个相互啮合的椭圆形齿轮 A 和 B、轴及壳体构成。椭圆齿轮与壳体之间形成测量室，如图 3-19 所示。

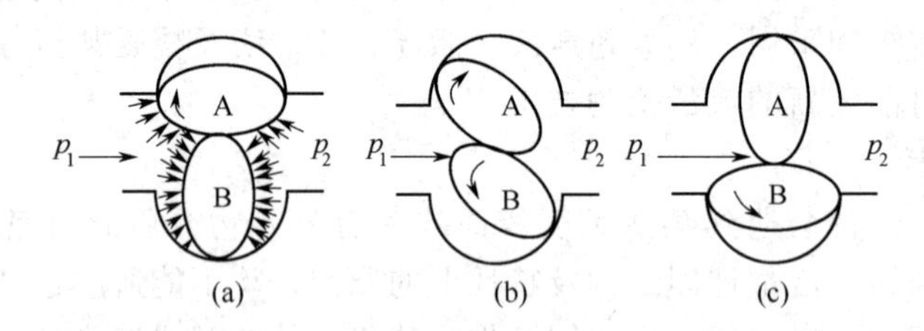

图 3-19　椭圆齿轮流量计结构原理

当流体流过椭圆齿轮流量计时，由于要克服阻力将会引起阻力损失，从而使进口侧压力 p_1 大于出口侧压力 p_2，在此压力差的作用下，产生作用力矩使椭圆齿轮连续转动。在图 3-19(a) 所示的位置时，由于 $p_1 > p_2$，在 p_1 和 p_2 的作用下所产生的合力矩使轮 A 顺时针方向转动，把轮 A 和壳体间的半月形容积内的介质排至出口，并带动 B 轮作逆时针方向转动。这时 A 为主动轮，B 为从动轮。在图 3-19(b) 上所示为中间位置，根据力的分析可知，此时 A 轮与 B 轮均为主动轮。当继续转至图 3-19(c) 所示位置时，p_1 和 p_2 作用在 A 轮上的合力矩为零，作用在 B 轮上的合力矩使 B 轮作逆时针方向转动，并把已吸入的半月形容积内的介质排出出口，这时 B 轮为主动轮，A 轮为从动轮，与图 3-19(a) 所示情况刚好相反。如此往复循环，轮 A 和轮 B 互相交替地由一个带动另一个转动，并把被测介质以半月形容积为单位一次一次地由进口排至出口。显然，图 3-19(a)～(c) 所示，仅仅表示椭圆齿轮转动了 1/4 周的情况，而其所排出的被测介质为一个半月形容积。所以，椭圆齿轮每转一周所排出的被测介质量为半月形容积的 4 倍。故通过椭圆齿轮流量计的体积流量 Q 为

$$Q=4nV_0 \tag{3-23}$$

式中　n——椭圆齿轮的旋转速度；

V_0——半月形测量室容积。

由式(3-23) 可知，在椭圆齿轮流量计的半月形容积 V_0 已知的条件下，只要测出椭圆齿轮的转速 n，便可知道被测介质的流量。

椭圆齿轮流量计的流量信号（即转速 n）的显示，有就地显示和远传显示两种。配以一定的传动机构及积算机构，就可记录或指示被测介质的总量。

2. 使用特点

由于椭圆齿轮流量计是基于容积式测量原理的，与流体的黏度等性质无关。因此，特别适用于高黏度介质的流量测量。测量精度较高，压力损失较小，安装使用也较方便。但是，在使用时要特别注意被测介质中不能含有固体颗粒，更不能夹杂有机械物，否则会引起齿轮磨损以致损坏。为此，椭圆齿轮流量计的入口端必须加装过滤器。另外，椭圆齿轮流量计的使用温度有一定范围，温度过高，就有使齿轮发生卡死的可能。

椭圆齿轮流量计的结构复杂，加工制造较为困难，因而成本较高。如果因使用不当或使用时间过久，发生泄漏现象，就会引起较大的测量误差。

三、涡轮流量计

在流体流动的管道里，安装一个可以自由转动的叶轮，当流体通过叶轮时，流体的动能使叶轮旋转。流体的流速越高，动能就越大，叶轮转速也就越高。在规定的流量范围和一定的流体黏度下，转速与流速成线性关系。因此，测出叶轮的转速或转数，就可确定流过管道的流体流量或总量。日常生活中使用的某些自来水表、油量计等，都是利用这种原理制成的，这种仪表称为速度式仪表。涡轮流量计正是利用相同的原理，在结构上加以改进后制成的。

图 3-20 是涡轮流量计的结构示意图。它主要由下列几部分组成。

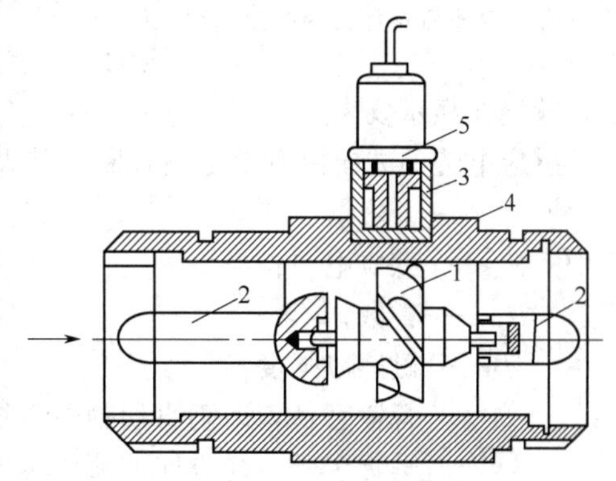

图 3-20　涡轮流量计结构示意图

1—涡轮；2—导流器；3—磁电感应转换器；4—外壳；5—前置放大器

涡轮 1 是用高磁导率的不锈钢材料制成，叶轮芯上装有螺旋形叶片，流体作用于叶片上使之旋转。导流器 2 是用以稳定流体的流向和支承叶轮的。

磁电感应转换器 3 是由线圈和磁钢组成，用以将叶轮的转速转换成相应的电信号，以供给前置放大器 5 进行放大。

整个涡轮流量计安装在外壳 4 上，外壳 4 是由非导磁的不锈钢制成，两端与流体管道相连接。

涡轮流量计的工作过程是这样的：当流体通过涡轮叶片与管道之间的间隙时，由于叶片前后的压差产生的力推动叶片，使涡轮旋转。在涡轮旋转的同时，高导磁性的涡轮就周期性地扫过磁钢，使磁路的磁阻发生周期性的变化，线圈中的磁通量也跟着发生周期性的变化，线圈中便感应出交流电信号。交变的电信号的频率与涡轮的转速成正比，也即与流量成正比。这个电信号经前置放大器放大后，送往电子计数器或电子频率计，以累积或指示流量。

涡轮流量计安装方便，磁电感应转换器与叶片间没有密封和齿轮传动机构，因而测量精度高，可耐高压，静压可达 50MPa。由于基于磁电感应转换原理，故反应快，可测脉动流量。输出信号为电频率信号，便于远传，不受干扰。

涡轮流量计的涡轮容易磨损，被测介质中不应带机械杂质，否则会影响测量精度和损坏机件。因此，一般应加装过滤器。安装时，必须保证前后有一定的直管段，以使流向比较稳定。一般入口直管段的长度取管道内径的 10 倍以上。出口取 5 倍以上。

四、电磁流量计

在流量测量中，当被测介质是具有导电性的液体介质时，可以应用电磁感应的方法来测量流量。电磁流量计的特点是能够测量酸、碱、盐溶液以及含有固体颗粒（例如泥浆）或纤维液体的流量。

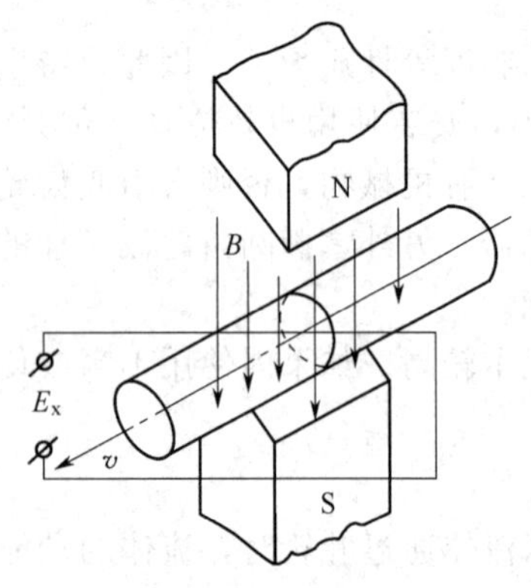

图 3-21 电磁流量计变送部分原理

电磁流量计通常由变送器和转换器两部分组成。被测介质的流量经变送器变换成感应电势后，再经转换器把电势信号转换成统一的 0～10mA 或 4～20mA 直流信号作为输出，以便进行指示、记录或与电动单元组合仪表配套使用。

电磁流量计变送部分的原理图如图 3-21 所示。在一段用非导磁材料制成的管道外面，安装有一对磁极 N 和 S，用以产生磁场。当导电液体流过管道时，因流体切割磁力线而产生了感应电势（根据发电机原理）。此感应电势由与磁极垂直方向的两个电极引出。当磁感应强度不变，管道直径一定时，这个感应电势的大小仅与流体的流速有关，而与其他因素无关。将这个感应电势经过放大、转换，传送给显示仪表，就能在显示仪表上读出流量来。

感应电势的方向由右手定则判断，其大小由下式决定

$$E_x = K'BDv \tag{3-24}$$

式中 E_x——感应电势；

K'——常数；

B——磁感应强度；

D——管道直径，即垂直切割磁力线的导体长度；

v——垂直于磁力线方向的流体速度、体积流量 Q 与流速 v 的关系为

$$Q = \frac{1}{4}\pi D^2 v \tag{3-25}$$

将式(3-25) 代入式(3-24)，便得

$$E_x = \frac{4K'BQ}{\pi D} = KQ \tag{3-26}$$

式中

$$K = \frac{4K'B}{\pi D} \tag{3-27}$$

K 称为仪表常数，在磁感应强度 B、管道直径 D 确定不变后，K 就是一个常数，这时感应电势则与体积流量具有线性关系，因而仪表具有均匀刻度。

为了避免磁力线被测量导管的管壁短路，并使测量导管在磁场中尽可能地降低涡流损耗，测量导管由非导磁的高阻材料制成。

电磁流量计的测量导管内无可动部件或突出于管内的部件，因而压力损失很小。在采取

防腐衬里的条件下，可以用于测量各种腐蚀性液体的流量，也可以用来测量含有颗粒、悬浮物等液体的流量。此外，其输出信号与流量之间的关系不受液体的物理性质（例如温度、压力、黏度等）变化和流动状态的影响。对流量变化反应速度快，故可用来测量脉动流量。

电磁流量计只能用来测量导电液体的流量，其电导率要求不小于水的电导率。不能测量气体、蒸汽及石油制品等的流量。由于液体中所感应出的电势数值很小，所以要引入高放大倍数的放大器，由此而造成测量系统很复杂、成本高，并且很容易受外界电磁场干扰的影响，在使用不恰当时会大大地影响仪表的精度。在使用中要注意维护，防止电极与管道间绝缘的破坏。安装时要远离一切磁源（例如大功率电机、变压器等）。不能有振动。

第七节　流量测量仪表的选型

不同类型的流量仪表性能和特点各异，选型时必须从仪表性能、流体特性、安装条件、环境条件和经济因素等方面进行综合考虑。

仪表性能：精确度，重复性，线性度，范围度，压力损失，上、下限流量，信号输出特性，响应时间等。

流体特性：流体温度，压力，密度，黏度，化学性质，腐蚀，结垢，脏污，磨损，气体压缩系数，等熵指数，比热容，电导率，热导率，多相流，脉动流等。

安装条件：管道布置方向，流动方向，上下游管道长度，管道口径，维护空间，管道振动，防爆，接地，电、气源，辅助设施（过滤，消气）等。

环境条件：环境温度，湿度，安全性，电磁干扰，维护空间等。

经济因素：购置费，安装费，维修费，校验费，使用寿命，运行费（能耗），备品备件等。

常用流量测量仪表选型参考表如表 3-2 所示。

表 3-2　流量测量仪表选型参考表

流量计类型				精确度/(±)% \ 工艺介质	洁净液体	蒸汽或气体	脏污液体	黏性液体	带微粒、导电		微流量	低速流体	大管道	自由落下固体粉粒	整车	明渠	不满管
									腐蚀性液体	磨损悬浮体							
差压			标准孔板	1.50	0	0	*	*	0	*	*	*	*	*	*	*	*
差压	非标准		文丘里	1.50	0	0	*	*	0	*	*	*	0	*	*	*	*
差压	非标准		双重孔板	1.50	0	0	*	*	0	*	*	0	*	*	*	*	*
差压	非标准		1/4 圆喷嘴	1.50	0	0	*	*	0	*	*	0	*	*	*	*	*
差压	非标准		圆缺孔板	1.50	0	0	0	*	*	*	*	*	*	*	*	*	*
差压			笛形匀速管	1.00～4.00	0	0	*	*	*	*	*	*	0	*	*	*	*
差压	特殊		一体化节流式流量计	1.00、1.50、2.00、2.50	0	0	*	*	*	*	*	*	*	*	*	*	*
差压	特殊		楔形	1.00～5.00	0	0	0	0	*	0	*	*	*	+	+	*	*
差压	特殊		内藏孔板	2.00	0	0	*	0	*	*	0	*	*	*	*	*	*
面积			玻璃转子	1.00～5.00	0	*/0	*	*	0	*	0	*	*	*	*	*	*
面积	金属		普通	1.60、2.50	0	*/0	*	*	*	*	0	*	*	*	*	*	*
面积	金属	特殊	蒸汽夹套	1.60、2.50	*	*/0	*	*	*	*	*	*	*	*	*	*	*
面积	金属	特殊	防腐型	1.60、2.50	*	*/0	*	*	0	*	*	*	*	*	*	*	*

续表

流量计类型			精确度/(±)%	洁净液体	蒸汽或气体	脏污液体	黏性液体	带微粒、导电		微流量	低速流体	大管道	自由落下固体粉粒	整车	明渠	不满管
								腐蚀性液体	磨损悬浮体							
速度	靶式		1.00～4.00	0	*/0	0	0	0	0	*	*	*	*	*	*	*
速度	涡轮	普通	0.10、0.50	0	0	*	*	*	*	*	*	*	*	*	*	*
速度	涡轮	插入式	0.10、0.50	0	0	*	*	*	*	*	*	0	*	*	*	*
速度	水表		2.00	0	*	*	*	*	*	*	*	*	*	*	*	*
速度	旋涡	普通	0.50、1.00、1.50	0	*	*	*	*	*	*	*	*	*	*	*	*
速度	旋涡	插入式	1.00～2.50	0	0	*	*	*	*	*	*	0	*	*	*	*
速度	旋涡	旋进式	0.50、1.00、1.50	0	0	*	*	*	*	*	*	*	*	*	*	*
电磁			0.20、0.25、0.50、1.00、1.50、2.00、2.50	0	*	0	0	0	0	*	*	0	*	*	*	*
容积	椭圆齿轮		0.10～1.00	0	*	*	0	0	*	*	*	*	*	*	*	*
容积	刮板式		0.10、0.50、0.20、1.00、1.50	0	*	*	0	0	*	*	*	*	*	*	*	*
容积	腰轮	液体	0.10、0.50	0	*	*	0	*	*	*	*	*	*	*	*	*
固体	冲量式		1.00、1.50	*	*	*	*	*	*	*	*	*	0	*	*	*
固体	电子皮带秤		0.25、0.50	*	*	*	*	*	*	*	*	*	0	*	*	*
固体	轨道衡		0.50	*	*	*	*	*	*	*	*	*	*	0	*	*
其他	超声波流量计		0.50～3.00	0	*	0	0	0	0	0	0	0	*	*	*	*
其他	科氏力质量流量计		0.20～1.00	0	*	0	0	0	0	0	0	*	*	*	*	*
其他	热导式质量流量计		1.00	0	0	0	*	0	*	0	0	0	*	*	*	*
其他	流量开关		15.00	0	*	0	0	0	*	*	0	0	—*	*	0	0
其他	明渠		3.00～8.00	—*	*—	*—	—*	—*	—*	—*	—*	—*	—*	—*	0	—*
其他	不满管电磁		3.00～5.00	0—	—*	—0	0—	—0	—0	*—	—*	—*	—*	—*	0	0

注：0为宜选用，*为不宜选用。

例 题 分 析

1. 某差压式流量计的流量刻度上限为320m³/h，差压上限为2500Pa。当仪表指针指在160m³/h时，求相应的差压是多少（流量计不带开方器）？

解 由流量基本方程式可知

$$Q=\alpha\varepsilon F_0\sqrt{\frac{2}{\rho_1}\Delta p}$$

流量是与差压的平方根成正比的。当测量的所有条件都不变时，可以认为式中的α、ε、F_0、ρ_1均为不变的数。如果假定上题中的$Q_1=320\text{m}^3/\text{h}$；$\Delta p_1=2500\text{Pa}$；$Q_2=160\text{m}^3/\text{h}$；所求的差压为$\Delta p_2$，则存在下述关系

$$\frac{Q_1}{Q_2}=\frac{\sqrt{\Delta p_1}}{\sqrt{\Delta p_2}}$$

由此得

$$\Delta p_2=\frac{Q_2^2}{Q_1^2}\Delta p_1$$

代入上述数据，得

$$\Delta p_2=\frac{160^2}{320^2}\times 2500=625\ (\text{Pa})$$

该例说明了差压式流量计的标尺如以差压刻度，则是均匀的，但以流量刻度时，如果不加开方器，则流量标尺刻度是不均匀的。当流量值是满刻度的1/2时，指针却指在标尺满刻度的1/4处。

2. 通常认为差压式流量计是属于定节流面积变压降式流量计，而转子流量计是属于变节流面积定压降式流量计，为什么？

答 这可以从它们的工作原理上来分析。

差压式流量计在工作过程中，只要节流元件结构已定，则其尺寸是不变的，因此它是属于定节流面积的。当流量变化时，在节流元件两侧的压降也随之而改变，差压式流量计就是根据这个压降的变化来测量流量的，因此是属于变压降式的。

转子流量计在工作过程中转子是随着流量变化而上下移动的，由于锥形管上部的直径较下部的大，所以转子在锥形管内上下移动时，转子与锥形管间的环隙是变化的，即流体流通面积是变化的，因此它是属于变节流面积的。由于转子在工作过程中截面积不变，重力也不变，而转子两端的静压差作用于转子上的力恒等于转子的重力，转子才能平衡在一定的高度上，所以在工作过程中，尽管转子随着流量的变化上下移动，但作用在转子两侧的静压差却是恒定不变的，所以它是属于定压降式流量计。

3. 如何进行流量仪表的故障判断？

答 与其他参数相比，流量参数的波动较频繁，为了判断流量参数的波动原因，可将控制系统切至手动观察波动情况，如流量曲线波动仍较频繁，一般为工艺原因，如波动减少，一般是仪表原因或参数整定不当引起的。

流量仪表出现故障时，首先检查现场的导压管及阀门等管路附件，有无堵塞、泄漏现象，然后再检查变送器，如果现场仪表都正常，则为显示仪表有故障。

如果流量测量，流量显示值变为最大时，对流量控制系统，可手动操作控制阀，看流量能否降下来，如果流量仍然降不下来，大多是仪表的原因，可先检查现场仪表有无故障。

如果流量测量，控制系统的流量显示值变为最小，除了工艺原因（如停车、停机泵、工艺管堵塞等），通常流量显示值是不应该为最小的，否则故障大多是由仪表原因造成的。

习题与思考题

1. 试简述化工生产中测量流量的意义。

2. 什么叫节流现象？流体流经节流装置时为什么会产生静压差？

3. 试简述差压式流量计测量流量的原理，并说明哪些因素对差压式流量计的流量测量的准确性有影响？

4. 原来测量水的差压式流量计，现在用来测量相同测量范围的油的流量，读数是否正确？为什么？

5. 什么叫标准节流装置？如何选用？

6. 当孔板的入口边缘尖锐度由于使用日久而变钝时，会使仪表指示值偏高还是偏低，为什么？

7. 试述电远传转子流量计的基本组成及工作过程，它是依靠什么来平衡的？

8. 当被测介质的密度、压力或温度变化时、转子流量计的指示值应如何修正？

9. 用转子流量计来测定压力为0.65MPa、温度为40℃的CO_2气体流量时，若已知仪表示值为50L/s，求CO_2的真实流量（已知CO_2在标准状态时的密度为1.977kg/m^3）。

10. 质量流量计有哪几种类型？

11. 试简述用半导体应变片作变换元件的靶式流量变送器的基本原理。

12. 椭圆齿轮流量计的工作原理是什么？为什么齿轮旋转一周能排出4个半月形容积的液体量？

13. 涡轮流量计的工作原理及特点是什么？

14. 电磁流量计的工作原理是什么？它对被测介质有什么要求？

15. 某流量计差压上限为40kPa，当仪表显示70%的流量时，求对应的差压是多少？

16. 某电动差压变送器的输出信号为0～10mADC，对应的流量为0～3600m^3/h，当变送器输出为6mA时，流量应该是多少？

17. 有一台用水刻度的转子流量计，转子由密度为7900kg/m^3不锈钢制成，用它来测量密度为790 kg/m^3的某液体介质，当仪表读数为5m^3/h，被测介质的实际流量为多少？如果转子由密度为2750 kg/m^3铝制成，其他条件不变，则被测介质的实际流量又为多少？

第四章　物 位 检 测

在容器中液体介质的高低叫液位，容器中固体或颗粒状物质的堆积高度叫料位。测量液位的仪表叫液位计，测量料位的仪表叫料位计，而测量两种密度不同液体介质的分界面的仪表叫界面计。上述三种仪表统称为物位仪表。

第一节　概　　述

一、物位检测的意义

物位检测在现代工业生产自动化中具有重要的地位。随着现代化工业设备规模的扩大和集中管理，特别是计算机投入运行以后，物位的检测和远传更显得重要了。

通过物位的检测，可以正确获知容器设备中所储物质的体积或重量；监视或控制容器内的介质物位，使它保持在一定的工艺要求的高度，或对它的上、下限位置进行报警，以及根据物位来连续监视或控制容器中流入与流出物料的平衡。所以，一般测量物位有两种目的：一种是要求对物位检测的绝对值测得非常准确，借以确定容器或储存库中的原料、辅料、半成品或成品的数量，以保证生产过程中各个环节得到预先计划分配的定量物质，这是利用物位仪表来计量；另一种是要求对物位检测的相对值测得非常准确，要能迅速正确反映某一特定水准面上的物料相对变化，用以连续控制生产工艺过程，这是利用物位仪表进行监视和控制。

物位检测对安全生产关系十分密切。例如合成氨生产中铜洗塔塔底的液位高低，对于安全操作来说，是一个非常重要的因素。当液位过高时，精炼气就有带液的危险，会导致合成塔催化剂中毒而影响生产；反之，如果液位过低时，会失去液封作用，发生高压气冲入再生系统，造成严重事故。

二、物位检测仪表的主要类型

工业生产中对物位仪表的要求多种多样，主要的有精度、量程、经济和安全可靠等方面。其中首要的是安全可靠。测量物位的仪表种类很多，按工作原理的不同，物位仪表主要有下列几种类型，如表 4-1 所示。

表 4-1　各种物位测量仪表的特性

<table>
<tr><th colspan="2">仪表名称</th><th>测量范围/m</th><th>主要应用场合</th><th>说　明</th></tr>
<tr><td rowspan="2">直读式</td><td>玻璃管液位计</td><td>＜2</td><td rowspan="2">主要用于直接指示密闭及开口容器中的液位</td><td rowspan="2">就地指示</td></tr>
<tr><td>玻璃板液位计</td><td>＜6.5</td></tr>
<tr><td rowspan="4">浮力式</td><td>浮球式液位计</td><td>＜10</td><td>用于开口或承压容器液位的连续测量</td><td rowspan="2">可直接指示液位，也可输出 4～20mA DC 信号</td></tr>
<tr><td>浮筒式液位计</td><td>＜6</td><td>用于液位和相界面的连续测量，在高温高压条件下的工业生产过程的液位，界位测量和限位越位报警联锁</td></tr>
<tr><td>磁翻板液位计</td><td>0.2～15</td><td>适用于各种贮罐的液位指示报警，特别适用于危险介质的液位测量</td><td rowspan="2">有显示醒目的现场指示；远传装置输出 DC4-20mA 标准信号及报警器多功能为一体可与 DDZ-Ⅲ型组合仪表及计算机配套使用</td></tr>
<tr><td>浮磁子液位计</td><td>115～60</td><td>用于常压，承压容器内液位、界位的测量，特别适用于大型贮槽球罐腐蚀性介质的测量</td></tr>
<tr><td rowspan="2">静压式</td><td>压力式液位计</td><td>0～0.4～200</td><td>可测较黏稠，有气雾、露等液体</td><td rowspan="2">压力式液位计主要用于开口容器液位的测量；差压式液位计主要用于密闭容器的液位测量</td></tr>
<tr><td>差压式液位计</td><td>20</td><td>应用于各种液体的液位测量</td></tr>
</table>

续表

仪表名称		测量范围/m	主要应用场合	说明
电磁式	电导式物位计	＜20	适用于一切导电液体(如水,污水,果酱,啤酒等)液位测量	
	电容式物位计	10	用于各种贮槽,容器液位,粉状料位的连续测量及控制报警	不适合测高黏度液体
其他形式	运动阻尼式物位计	1～2～3.5～5～7	用于敞开式料仓内的固体颗粒(如矿砂,水泥等)料位的信号报警及控制	以位式控制为主
	声波物位计	液体 10～34 固体 5～60 盲区 0.3～1	被测介质可以是腐蚀性液体或粉状的固体物料非接触测量	测量结果受温度影响
	辐射式物位计	0～2	适用于各种料仓内,容器内高温,高压,强腐蚀、剧毒的固态、液态介质的料位,液位的非接触式连续测量	放射线对人体有害
	微波式物位计	0～35	适于罐体和反应器内具有高温,高压,湍动,惰性,气体覆盖层及尘雾或蒸汽的液体,浆状、糊状或块状固体的物体测量,适于各种恶劣工矿和易爆,危险的场合	安装于容器外壁
	雷达液位计	2～20	应用于工业生产过程中各种敞口或承压容器的液位控制和测量	测量结果不受温度,压力影响
	激光式物位计		不透明的液体粉末的非接触测量	测量不受高温,真空压力,蒸汽等影响
	机电式物位计	可达几十米	恶劣环境下大料仓内固体及容器内液体的测量	

第二节 差压式液位计

一、工作原理

差压式液位计，是利用容器内的液位改变时，由液柱产生的静压也相应变化的原理而工作的，如图 4-1 所示。

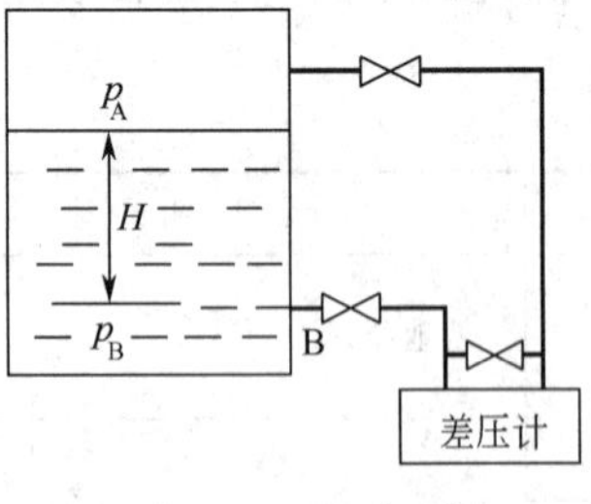

图 4-1 差压式液位计原理图

当差压计的一端接液相，另一端接气相时，根据流体静力学原理，可知

$$p_B = p_A + H\rho g \tag{4-1}$$

式中 p_A，p_B——分别是气相压力和 B 处的压力；

H——液位高度；

ρ——介质密度；

g——重力加速度。

由式(4-1) 得到

$$\Delta p = p_B - p_A = H\rho g \tag{4-2}$$

通常，被测介质的密度是已知的。因此，差压计得到的差压与液位高度 H 成正比。这样就把测量液位高度的问题转换为测量差压的问题了。

当用差压式液位计来测量液位时，若被测容器是敞口的，气相压力为大气压，则差压计的负压室通大气就可以了，这时也可以用压力计来直接测量液位的高低。若容器是受压的，则需将差压计的负压室与容器的气相相连接。以平衡气相压力 p_A 的静压作用。

二、零点迁移问题

在使用差压变送器或差压计来测量液位的高低时，一般来说，其压差 Δp 与液位高度 H 之间有如下关系

$$\Delta p = H\rho g$$

这就属于一般的“无迁移”情况。当 $H=0$ 时，作用在正、负压室的压力是相等的。

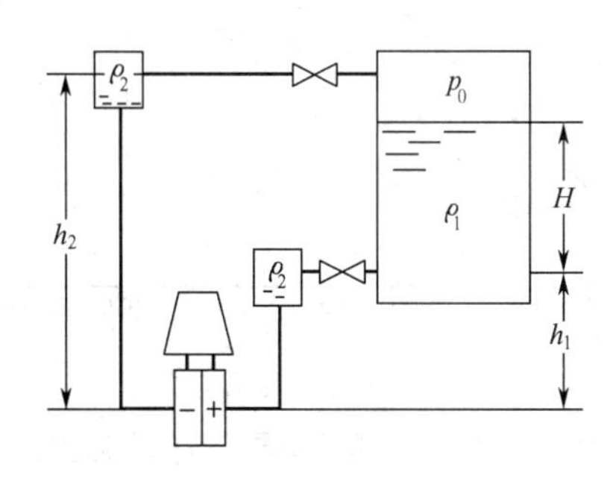

图 4-2　负迁移示意图

但是在实际应用中，往往 H 与 Δp 之间的对应关系不那么简单。如图 4-2 所示，为防止容器内液体和气体进入变送器而造成管线堵塞或腐蚀，并保持负压室的液柱高度恒定，在变送器正、负压室与取压点之间分别装有隔离罐，并充以隔离液。若被测介质密度为 ρ_1，隔离液密度为 ρ_2（通常 $\rho_2 > \rho_1$），这时正、负压室的压力分别为

$$p_1 = h_1\rho_2 g + H\rho_1 g + p_0$$

$$p_2 = h_2\rho_2 g + p_0$$

正、负压室间的压差为

$$p_1 - p_2 = H\rho_1 g + h_1\rho_2 g - h_2\rho_2 g$$

即

$$\Delta p = H\rho_1 g - (h_2 - h_1)\rho_2 g \tag{4-3}$$

式中　Δp——变送器正、负压室的压差；

H——被测液位的高度；

h_1——正压室隔离罐液位到变送器的高度；

h_2——负压室隔离罐液位到变送器的高度。

将式(4-3) 与式(4-2) 相比较，压差减少了 $(h_2-h_1)\rho_2 g$ 一项，也就是说，当 $H=0$ 时，$\Delta p=-(h_2-h_1)\rho_2 g$，对比无迁移情况，相当于在负压室多了一项压力，其固定数值为 $(h_2-h_1)\rho_2 g$。假定我们采用的是 DDZ-Ⅲ型差压变送器，其输出范围为 4～20mA 的电流信号。在无迁移时，$H=0$，$\Delta p=0$，这时变送器的输出 $I_0=4\text{mA}$；$H=H_{max}$，$\Delta p=\Delta p_{max}$，这时变送器的输出 $I_0=20\text{mA}$。但是有迁移时，根据式(4-3)，由于固定差压的存在，当 $H=0$ 时，变送器的输入小于 0，其输出必定小于 4mA；当 $H=H_{max}$时，变送器的输入小于 Δp_{max}，其输出必定小于 20mA。为了使仪表的输出能正确反映出液位的数值，亦即使液位的零值与满量程能与变送器的输出上、下值相对应，必须设法抵消固定差压 $(h_2-h_1)\rho_2 g$ 的作用，使得当 $H=0$ 时，变送器的输出仍然回到 4mA，而当 $H=H_{max}$时，变送器的输出能为 20mA。采用的方法一般是在仪表上加一弹簧装置，以抵消固定差压 $(h_2-h_1)\rho_2 g$ 的作用，我们称这种方法为“迁移”，用来进行迁移的弹簧称为迁移弹簧。

这里迁移弹簧的作用，其实质是改变变送器的零点。迁移和调零都是使变送器输出的起始值与被测量起始点相对应，只不过零点调整量通常较小，而零点迁移量则比较大。

迁移同时改变了测量范围的上、下限，相当于测量范围的平移，它不改变量程的大小。例如，某差压变送器的测量范围为 0～5000Pa，当压差由 0 变化到 5000Pa 时，变送器的输出将由 4mA 变化到 20mA，这是无迁移的情况，如图 4-3 中曲线 a 所示。当有迁移时，假定

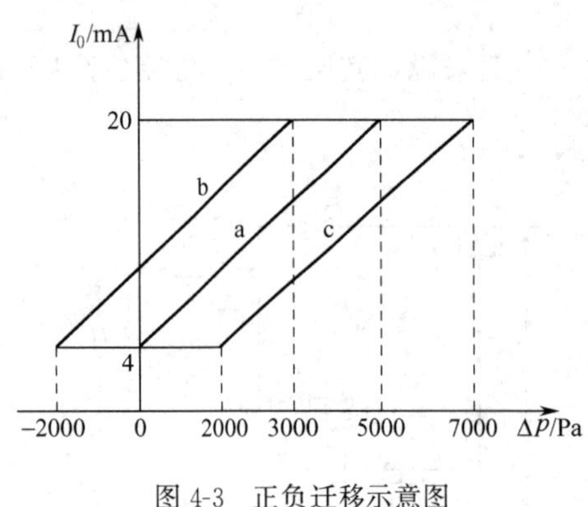

图 4-3　正负迁移示意图

固定压差为 $(h_2-h_1)\rho_2 g=2000\text{Pa}$，那么 $H=0$ 时，根据式(4-3) 有 $\Delta p=-(h_2-h_1)\rho_2 g=-2000\text{Pa}$，这时变送器的输出应为 4mA；$H$ 为最大时，$\Delta p=H\rho_1 g-(h_2-h_1)\rho_2 g=(5000-2000)\text{Pa}=3000\text{Pa}$，这时变送器输出应为 20mA，如图 4-3 中曲线 b 所示。也就是说，Δp 从 -2000Pa 到 $+3000\text{Pa}$ 变化时，变送器的输出应从 4mA 变化到 20mA。它维持原来的量程（5000Pa）大小不变，只是向负方向迁移了一个固定压差值 $[(h_2-h_1)\rho_2 g=2000\text{Pa}]$。这种情况我们称之为负迁移。

由于工作条件的不同，有时会出现正迁移的情况，如图 4-4 所示，由于变送器的安装位置比容器低 h，如果 $p_0=0$，经过分析可以知道，当 $H=0$ 时，正压室多了一项附加压力 $h\rho g$，或者说，$H=0$ 时，$\Delta p=h\rho g$，这时变送器输出应为 4mA，画出此时变送器输出和输入压差之间的关系，就如同图 4-3 中曲线 c 所示。

三、用法兰式差压变送器测量液位

为了解决测量具有腐蚀性或含有结晶颗粒以及黏度大、易凝固等液体液位时引压管线被腐蚀被堵的问题，现在专门生产了法兰式差压变送器。变送器的法兰直接与容器上的法兰相连接，如图 4-5 所示。作为敏感元件的测量头 1（金属膜盒），经毛细管 2 与变送器 3 的测量室相通。在膜盒、毛细管和测量室所组成的封闭系统内充有硅油，作为传压介质，并使被测介质不进入毛细管与变送器，以免堵塞或腐蚀。法兰式差压变送器的测量部分及气动转换部分的动作原理与差压变送器相同。

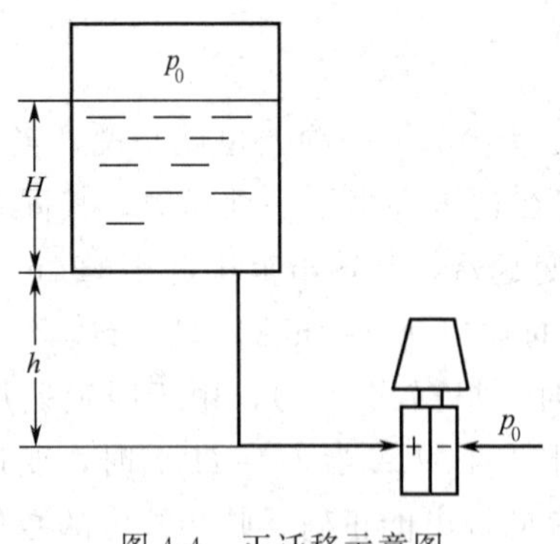

图 4-4　正迁移示意图

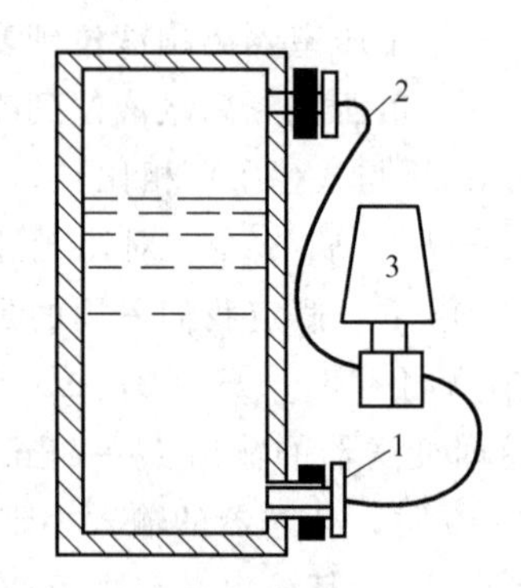

图 4-5　法兰式差压变送器测量液位示意图

1—法兰式测量头；2—毛细管；3—变送器

法兰式差压变送器按其结构形式又分为单法兰及双法兰式两种，法兰的构造又有平法兰和插入式法兰两种，如图 4-5 所示为双法兰差压变送器。

第三节　其他物位计

物位检测仪表的类型很多，前面已介绍了用差压计或差压变送器来测量液位。下面再简单介绍几种其他物位计。

一、电容式物位计

1. 测量原理

在平行板电容器之间，充以不同介质时，电容量的大小也有所不同。因此，可通过测量电容量的变化来检测液位、料位和两种不同液体的分界面。

图 4-6 是由两同轴圆柱极板 1、2 组成的电容器，在两圆筒间充以介电系数为 ε 的介质时，则两圆筒间的电容量表达式为

$$C=\frac{2\pi\varepsilon L}{\ln\frac{D}{d}} \tag{4-4}$$

式中 L——两极板相互遮盖部分的长度；

d，D——圆筒形内电极的外径和外电极的内径；

ε——中间介质的介电系数。

所以，当 D 和 d 一定时，电容量 C 的大小与极板的长度 L 和介质的介电系数 ε 的乘积成比例。这样，将电容传感器（探头）插入被测物料中，电极浸入物料中的深度随物位高低变化，必然引起其电容量的变化，从而可检测出物位。

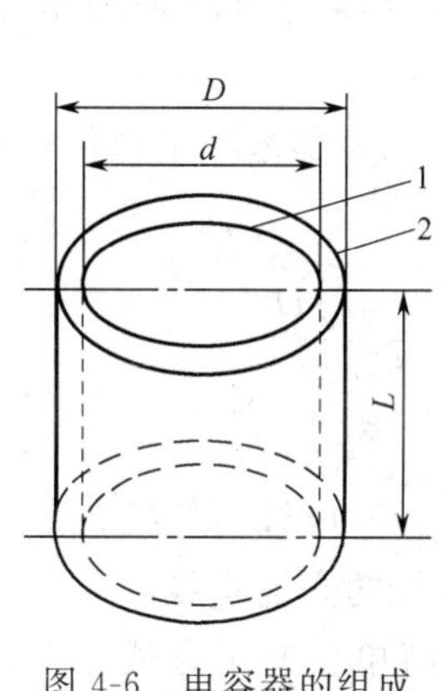

图 4-6 电容器的组成

1—内电极；2—外电极

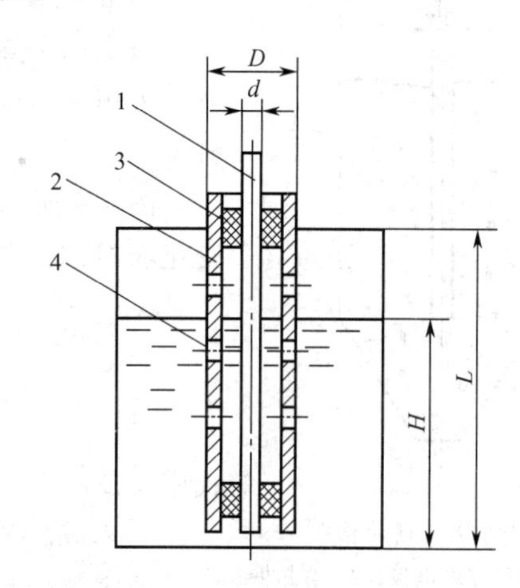

图 4-7 非导电介质的液位测量

1—内电极；2—外电极；3—绝缘套；4—流通小孔

2. 液位的检测

对非导电介质液位测量的电容式液位计原理如图 4-7 所示。它由内电极 1 和一个与它相绝缘的同轴金属套筒做的外电极 2 所组成，外电极 2 上开很多小孔 4，使介质能流进电极之间，内外电极用绝缘套 3 绝缘。当液位为零时，仪表调整零点（或在某一起始液位调零也可以），其零点的电容为

$$C_0=\frac{2\pi\varepsilon_0 L}{\ln\frac{D}{d}} \tag{4-5}$$

式中 ε_0——空气介电系数；

D，d——分别为外电极内径及内电极外径。

当液位上升为 H 时，电容量变为

$$C=\frac{2\pi\varepsilon H}{\ln\frac{D}{d}}+\frac{2\pi\varepsilon_0(L-H)}{\ln\frac{D}{d}} \tag{4-6}$$

电容量的变化为

$$C_x=C-C_0=\frac{2\pi(\varepsilon-\varepsilon_0)H}{\ln\frac{D}{d}}=K_iH \tag{4-7}$$

因此，电容量的变化 C_x 与液位高度 H 成正比。式(4-7) 中 K_i 为仪表灵敏度，K_i 中包含 $(\varepsilon-\varepsilon_0)$，也就是说，这个方法是利用被测介质介电系数 ε 与空气介电系数 ε_0 不等的原理工作的。$(\varepsilon-\varepsilon_0)$ 值越大，仪表越灵敏。$\frac{D}{d}$实际上与电容两极间的距离有关，D 与 d 越接近，即两极间距离越小，仪表灵敏度越高。

上述电容式液位计在结构上稍加改变以后，也可以用来测量导电介质的液位。

3. 料位的检测

用电容法可以测量固体块状、颗粒体及粉料的料位。

由于固体摩擦较大，容易“滞留”，所以一般不用双电极式电极。可用电极棒及容器壁组成电容器的两极来测量非导电固体料位。

图 4-8 所示为用金属电极棒插入容器来测量料位，它的电容量变化与料位升降的关系为

$$C_x=\frac{2\pi(\varepsilon-\varepsilon_0)H}{\ln\frac{D}{d}} \tag{4-8}$$

式中　D，d——分别为容器的内径和电极的外径；

ε，ε_0——分别为物料和空气的介电系数。

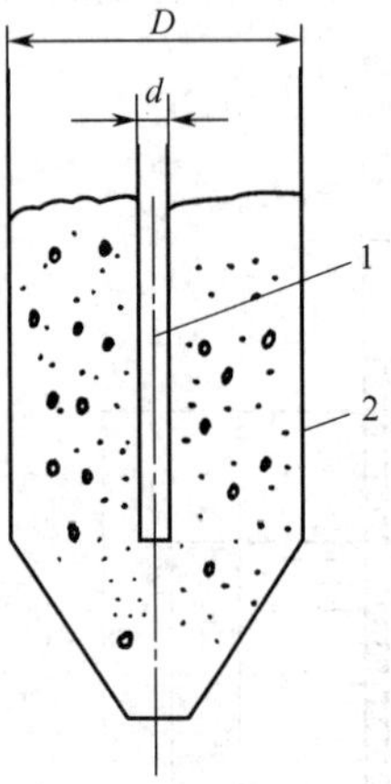

图 4-8　料位检测

1—金属棒内电极；2—容器壁

电容物位计的传感部分结构简单、使用方便。但由于电容变化量不大，要精确测量，就需借助于较复杂的电子线路才能实现。此外，还应注意介质浓度、温度变化时，其介电系数也要发生变化这一情况，以便及时调整仪表，达到预想的测量目的。

二、核辐射物位计

放射性同位素的辐射线射入一定厚度的介质时，部分粒子因克服阻力与碰撞动能消耗被吸收，另一部分粒子则透过介质。射线的透射强度随着通过介质层厚度的增加而减弱。入射强度为 I_0 的放射源，随介质厚度而呈指数规律衰减，即

$$I=I_0e^{-\mu H} \tag{4-9}$$

式中　μ——介质对放射线的吸收系数；

H——介质层的厚度；

I——穿过介质后的射线强度。

不同介质吸收射线的能力是不一样的，一般说来固体吸收能力最强，液体次之，气体则最弱。当放射源已经选定，被测的介质不变时，则 I_0 与 μ 都是常数，根据式(4-9)，只要测

定通过介质后的射线强度 I，介质的厚度 H 就知道了。介质层的厚度，在这里指的是液位和料位的高度，这就是放射线检测物位法。

图 4-9 是核辐射物位计的原理示意图。辐射源 1 射出强度为 I_0 的射线，接收器 2 用来检测透过介质后的射线强度 I，再配以显示仪表就可以指示物位的高低了。

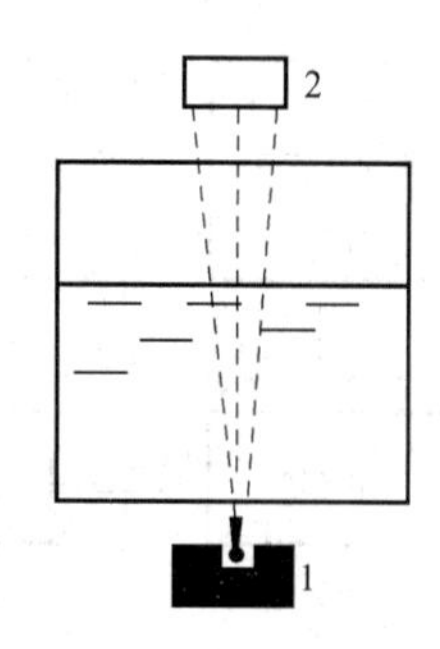

图 4-9　核辐射物位计示意图

1—辐射源；2—接收器

这种物位仪表由于核辐射线的突出特点，即能够透过如钢板等各种固体物质，因而能够完全不接触被测物质，适用于高温、高压容器、强腐蚀、剧毒、有爆炸性、黏滞性、易结晶或沸腾状态的介质的物位测量，还可以测量高温融熔金属的液位。由于核辐射线特性不受温度、湿度、压力、电磁场等影响，所以可在高温、烟雾、尘埃、强光及强电磁场等环境下工作。但由于放射线对人体有害，它的剂量要加以严格控制，所以使用范围受到一些限制。

三、雷达式液位计

雷达式液位计是一种采用微波技术的液位检测仪表，当前在石化领域广泛被采用。由于微波具有良好的定向辐射性，在传输过程中受火焰、灰尘、烟雾及强光的影响极小，因此可以用来连续测量腐蚀性液体、高黏度液体和有毒液体的液位。它没有可动部件、不接触介质、没有测量盲区，而且测量精度几乎不受被测介质的温度、压力、相对介电常数的影响，在易燃易爆等恶劣工况下仍能应用。

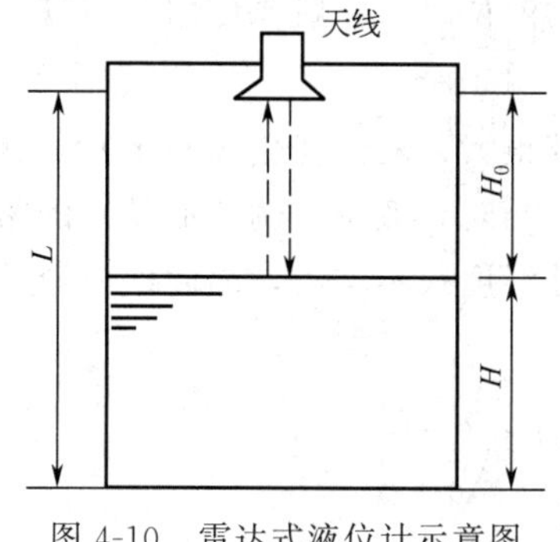

图 4-10　雷达式液位计示意图

雷达式液位计的基本原理如图 4-10 所示。雷达波由天线发出，抵达液面后被反射，被同一天线所接收。雷达波由天线发出到接收到由液面来的反射波的时间 t 由下式确定

$$t=\frac{2H_0}{c} \tag{4-10}$$

式中　t——雷达波由发射到接收的时间差；

H_0——天线到被测介质液面间的距离；

c——电磁波传播速度，300000km/s。

由于
$$H=L-H_0$$

故
$$H=L-\frac{c}{2}t \tag{4-11}$$

式中　H——液面高度；

L——天线距罐底高度。

由式(4-11) 可以看出，只要测得时间 t，就可以计算出液位的高度 H。

由于电磁波的传播速度很快，故要精确地测量雷达波的往返时间是比较困难的，目前雷达探测器对时间的测量有微波脉冲法及连续波调频法两种方式，图 4-11 是微波脉冲法的原理示意图。

脉冲发生器生成一系列脉冲信号，由发送器送至天线发出，到达液面并由液面反射后由

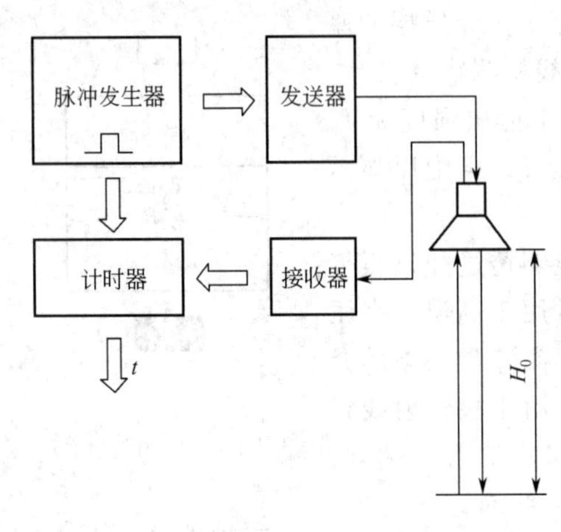

图 4-11　微波脉冲法原理示意图

接收器接收。计时器收到由脉冲发生器和由信号接收器来的脉冲信号后，要直接计算它们的时间差往往达不到所要求的精确程度。微波脉冲法通常采用合成脉冲波的方法，即先对发射波和反射波进行合成，得到合成脉冲雷达波，然后通过测量发射波和反射波的频率差，来间接计算脉冲波的往返时间 t，这样就可以计算出被测的液位高度 H。

雷达式液位计在使用时，若被测介质的相对介电常数比较小，会在液面处产生反射和折射，因而液面有效的反射信号强度被衰减，严重时会导致雷达式液位计无法正常工作。为避免上述情况的发生，当被测介质的相对介电常数低于产品所要求的最小值时，应该使用导波管，用来提高反射回波的能量，以确保测量的准确度。同时，导波管还可以消除由于容器的形状而导致多重回波所产生的干扰影响。因此，在测量浮顶罐和球罐的液位时，一般要使用导波管。

四、称重式液罐计量仪

在石油、化工部门，有许多大型贮罐，由于高度与直径都很大，液位变化 1～2mm，就会有好几百公斤到几吨的差别，所以液位的测量要求很精密。同时，液位（例如油品）的密度会随温度发生较大的变化，而大型容器由于体积很大，各处温度很不均匀，因此即使液位（即体积）测得很准，也反映不了罐中真实的质量储量有多少。利用称重式液罐计量仪（实质上为差压式测量液位），就能基本上解决上述问题。

称重仪是根据天平原理设计的，其原理如图 4-12 所示。罐顶压力 p_1 与罐底压力 p_2 分别引至下波纹管 1 与上波纹管 2。两波纹管的有效面积 A_1 相等，差压引入两波纹管，产生总的作用力，作用于杠杆系统，使杠杆失去平衡，于是，通过发讯器、控制器，接通电机线路，使可逆电机 7 旋转，并通过丝杠 6 带动砝码 5 移动，直至由砝码作用于杠杆的力矩与测量力作用于杠杆的力矩平衡时，电机才停止转动。下面我们推导在杠杆系统平衡时砝码离支点的距离 L_2 与液罐中总的质量储量之间的关系。

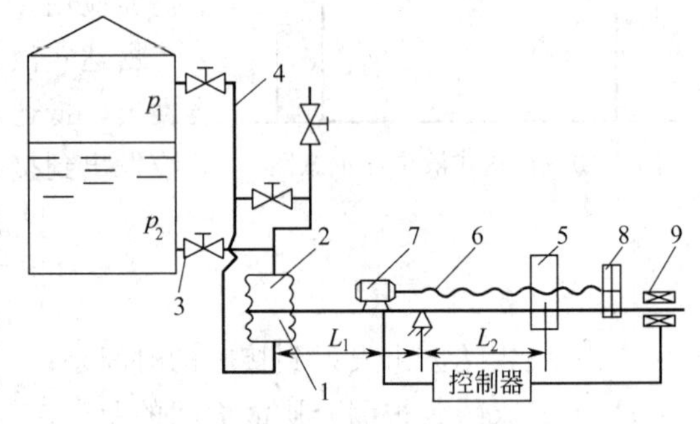

图 4-12　称重式液罐计量仪

1—下波纹管；2—上波纹管；3—液相引压管；4—气相引压管；5—砝码；6—丝杠；7—可逆电机；8—编码盘；9—发讯器

杠杆平衡时，有

$$(p_2-p_1)A_1L_1=MgL_2 \tag{4-12}$$

式中　M——砝码质量；

g——重力加速度；

L_1，L_2——杠杆臂长（见图 4-12）；

A_1——波纹管有效面积。

由于

$$p_2 - p_1 = H\rho g \tag{4-13}$$

代入式(4-12)，就有

$$L_2 = \frac{A_1 L_1}{M}\rho H = K\rho H \tag{4-14}$$

式中　ρ——被测介质密度；

K——仪表常数。

如果液罐是均匀截面，其截面积为 A，于是液罐内总的液体储量 M_0 为

$$M_0 = \rho HA \tag{4-15}$$

即

$$\rho H = \frac{M_0}{A} \tag{4-16}$$

将式(4-16) 代入式(4-14)，得

$$L_2 = \frac{K}{A}M_0 \tag{4-17}$$

因此，砝码离支点的距离 L_2 与液罐单位面积储量成正比。如果液罐截面积 A 为常数，则可得

$$L_2 = K_i M_0 \tag{4-18}$$

式中

$$K_i = \frac{K}{A} = \frac{A_1 L_1}{AM} \tag{4-19}$$

由此可见，L_2 与总储量成比例，而与介质密度无关。

如果贮罐截面积随高度而变化，一般是预先制好表格，根据砝码位移量 L_2 就可查得储存液体的质量。

由于砝码移动距离与丝杠转动圈数成正比，丝杠转动时，经减速带动编码盘 8 转动，因此编码盘与砝码位置是对应的，编码盘发生编码讯号到显示仪表，经译码和逻辑运算后用数字显示出来。由于仪表是按天平平衡原理工作的，所以有高的精度和灵敏度。

五、光纤式液位计

随着光纤传感技术的不断发展，其应用范围日益广泛。在液位测量中，光纤传感技术的有效应用，一方面缘于其高灵敏度，另一方面是由于它具有优异的电磁绝缘性能和防爆性能，从而为易燃易爆介质的液位测量提供了安全的检测手段。

1. 全反射型光纤液位计

全反射型光纤液位计由液位敏感元件、传输光信号的光纤、光源和光检测元件等组成。图 4-13 所示为光纤液位传感器部分的结构原理图。棱镜作为液位的敏感元件，它被烧结或粘接在两根大芯径石英光纤的端部。这两根光纤中的一根光纤与光源耦合，称为发射光纤；另一根光纤与光电元件耦合，称为接收光纤。棱镜的角度设计必须满足以下条件：当棱镜位于气体（如空气）中时，由光源经发射光纤传到棱镜与气体界面上的光线满足全反射条件，即入射光线被全部反射到接收光纤上，并经接收光纤传送到光电检测单元中；而当棱镜位于液体中时，由于液体折射率比空气大，入射光线在棱镜中全反射条件被破坏，其中一部分光线将透过界面而泄漏到液体中去，致使光电检测单元收到的光强减弱。

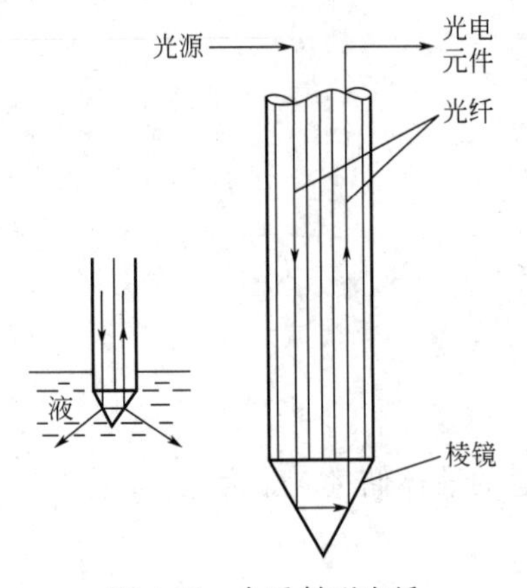

图 4-13　全反射型光纤液位传感器结构原理

设光纤折射率为 n_1，空气折射率为 n_2，液体折射率为 n_3，光入射角为 Φ_1，入射光功率为 P_i，则单根光纤对端面分别裸露在空气中时和淹没在液体中时的输出光功率 P_{o1} 和 P_{o2} 分别为

$$P_{o1}=P_i\frac{(n_1\cos\Phi_1-\sqrt{n_2^2-n_1^2\sin^2\Phi_1})^2}{(n_1\cos\Phi_1+\sqrt{n_2^2-n_1^2\sin^2\Phi_1})^2}=P_iE_{o1}$$

$$P_{o2}=P_i\frac{(n_1\cos\Phi_1-\sqrt{n_3^2-n_1^2\sin^2\Phi_1})^2}{(n_1\cos\Phi_1+\sqrt{n_3^2-n_1^2\sin^2\Phi_1})^2}=P_iE_{o2}$$

二者差值为

$$\Delta P_o=P_{o1}-P_{o2}=P_i(E_{o1}-E_{o2}) \tag{4-20}$$

由式（4-20）可知，只要检测出有差值 ΔP_o，便可确定光纤是否接触液面。

由上述工作原理可以看出，这是一种定点式的光纤液位传感器，适用于液位的测量与报警，也可用于不同折射率介质（如水和油）的分界面的测定。另外，根据溶液折射率随浓度变化的性质，还可以用来测量溶液的浓度和液体中小气泡含量等。若采用多头光纤液面传感器结构，便可实现液位的多点测量，如图 4-14 所示。

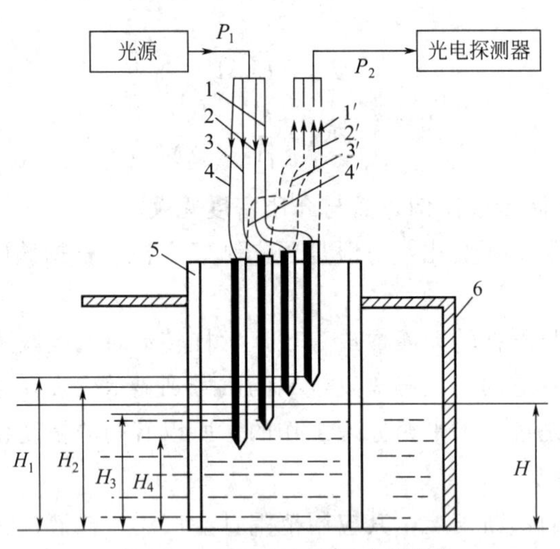

图 4-14　光纤对多头传感器结构

P_1—入射光线；P_2—出射光线；

1～4—入射光纤；1′～4′—出射光纤；

5—管状支撑部件；6—大贮水槽

由图 4-14 可见，在大贮水槽 6 中，贮水深度为 H，5 为垂直放置的管状支撑部件，其直径很细，侧面穿很多孔，图中所示是采用了多头结构 1-1′，2-2′，3-3′和 4-4′。如图 4-14 所示的同样光纤对，分别固定在支撑件 5 内，距底部高度分别为 H_1，H_2，H_3，H_4 各位置。入射光纤 1，2，3 和 4 均接到发射光源上，虚线 1′，2′，3′和 4′表示出射光纤，分别接到各自光电探测器上，将光信号转变成电信号，显示其液位高度。

光源发出的光分别向入射光纤 1，2，3 和 4 送光，因为结合部 3 和 4 位于水中，而结合部 1 和 2 位于空气中，所以光电探测器的检测装置从出射光纤 1′和 2′所检测到的光强大，而对出射光纤 3′和 4′所检测的光强就小。由此可以测得水位 H 位于 H_2 和 H_3 之间。

为了提高测量精度，可以多安装一些光纤对，由于光纤很细，故其结构体积可做得很小。安装也容易，并可以远距离观测。

由于这种传感器还具有绝缘性能好，抗电磁干扰和耐腐蚀等优点，故可用于易燃易爆或具有腐蚀性介质的测量。但应注意，如果被测液体对敏感元件（玻璃）材料具有黏附性，则不宜采用这类光纤传感器，否则当敏感元件露出液面后，由于液体黏附层的存在，将出现虚假液位，造成明显的测量误差。

2. 浮沉式光纤液位计

浮沉式光纤液位计是一种复合型液位测量仪表，它由普通的浮沉式液位传感器和光信号检测系统组成，主要包括机械转换部分、光纤光路部分和电子电路部分，其工作原理及检测系统如图 4-15 所示。

（1）机械转换部分　这一部分由浮子 4、重锤 3、钢索 2 及计数齿盘 1 组成，其作用是将浮子随液位上下变动的位移转换成计数齿盘的转动齿数。当液位上升时，浮子上升而重锤下降，经钢索带动计数齿盘顺时针方向转动相应的齿数；反之，若液位下降，则计数齿盘逆时针方向转动相应的齿数。通常，总是将这种对应关系设计成液位变化一个单位高度（如 1cm 和 1mm）时，齿盘转过一个齿。

（2）光纤光路部分　这一部分由光源 5（激光器或发光二极管）、等强度分束器 7、两组光纤光路和两个相应的光电元件 10（光电二极管）等组成。两组光纤分别安装在齿盘上下两边，每当齿盘转过一个齿，上下光纤光路就被切断一次，各自产生一个相应的光脉冲信号。由于对两组光纤的相对位置做了特别的安排，从而使得两组光纤光路产生的光脉冲信号在时间上有一很小的相位差。通常，先接收到的脉冲信号用作可逆计数器的加、减指令信号，而另一光纤光路的脉冲信号用作计数信号。

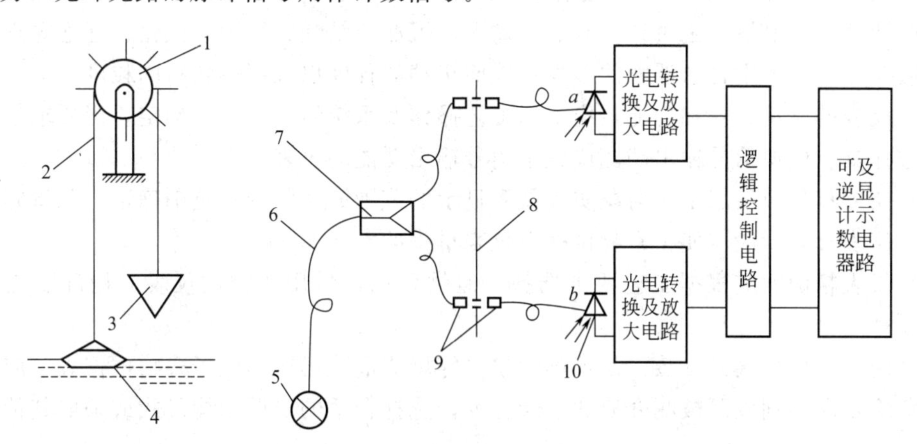

图 4-15　浮沉式光纤液位计工作原理

1—计数齿盘；2—钢索；3—重锤；4—浮子；5—光源；6—光纤；7—分束器；8—计数齿盘；9—透镜；10—光电元件

如图 4-15 所示，当液位上升时，齿盘顺时针转动，假设是上面一组光纤光路先导通，即该光路上的光电元件先接收到一个光脉冲信号，那么该信号经放大和逻辑电路判断后，就提供给可逆计数器作为加法指令（高电位）。紧接着导通的下一组光纤光路也输出一个脉冲信号，该信号同样经放大和逻辑电路判断后提供给可逆计数器作为计数运算，使计数器加 1。相反，当液位下降时，齿盘逆时针转动，这时先导通的是下面一组光纤光路，该光路输出的脉冲信号经放大和逻辑电路判断后提供给可逆计数器作减法指令（低电位），而另一光路的脉冲信号作为计数信号，使计数器减 1。这样。每当计数齿盘顺时针转动一个齿，计数器就加 1；计数齿盘逆时针转动一个齿，计数器就减 1，从而实现了计数齿盘转动齿数与光电脉冲信号之间的转换。

（3）电子电路部分　该部分由光电转换及放大电路、逻辑控制电路、可逆计数器及显示电路等组成。光电转换及放大电路主要是将光脉冲信号转换为电脉冲信号，再对信号加以放大。逻辑控制电路的功能是对两路脉冲信号进行判别，将先输入的一路脉冲信号转换成相应的“高电位”或“低电位”，并输出送至可逆计数器的加减法控制端，同时将另一路脉冲信号转换成计数器的计数脉冲。每当可逆计数器加 1（或减 1），显示电路则显示液位升高（或降低）1 个单位（1cm 或 1m）高度。

浮沉式光纤液位计可用于液位的连续测量，而且能做到液体储存现场无电源、无电信号传送，因而特别适用于易燃易爆介质的液位测量，属本质安全型测量仪表。

第四节　物位测量仪表的选型

物位仪表应在深入了解工艺条件、被测介质的性质、测量控制系统要求的前提下，根据物位仪表自身的特性进行合理造型。物位测量仪表的选型原则如下。

（1）液面和界面测量应选用差压式仪表、浮筒式仪表和浮子式仪表。当不满足要求时，可选用电容式、射频导纳式、电阻式（电接触式）、声波式、磁致伸缩式等仪表。

料面测量应根据物料的粒度、物料的安息角、物料的导电性能、料仓的结构形式及测量要求进行选择。

（2）仪表的结构形式及材质，应根据被测介质的特性来选择。主要的考虑因素为压力、温度、腐蚀性、导电性；是否存在聚合、黏稠、沉淀、结晶、结膜、汽化、起泡等现象；密度和密度变化；液体中含悬浮物的多少；液面扰动的程度以及固体物料的粒度。

（3）仪表的显示方式和功能，应根据工艺操作及系统组成的要求确定。当要求信号传输时，可选择具有模拟信号输出功能或数字信号输出功能的仪表。

（4）仪表量程应根据工艺对象实际需要显示的范围或实际变化范围确定。除供容积计量用的物位仪表外，一般应使正常物位处于仪表量程的 50%左右。

（5）仪表精确度应根据工艺要求选择。但供容积计量用的物位仪表的精确度应不劣于 ±1mm。

（6）用于可燃性气体、蒸汽及可燃性粉尘等爆炸危险场所的电子式物位仪表，应根据所确定的危险场所类别以及被测介质的危险程度，选择合适的防爆结构形式或采取其他的防爆措施。

液面、界面、料面测量仪表选型推荐表如表 4-2 所示。

表 4-2　液面、界面、料面测量仪表选型推荐表

测量对象 / 仪表名称	液体		液/液界面		泡沫液体		脏污液体		粉状固体		粒状固体		块状物体		黏湿性固体	
	位式	连续	位式	连续	位式	连续	位式	连续	位式	连续	位式	连续	位式	连续	位式	连续
差压式	可	好	可	可	—	—	可	可	—	—	—	—	—	—	—	—

续表

仪表名称 \ 测量对象	液体		液/液界面		泡沫液体		脏污液体		粉状固体		粒状固体		块状物体		黏湿性固体	
	位式	连续	位式	连续	位式	连续	位式	连续	位式	连续	位式	连续	位式	连续	位式	连续
浮筒式	好	好	可	可	—	—	差	可	—	—	—	—	—	—	—	—
浮子式开关	好	—	可	—	—	—	差	—	—	—	—	—	—	—	—	—
带式浮子式	差	好	—	—	—	—	—	差	—	—	—	—	—	—	—	—
伺服式	—	好	—	—	—	—	—	差	—	—	—	—	—	—	—	—
光导式	—	好	—	—	—	—	—	差	—	—	—	—	—	—	—	—
磁性浮子式	好	好	—	—	差	差	差	差	—	—	—	—	—	—	—	—
磁致伸缩式	—	好	—	好	—	差	—	差	—	—	—	—	—	—	—	—
电容式	好	好	好	好	好	可	好	差	可	可	好	可	可	可	好	可
射频导纳式	好	好	好	好	好	可	好	差	好	好	好	好	可	可	好	好
电阻式(电接触式)	好	—	差	—	好	—	好	—	差	—	差	—	差	—	好	—
静压式	—	好	—	—	—	可	—	可	—	—	—	—	—	—	—	—
声波式	好	好	差	差	—	—	好	好	—	差	好	好	好	好	可	好
微波式	—	好	—	—	—	—	—	好	—	好	—	好	—	好	—	好
辐射式	好	好	—	—	—	—	好	好	好	好	好	好	好	好	好	好
吹气式	好	好	—	—	—	—	差	可	—	—	—	—	—	—	—	—
阻旋式	—	—	—	—	—	—	差	—	可	—	好	—	差	—	好	—
隔膜式	好	好	好	—	—	—	可	可	差	—	差	—	差	—	可	—
重锤式	—	—	—	—	—	—	—	好	—	好	—	好	—	好	—	好

注：表中“—”表示不能选用。

例 题 分 析

1. 某贮罐内的压力变化范围为12～15MPa，要求远传显示，试选择一台DDZ-Ⅱ型压力变送器（包括准确度等级和量程）。如果压力由12MPa变化到15MPa，问这时压力变送器的输出变化了多少？如果附加迁移机构，问是否可以提高仪表的准确度和灵敏度？试举例说明之。

解 如果已知某厂生产的DDZ-Ⅱ型压力变送器的规格有：

0～10，16，25，60，100（MPa）

精度等级均为0.5级。

输出信号范围为0～10mA。

由已知条件，最高压力为15MPa，若贮罐内的压力是比较平稳的，取压力变送器的测量上限为

$$15\times\frac{3}{2}=22.5\ (\text{MPa})$$

若选择测量范围为0～25MPa、准确度等级为0.5级，这时允许的最大绝对误差为

$$25\times0.5\%=0.125\ (\text{MPa})$$

由于变送器的测量范围为0～25MPa，输出信号范围为0～10mA，故压力为12MPa时，输出电流信号为

$$\frac{12}{25}\times10=4.8\ (\text{mA})$$

压力为15MPa时，输出电流信号为

$$\frac{15}{25}\times10=6\ (\text{mA})$$

这就是说，当贮罐内的压力由12MPa变化到15MPa时，变送器的输出电流只变化了1.2mA。

在用差压变送器来测量液位时，由于在液位$H=0$时，差压变送器的输入差压信号Δp并不一定等于0，故要考虑零点的迁移。实际上迁移问题不仅在液位测量中遇到，在其他参数的测量中也可能遇到。加上迁移机构，可以改变测量的起始点，提高仪表的灵敏度（只不过这时仪表量程也要作相应改变）。

由本例题可知，如果确定正迁移量为7MPa，则变送器的量程规格可选为16MPa。那么此时变送器的实际测量范围为7～23MPa，即输入压力为7MPa时，输出电流为0mA；输入压力为23MPa时，输出电流为10mA。这时如果输入压力为12MPa，则输出电流为

$$\frac{12-7}{23-7}\times10=3.125\ (\text{mA})$$

输入压力为15MPa时，输出电流为

$$\frac{15-7}{23-7}\times10=5\ (\text{mA})$$

由此可知，当输入压力由12MPa变化到15MPa时，输出电流变化了1.875mA，比不带迁移机构的变送器灵敏度提高了。

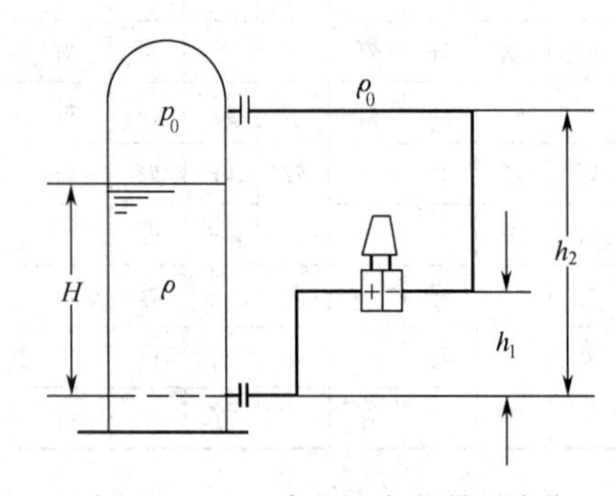

图 4-16 法兰式差压变送器测液位

变送器的准确度等级仍为0.5级，此时仪表的最大允许绝对误差为（23－7）×0.5%＝0.08MPa，所以，由于加了迁移机构，使仪表的测量误差减少了。

2. 用一台双法兰式差压变送器测量某容器的液位，如图4-16所示。已知被测液位的变化范围为0～3m，被测介质密度$\rho=900\text{kg/m}^3$，毛细管内工作介质密度$\rho_0=950\text{kg/m}^3$。变送器的安装尺寸为$h_1=1\text{m}$，$h_2=4\text{m}$。求变送器的测量范围，并判断零点迁移方向，计算迁移量，当法兰式差压变送器的安装位置升高或降低时，问对测量有何影响？

解 当不考虑迁移量时，变送器的测量范围应根据液位的最大变化范围来计算。

液位为3m时，其压差为

$$\Delta p_{\max}=H\rho g=3\times900\times9.81=26487\ (\text{Pa})$$

这里值得一提的是压力单位Pa用SI基本单位时就相当于$\text{kg}\cdot\text{m}^{-1}\cdot\text{s}^{-2}$，即

$$1\text{Pa}=1\text{N/m}^2=1\text{kg}\cdot\text{m}^{-1}\cdot\text{s}^{-2}$$

所以液柱压力用$H\rho g$计算时，只要H用m，ρ用kg/m^3，g用m/s^2为单位时，相乘结果的单位就是Pa。上述计算结果$\Delta p_{\max}$为26.487kPa，经过圆整后，测量范围可选0～30kPa。

根据图示，当液位高度为H时，差压变送器正压室所受的压力p_1为

$$p_1=p_0+H\rho g-h_1\rho_0 g$$

负压室所受的压力p_2为

$$p_2=p_0+(h_2-h_1)\rho_0 g$$

因此，差压变送器所受的压差为

$$\Delta p=p_1-p_2=H\rho g-h_2\rho_0 g$$

由上式可知，该差压变送器应进行负迁移，其迁移量为$h_2\rho_0 g$。

当差压变送器安装的高度改变时，只要两个取压法兰间的尺寸h_2不变，其迁移量是不变的。

3. 用单法兰电动差压变送器来测量敞口罐中硫酸的密度，利用溢流来保持罐内液位H恒为1m。如图

4-17 所示。已知差压变送器的输出信号为 0～10mA，硫酸的最小和最大密度分别为

$$\rho_{min}=1.32(g/cm^3),\ \rho_{max}=1.82(g/cm^3)$$

要求：

（1）计算差压变送器的测量范围；

（2）如加迁移装置，请计算迁移量；

（3）如不加迁移装置，可在负压侧加装水恒压器（如图中虚线所示），以抵消正压室附加压力的影响，请计算出水恒压器所需高度 h。

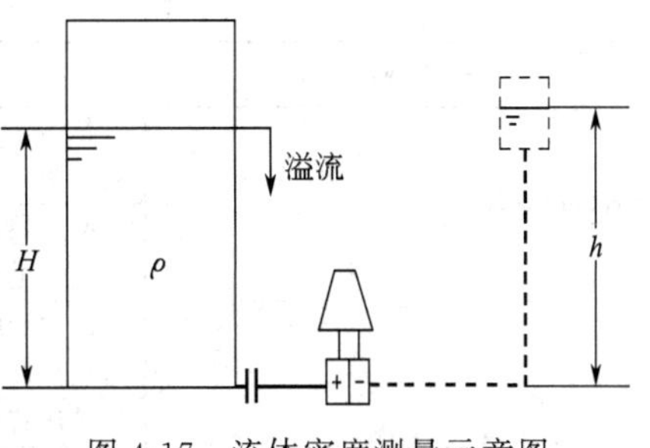

图 4-17　流体密度测量示意图

解　(1) 若不考虑零点迁移，那么就要以 ρ_{max} 来计算差压变送器的测量范围。当 $\rho=\rho_{max}=1.82g/cm^3$ 时，差压变送器所承受的差压为

$$\Delta p=H\rho_{max}g$$

将 $H=1m$，$\rho_{max}=1820kg/m^3$，$g=9.81m/s^2$ 代入上式，得

$$\Delta p=1\times1820\times9.81=1.785\times10^4\ (Pa)$$

如果选择差压变送器的测量范围为 $0\sim2\times10^4Pa$，则当 $\rho=\rho_{max}=1.82g/cm^3$ 时，对应的变送器输出为

$$I_{max}=\frac{1.785\times10^4}{2\times10^4}\times10=8.925\ (mA)$$

当 $\rho=\rho_{min}=1.32g/cm^3$ 时，其差压为

$$\Delta p=1\times1320\times9.81=1.295\times10^4\ (Pa)$$

这时差压变送器的输出为

$$I_{min}=\frac{1.295\times10^4}{2\times10^4}\times10=6.475\ (mA)$$

由上可知，当硫酸密度由最小值变化到最大值时，输出电流由 6.475mA 变化到 8.925mA，仅变化了 2.45mA，灵敏度是很低的。

(2) 为了提高灵敏度，可以考虑进行零点迁移，提高测量的起始点。考虑到 $\rho=\rho_{max}$ 时，这时所对应的压差仍为 1.785×10^4Pa，所以在提高测量起始点的同时，测量上限却可以不改变，这样一来，实际量程压缩了。

当 $\rho=\rho_{min}=1.32g/cm^3$ 时，$\Delta p_{min}=1.295\times10^4Pa$。因此可以选择迁移量为 1×10^4Pa，测量范围为 $1\times10^4\sim2\times10^4Pa$ 的差压变送器。这时，若 $\rho=\rho_{min}$ 时，变送器的输出为

$$I_{min}=\frac{(1.295-1)\times10^4}{(2-1)\times10^4}\times10=2.95\ (mA)$$

当 $\rho=\rho_{max}$ 时，变送器的输出为

$$I_{max}=\frac{(1.785-1)\times10^4}{(2-1)\times10^4}\times10=7.85\ (mA)$$

这时 ρ 由 ρ_{min} 变到 ρ_{max} 时，输出电流由 2.95mA 变为 7.85mA，变化了 4.9mA，大大提高了仪表的灵敏度。

(3) 如果不加迁移装置，而在负压侧加装水恒压器，而迁移量仍为 1×10^4Pa，根据

$$h\rho g=1\times10^4\ (Pa)$$

以水的密度 $\rho=1000kg/m^3$ 代入，得

$$h=\frac{1\times10^4}{1\times10^3\times9.81}\approx1.02\ (m)$$

4. 差压式液位计有哪些常见故障及处理方法？

答　如果液位测量中显示出现异常，应先确定是工艺液位异常还是测量系统问题。如确认是测量系统问题，则应根据故障现象来分析故障原因。差压式液位计常见故障及处理方法如表 4-3 所示。

表 4-3　差压式液位计常见故障及处理方法

故障现象	故障原因	处理方法
没有输出电流	信号线接触不良或断路，24V 供电有故障	重新接线，处理电源故障
	配电器或隔离器故障	更换配电器或隔离器
	变送器电源板损坏	更换电源板或变送器
输出电流为最大或最小	高、低压侧膜片，毛细管损坏；或工作液泄漏	更换法兰式液位变送器
	导压管或阀门严重泄漏	处理泄漏点或更换阀门
	取样阀没有打开	打开取样阀
	导压管或取样阀堵塞	排污冲洗管道或更换取样阀
输出电流偏高或偏低	高、低压侧的排污阀泄漏	紧固或更换排污阀
	取样阀没有全开	把取样阀全开
	变送器的测量误差过大	重新校准变送器
电流值不会变化	变送器的电路板损坏	更换电路板
	高、低压侧膜片或毛细管同时损坏	更换法兰式液位变送器

习题与思考题

1. 试简述物位测量的意义。

2. 按工作原理的不同，物位测量仪表有哪些主要类型？它们的工作原理各是什么？

3. 差压式液位计的工作原理是什么？当测量有压容器的液位时，差压计的负压室为什么一定要与容器的气相相连接？

4. 有两种密度分别为 ρ_1、ρ_2 的液体，在容器中，它们的界面经常变化，试考虑能否利用差压变送器来连续测量其界面？测量界面时要注意什么问题？

5. 什么是液位测量时的零点迁移问题？怎样进行迁移？其实质是什么？

6. 测量高温液体（指它的蒸汽在常温下要冷凝的情况）时，经常在负压管上装有冷凝罐（见图4-18），问这时用差压变送器来测量液位时，要不要迁移？如要迁移，迁移量应如何考虑？

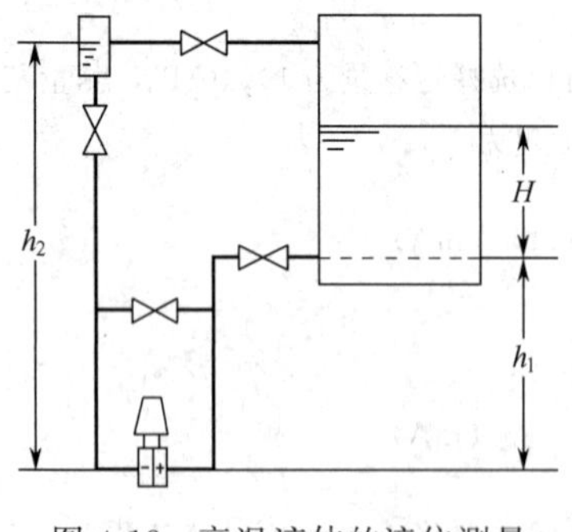

图 4-18　高温液体的液位测量

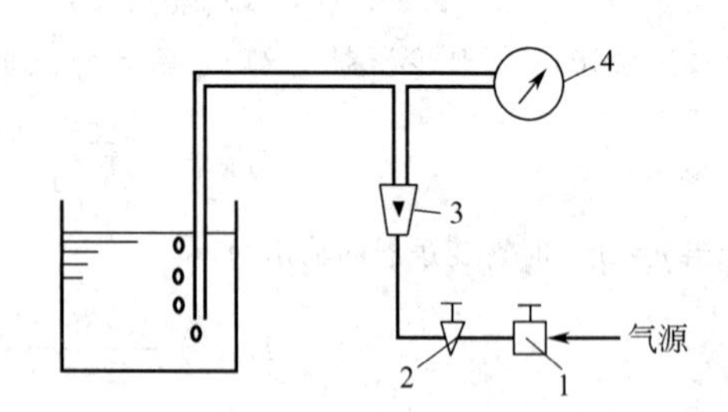

图 4-19　吹气法原理图

1—定值器；2—节流元件；

3—转子流量计；4—压力计

7. 为什么要用法兰式差压变送器？

8. 图 4-19 是吹气法的原理图。压缩空气经过定值器 1、节流元件 2、转子流量计 3，最后压缩空气由安装在容器内的导管下端敞口处逸出。当导管下端有微量气泡逸出时，导管内的气压几乎与液封压力相等。试根据上述原理，来叙述用吹气法测量液位或测量液体密度的方法。

9. 试简述电容式物位计的工作原理。

10. 试简述核辐射式物位计的特点及应用场合。

11. 试简述称重式液罐计量仪的工作原理及特点。

第五章　温 度 检 测

温度是表征物体冷热程度的物理量。在工农业生产和科学研究中都要遇到温度的检测与控制问题。在化工生产中，温度是既普遍而又十分重要的操作参数。

大家知道：任何一种化工生产过程，都伴随着物质的物理和化学性质的改变，都必然有能量的转化和变换，而热交换则是这些能量转换中最普遍的交换形式。此外，有些化学反应与温度有着直接的关系。譬如某些化学反应，在未达到反应温度以前是根本不能进行的；而另一些化学反应，在温度超过某一极限值后会有燃烧、爆炸等危险。所以，温度的检测与控制是保证化工生产实现稳产、高产、安全、优质、低消耗的关键之一。

第一节　概　　述

一、测温仪表的分类

温度参数是不能直接测量的，一般只能根据物质的某些特性值与温度之间的函数关系，通过对这些特性值的测量间接地获得。

按照测量方式的不同，温度检测仪表可以分为接触式与非接触式两类。

任意两个冷热程度不同的物体相接触，必然要发生热交换现象。热量将由较热的物体传到较冷的物体，直到两物体的冷热程度完全一致，即达到热平衡状态为止。接触法测温就是利用这一原理，选择某一物体与被测物体相接触，并进行热交换。当两者达到热平衡状态时，选择物体与被测物体温度相等，于是，可以通过测量选择物体的某一物理量（例如液体的体积、导体的电阻等），得出被测物体的温度数值。当然，为了得到温度的精确测量，要求用于测温的物体的物理性质必须是连续、单值地随着温度变化，并且要复现性好。

非接触法测温时，测温元件是不与被测物体直接接触的。它是利用物体的热辐射（或其他特性），通过对辐射能量（或亮度）的检测来实现测温的。

接触法可以直接测得被测物体的温度，因而简单、可靠、测量精度高。但由于测温元件与被测介质需要进行充分的热交换，因而产生了测温的滞后现象，对运动状态的固体测温困难较大。另外，测温元件容易破坏被测对象温度场，且有可能与被测介质产生化学反应。由于受到耐高温材料的限制，也不能应用于很高的温度测量。

非接触法只能测得被测物体的表观温度（亮度温度、辐射温度、比色温度等），一般情况下，要通过对被测物体表面发射率修正后才能得到真实温度。而且，这种方法受到被测物体到仪表之间的距离以及辐射通道上的水汽、烟雾、尘埃等其他介质的影响，因此测量精度较低。非接触法测量在原理上不受温度上限的限制，因而测温范围很广，由于它是通过热辐射来测量温度的，所以不会破坏被测物体的温度场，反应速度一般也比较快，可以用来测量运动物体的表面温度。

各种温度计的优缺点和使用范围见表 5-1。

二、温度检测的基本原理

前面已经讲过，温度参数是不能直接测量的，一般只能根据物质的某些特性值与温度之间的函数关系，实现间接测量，温度检测的基本原理是与这些特性值的选择密切相关的。工业上测温的基本原理有以下几种。

表 5-1　各种温度计的优缺点和使用范围

型式	温度计种类	优　　点	缺　　点	使　用　范　围/℃
接触式温度计	玻璃液体温度计	结构简单、使用方便、测量准确、价格低廉	容易破损、读数麻烦、一般只能现场指示，不能记录与远传	−100～100(150)　有机液体 0～350(−30～650)　水银
	双金属温度计	结构简单、机械强度大、价格低、能记录、报警与自控	精度低、不能离开测量点测量，量程与使用范围均有限	0～300(−50～600)
	压力式温度计	结构简单、不怕振动、具有防爆性、价格低廉、能记录、报警与自控	精度低、测量距离较远时，仪表的滞后性较大、一般离开测量点不超过 10m	0～500(−50～600)　液体型 0～100(−50～200)　蒸汽型
	电阻温度计	测量精度高，便于远距离、多点、集中测量和自动控制	结构复杂、不能测量高温，由于体积大，测点温度较困难	−150～500(−200～600)铂电阻 0～100(−50～150)　铜电阻 −50～150(180)　镍电阻 −100～200(300)　热敏电阻
	热电偶温度计	测温范围广，精度高，便于远距离、多点、集中测量和自动控制	需冷端温度补偿，在低温段测量精度较低	−20～1300(1600)　铂铑$_{10}$-铂 −50～1000(1200)　镍铬-镍硅 −40～800(900)　镍铬-铜镍 −40～300(350)　铜-铜镍
非接触式温度计	光学高温计	携带用、可测量高温、测温时不破坏被测物体温度场	测量时，必须经过人工调整，有人为误差，不能作远距离测量，记录和自控	900～2000(700～2000)
	辐射高温计	测温元件不破坏被测物体温度场，能做远距离测量、报警和自控、测温范围广	只能测高温，低温段测量不准，环境条件会影响测量精度，连续测高温时须作水冷却或气冷却	100～2000(50～2000)

注：表中括号（　）内的值为可能使用温度。

1. 应用热膨胀原理测温

利用液体或固体受热时产生热膨胀的原理，可以制成膨胀式温度计。玻璃温度计是属于液体膨胀式温度计；双金属温度计是属于固体膨胀式温度计。

双金属温度计中的感温元件是用两片线膨胀系数不同的金属片叠焊在一起而制成的。当双金属片受热后，由于两金属片的线膨胀长度不相同而产生弯曲，如图 5-1 所示。温度越高，产生的线膨胀长度差越大，因而引起弯曲的角度就越大。双金属温度计就是根据这一原理制成的。

图 5-2 是一种双金属温度信号器的示意图。当温度超过某一定值后，双金属片便产生弯

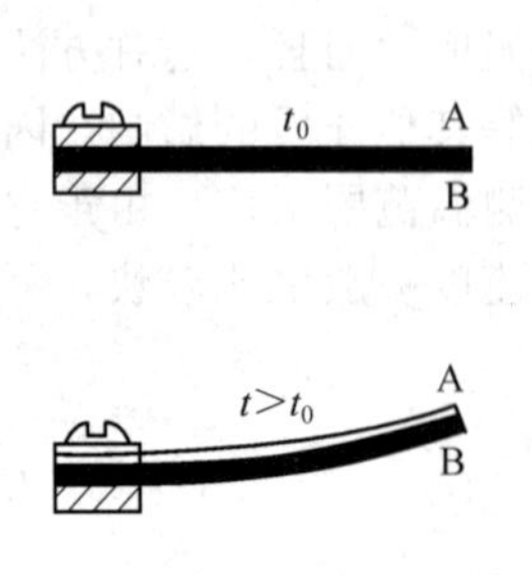

图 5-1　双金属片

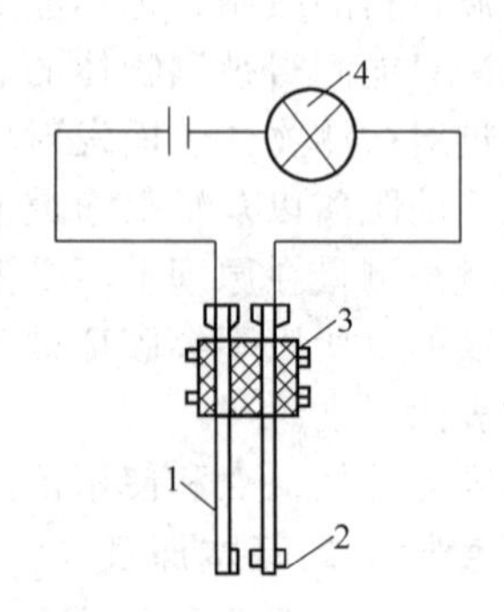

图 5-2　双金属温度信号器

1—双金属片；2—调节螺钉；3—绝缘子；4—信号灯

曲，且与调节螺钉 2 相接触，使电路接通，信号灯便发亮。如以继电器代替信号灯，便可以用来控制热源（如电热丝），而成为两位式温度控制器。温度的控制范围可通过改变调节螺钉 2 与双金属片 1 之间的距离来调整。

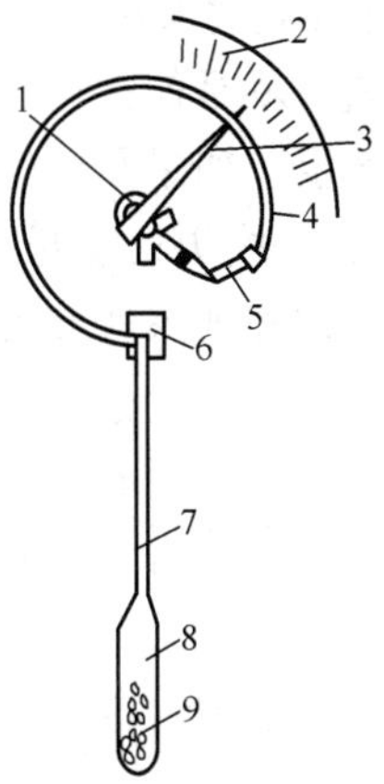

2. 应用压力随温度变化的原理测温

利用封闭在固定体积中的气体、液体或某种液体的饱和蒸汽受热时，其压力会随着温度而变化的性质，可以制成压力式温度计。由于一般称充以气体、液体或饱和蒸汽的容器为温包，所以这种温度计又称温包式温度计，如图 5-3 所示。

图 5-3　压力式温度计结构原理图

1—传动机构；2—刻度盘；3—指针；4—弹簧管；5—连杆；6—接头；7—毛细管；8—温包；9—工作物质

3. 应用热阻效应测温

利用导体或半导体的电阻随温度变化的性质，可制成热电阻式温度计。根据所使用的热电阻材料的不同，有铂热电阻、铜热电阻和半导体热敏电阻温度计等。

4. 应用热电效应测温

利用金属的热电性质可以制成热电偶温度计。根据所使用的热电偶材料的不同，有铂铑$_{10}$-铂热电偶、镍铬-镍硅热电偶、镍铬-铜镍热电偶、铂铑$_{30}$-铂铑$_{6}$ 热电偶等。

5. 应用热辐射原理测温

利用物体辐射能随温度而变化的性质可以制成辐射高温计。由于这时测温元件不再与被测介质相接触，故属于非接触式温度计。

第二节　热电偶温度计

热电偶温度计是基于热电效应这一原理测量温度的。它的测温范围广、结构简单、使用方便、测温准确可靠、便于远传、自动记录和集中控制，因而在化工生产中应用极为普遍。

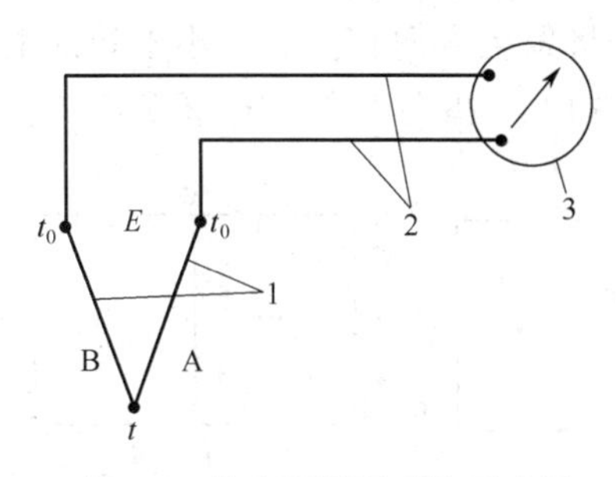

图 5-4　热电偶测温系统示意图

1—热电偶；2—导线；3—检测仪表

图 5-4 是热电偶测温系统的简单示意图，它主要由三部分组成：热电偶 1 是系统中的测温元件；检测仪表 3 是用来检测热电偶产生的热电势信号的；导线 2 用来连接热电偶与检测仪表。

一、热电偶

热电偶是工业上最常用的测温元件，它是由两种不同材料的导体 A 和 B 焊接而成，如图 5-5 所示。焊接的一端插入被测介质中，感受到被测温度，称为热电偶的工作端（习惯上称为热端），另一端与导线连接，称为自由端（习惯上称为冷端）。导体 A、B 称为热电极。

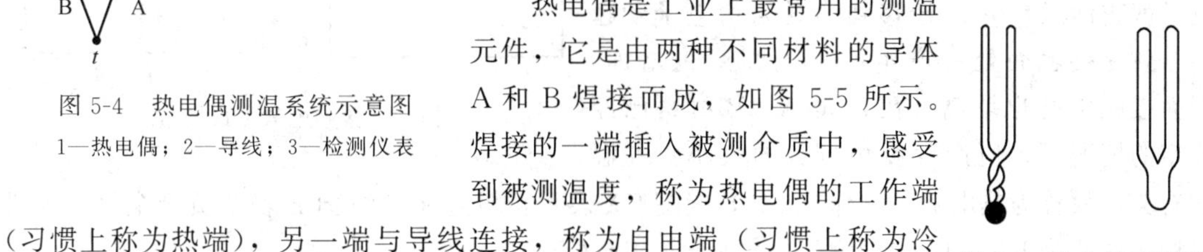

图 5-5　热电偶示意图

1. 热电现象及测温原理

先来看一个简单的实验，以建立对热电偶热电现象的认识。取两根不同材料的金属导线

A 和 B，将其两端焊在一起，这样就组成了一个闭合回路，如图 5-6(a) 所示。如将其一端加热，就是使接点 1 处的温度 t 高于另一接点 2 处的温度 t_0，那么在此闭合回路中就有热电势产生，如果在此回路中串接一只直流毫伏计（将金属 B 断开接入毫伏计，或者在两金属线的 t_0 接头处断开接入毫伏计均可），如图 5-6(b)、(c) 所示，就可见到毫伏计中有电势指示，这种现象就称为热电现象。

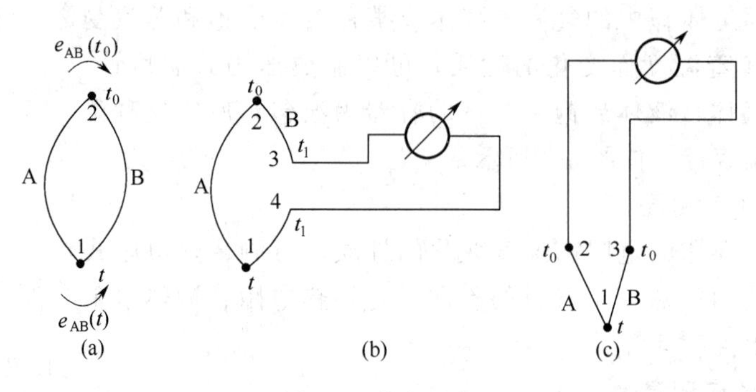

图 5-6　热电现象

下面分析一下为什么会产生热电势呢？从物理学中我们知道，两种不同的金属，它们的自由电子的密度是不相同的。也就是说，两金属内每单位体积内的自由电子数是不相同的。假设金属 A 中的自由电子密度大于金属 B 中的自由电子密度，按古典电子理论，金属 A 的电子密度大，其压强也大。正因为这样，当这两种金属接触时，在它们的交界处，电子从 A 扩散到 B 多于从 B 扩散到 A。而原来自由电子处于金属 A 这个统一体时，统一体是呈中性不带电的。当自由电子越过接触面迁移后，金属 A 就因失去电子而带正电，金属 B 则因得到电子而带负电，结果就在两金属的接触面两侧形成了一个电场方向由 A 指向 B 的静电场，其作用是阻止自由电子的进一步扩散。这就是说，由于电子密度的不平衡而引起扩散运动，扩散的结果产生了静电场，这个静电场的存在又成为扩散运动的阻力，这两者是互相对立的。开始的时候，扩散运动占优势。随着扩散的进行，静电场的作用就加强，反而使电子沿反方向运动。结果当扩散进行到一定程度时，压强差的作用与静电场的作用相互抵消，扩散与反扩散建立了动态平衡。图 5-7(a) 表示两金属接触面上将发生方向相反、大小不等的电子流，使金属 B 中逐渐地积聚过剩电子，并引起逐渐增大的由 A 指向 B 的静电场及电势差 e_{AB}。图 5-7(b) 表示电子流达到动平衡后的情况，这时的接触电势差，仅和两金属的材料及接触点的温度有关。温度越高，金属中的自由电子就越活跃，由 A 迁移到 B 的自由电子就越多，致使接触面处所产生的电场强度也增加，因而接触电势也增高。在金属 A、B 材料已经确定的情况下，所产生接触电势的大小只和温度有关，故称为热电势，记作 $e_{AB}(t)$，注脚 A 表示正极金属，注脚 B 表示负极金属，如果下标次序改为 BA，则 e 前面的符号亦应作相应的改变，即

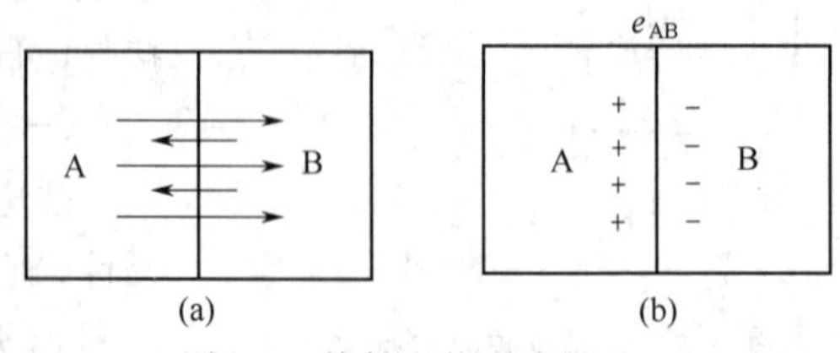

图 5-7　接触电势形成的过程

$$e_{AB}(t) = -e_{BA}(t) \tag{5-1}$$

若把导体的另一端也闭合，形成闭合回路，则在两接点处就形成了两个方向相反的热电势，如图 5-8 所示。

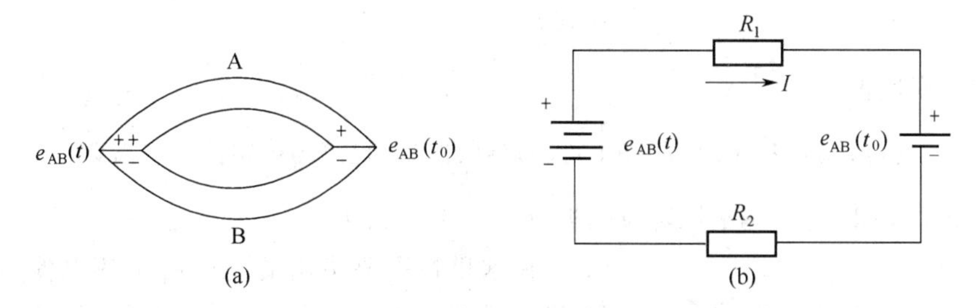

图 5-8　热电偶原理

图 5-8(a) 表示两接点的温度不同，设 $t>t_0$，由于两金属的接点温度不同，就产生了两个大小不等、方向相反的热电势 $e_{AB}(t)$ 和 $e_{AB}(t_0)$。必须指出，对于同一金属 A(或 B)，由于其两端温度不同，也会产生一个相应的电动势，这个电动势称为温差电势。但由于温差电势远小于接触热电势，因此常常把它忽略不计。这样，就可以用图 5-8(b) 作为 (a) 的等效电路，R_1、R_2 为热偶丝的等效电阻，在此闭合回路中总的热电势 $E_{AB}(t,t_0)$ 为

$$E_{AB}(t,t_0)=e_{AB}(t)+e_{AB}(t_0)$$

或

$$E_{AB}(t,t_0)=e_{AB}(t)-e_{AB}(t_0) \tag{5-2}$$

式(5-2) 说明热电势 $E_{AB}(t,t_0)$ 等于热电偶两接点热电势的代数和。当 A、B 材料确定后，热电势是接点温度 t 和 t_0 的函数之差。如果一端温度 t_0 保持不变，即 $e_{AB}(t_0)$ 为常数，则热电势 $E_{AB}(t,t_0)$ 就成为另一端温度 t 的单值函数了，而和热电偶的长短及直径无关。这样，如果另一端温度 t 就是被测温度，那么只要测出热电势的大小，就能判断测温点温度的高低，这就是利用热电现象来测量温度的原理。

不难理解：如果组成热电偶回路的两种导体材料相同，则无论两接点温度如何，回路的总热电势为零；如果热电偶两接点温度相同，尽管两导体材料不同，回路的总热电势也为零。不同热电极材料制成的热电偶在相同温度下产生的热电势是不同的。几种常用的热电偶在不同温度下所产生的热电势可以从附录一至附录三中查到。

必须指出：热电偶一般都是在自由端温度为 0℃时进行分度的，因此，若自由端温度不为 0℃而为 t_0 时，则热电势与温度之间的关系可用下式进行计算。

$$E_{AB}(t,t_0)=E_{AB}(t,0)-E_{AB}(t_0,0) \tag{5-3}$$

式中，$E_{AB}(t,0)$ 和 $E_{AB}(t_0,0)$ 相当于该种热电偶的工作端温度分别为 t 和 t_0。

【例 5-1】 今用一只镍铬-镍硅热电偶，测量小氮肥厂中转化炉的温度，已知热电偶工作端温度为 800℃，自由端（冷端）温度为 30℃，求热电偶产生的热电势 $E(800,30)$。

解　由附录三可以查得

$$E(800,0)=33.277\ (\text{mV})$$
$$E(30,0)=1.203\ (\text{mV})$$

将上述数据代入式(5-3)，即得

$$E(800,30)=E(800,0)-E(30,0)=32.074\ (\text{mV})$$

【例 5-2】 某支铂铑$_{10}$-铂热电偶在工作时，自由端温度 $t_0=30℃$，测得热电势 $E(t,t_0)=11.610\text{mV}$，求被测介质的实际温度。

解　由附录一可以查得

$$E(30,0)=0.173\ (\mathrm{mV})$$

代入式(5-3) 变换得

$$E(t,0)=E(t,30)+E(30,0)=0.173+11.610=11.783\ (\mathrm{mV})$$

再由附录一可以查得 11.783mV 对应的温度 t 为 1186.3℃。

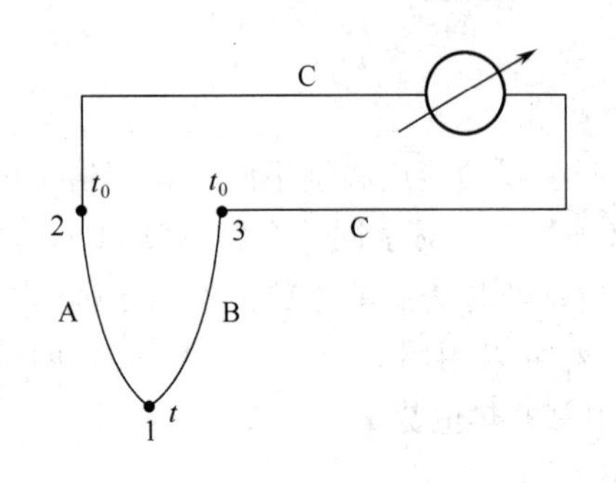

图 5-9 热电偶测温系统连接图

在这里特别要指出的是：由于热电偶所产生的热电势与温度的关系都是非线性的（当然各种热电偶的非线性程度不同），因此在自由端温度不为零时，将所测热电势对应的温度值加上自由端温度，并不等于实际的被测温度。热电势与温度之间的非线性越严重，则误差就越大。

2. 插入第三种导体的问题

利用热电偶测量温度时，必须要用某些仪表来测量热电势的数值，而检测仪表往往要远离测温点，这就需要将热电偶回路的自由端 t_0 断开，接入连接导线 C，如图 5-9 所示。这样就在 AB 所组成的热电偶回路中加入了第三种导体，而第三种导体的接入又构成了新的接点，如图 5-9 中的接点 2 和 3，这样引入第三种导体会不会影响热电偶的热电势呢？

假设在图 5-9 的电路中 2、3 接点温度相同且等于 t_0，那么回路的总热电势 E_t 等于

$$E_t=e_{AB}(t)+e_{BC}(t_0)+e_{CA}(t_0) \tag{5-4}$$

根据能量守恒原理可知，多种金属组成的闭合回路中，尽管它们的材料不同，但只要各接点温度相等，则此闭合回路中的总热电势等于零。若将 A、B、C 三种金属丝组成一个闭合回路，各接点温度相同（都等于 t_0），则回路内的总热电热等于零，即

$$e_{AB}(t_0)+e_{BC}(t_0)+e_{CA}(t_0)=0$$

或

$$-e_{AB}(t_0)=e_{BC}(t_0)+e_{CA}(t_0) \tag{5-5}$$

将式(5-5) 代入式(5-4)，得

$$E_t=e_{AB}(t)-e_{AB}(t_0) \tag{5-6}$$

这和式(5-2) 相同，可见总的热电势与没有接入第三种导体时的热电势一样。这样说明在热电偶回路中接入第三种导体时，只要保证引入导体的两端温度相同，则对原热电偶所产生的热电势数值并无影响。同理，如果回路中串入更多种导体，只要引入导体两端温度相同，也不影响热电偶所产生的热电势数值。

3. 常用热电偶的种类

根据热电偶测温基本原理，理论上似乎任意两种导体都可以组成热电偶。但是，为了保证可靠地进行具有足够精度的温度测量，工业上对热电极材料一般有以下要求：

① 在测温范围内其热电性质要稳定，不随时间变化；

② 在测温范围内要有足够物理、化学稳定性，不易被氧化或腐蚀；

③ 电阻温度系数要小，电导率要高，组成热电偶后产生的热电势要大，其值与温度呈

线性关系或有简单的函数关系；

④ 复现性要好（同种成分材料制成的热电偶，其热电性质均相同的性质称复现性），这样便于成批生产，而且在应用上也可保证良好的互换性；

⑤ 材料组织均匀、要有韧性，便于加工成丝。

目前采用的热电偶材料中尚不能完全满足上述要求，国际电工委员会（IEC）对其中公认的性能较好的热电极材料制定了统一标准，国际上有8种标准化热电偶。

表5-2为我国生产的几种常用热电偶及其主要特性。

除了表5-2中所列常用热电偶外，用于各种特殊用途的热电偶还很多，如红外线接收热电偶；用于2000℃高温测量的钨铼热电偶；非金属热电偶等。

4. 热电偶的构造及结构形式

各种热电偶的外形常是极不相同的，按结构形式分有普通型、铠装型、表面型和快速型四种。

表5-2 常用热电偶及其主要特性

热电偶名称	代号	分度号		热电极材料		测温范围/℃	
		新	旧	正热电极	负热电极	长期使用	短期使用
铂铑$_{30}$-铂铑$_6$	WRR	B	LL－2	铂铑$_{30}$合金	铂铑$_6$合金	300～1600	1800
铂铑$_{10}$-铂	WRP	S	LB－3	铂铑$_{10}$合金	纯铂	－20～1300	1600
镍铬-镍硅	WRN	K	EU－2	镍铬合金	镍硅合金	－50～1000	1200
镍铬-铜镍	WRE	E	—	镍铬合金	铜镍合金	－40～800	900
铁-铜镍	WRF	J	—	铁	铜镍合金	－40～700	750
铜-铜镍	WRC	T	CK	铜	铜镍合金	－40～300	350

（1）普通型热电偶　由热电极、绝缘套管、保护套管和接线盒等主要部分构成，如图5-10所示。

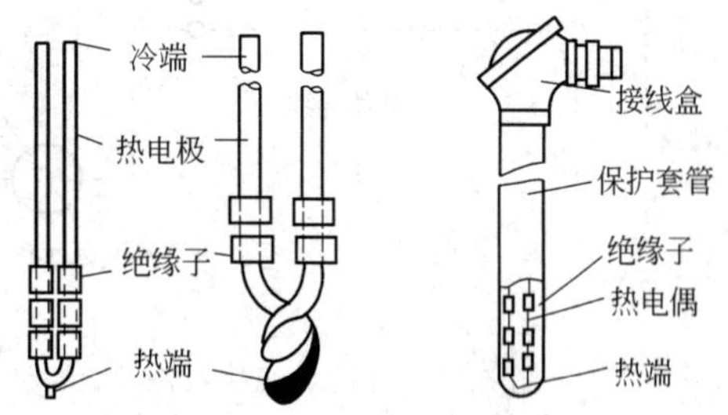

图5-10　热电偶的结构

① 热电极。组成热电偶的两根热偶丝称为热电极，热电极的直径由材料的价格、机械强度、电导率、热电偶的使用条件和测量范围等决定。贵金属电极丝的直径一般为0.3～0.65mm，普通金属电极丝的直径一般为0.5～3.2mm，其长度由安装条件及插入深度而定，一般为350～2000mm。

② 绝缘套管。也称绝缘子，用于防止两根热电极短路。其结构型式通常有单孔管、双孔管及四孔的瓷管和氧化铝管等。选用的材料可根据使用温度范围而定，常用材料有：橡皮、塑料（60～80℃）；丝、干漆（0～130℃）；玻璃管（500℃以下）；石英管（1000℃以下）；瓷管（1400℃）；纯氧化铝管（1600～1700℃）。

③ 保护套管。为使热电极免受化学侵蚀和机械损伤，确保使用寿命和测温的准确性，通常将热电极（包括绝缘子）再以保护套管保护之。保护套管材料的选择一般根据测温范围、插入深度、环境条件以及测温的时间常数等因素来决定。对保护套管材料和结构型式的要求是：保证它能耐高温、能承受温度的剧变、耐腐蚀、有良好气密性和足够的机械强度、

高的导热系数、在高温下不会分解出对热电偶有害的气体等。常用的保护套管材料有铜或铜合金、20# 碳钢管、1Cr18Ni9Ti 不锈钢、石英管等。

④ 接线盒。接线盒是供连接热电极和补偿导线。一般由铝合金制成，并分有普通式和密封式两种型式。为了防止灰尘和有害气体进入热电偶保护套管内，接线盒的出线孔和盖子均用垫片和垫圈加以密封。接线盒内用于连接热电极和导线的螺丝必须紧固，以免产生较大的接触电阻而影响测量的准确性。

（2）铠装热电偶　由金属套管、绝缘材料（氧化镁粉）、热电偶丝一起经过复合拉伸成型，然后将端部偶丝焊接成光滑球状结构。工作端有露头型、接壳型、绝缘型三种。其外径为 1～8mm，还可小到 0.2mm，长度可为 50m。

铠装热电偶具有反应速度快、使用方便、可弯曲、气密性好、不怕振、耐高压等优点，是目前使用较多并正在推广的一种结构。

（3）表面型热电偶　常用的结构形式是利用真空镀膜法将两电极材料蒸镀在绝缘基底上的薄膜热电偶，专门用来测量物体表面温度的一种特殊热电偶，其特点：反应速度极快、热惯性极小。

（4）快速型热电偶　它是测量高温熔融物体一种专用热电偶，整个热偶元件的尺寸很小，称为消耗式热电偶。

热电偶的结构形式可根据它的用途和安装位置来确定。在热电偶选型时，要注意三个方面：热电极的材料；保护套管的结构，材料及耐压强度；保护套管的插入深度。

二、补偿导线与冷端温度补偿

1. 补偿导线

由热电偶测温原理已经知道，只有当热电偶冷端温度保持不变时，热电势才是被测温度的单值函数。但在实际工作中，由于热电偶的冷端常常靠近设备或管道，故冷端温度不仅受环境温度的影响，而且还受设备或管道中物料温度的影响，因而冷端温度难于保持恒定。为了准确地测量温度，就应当设法把热电偶的冷端延伸至远离被测对象且温度又比较稳定的地方。最简单的方法是将电偶丝做得很长，但由于热电偶线多属贵金属材料，显然这个方法是不经济的。人们发现，有些贱金属组成的热电偶在一定温度（0～100℃左右）范围内，其热电特性与前述几种标准化了的热电偶的热电特性非常接近。例如，铜-铜镍所组成的热电偶与镍铬-镍硅热电偶在 100℃以下其热电特性是一致的。这就给我们一个启示：以不太长的镍铬-镍硅丝作为高温测量端，然后以较长的铜-铜镍丝去接替两热电极，借此达到延伸冷端的目的。这种用来延伸冷端的专用导线称为补偿导线。图 5-11 表示用铜-铜镍作为补偿导线，来延伸镍铬-镍硅热电偶冷端的接线图。

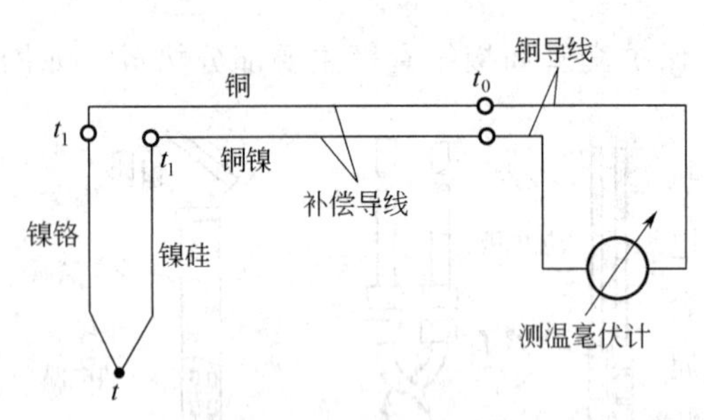

图 5-11　补偿导线接线图

在使用热电偶补偿导线时，要注意型号相配。各种型号热电偶所配用的补偿导线，如表 5-3 所示。

表 5-3 常用热电偶的补偿导线

热电偶名称	补偿导线		工作端为 100℃冷端为 0℃时的标准热电势 mV
	正极	负极	
铂铑$_{10}$-铂	铜	铜镍	0.64±0.03
镍铬-镍硅	铜	铜镍	4.10±0.15
镍铬-铜镍	镍铬	铜镍	6.95±0.30

使用补偿导线时，应当注意补偿导线的正、负极必须与热电偶的正、负极各端对应相接，正、负两极的接点温度 t_1 应保持相同，延伸后的冷端温度 t_0 应比较恒定且比较低。

2. 冷端温度补偿

采用补偿导线之后，把热电偶的冷端从温度较高和不稳定的地方，延伸到温度较低和比较稳定的地方，但此时冷端温度一般还不是 0℃，而工业上常用的各种热电偶的温度-热电势关系曲线（或数据）是在冷端温度保持为 0℃的情况下得到的，与它配套使用的仪表也是根据这一关系进行刻度的。由于操作室的温度往往高于 0℃，而且是不恒定的。这时，热电偶所产生的热电势必然偏小，且测量值也随着冷端温度变化而变化，测量结果就会产生误差。补偿导线的引入并不能消除这一误差。所以，在应用热电偶测温时，必须考虑冷端温度对测量的影响，加以一定的修正或补偿，才能得到测量的准确结果，这就是热电偶的冷端温度补偿。一般可采用下列几种方法。

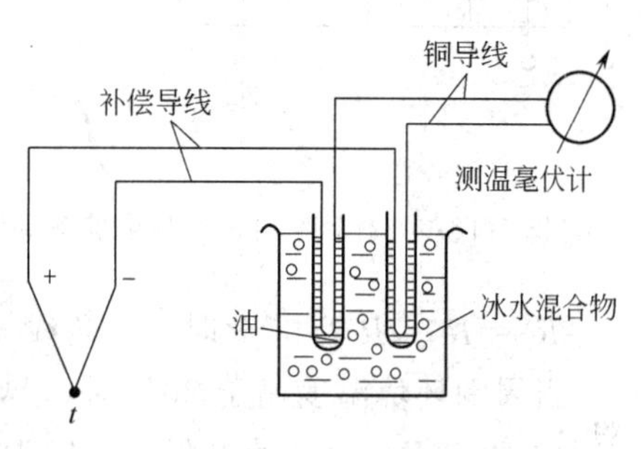

图 5-12 热电偶冷端温度保持 0℃的方法

(1) 冷端温度保持为 0℃的方法　保持冷端温度为 0℃，可采用图 5-12 所示的方法。在保温容器中，盛有冰水混合物，把热电偶的两个冷端分别插入盛有绝缘油的试管中，然后放入装有冰水混合物的容器内，这种方法多数用在实验室中。

(2) 冷端温度的修正方法　在实际生产中，冷端温度往往不是 0℃，而是某一数值 t_0，这时可按前面介绍的式(5-3) 进行修正，即

$$E_{AB}(t,t_0)=E_{AB}(t,0)-E_{AB}(t_0,0)$$

或
$$E_{AB}(t,0)=E_{AB}(t,t_0)+E_{AB}(t_0,0) \tag{5-7}$$

这就是说，热电势的修正方法是把测得的热电势 $E_{AB}(t,t_0)$，加上热端为室温 t_0，冷端为 0℃时的热电偶的热电势 $E_{AB}(t_0,0)$，便得到实际温度下的热电热 $E_{AB}(t,0)$。

【例 5-3】 用铂铑$_{10}$-铂热电偶进行温度检测，热电偶的冷端温度 $t_0=30$℃，显示仪表的温度读数（假定此仪表是不带冷端温度自动补偿且是以温度刻度的）为 985℃，试求被测温度的实际值。

解　由分度号为 S 的铂铑$_{10}$-铂热电偶分度表（附录一）查出 985℃时的热电势值为 9.412mV。也就是 $E(t,t_0)=9.412$mV，又从分度表中查得 $E(t_0,0)=E(30,0)=$ 0.173mV。将此两个数值代入式(5-7)，得

$$E(t,0)=9.412\text{mV}+0.173\text{mV}=9.585\ (\text{mV})$$

再查分度表可知，对应于 9.585mV 的温度 $t=1000$℃，这就是该支铂铑$_{10}$-铂热电偶所测得的温度实际值。

(3) 校正仪表零点法　一般仪表在未工作时指针应指在零位上（机械零点）。若采用测温元件为热电偶时，要使测温时指示值不偏低，可预先将仪表的机械零点调整到相当于室温的数值上。此法比较简单，在工业上经常应用。不过这种方法有一定的误差，特别是当热电偶的热电势与温度关系的非线性程度严重，或者室温经常变化时，误差更大。

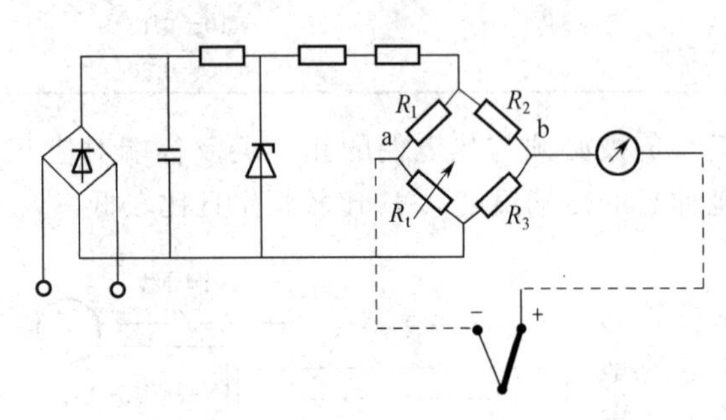

图 5-13　具有补偿电桥的热电偶测温线路

(4) 补偿电桥法　补偿电桥法是利用不平衡电桥产生的不平衡电压来补偿热电偶因冷端温度变化而引起的热电势变化值，如图5-13所示。不平衡电桥（又称冷端温度补偿器）由电阻 R_1、R_2、R_3（锰铜丝绕制）和 R_t（铜丝绕制）等四个桥臂和稳压电源所组成，串联在热电偶测温回路中。热电偶的冷端与电阻 R_t 放在一起，感受相同的温度。电桥通常取在 20℃ 时处于平衡，即 $R_1=R_2=R_3=R_t^{20℃}$，此时，对角线 a、b 两点电位相等，即 $U_{ab}=0$，电桥对仪表读数无影响。当周围环境温度高于 20℃时，热电偶因冷端温度升高而使热电势减弱。而与此同时，电桥中 R_1、R_2、R_3 的电阻值不随温度而变，铜电阻 R_t 却随温度增加而增加，于是电桥不再平衡，a 点电位高于 b 点电位，在对角线 a、b 间输出一个不平衡电压 U_{ab}，并与热电偶的热电势相叠加，一起送入测量仪表。如适当选择桥臂电阻和电流的数值，可以使电桥产生的不平衡电压 U_{ab}恰好补偿由于冷端温度变化而引起的热电势变化值，仪表即可指示出正确的温度。

由于电桥是在 20℃时平衡的，所以采用这种补偿电桥时，仍需把仪表的机械零点预先调到 20℃处。如果补偿电桥是按 0℃时电桥平衡设计的（例 DDZ-Ⅱ型温度变送器中的补偿电桥），则仪表零位应调在 0℃处。

(5) 补偿热电偶法　在实际生产中，为了节省补偿导线和投资费用，常用多支热电偶配用一台公用测温仪表，通过转换开关实现多点间歇测量，其接线图如图 5-14 所示。补偿热电偶是为了将冷端温度保持恒定而设置的。它的工作端插入 2～3m 深的地下或放在其他恒温器中，使其温度恒为 t_0，而它的冷端与测量热电偶的冷端都接在温度为 t_1 的同一个接线盒中。补偿热电偶 CD 的材料可以与测量热电偶相同，也可以是测量热电偶的补偿导线。这样，其测温仪表的指示值则为 $E(t,t_0)$ 所对应的温度，而不受接线盒所处温度 t_1 变化的影响。

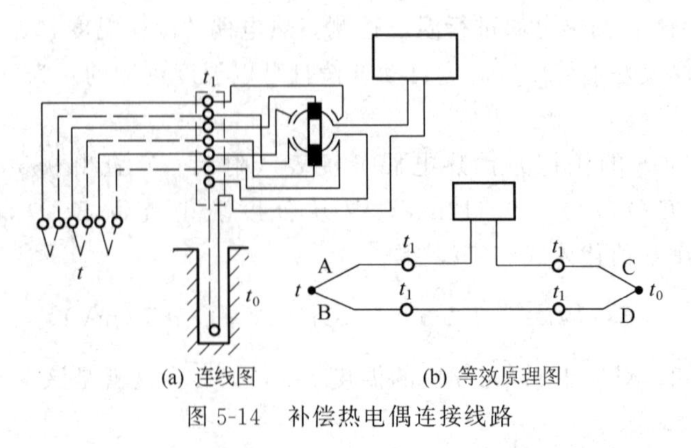

图 5-14　补偿热电偶连接线路

第三节　热电阻温度计

前面介绍的热电偶温度计，一般适用于测量500℃以上的温度。对于500℃以下的中、低温，利用热电偶进行测量，有时就不一定适合。这是由于在中、低温区，热电偶输出的热电势很小。例如在100℃时，铂铑$_{10}$-铂热电偶的热电势仅为0.645mV，如此小的热电势，对电位差计的放大器和抗干扰措施要求都很高，仪表维修也困难。另外，在较低的温度范围，由于冷端温度变化和环境温度变化所引起的相对误差就显得很突出，且不易得到全补偿。所以，在中、低温区，一般是使用——热电阻温度计来进行温度检测，它是由热电阻、显示仪表和连接导线所组成，如图5-15所示，注意连接导线采用三线制接法。

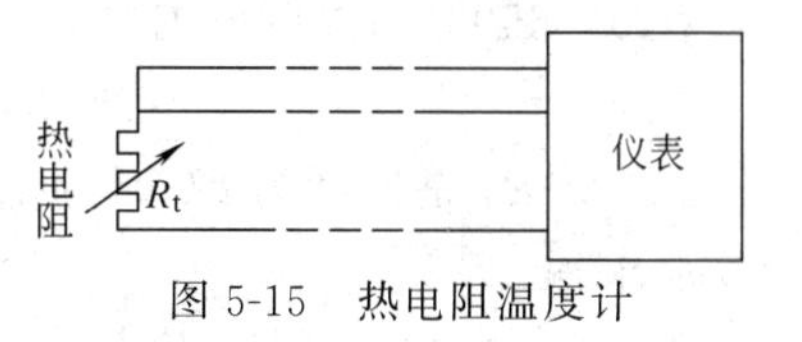

图5-15　热电阻温度计

一、测温原理

热电阻是电阻温度计的测温元件，这是一种金属体。电阻温度计就是利用热电阻的电阻值随温度变化而改变的特性来进行温度测量的。

大家知道，金属导体的电阻值是随温度的变化而变化的。对于线性变化的热电阻来说，它们之间的关系为

$$R_t=R_0[1+\alpha(t-t_0)] \tag{5-8}$$

或

$$\Delta R_t=\alpha R_0\Delta t \tag{5-9}$$

式中　R_t——温度为t℃时的电阻值；

R_0——温度为t_0（通常为0℃）时的电阻值；

α——电阻温度系数；

Δt——温度的变化量；

ΔR_t——温度改变Δt时的电阻变化量。

由式(5-9)可知：温度的变化，导致了导体电阻的变化。实践证明，大多数金属在温度每升高1℃时，其电阻值要增加0.4%～0.6%，这样只要设法测出电阻值的变化就可达到温度测量的目的。

由上可知，热电阻温度计与热电偶温度计的测温原理是不相同的。热电偶温度计是把温度的变化通过测温元件——热电偶转化为热电势的变化来测量温度的；而热电阻温度计则是把温度的变化通过测温元件——热电阻转换为电阻值的变化来测量温度的。

热电阻温度计的输出信号大，测量准确，适用于测量−200～500℃范围内液体、气体、蒸汽及固体表面的温度。它与热电偶温度计一样，也是有远传、自动记录和实现多点测量等优点。

二、常用热电阻

对于热电阻丝的材料是有一定技术要求的，一般应具有下列特性：电阻温度系数和电阻率要大；热容量要小；在整个测温范围内，应具有稳定的物理和化学性质；要容易加工，有良好的复制性；电阻值随温度的变化关系，最好呈线性关系；价格要便宜等。

事实上，要完全符合以上技术要求是很难的。目前，应用最广泛的热电阻材料是铂和铜。

1. 铂电阻

金属铂容易提纯，在氧化性介质中具有很高的物理化学稳定性，有良好的复制性。但是铂的价格较贵，在还原性介质中，特别是在高温下很容易被弄脏，以致铂丝变脆，并改变了它的电阻与温度间的关系，因此要特别注意保护。铂电阻的测温范围为－200～650℃。

在0～650℃的温度范围内，铂电阻与温度的关系为

$$R_t=R_0(1+At+Bt^2+Ct^3) \tag{5-10}$$

式中，R_t是温度为t℃时的电阻值；R_0是温度为0℃时的电阻值；A、B、C是常数，由实验求得

$$A=3.950\times10^{-3}/℃,B=-5.850\times10^{-7}/(℃)^2,C=-4.22\times10^{-22}/(℃)^3$$

要确定$R_t\sim t$的关系，首先要确定R_0的大小。R_0不同，$R_t\sim t$的关系也不同。这种$R_t\sim t$的关系称为分度表，用分度号来表示。

工业上常用的铂电阻有两种，一种分度号为Pt10，它的$R_0=10\Omega$。另一种分度号为Pt100，它的$R_0=100\Omega$，其分度表见附录四。

2. 铜电阻

铜容易加工提纯，价格便宜；它的电阻温度系数很大，且电阻与温度呈线性关系；在测温范围－50～150℃内，具有很好的稳定性。其缺点是温度超过150℃后易被氧化，氧化后失去良好的线性特性；另外，由于铜的电阻率小，为了要绕得一定的电阻值，铜电阻丝必须较细，长度也要较长，故铜电阻体积较大，机械强度较低。

在－50～150℃的范围内，铜电阻与温度的关系是线性的，即

$$R_t=R_0(1+\alpha\Delta t) \tag{5-11}$$

式中，α为铜的电阻温度系数。

工业上用的铜电阻有两种，一种是$R_0=50\Omega$，其分度号为Cu_{50}，分度表见附录五。另一种是$R_0=100\Omega$，相对应的分度号为Cu_{100}。

3. 热电阻的结构

热电阻的结构形式有普通型热电阻、铠装热电阻和薄膜热电阻三种。

(1) 普通型热电阻　主要由电阻体、保护套管和接线盒等主要部件所组成。其中保护套管和接线盒与热电偶的基本相同。将电阻丝绕制（采用双线无感绕法）在具有一定形状的支架上，这个整体便称为电阻体。目前，用来绕制电阻丝的支架一般有三种构造形式：平板形、圆柱形和螺旋形。一般地说，平板支架作为铂电阻体的支架，圆柱形支架作为铜电阻体的支架，而螺旋形支架是作为标准或实验室用的铂电阻体的支架。

(2) 铠装热电阻　将电阻体预先拉制成型并与绝缘材料和保护套管连成一体。这种热电阻体积小、抗震性强、可弯曲、热惯性小、使用寿命长。

(3) 薄膜热电阻　它是将热电阻材料通过真空镀膜法，直接蒸镀到绝缘基底上。这种热电阻的体积很小、热惯性也小、灵敏度高。

第四节　光纤温度传感器

光纤温度传感器是采用光纤作为敏感元件或能量传输介质而构成的，它有接触式和非接触式等多种形式。光纤传感器的特点是灵敏度高；电绝缘性能好，可适用于强烈电磁干扰、

强辐射的恶劣环境；体积小、重量轻、可弯曲；可实现不带电的全光型探头等。近几年来光纤温度传感器在许多领域得到应用。

光纤传感器由光发送器、光源、光纤（含敏感元件）、光接收器、信号处理系统和各种连接件等部分构成，如图5-16所示。由光发送器发出的光经过光纤引导到敏感元件。在这里，光的某一性质受到被测量的调制，已调光经由接收光纤耦合到光接收器，使光信号转变为电信号，最后经信号处理系统得到所期待的被测量。

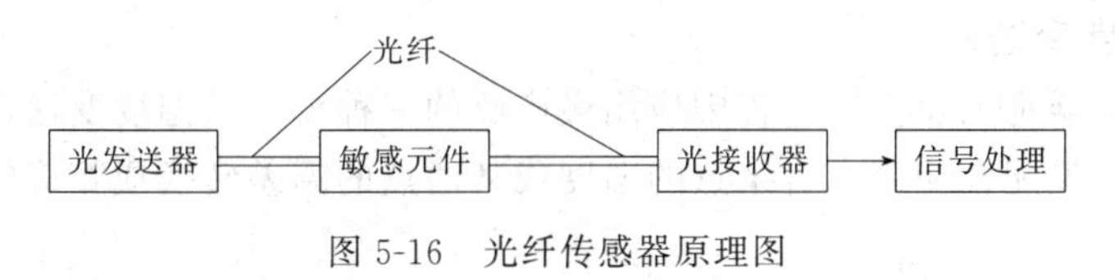

图5-16　光纤传感器原理图

光纤传感器可分为功能型和非功能型两种类型，功能型传感器是利用光纤的各种特性，由光纤本身感受被测量的变化，光纤既是传输介质，又是敏感元件；非功能型传感器又称传光型，是由其他敏感元件感受被测量的变化，光纤仅作为光信号的传输介质。

非功能型光纤温度传感器在实际测温中得到较多的应用，并有多种类型，已实用化的温度计有液晶光纤温度传感器、荧光光纤温度传感器、半导体光纤温度传感器和光纤辐射温度计等。

1. 液晶光纤温度传感器

液晶光纤温度传感器是利用液晶的“热色”效应而工作的，例如在光纤端面上安装液晶片，在液晶片中按比例混入三种液晶，温度在10～45℃范围变化，液晶颜色由绿变成深红，光的反射率也随之变化，测量光强变化可知相应的温度，其精度约为0.1℃。不同类型的液晶光纤温度传感器的测温范围可在－50～250℃之间。

2. 荧光光纤温度传感器

荧光光纤温度传感器的工作原理是利用荧光材料的荧光强度随温度而变化，或荧光强度的衰变速度随温度而变化的特性，前者称荧光强度型，后者称荧光余晖型。其结构是在光纤头部粘接荧光材料，用紫外线进行激励，荧光材料将会发出荧光，检测荧光强度就可以检测温度。荧光强度型传感器的测温范围为－50～200℃；荧光余晖型温度传感器的测温范围为－50～250℃。

3. 半导体光纤温度传感器

半导体光纤温度传感器是利用半导体的光吸收响应随温度而变化的特性，根据透过半导体的光强变化检测温度。温度变化时，半导体的透光率曲线也随之变化，当温度升高时，特性曲线将向长波方向移动，在光源的光谱处于λ_g附近的特定入射波长的波段内，其透过光强将减弱，测出光强变化就可知对应的温度变化。半导体光纤温度传感器构成的温度计的测温范围为－30～300℃。

4. 光纤辐射温度计

光纤辐射温度计的工作原理和分类与普通的辐射测温仪表类似，它可以接近或接触目标进行测温。目前，因受光纤传输能力的限制，其工作波长一般为短波，采用亮度法或比色法测量。

光纤辐射温度计的光纤可以直接延伸为敏感探头，也可以经过耦合器，用刚性光导棒延伸。光纤敏感探头有多种类型，如直型、楔型、带透镜型和黑体型等。

典型光纤辐射温度计的测温范围为200～4000℃，分辨力可达0.01℃，在高温时精确度可优于±0.2%读数值，其探头耐温一般可达300℃，加冷却后可达500℃。

第五节　温度变送器

热电偶、热电阻是用于温度检测的一次元件，它将温度信号转换为热电势及电阻值信号。为了进行温度的显示或控制，必须将这些信号进一步转换，然后送至其他显示单元或控制单元，温度变送器就是实现这种信号转换的一种装置。

一、电动温度变送器

电动温度变送器是工业生产过程中应用最广泛的一种模拟式温度变送器，它能与常用的各种热电偶和热电阻配合使用，将某点的温度或某两点的温差转换成相应的标准直流电流信号输出。

DDZ-Ⅲ型温度（温差）变送器是电动单元组合仪表中的一个变送单元，它可以将温度或温差信号转换成4～20mA、1～5VDC的统一标准信号输出。根据输入信号的不同，DDZ-Ⅲ型温度变送器主要有热电偶温度变送器、热电阻温度变送器和直流毫伏变送器三种类型。

DDZ-Ⅲ型热电偶温度变送器和热电阻温度变送器的结构大体上可以分为温度检测元件、输入电路、放大电路和反馈电路，其原理框图如图5-17所示。

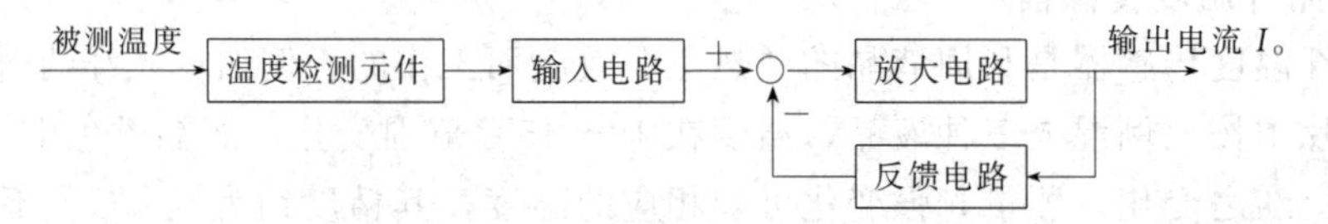

图5-17　温度变送器原理框图

热电偶温度变送器的温度检测元件是热电偶，它将被测温度转换为热电势送至输入电路。热电阻温度变送器的温度检测元件是热电阻，它将被测温度转换为电阻值变化送至输入电路。直流毫伏变送器是直接将毫伏信号送至输入电路。

热电偶温度变送器的输入电路主要是一个冷端温度补偿电桥，它的作用是实现热电偶冷端温度补偿和零点调整。热电阻温度变送器输入电路的作用是将电阻体电阻值的变化转换为毫伏信号送至放大电路，同时它还包含线性化的功能，用以补偿热电阻温度变送器的测温元件热电阻阻值变化与被测温度之间的非线性关系。

放大电路的功能是将由输入电路来的毫伏信号进行多级放大，并将放大后的输出电压信号转换成具有一定负载能力的4～20mA DC的标准电流输出信号。

反馈电路的作用是使变送器的输出信号 I_o 能与被测温度 t 成一定的对应关系。

简单地说，放大电路与反馈电路构成一个负反馈电路，起着电压-电流转换器的作用。

二、一体化温度变送器

前面所述的DDZ-Ⅲ型温度变送器的测温元件是安装在现场的，而变送器可以安装在离现场较远的地点，中间用导线就可以连接起来。所谓一体化温度变送器，就是将变送器模块直接安装在测温元件接线盒或专用接线盒内的一种温度变送器，其原理框图如图5-18所示。

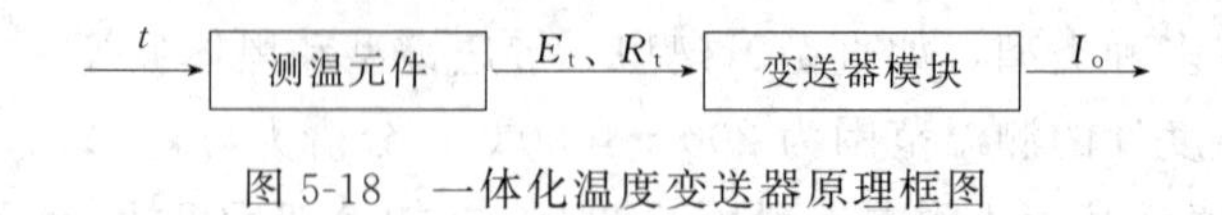

图5-18　一体化温度变送器原理框图

一体化温度变送器的测温元件是热电偶或热电阻，它将被测温度转换为热电势或热电阻阻值的变化，其信号直接送至变送器模块。变送器模块是以一片专用变送器芯片为主，外接少量元器件构成。一体化温度变送器的品种较多，常用的变送器芯片有AD693、XTR101、XTR103、IXR100等。

一体化温度变送器的测温元件和变送器模块安装在一起，形成一个整体，所以可以直接安装在被测工艺设备上，输出为统一的4～20mA DC标准电流信号。这种变送器的优点是体积小、质量小、现场安装方便，因此在工业生产过程中得到广泛应用。

一体化温度变送器在使用中要特别注意变送器模块所处的环境温度。一般情况下，变送器模块内部集成电路的正常工作温度为－20～80℃，超过这一范围，电子器件的性能会发生变化，变送器就不能正常工作。由于一体化温度变送器的变送器模块是与测温元件一起安装在现场的，所以它的测温范围就受到较大的限制。

三、智能式温度变送器

智能式温度变送器可以与各种热电偶或热电阻配合使用测量温度，具有测量范围宽、精度高、环境温度和振动影响小、抗干扰能力强、质量小以及安装维护方便等优点。

智能式温度变送器的数字通信格式有符合HART协议的，这种产品的种类较多，也比较成熟。智能式温度变送器还有采用现场总线通信方式的，这种产品近几年才问世，国内尚处于研究开发阶段。下面以SMART公司的TT302温度变送器为例简单介绍其基本构成。

TT302温度变送器是一种符合FF通信协议的现场总线智能仪表，其基本构成如图5-19所示。

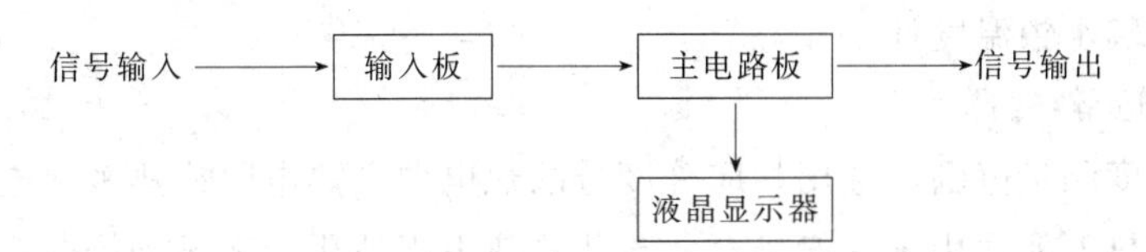

图5-19　TT302温度变送器基本构成框图

TT302温度变送器由硬件和软件两部分组成。其硬件部分由输入板、主电路板和液晶显示器构成。

输入板包括多路转换器、信号调理电路、A/D转换器和信号隔离部分，其作用是将由温度传感器来的输入信号转换为二进制的数字信号，传送到主电路板的CPU上，并实现输入板与主电路板的信号隔离。

主电路板包括微处理器系统、通信控制器、信号整形电路、本机调整部分和电源部分。主电路板是变送器的核心部件，其输出信号可以用于显示或控制。

液晶显示器是一个微功耗的显示器，可以显示四位半数字和五位数字，用于接收主电路板中CPU的数据并加以显示。

TT302温度变送器的软件构成分为系统程序和功能模块两部分。系统程序使变送器的各硬件电路能够正常工作并实现所规定的功能，同时完成各组成部分之间的管理。功能模块给用户提供了各种功能，用户可以根据需要加以选择。TT302温度变送器的软件中还提供了多种与控制功能有关的功能模块，使变送器本身具有控制功能，用户可以通过组态，以实现所要求的控制策略。

TT302 温度变送器使用方便、灵活。用户可以通过上位管理计算机或挂接在现场总线通信电缆上的手持式组态器，对变送器进行远程组态，调用或删除功能模块，也可以使用磁性编程工具对变送器进行本地调整。

第六节 温度测量仪表的选用及安装

一、温度测量仪表的选用

1. 就地温度仪表的选用

（1）精确度等级　一般工业用温度计选用 1.5 级或 1 级；精密测量用温度计：选用 0.5 级或 0.25 级。

（2）测量范围

① 最高测量值不大于仪表测量范围上限值 90%，正常测量值在仪表测量范围上限值的 1/2 左右。

② 压力式温度计测量值应在仪表测量范围上限值的 1/2～3/4 之间。

（3）双金属温度计　在满足测量范围、工作压力和精确度的要求时，应被优先选用于就地显示。

（4）压力式温度计　适用于－80℃以下低温、无法近距离观察、有振动及精确度要求不高的就地或就地盘显示。

（5）玻璃温度计　仅用于测量精确度较高、振动较小、无机械损伤、观察方便的特殊场合。不得使用玻璃水银温度计。

2. 温度检测元件的选用

（1）根据温度测量范围，选用相应分度号的热电偶、热电阻或热敏热电阻。

（2）铠装式热电偶适用于一般场合；铠装式热电阻适用于无振动场合；热敏热电阻适用于测量反应速度快的场合。

3. 特殊场合适用的热电偶、热电阻

（1）温度高于 870℃、氢含量大于 5%的还原性气体、惰性气体及真空场合，选用钨铼热电偶或吹气热电偶。

（2）设备、管道外壁和转体表面温度，选用端（表面）式、压簧固定式或铠装热电偶、热电阻。

（3）含坚硬固体颗粒介质，选用耐磨热电偶。

（4）在同一检出（测）元件保护管中，要求多点测量时，选用多点（支）热电偶。

（5）为了节省特殊保护管材料（如钽），提高响应速度或要求检出（测）元件弯曲安装时可选用铠装热电偶、热电阻。

（6）高炉、热风炉温度测量，可选用高炉、热风炉专用热电偶。

二、测温元件的安装

接触式测温仪表所测得的温度都是由测温（感温）元件来决定的。在正确选择测温元件和二次仪表之后，如不注意测温元件的正确安装，那么，测量精度仍得不到保证。工业上，一般是按下列要求进行安装的。

1. 测温元件的安装要求

（1）在测量管道温度时，应保证测温元件与流体充分接触，以减少测量误差。因此，要求安装时测温元件应迎着被测介质流向插入，至少须与被测介质正交（成90°），切勿与被测介质形成顺流。如图5-20所示。

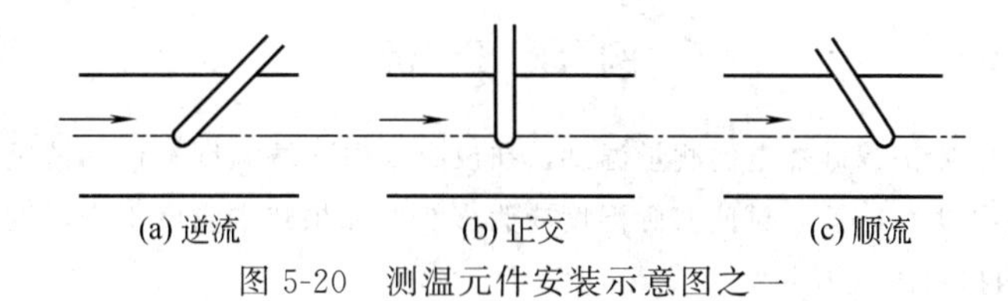

图5-20 测温元件安装示意图之一

（2）测温元件的感温点应处于管道中流速最大处。一般来说，热电偶、铂电阻、铜电阻保护套管的末端应分别越过流束中心线5～10mm、50～70mm、25～30mm。

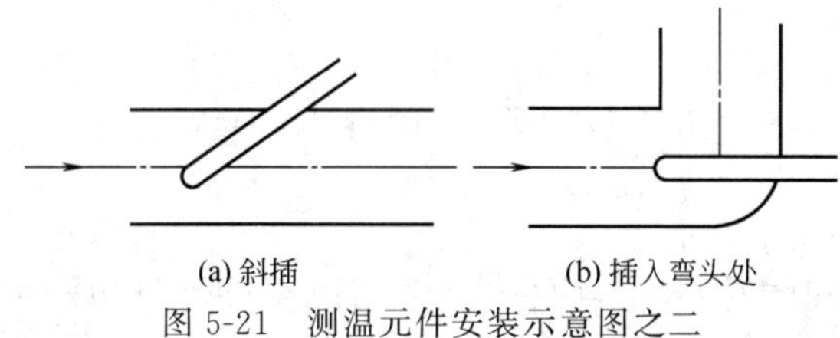

图5-21 测温元件安装示意图之二

（3）测温元件应有足够的插入深度，以减小测量误差。为此，测温元件应斜插安装或在弯头处安装，如图5-21所示。

（4）若工艺管道过小（直径小于80mm），安装测温元件处应接装扩大管，如图5-22所示。

（5）热电偶、热电阻的接线盒面盖应向上，以避免雨水或其他液体、脏物进入接线盒中影响测量，如图5-23所示。

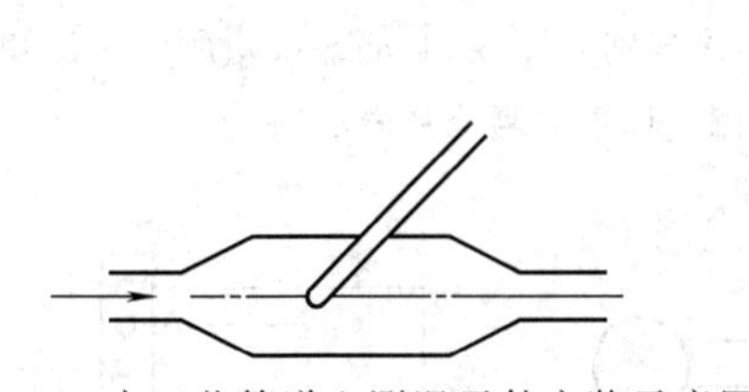
图5-22 小工艺管道上测温元件安装示意图

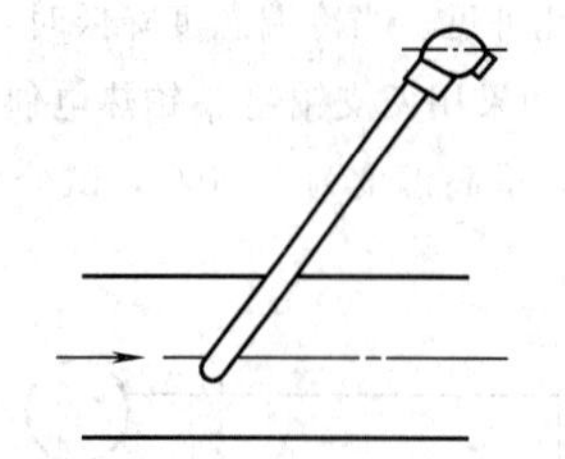
图5-23 热电偶或热电阻安装示意图

（6）为了防止热量散失，测温元件应插在有保温层的管道或设备处。

（7）测温元件安装在负压管道中时，必须保证其密封性，以防外界冷空气进入，使读数降低。

2. 布线要求

（1）按照规定的型号配用热电偶的补偿导线，注意热电偶的正、负极与补偿导线的正、负极相连接，不要接错。

（2）热电阻的线路电阻一定要符合所配二次仪表的要求。

（3）为了保护连接导线与补偿导线不受外来的机械损伤，应把连接导线或补偿导线穿入钢管内或走槽板。

（4）导线应尽量避免有接头，应有良好的绝缘。禁止与交流输电线合用一根穿线管，以免引起感应。导线应尽量避开交流动力电线。

（5）补偿导线不应有中间接头，否则应加装接线盒。另外，最好与其他导线分开敷设。

例题分析

1. 用分度号为K的镍铬-镍硅热电偶测量温度，在没有采取冷端温度补偿的情况下，显示仪表指示值为500℃，而这时冷端温度为60℃，试问实际温度应为多少？如果热端温度不变，设法使冷端温度保持在20℃，此时显示仪表的指示值应为多少？

解 显示仪表指示值为500℃时，由附录三可以查得这时显示仪表的实际输入电势为20.64mV，由于这个电势是由热电偶产生的，即

$$E(t,t_0)=20.64\ (\text{mV})$$

由附录三同样可以查得

$$E(t_0,0)=E(60,0)=2.436\ (\text{mV})$$

由式(5-14)可以得到

$$E(t,0)=E(t,t_0)+E(t_0,0)=20.64+2.436=23.076\ (\text{mV})$$

由23.076mV，查附录三，可得

$$t\approx 557℃$$

即被测实际温度为557℃。

当热端为557℃，冷端为20℃时，由于$E(20,0)=0.798$mV，故有

$$E(t,t_0)=E(t,0)-E(t_0,0)=23.076-0.798=22.278\ (\text{mV})$$

由此电势，查附录三，可得显示仪表指示值约为538.4℃。

由此可见，当冷端温度降低时，显示仪表的指示值更接近于被测温度实际值。

2. 如果用两支铂铑$_{10}$-铂热电偶串联来测量炉温，连接方式分别如图5-24(a)～(c)所示。已知炉内温度均匀，最高温度为1000℃，试分别计算测量仪表的测量范围（以最大毫伏数表示）。

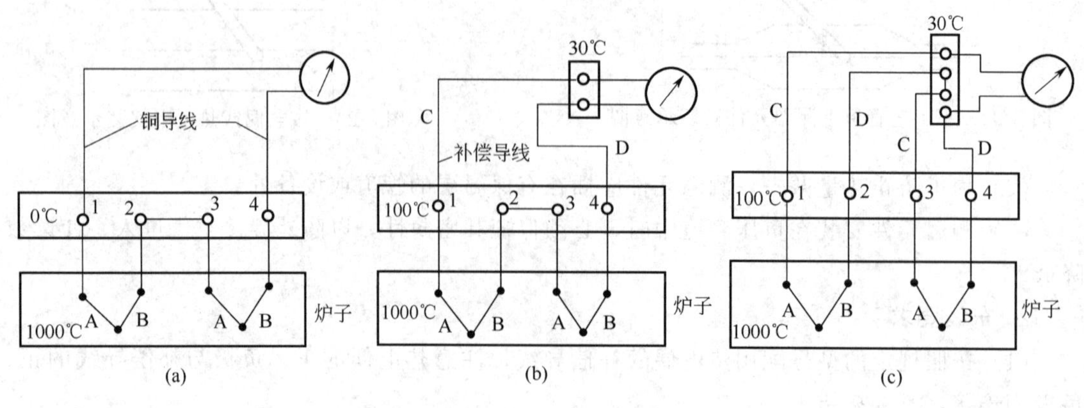

图5-24 炉子温度测量

解 (a) 由于这时热电偶的冷端均为0℃，每支热电偶对应于1000℃时的热电势可以由附录一查得

$$E(1000,0℃)=9.585\ (\mathrm{mV})$$

两支热电偶串联，测量仪表所测信号的最大值为

$$E_{max}=2\times 9.585=19.17\ (\mathrm{mV})$$

根据这个数值可以确定仪表的测量范围。

(b) 由于这时不仅要考虑补偿导线引出来以后的冷端温度（30℃），而且要考虑炉旁边补偿导线与热电偶的接线盒内的温度（100℃）对热电势的影响。假定补偿导线C、D与热电偶A、B本身在100℃以下的热电特性是相同的，所以在冷端处形成的热电势为

$$E(30,0℃)=0.173\ (\mathrm{mV})$$

在补偿导线C、D与热电偶的连接处1、4两点可以认为不产生热电势，但在接线盒内2、3两点形成的热电偶相当于热电偶在100℃时形成的热电势，即

$$E(100,0℃)=0.645\ (\mathrm{mV})$$

由于该电势的方向与两支热电偶在热端产生的电势方向是相反的，所以这时总的热电势为

$$\begin{aligned}E_{max}&=2E(1000,0℃)-E(100,0℃)-E(30,0℃)\\&=2\times 9.585-0.645-0.173=18.352\ (\mathrm{mV})\end{aligned}$$

根据这个数值可以确定仪表的测量范围。在这种情况下，如果炉旁边接线盒内的温度变化，会以测量产生较大的影响，造成较大的测量误差。

(c) 由于这时两支热电偶冷端都用补偿导线引至远离炉子处，冷端温度为30℃，故总的热电势为

$$E_{max}=2E(1000,0℃)-2E(30,0℃)=2\times 9.585-2\times 0.173=18.824\ (\mathrm{mV})$$

由此可知，在同样都是用两支热电偶串联来测量炉温时，由于接线不同，产生的热电势也是不相同的，在选择测量仪表时，一定要考虑这种情况。

3. 在上题所述三种情况时，如果由测量仪表得到的信号都是15mV，试分别计算这时炉子的实际温度。

解 在（a）情况时，由于$2E(t,0)=15\mathrm{mV}$，即$E(t,0)=7.5\mathrm{mV}$，查表（附录一）可得实际温度约为814.3℃。

在（b）情况时，由于

$$2E(t,0)=15+E(30,0)+E(100,0)=15+0.173+0.645=15.818\ (\mathrm{mV})$$

$$E(t,0)=7.909\ (\mathrm{mV})$$

查表可得实际温度约为851.2℃。

在（c）情况时，由于

$$2E(t,0)=15+2E(30,0)=15+2\times 0.173=15.346\ (\mathrm{mV})$$

即

$$E(t,0)=7.673\ (\mathrm{mV})$$

查表可得实际温度约为830℃。

由上述例子可以看出，虽然采用了补偿导线，但并不能完全克服冷端温度变化对测量的影响。补偿导线只是将冷端由温度变化比较剧烈的地方移至温度变化较小的地方。如果这时冷端的温度仍不为0℃，那么还必须考虑如何进行冷端温度补偿的问题。

4. 在用热电偶测量温度时，除了要考虑冷端温度的影响外，还要注意热电偶极性不能接错；热电偶与补偿导线要配套；热电偶分度号与指示仪表要配套等问题。在用热电阻测量温度时，同样要考虑热电阻分度号与测量仪表配套、三线制接法等，下面给出几个思考题及其结论，请大家自行证明（或说明）。

(1) 如果热电偶热端为600℃，冷端为30℃，仪表的机械零点为0℃，没有加以冷端温度补偿。问该

仪表的指示值将高于还是低于600℃？（低于600℃）

（2）采用镍铬-镍硅热电偶测量温度，将仪表机械零点调至25℃，但实际上室温（冷端温度为10℃），问这时仪表指示值将偏高还是偏低？（偏高）

（3）有S分度号动圈仪表一台，错接入K分度号热电偶，问指示值偏高还是偏低？（偏高）

（4）铂铑$_{10}$-铂热电偶，错接入铜-铜镍补偿导线（铂铑$_{10}$与铜相接，铂与铜镍相接），问指示值将偏高还是偏低？（偏高）

（5）当热电偶补偿导线极性接错时，指示值偏高还是偏低？（偏低）

（6）当热电偶短路、断路及极性接反时，与之配套的自动电子电位差计的指针各指向哪里？（室温或指示值偏低、断偶前的温度、始端）

（7）当热电阻短路或断路时，与之配套的动圈仪表指针将指向哪里？（始端、终端）

（8）当用热电阻测温时，若不采用三线制接法，而连接热电阻的导线因环境温度升高而增加时，其指示值将偏高还是偏低？（偏高）

5. 试分析热电偶的常见故障及检查方法。

答 热电偶常见故障有热电势比实际值大、热电势误差大、热电势比实际值小、热电势不稳定等现象。

热电势比实际值大的故障是不多见的，除有直流干扰外，大多是由热电偶与补偿导线、热电偶与显示仪表不匹配造成的。

热电势误差大，通常大多是热电偶变质的原因，而热电偶变质大多由保护套管有慢性泄漏造成，保护套管严重泄漏时都会造成热电偶的损坏。

热电偶的热电势比实际值小时，可依次检查热电偶接线端子是否潮湿、积灰，热电偶与补偿导线是否匹配，热电偶与补偿导线的极性是否正确，接线端子螺钉是否旋紧，安装位置及插入深度是否正确，补偿导线极间是否短路，热电偶的热电极是否变质，冷端温度补偿是否符合要求。

热电势不稳定时，可依次检查热电偶的热电极与接线端子接触是否良好，热电偶安装是否牢固、有无外界振动，补偿导线绝缘有无破损而出现接地、短路，是否有外界干扰。

6. 试分析热电阻常见的故障及处理方法。

答 热电阻常见的故障及处理方法如表5-4所示。

表5-4 热电阻常见故障及处理方法

故障现象	可能原因	处理方法
显示仪表指示最大	热电阻或连接导线断路	更换热电阻或处理断线处
显示仪表指示最小	显示仪表与热电阻接线有错	更正接线，找出短路点
	热电阻或导线有短路现象	处理好绝缘
显示仪表指示值比实际值低或示值不稳定	保护管内有水，热电阻受潮	烘干热电阻，清除水
	接线柱有灰尘，端子接触不良	清除灰尘，找出接触不良点，上紧螺钉

习题与思考题

1. 试简述温度测量仪表的种类有哪些？各使用在什么场合？

2. 试简述双金属温度计的原理。如何用双金属温度计自动控制电冰箱的温度？

3. 热电偶温度计为什么可以用来测量温度？它由哪几部分组成？各部分有何作用？

4. 为什么热电偶测温时，一般要采用补偿导线？

5. 什么是冷端温度补偿？用什么方法可以进行冷端温度补偿？

6. 如果用镍铬-镍硅热电偶测量温度，其仪表指示值为600℃，而冷端温度为65℃，在没有冷端补偿的情况下，则实际被测温度为665℃，对不对？为什么？正确值应为多少？

7. 用镍铬-镍硅热电偶测量炉温。热电偶在工作时，其冷端温度t_0为30℃，测得的热电势为33.29mV，求被测炉子的实际温度。

8. 热电阻的测温原理是什么？常用的热电阻有哪些类型？

9. 什么是一体化温度变送器？它有什么特点？

10. 试简述 TT302 智能式温度变送器的主要特点及其基本组成。

11. 试简述测温元件的安装和布线的要求。

12. 某温度变送器的温度与电流呈线性关系，其输出为 4～20mA，对应的量程为 0～200℃，当输出电流为 16mA 时，温度是多少？

附录一 铂铑$_{10}$-铂热电偶分度表

分度号 S μV

(℃)	0	1	2	3	4	5	6	7	8	9
0	0	5	11	16	22	27	33	38	44	50
10	55	61	67	72	78	84	90	95	101	107
20	113	119	125	131	137	142	148	154	161	167
30	173	179	185	191	197	203	210	216	222	228
40	235	241	247	254	260	266	273	279	286	292
50	299	305	312	318	325	331	338	345	351	358
60	365	371	378	385	391	398	405	412	419	425
70	432	439	446	453	460	467	474	481	488	495
80	502	509	516	523	530	537	544	551	558	566
90	573	580	587	594	602	609	616	623	631	638
100	645	653	660	667	675	682	690	697	704	712
110	719	727	734	742	749	757	764	772	780	787
120	795	802	810	818	825	833	841	848	856	864
130	872	879	887	895	903	910	918	926	934	942
140	950	957	965	973	981	989	997	1005	1013	1021
150	1029	1037	1045	1053	1061	1069	1077	1085	1093	1101
160	1109	1117	1125	1133	1141	1149	1158	1166	1174	1182
170	1190	1198	1207	1215	1223	1231	1240	1248	1256	1264
180	1273	1281	1289	1297	1306	1314	1322	1331	1339	1347
190	1356	1364	1373	1381	1389	1398	1406	1415	1423	1432
200	1440	1448	1457	1465	1474	1482	1491	1499	1508	1516
210	1525	1534	1542	1551	1559	1568	1576	1585	1594	1602
220	1611	1620	1628	1637	1645	1654	1663	1671	1680	1689
230	1698	1706	1715	1724	1732	1741	1750	1759	1767	1776
240	1785	1794	1802	1811	1820	1829	1838	1846	1855	1864
250	1873	1882	1891	1899	1908	1917	1926	1935	1944	1953
260	1962	1971	1979	1988	1997	2006	2015	2024	2033	2042
270	2051	2060	2069	2078	2087	2096	2105	2114	2123	2132
280	2141	2150	2159	2168	2177	2186	2195	2204	2213	2222
290	2232	2241	2250	2259	2268	2277	2286	2295	2304	2314
300	2323	2332	2341	2350	2359	2368	2378	2387	2396	2405
310	2414	2424	2433	2442	2451	2460	2470	2479	2488	2497
320	2506	2516	2525	2534	2543	2553	2562	2571	2581	2590
330	2599	2608	2618	2627	2636	2646	2655	2664	2674	2683

续表

(℃)	0	1	2	3	4	5	6	7	8	9
340	2692	2702	2711	2720	2730	2739	2748	2758	2767	2776
350	2786	2795	2805	2814	2823	2833	2842	2852	2861	2870
360	2880	2889	2899	2908	2917	2927	2936	2946	2955	2965
370	2974	2984	2993	3003	3012	3022	3031	3041	3050	3059
380	3069	3078	3088	3097	3107	3117	3126	3136	3145	3155
390	3164	3174	3183	3193	3202	3212	3221	3231	3241	3250
400	3260	3269	3279	3288	3298	3308	3317	3327	3336	3346
410	3356	3365	3375	3384	3394	3404	3413	3423	3433	3442
420	3452	3462	3471	3481	3491	3500	3510	3520	3529	3539
430	3549	3558	3568	3578	3587	3597	3607	3616	3626	3636
440	3645	3655	3665	3675	3684	3694	3704	3714	3723	3733
450	3743	3752	3762	3772	3782	3791	3801	3811	3821	3831
460	3840	3850	3860	3870	3879	3889	3899	3909	3919	3928
470	3938	3948	3958	3968	3977	3987	3997	4007	4017	4027
480	4036	4046	4056	4066	4076	4086	4095	4105	4115	4125
490	4135	4145	4155	4164	4174	4184	4194	4204	4214	4224
500	4234	4243	4253	4263	4273	4283	4293	4303	4313	4323
510	4333	4343	4352	4362	4372	4382	4392	4402	4412	4422
520	4432	4442	4452	4462	4472	4482	4492	4502	4512	4522
530	4532	4542	4552	4562	4572	4582	4592	4602	4612	4622
540	4632	4642	4652	4662	4672	4682	4692	4702	4712	4722
550	4732	4742	4752	4762	4772	4782	4792	4802	4812	4822
560	4832	4842	4852	4862	4873	4883	4893	4903	4913	4923
570	4933	4943	4953	4963	4973	4984	4994	5004	5014	5024
580	5034	5044	5054	5065	5075	5085	5095	5105	5115	5125
590	5136	5146	5156	5166	5176	5186	5197	5207	5217	5227
600	5237	5247	5258	5268	5278	5288	5298	5309	5319	5329
610	5339	5350	5360	5370	5380	5391	5401	5411	5421	5431
620	5442	5452	5462	5473	5483	5493	5503	5514	5524	5534
630	5544	5555	5565	5575	5586	5596	5606	5617	5627	5637
640	5648	5658	5668	5679	5689	5700	5710	5720	5731	5741
650	5751	5762	5772	5782	5793	5803	5814	5824	5834	5845
660	5855	5866	5876	5887	5897	5907	5918	5928	5939	5949
670	5960	5970	5980	5991	6001	6012	6022	6038	6043	6054
680	6064	6075	6085	6096	6106	6117	6127	6138	6148	6195
690	6169	6180	6190	6201	6211	6222	6232	6243	6253	6264
700	6274	6285	6295	6306	6316	6327	6338	6348	6359	6369
710	6380	6390	6401	6412	6422	6433	6443	6454	6465	6475
720	6486	6496	6507	6518	6528	6539	6549	6560	6571	6581
730	6592	6603	6613	6624	6635	6645	6656	6667	6677	6688
740	6699	6709	6720	6731	6741	6752	6763	6773	6784	6795

续表

(℃)	0	1	2	3	4	5	6	7	8	9
750	6805	6816	6827	6838	6848	6859	6870	6880	6891	6902
760	6913	6923	6934	6945	6956	6966	6977	6988	6999	7009
770	7020	7031	7042	7053	7063	7074	7085	7096	7107	7117
780	7128	7139	7150	7161	7171	7182	7193	7204	7215	7225
790	7236	7247	7258	7269	7280	7291	7301	7312	7323	7334
800	7345	7356	7367	7377	7388	7399	7410	7421	7432	7443
810	7454	7465	7476	7486	7497	7508	7519	7530	7541	7552
820	7563	7574	7585	7596	7607	7618	7629	7640	7651	7661
830	7672	7683	7694	7705	7716	7727	7738	7749	7760	7771
840	7782	7793	7804	7815	7826	7837	7848	7859	7870	7881
850	7892	7904	7935	7926	7937	7948	7959	7970	7981	7992
860	8003	8014	8025	8036	8047	8058	8069	8081	8092	8103
870	8114	8125	8136	8147	8158	8169	8180	8192	8203	8214
880	8225	8236	8247	8258	8270	8281	8292	8303	8314	8325
890	8336	8348	8359	8370	8381	8392	8404	8415	8426	8437
900	8448	8460	8471	8482	8493	8504	8516	8527	8538	8549
910	8560	8572	8583	8594	8605	8617	8628	8639	8650	8662
920	8673	8684	8695	8707	8718	8729	8741	8752	8763	8774
930	8786	8797	8808	8820	8831	8842	8854	8865	8876	8888
940	8899	8910	8922	8933	8944	8956	8967	8978	8990	9001
950	9012	9024	9035	9047	9058	9069	9081	9092	9103	9115
960	9126	9138	9149	9160	9172	9183	9195	9206	9217	9229
970	9240	9252	9263	9275	9286	9298	9309	9320	9332	9343
980	9355	9366	9378	9389	9401	9412	9424	9435	9447	9458
990	9470	9481	9493	9504	9516	9527	9539	9550	9562	9573
1000	9585	9596	9608	9619	9631	9642	9654	9665	9677	9689
1010	9700	9712	9723	9735	9746	9758	9770	9781	9793	9804
1020	9816	9828	9839	9851	9862	9874	9886	9897	9909	9920
1030	9932	9944	9955	9967	9979	9990	10002	10013	10025	10037
1040	10048	10060	10072	10083	10095	10107	10118	10130	10142	10154
1050	10165	10177	10189	10200	10212	10224	10235	10247	10259	10271
1060	10282	10294	10306	10318	10329	10341	10353	10364	10376	10388
1070	10400	10411	10423	10435	10447	10459	10470	10482	10494	10506
1080	10517	10529	10541	10553	10565	10576	10588	10600	10612	10624
1090	10635	10647	10659	10671	10683	10694	10706	10718	10730	10742
1100	10754	10765	10777	10789	10801	10813	10825	10836	10848	10860
1110	10872	10884	10896	10908	10919	10931	10943	10955	10967	10979
1120	10991	11003	11014	11026	11038	11050	11062	11074	11086	11098
1130	11110	11121	11133	11145	11157	11169	11181	11193	11205	11217
1140	11229	11241	11252	11264	11276	11288	11300	11312	11324	11336

续表

(℃)	0	1	2	3	4	5	6	7	8	9
1150	11348	11360	11372	11384	11396	11408	11420	11432	11443	11455
1160	11467	11479	11491	11503	11515	11527	11539	11551	11563	11575
1170	11587	11599	11611	11623	11635	11647	11659	11671	11683	11695
1180	11707	11719	11731	11743	11755	11767	11779	11791	11803	11815
1190	11827	11839	11851	11863	11875	11887	11899	11911	11923	11935
1200	11947	11959	11971	11983	11995	12007	12019	12031	12043	12055
1210	12067	12079	12091	12103	12116	12128	12140	12152	12164	12176
1220	12188	12200	12212	12224	12236	12248	12260	12272	12284	12296
1230	12308	12320	12332	12345	12357	12369	12381	12393	12405	12417
1240	12429	12441	12453	12465	12477	12489	12501	12514	12526	12538

附录二　镍铬-铜镍热电偶分度表

分度号　E　　　　μV

(℃)	0	10	20	30	40	50	60	70	80	90
0	0	591	1192	1801	2419	3047	3683	4329	4983	5646
100	6317	6996	7683	8377	9078	9787	10501	11222	11949	12681
200	13419	14161	14909	15661	16417	17178	17942	18710	19481	20256
300	21033	21814	22597	23383	24171	24961	25754	26549	27345	28143
400	28943	29744	30546	31350	32155	32960	33767	34574	35382	36190
500	36999	37808	38617	39426	40236	41045	41853	42662	43470	44278
600	45085	45891	46697	47502	48306	49109	49911	50713	51513	52312
700	53110	53907	54703	55498	56291	57083	57873	58663	59451	60237
800	61022	61806	62588	63368	64147	64924	65700	66473	67245	68015
900	68783	69549	70313	71075	71835	72593	73350	74104	74857	75608
1000	76358									

附录三　镍铬-镍硅热电偶分度表

分度号　K　　　　μV

(℃)	0	1	2	3	4	5	6	7	8	9
0	0	39	79	119	158	198	238	277	317	357
10	397	437	477	517	557	597	637	677	718	758
20	798	838	879	919	960	1000	1041	1081	1122	1162
30	1203	1244	1285	1325	1366	1407	1448	1489	1529	1570
40	1611	1652	1693	1734	1776	1817	1858	1899	1940	1981
50	2022	2064	2105	2146	2188	2229	2270	2312	2353	2394

续表

(℃)	0	1	2	3	4	5	6	7	8	9
60	2436	2477	2519	2560	2601	2643	2684	2726	2767	2809
70	2850	2892	2933	2975	3016	3058	3100	3141	3183	3224
80	3266	3307	3349	3390	3432	3473	3515	3556	3598	3639
90	3681	3722	3764	3805	3847	3888	3930	3971	4012	4054
100	4095	4137	4178	4219	4261	4302	4343	4384	4426	4467
110	4508	4549	4590	4632	4673	4714	4755	4796	4837	4878
120	4919	4960	5001	5042	5083	5124	5164	5205	5246	5287
130	5327	5368	5409	5450	5490	5531	5571	5612	5652	5693
140	5733	5774	5814	5855	5895	5936	5976	6016	6057	6097
150	6137	6177	6218	6258	6298	6338	6378	6419	6459	6499
160	6539	6579	6619	6659	6699	6739	6779	6819	6859	6899
170	6939	6979	7019	7059	7099	7139	7179	7219	7259	7299
180	7338	7378	7418	7458	7498	7538	7578	7618	7658	7697
190	7737	7777	7817	7857	7897	7937	7977	8017	8057	8097
200	8137	8177	8216	8256	8296	8336	8376	8416	8456	8497
210	8537	8577	8617	8657	8697	8737	8777	8817	8857	8898
220	8938	8978	9018	9058	9099	9139	9179	9220	9260	9300
230	9341	9381	9421	9462	9502	9543	9583	9624	9664	9705
240	9745	9786	9826	9867	9907	9948	9989	10029	10070	10111
250	10151	10192	10233	10274	10315	10355	10396	10437	10478	10519
260	10560	10600	10641	10682	10723	10764	10805	10846	10887	10928
270	10969	11010	11051	11093	11134	11175	11216	11257	11298	11339
280	11381	11422	11463	11504	11546	11587	11628	11669	11711	11752
290	11793	11835	11876	11918	11959	12000	12042	12083	12125	12166
300	12207	12249	12290	12332	12373	12415	12456	12498	12539	12581
310	12623	12664	12706	12747	12789	12831	12872	12914	12955	12997
320	13039	13080	13122	13164	13205	13247	13289	13331	13372	13414
330	13456	13497	13539	13581	13623	13665	13706	13748	13790	13832
340	13874	13915	13957	13999	14041	14083	14125	14167	14208	14250
350	14292	14334	14376	14418	14460	14502	14544	14586	14628	14670
360	14712	14754	14796	14838	14880	14922	14964	15006	15048	15090
370	15132	15174	15216	15258	15300	15342	15384	15426	15468	15510
380	15552	15594	15636	15679	15721	15763	15805	15847	15889	15931
390	15974	16016	16058	16100	16142	16184	16227	16269	16311	16353
400	16395	16438	16480	16522	16564	16607	16649	16691	16733	16776
410	16818	16860	16902	16945	16987	17029	17072	17114	17156	17199
420	17241	17283	17326	17368	17410	17453	17495	17537	17580	17622
430	17664	17707	17749	17792	17834	17876	17919	17961	18004	18046
440	18088	18131	18173	18216	18258	18301	18343	18385	18428	18470
450	18513	18555	18598	18640	18683	18725	18768	18810	18853	18895

续表

(℃)	0	1	2	3	4	5	6	7	8	9
460	18938	18980	19023	19065	19108	19150	19193	19235	19278	19320
470	19363	19405	19448	19490	19533	19576	19618	19661	19703	19746
480	19788	19831	19873	19916	19959	20001	20044	20086	20129	20172
490	20214	20257	20299	20342	20385	20427	20470	20512	20555	20598
500	20640	20683	20725	20768	20811	20853	20896	20938	20981	21024
510	21066	21109	21152	21194	21237	21280	21322	21365	21407	21450
520	21493	21535	21578	21621	21663	21706	21749	21791	21834	21876
530	21919	21962	22004	22047	22090	22132	22175	22218	22260	22303
540	22346	22388	22431	22473	22516	22559	22601	22644	22687	22729
550	22772	22815	22857	22900	22942	22985	23028	23070	23113	23156
560	23198	23241	23284	23326	23369	23411	23454	23497	23539	23582
570	23624	23667	23710	23752	23795	23837	23880	23923	23965	24008
580	24050	24093	24136	24178	24221	24263	24306	24348	24391	24434
590	24476	24519	24561	24604	24646	24689	24731	24774	24817	24859
600	24902	24944	24987	25029	25072	25114	25157	25199	25242	25284
610	25327	25369	25412	25454	25497	25539	25582	25624	25666	25709
620	25751	25794	25836	25879	25921	25964	26006	26048	26091	26133
630	26176	26218	26260	26303	26345	26387	26430	26472	26515	26557
640	26599	26642	26684	26726	26769	26811	26853	26896	26938	26980
650	27022	27065	27107	27149	27192	27234	27276	27318	27361	27403
660	27445	27487	27529	27572	27614	27656	27698	27740	27783	27825
670	27867	27909	27951	27993	28035	28078	28120	28162	28204	28246
680	28288	28330	28372	28414	28456	28498	28540	28583	28625	28667
690	28709	28751	28793	28835	28877	28919	28961	29002	29044	29086
700	29128	29170	29212	29254	29296	29338	29380	29422	29464	29505
710	29547	29589	29631	29673	29715	29756	29798	29840	29882	29924
720	29965	30007	30049	30091	30132	30174	30216	30257	30299	30341
730	30383	30424	30466	30508	30549	30591	30632	30674	30716	30757
740	30799	30840	30882	30924	30965	31007	31048	31090	31131	31173
750	31214	31256	31297	31339	31380	31422	31463	31504	31546	31587
760	31629	31670	31712	31753	31794	31836	31877	31918	31960	32001
770	32042	32084	32125	32166	32207	32249	32290	32331	32372	32414
780	32455	32496	32537	32578	32619	32661	32702	32743	32784	32825
790	32866	32907	32948	32990	33031	33072	33113	33154	33195	33236
800	33277	33318	33359	33400	33441	33482	33523	33564	33604	33645
810	33686	33727	33768	33809	33850	33891	33931	33972	34013	34054
820	34095	34136	34176	34217	34258	34299	34339	34380	34421	34461
830	34502	34543	34583	34624	34665	34705	34746	34787	34827	34868
840	34909	34949	34990	35030	35071	35111	35152	35192	35233	35273
850	35314	35354	35395	35435	35476	35516	35557	35597	35637	35678

续表

(℃)	0	1	2	3	4	5	6	7	8	9
860	35718	35758	35799	35839	35880	35920	35960	36000	36041	36081
870	36121	36162	36202	36242	36282	36323	36363	36403	36443	36483
880	36524	36564	36604	36644	36684	36724	36764	36804	36844	36885
890	36925	36965	37005	37045	37085	37125	37165	37205	37245	37285
900	37325	37365	37405	37445	37484	37524	37564	37604	37644	37684
910	37724	37764	37803	37843	37883	37923	37963	38002	38042	38082
920	38122	38162	38201	38241	38281	38320	38360	38400	38439	38479
930	38519	38558	38598	38638	38677	38717	38756	38796	38836	38875
940	38915	38954	38994	39033	39073	39112	39152	39191	39231	39270
950	39310	39349	39388	39428	39467	39507	39546	39585	39625	39664
960	39703	39743	39782	39821	39861	39900	39939	39979	40018	40057
970	40096	40136	40175	40214	40253	40292	40332	40371	40410	40449
980	40488	40527	40566	40605	40645	40684	40723	40762	40801	40840
990	40879	40918	40957	40996	41035	41074	41113	41152	41191	41230
1000	41269	41308	41347	41385	41424	41463	41502	41541	41580	41619
1010	41657	41696	41735	41774	41813	41851	41890	41929	41968	42006
1020	42045	42084	42123	42161	42200	42239	42277	42316	42355	42393
1030	42432	42470	42509	42548	42586	42625	42663	42702	42740	42779
1040	42817	42856	42894	42933	42971	43010	43048	43087	43125	43164

附录四　铂电阻分度表

分度号　Pt 100　　　　　　　　$R_0 = 100.00\Omega$　　　　　　　　Ω

(℃)	0	−1	−2	−3	−4	−5	−6	−7	−8	−9
−90	64.30	63.90	63.49	63.09	62.68	62.28	61.88	61.47	61.07	60.66
−80	68.33	67.92	67.52	67.12	66.72	66.31	65.91	65.51	65.11	64.70
−70	72.33	71.93	71.53	71.13	70.73	70.33	69.93	69.53	69.13	68.73
−60	76.33	75.93	75.53	75.13	74.73	74.33	73.93	73.53	73.12	72.73
−50	80.31	79.91	79.51	79.11	78.72	78.32	77.92	77.52	77.13	76.73
−40	84.27	83.87	83.48	83.08	82.69	82.29	81.89	81.50	81.10	80.70
−30	88.22	87.83	87.43	87.04	86.64	86.25	85.85	85.46	85.06	84.67
−20	92.16	91.77	91.37	90.98	90.59	90.19	89.80	89.40	89.01	88.62
−10	96.09	95.69	95.30	94.91	94.52	94.12	93.73	93.43	92.95	92.55
0	100.00	99.61	99.22	98.83	98.44	98.04	97.65	97.26	96.87	96.48
(℃)	0	1	2	3	4	5	6	7	8	9
0	100.00	100.39	100.78	101.17	101.56	101.95	102.34	102.73	103.12	103.51
10	103.90	104.29	104.68	105.07	105.46	105.85	106.24	106.63	107.02	107.40
20	107.79	108.18	108.57	108.96	109.35	109.73	110.12	110.51	110.90	111.29
30	111.67	112.06	112.45	112.83	113.22	113.61	114.00	114.38	114.77	115.15
40	115.54	115.93	116.31	116.70	117.08	117.47	117.86	118.24	118.63	119.01

续表

(℃)	0	1	2	3	4	5	6	7	8	9
50	119.40	119.78	120.17	120.55	120.94	121.32	123.71	122.09	122.47	122.86
60	123.24	123.63	124.01	124.39	124.78	125.16	125.54	125.93	126.31	126.69
70	127.08	127.46	127.84	128.22	128.61	128.99	129.37	129.75	130.13	130.52
80	130.90	131.28	131.66	132.04	132.42	132.80	133.18	133.57	133.95	134.33
90	134.71	135.09	135.47	135.85	136.23	136.61	136.99	137.37	137.75	138.13
100	138.51	138.88	139.26	139.64	140.02	140.40	140.78	141.16	141.54	141.91
110	142.29	142.67	143.05	143.43	143.80	144.18	144.56	144.94	145.31	145.69
120	146.07	146.44	146.82	147.20	147.57	147.95	148.33	148.70	149.08	149.46
130	149.83	150.21	150.58	150.96	151.33	151.71	152.08	152.46	152.83	153.21
140	153.58	153.96	154.33	154.71	155.08	155.46	155.83	156.20	156.58	156.95
150	157.33	157.70	158.07	158.45	158.82	159.19	159.56	159.94	160.31	160.68
160	161.05	161.48	161.80	162.17	162.54	162.91	163.29	163.66	164.03	164.40
170	164.77	165.14	165.51	165.89	166.26	166.63	167.00	167.37	167.74	168.11
180	168.48	168.85	169.22	169.59	169.96	170.33	170.70	171.07	171.43	171.80
190	172.17	172.54	172.91	173.28	173.65	174.02	174.38	174.75	175.12	175.49
200	175.86	176.22	176.59	176.96	177.33	177.69	178.06	178.43	178.79	179.16
210	179.53	179.89	180.26	180.63	180.99	181.36	181.72	182.09	182.46	182.82
220	183.19	183.55	183.92	184.28	184.65	185.01	185.38	185.74	186.11	186.47
230	186.84	187.20	187.56	187.93	188.29	188.66	189.02	189.38	189.75	190.11
240	190.47	190.84	191.20	191.56	191.92	192.29	192.65	193.01	193.37	193.74
250	194.10	194.46	194.82	195.18	195.55	195.91	196.27	196.63	196.99	197.35
260	197.71	198.07	198.43	198.79	199.15	199.51	199.87	200.23	200.59	200.95
270	201.31	201.67	202.03	202.39	202.75	203.11	203.47	203.83	204.19	204.55
280	204.90	205.26	205.62	205.98	206.34	206.70	207.05	207.41	207.77	208.13
290	208.48	208.84	209.20	209.56	209.91	210.27	210.63	210.98	211.34	211.70
300	212.05	212.41	212.76	213.12	213.48	213.83	214.19	214.54	214.90	215.25
310	215.61	215.96	216.32	216.67	217.03	217.38	217.74	218.09	218.44	218.80
320	219.15	219.51	219.86	220.21	220.57	220.92	221.27	221.63	221.98	222.33
330	222.68	223.04	223.39	223.74	224.09	224.45	224.80	225.15	225.50	225.85
340	226.21	226.56	226.91	227.26	227.61	227.96	228.31	228.66	229.02	229.37
350	229.72	230.07	230.42	230.77	231.12	231.47	231.82	232.17	232.52	232.87
360	233.21	233.56	233.91	234.26	234.61	234.96	235.31	235.66	236.00	236.35
370	236.70	237.05	237.40	237.74	238.09	238.44	238.79	239.13	239.48	239.83
380	240.18	240.52	240.87	241.22	241.56	241.91	242.26	242.60	242.95	243.29
390	243.64	243.99	244.33	244.68	245.02	245.37	245.71	246.06	246.40	246.75
400	247.09	247.44	247.78	248.13	248.47	248.81	249.16	249.50	249.85	250.19
410	250.53	250.88	251.22	251.56	251.91	252.25	252.59	252.93	253.28	253.62
420	253.96	254.30	254.65	254.99	255.33	255.67	256.01	256.35	256.70	257.04
430	257.38	257.72	258.06	258.40	258.74	259.08	259.42	259.76	260.10	260.44
440	260.78	261.12	261.46	261.80	262.14	262.48	262.82	263.16	263.50	263.84
450	264.18	264.52	264.86	265.20	265.53	265.87	266.21	266.55	266.89	267.22

续表

(℃)	0	1	2	3	4	5	6	7	8	9
460	267.56	267.90	268.24	268.57	268.91	269.25	269.59	269.92	270.26	270.60
470	270.93	271.27	271.61	271.94	272.28	272.61	272.95	273.29	273.62	273.96
480	274.29	274.63	274.96	275.30	275.63	275.97	276.30	276.64	276.97	277.31
490	277.64	277.98	278.31	278.64	278.98	279.31	279.64	279.98	280.31	280.64
500	280.98	282.31	281.64	281.98	282.31	282.64	282.97	283.31	283.64	283.97
510	284.30	284.63	284.97	285.30	285.63	285.96	286.29	286.62	286.95	287.29
520	287.62	287.95	288.28	288.61	288.94	289.27	289.60	289.93	290.26	290.59
530	290.92	291.25	291.58	291.91	292.24	292.56	292.89	293.22	293.55	293.88
540	294.21	294.54	294.86	295.19	295.52	295.85	296.18	296.50	296.83	297.16
550	297.49	297.81	298.14	298.47	298.80	299.12	299.45	299.78	300.10	300.43
560	300.75	301.08	301.41	301.73	302.06	302.38	302.71	303.03	303.36	303.69
570	304.01	304.34	304.66	304.98	305.31	305.63	305.96	306.28	306.61	306.93
580	307.25	307.58	307.90	308.23	308.55	308.87	309.20	309.52	309.84	310.16
590	310.49	310.81	311.13	311.45	311.78	312.10	312.42	312.74	313.06	313.39
600	313.71	314.03	314.35	314.67	314.99	315.31	315.64	315.96	316.28	316.60
610	316.92	317.24	317.56	317.88	318.20	318.52	318.84	319.16	319.48	319.80
620	320.12	320.43	320.75	321.07	321.39	321.71	322.03	322.35	322.67	322.98
630	323.30	323.62	323.94	324.26	324.57	324.89	325.21	325.53	325.84	326.16
640	326.48	326.79	327.11	327.43	327.74	328.06	328.38	328.69	329.01	329.32
650	329.64	329.96	330.27	330.59	330.90	331.22	331.53	331.85	332.16	332.48

附录五　铜电阻分度表

分度号　Cu50　　　　R(0℃)＝50.00Ω　　　　Ω

(℃)	0	−1	−2	−3	−4	−5	−6	−7	−8	−9
−50	39.242									
−40	41.400	41.184	40.969	40.753	40.537	40.322	40.106	39.890	39.674	39.458
−30	43.555	43.339	43.124	42.909	42.693	42.478	42.262	42.047	41.831	41.616
−20	45.706	45.491	45.276	45.061	44.846	44.631	44.416	44.200	43.985	43.770
−10	47.854	47.639	47.425	47.210	46.995	46.780	46.566	46.351	46.136	45.921
−0	50.000	49.786	49.571	49.356	49.142	48.927	48.713	48.498	48.284	48.069
(℃)	0	1	2	3	4	5	6	7	8	9
0	50.000	50.214	50.429	50.643	50.858	51.072	51.286	51.501	51.715	51.929
10	52.144	52.358	52.572	52.786	53.000	53.215	53.429	53.643	53.857	54.071
20	54.285	54.500	54.714	54.928	55.142	55.356	55.570	55.784	55.998	56.212
30	56.426	56.640	56.854	57.068	57.282	57.496	57.710	57.924	58.137	58.351
40	58.565	58.779	58.993	59.207	59.421	59.635	59.848	60.062	60.276	60.490
50	60.704	60.918	61.132	61.345	61.559	61.773	61.987	62.201	62.415	62.628
60	62.842	63.056	63.270	63.484	63.698	63.911	64.125	64.339	64.553	64.767
70	64.981	65.194	65.408	65.622	65.836	66.050	66.264	66.478	66.692	66.906
80	67.120	67.333	67.547	67.761	67.975	68.189	68.403	68.617	68.831	69.045
90	69.259	69.473	69.687	69.901	70.115	70.329	70.544	70.762	70.972	71.186
100	71.400	71.614	71.828	72.043	72.257	72.471	72.685	72.899	73.114	73.328
110	73.542	73.751	73.971	74.185	74.400	74.614	74.828	75.043	75.258	75.472
120	75.686	75.901	76.115	76.330	76.545	76.759	76.974	77.189	77.404	77.618
130	77.833	78.048	78.263	78.477	78.692	78.907	79.122	79.337	79.552	79.767
140	79.982	80.197	80.412	80.627	80.843	81.058	81.273	81.490	81.704	81.919
150	82.134									

第六章　显 示 仪 表

凡能将生产过程中各种参数进行指示、记录或累积的仪表统称为显示仪表（或称为二次仪表）。显示仪表一般都装在控制室的仪表盘上。它和各种测量元件或变送单元配套使用，连续地显示或记录生产过程中各参数的变化情况。它又能与控制单元配套使用，对生产过程中的各参数进行自动控制和显示。

我国已生产的显示仪表。按照显示的方式来分：可分为模拟式、数字式和屏幕显示三种。

所谓模拟式显示仪表，是以仪表的指针（或记录笔）的线性位移或角位移来模拟显示被测参数连续变化的仪表。这类仪表免不了要使用磁电偏转机构或机电式伺服机构，因此，测量速度较慢，精度较低，读数容易造成多值性。目前模拟式显示仪表用得越来越少。

所谓数字显示仪表，是直接以数字形式显示被测参数值大小的仪表。这类仪表由于避免了使用磁电偏转机构或机电式伺服机构，因而测量速度快、精度高、读数直观，对所测参数便于进行数值控制和数字打印记录，尤其是它能将模拟信号转换为数字量，便于和数字计算机或其他数字装置联用。因此，这类仪表得到迅速的发展。

所谓屏幕显示，就是将图形、曲线、字符和数字等直接在屏幕上进行显示，这种屏幕显示装置可以是计算机控制系统的一个组成部分。它利用计算机的快速存取能力和巨大的存储容量，几乎可以是同一瞬间在屏幕上显示出一连串的数据信息及其构成的曲线或图像。由于功能强大、显示集中且清晰，使得原有控制室的面貌发生根本的变化，过去庞大的仪表盘将大为缩小，甚至可以取消。目前屏幕显示装置在计算机集散控制系统（DCS）中广泛应用。

本章主要介绍数字式显示仪表以及一些新型的显示仪表。

第一节　数字式显示仪表

数字式显示仪表简称为数显仪表。数显仪表直接用数字量来显示测量值或偏差值，清晰直观、读数方便、不会产生视差。数显仪表普遍采用中、大规模集成电路，线路简单、可靠性好、耐振性好。由于仪表采用模块化设计方法，即不同品种的数显仪表都是由为数不多的、功能分离的模块化电路组合而成，因此有利于制造、调试和维修，降低生产成本。

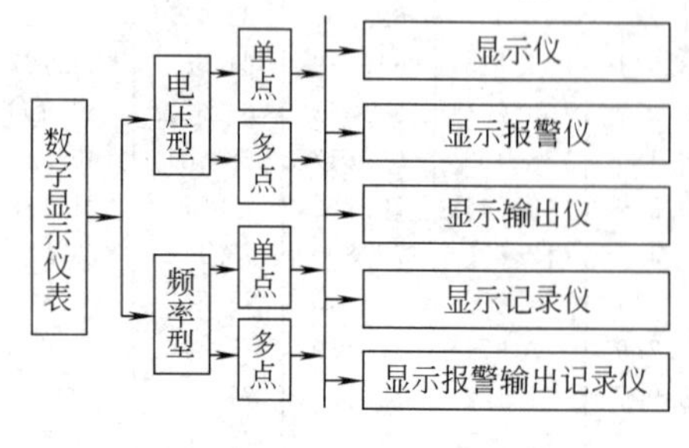

图 6-1　数字式显示仪表分类图

一、数字式显示仪表的类型

数字式显示仪表的分类方法较多，按输入信号的形式来分，有电压型和频率型两类：电压型的输入信号是电压或电流；频率型的输入信号是频率、脉冲及开关信号。如按被测信号的点数来分，它又可分成单点和多点两种。在单点和多点中，根据仪表所具有的功能，又可分为数字显示仪、数字显示报警仪、数字显示输出仪、数字显示记录仪以及具有复合功能的数字显示报警输出记录仪等。其分类如图 6-1 所示。

二、数字式显示仪表的主要技术指标

1. 显示位数

以十进制显示被测变量值的位数称为显示位数。能够显示 0～9 的数字位称为满位；仅显示 1 或不显示的数字位称为半位或者 1/2 位。如数字温度显示仪表的显示位数为 $3\frac{1}{2}$位，则可显示-1999～1999。高精度的数字表显示位数可达到 $5\frac{1}{2}$位或者更高。

2. 仪表量程

仪表标称范围上下限之差的模，称为仪表的量程。量程有效范围上限值称为满度值。

3. 精度

目前数字式显示仪表的精度表示法有三种：满度的$\pm a\%\pm n$ 字，读数$\pm a\%\pm n$ 字；读数的$\pm a\%\pm$满度的 $b\%$。系数 n 是显示仪表读数最末一位数字变化，一般 $n=1$。

4. 分辨力和分辨率

分辨力指仪表示值末位数字改变一个字所对应被测变量的最小变化值，它表示了仪表能够检测到的被测量最小变化的能力。分辨率指仪表显示的最小数值与最大数值之比。例如一台四位数字仪表，其最小显示是 0001，最大显示是 9999，它的分辨率就是 1/9999，即约为万分之一或 0.01%。分辨率与仪表的有效数字位数有关，如一台仪表的有效数字位数为三位，其分辨率就是千分之一。把分辨率与最低量程相乘即可得分辨力，例如一台数字电压表的分辨率是 0.01%，最低量程电压是 100mV，则其分辨力就是 10μV。

三、数字式显示仪表的结构组成

数显仪表品种繁多，结构各不相同，通常包括信号变换、前置放大、非线性校正或开方运算、模/数（A/D）转换、标度变换、数字显示、电压/电流（V/I）转换及各种控制电路等部分，其构成原理如图 6-2 所示。

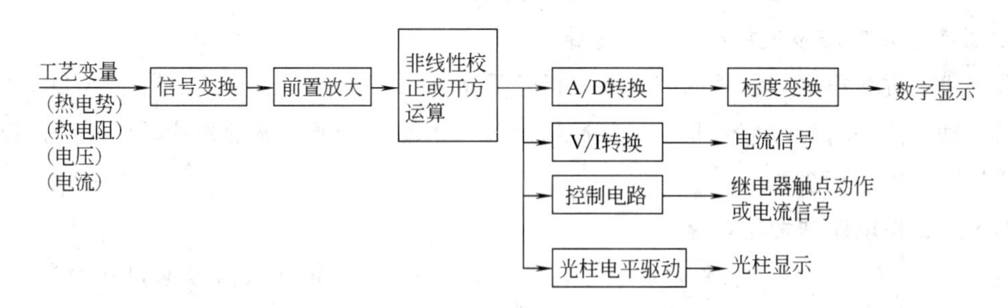

图 6-2　数字式显示仪表组成结构

1. 信号变换电路

将生产过程中的工艺变量经过检测变送后的信号，转换成相应的电压或电流值。由于输入信号不同，可能是热电偶的热电势信号，也可能是热电阻信号等。因此数显仪表有多种信号变换电路模块供选择，以便与不同类型的输入信号配接。在配接热电偶时还有参比端温度自动补偿功能。

2. 前置放大电路

输入信号往往很小（如热电势信号是毫伏信号），必须经前置放大电路放大至伏级电压幅度，才能供线性化电路或A/D转换电路工作。有时输入信号夹带测量噪声（干扰信号），因此也可以在前置放大电路中加上一些滤波电路，抑制干扰影响。

3. 非线性校正或开方运算电路

许多检测元件（如热电偶、热电阻）具有非线性特性，需将信号经过非线性校正电路的处理后成线性特性，以提高仪表测量精度。

例如在与热电偶配套测温时热电势与温度是非线性关系，通过非线性校正，使得温度与显示值变化呈线性关系。

开方运算电路的作用是将来自差压变送器的差压信号转换成流量值。

4. 模数转换电路（A/D转换）

数显仪表的输入信号多数为连续变化的模拟量，需经A/D转换电路将模拟量转换成断续变化的数字量，再加以驱动，点燃数码管进行数字显示。因此A/D转换是数显仪表的核心。

A/D转换是把在时间上和数值上均连续变化的模拟量变换成为一种断续变化的脉冲数字量。A/D转换电路品种较多，常见的有双积分型、脉冲宽度调制型、电压/频率转换型和逐次比较型。前三种属于间接型，即首先将模拟量转换成某一个中间量（时间间隔 T 或频率 F），再将中间量转换成数字量，抗干扰能力较强。而逐次比较型属于直接型，即直接将模拟量转换成数字量。数显仪表大多使用间接型。

5. 标度变换电路

模拟信号经过模-数转换器，转换成与之对应的数字量输出，但是数字显示怎样和被测原始参数统一起来呢？例如，当被测温度为65℃时，模-数转换计数器输出1000个脉冲，如果直接显示1000，操作人员还需要经过换算才能得到确切的值，这是不符合测量要求的。为了解决这个问题，所以还必须设置一个标度变换环节，将数显仪表的显示值和被测原始参数值统一起来，使仪表能以工程量值形式显示被测参数的大小。

6. 数字显示电路及光柱电平驱动电路

数字显示方法很多，常用的有发光二极管显示器（LED）和液晶显示器（LCD）等。光柱电平驱动电路是将测量信号与一组基准值比较，驱动一列半导体发光管，使被测值以光柱高度或长度形式进行显示。

7. V/I转换电路和控制电路

数显仪表除了可以进行数字显示外，还可以直接将被测电压信号通过V/I转换电路转换成0～10mA或4～20mA直流电流标准信号，以便使数显仪表可与电动单元组合仪表、可编程序控制器或计算机连用。数显仪表还可以具有控制功能，它的控制电路可以根据偏差信号按PID控制规律或其他控制规律进行运算，输出控制信号，直接对生产过程加以控制。

图6-2所示为一般数显仪表的结构组成。对于具体仪表，其组成部分可以是上述电路模块的全部或部分组合，且有些位置可以互换。正因为如此，才组成了功能、型号各不相同、种类繁多的数显仪表。有些数显仪表，除了一般的数字显示和控制功能外，还可以具有笔式和打点式模拟记录、数字量打印记录、多路显示、越限报警等功能。

第二节　新型显示仪表

当前的新型显示仪表是应用微处理技术、新型显示技术、记录技术、数据存储技术和控制技术，将信号的检测、处理、显示、记录、数据储存、通信、控制及复杂数学运算等多个或全部功能集合于一体的新型仪表，具有使用方便、观察直观、功能丰富、可靠性高等优点。新型显示仪表的品种繁多，显示记录方式多种多样，下面只简单介绍无纸记录仪和虚拟显示仪表两种。

一、无纸记录仪

以 CPU 为核心采用液晶显示的记录仪，完全摒弃传统记录仪的机械传动、纸张和笔。直接把记录信号转化成数字信号后，送到随机存储器加以保存，并在大屏液晶显示屏上加以显示。由于记录信号是由工业专用微型处理器 CPU 来进行转化保存显示的，因此记录信号可以随意放大、缩小地显示在显示屏上，为观察记录信号状态带来极大的方便。必要时可把记录曲线或数据送往打印机进行打印或送往个人计算机加以保存和进一步处理。

该仪表输入信号多样化，可与热电偶、热电阻、辐射感温器或其他产生直流电压、直流电流的变送器配合使用。对温度、压力、流量、液位等工艺参数进行数字显示、数字记录；对输入信号可以组态或编程，直观地显示当前测量值。并有报警功能。

该记录仪的原理框图如图 6-3 所示。

（1）CPU　工业专用微处理器，用来进行对各种数据采集处理，并对其进行放大与缩小，还可送至液晶显示屏上显示，也可送至随机存储器（RAM）存储，并可与设定的上、下限信号比较，如越限即发出报警信号。总之，CPU 为该记录仪的核心，一切有关数据计算与逻辑处理的功能均由它来承担。

（2）A/D 转换器　将来自被记录信号的模拟量转换为数字量以便 CPU 进行运算处理。该记录仪可接 1～8 个模拟量。

（3）只读存储器（ROM）　用来固化程序。该程序是用来指挥 CPU 完成各种功能操作的软件，只要该记录仪通上电源，ROM 的程序就让 CPU 开始工作。

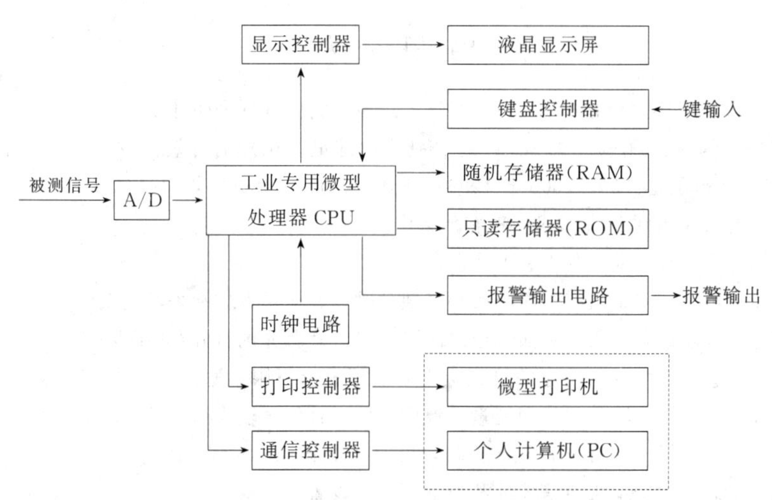

图 6-3　无笔、无纸记录仪的原理框图

（4）随机存储器（RAM）　用来存储 CPU 处理后的历史数据。根据采样时间的不同，可保存3～170天时间的数据。记录仪掉电时由备用电池供电，保证所有记录数据和组态信号不会因掉电而丢失。

（5）显示控制器　用来将CPU内的数据显示在点阵液晶显示屏上。

（6）液晶显示屏　可显示160×128点阵。

（7）键盘控制器　操作人员操作按键的信号，通过键盘控制器输入至CPU，使CPU按照按键的要求工作。

（8）报警输出电路　当被记录的数据越限（越过上限或低于下限）时，CPU就及时发出信号给报警电路，产生报警输出。

（9）时钟电路　该记录仪的记录时间间隔、时标或日期均由时钟电路产生，送给CPU。

该记录仪内另配有打印控制器和通信控制器，CPU内的数据可通过它们，与外接的微型打印机、个人计算机（PC）连接，实现数据的打印和通信。

二、虚拟显示仪表

虚拟显示仪表是多媒体技术在显示和记录仪表中的典型应用。在虚拟仪表中，除保留了原有意义上的采样开关和模数转换单元外，显示和记录仪表的所有工作都由功能和性能都很强大的个人计算机来完成。使用时，只要将输入通道插卡插入计算机即可取代原有的实际显示仪表。

仪表的输入通道插卡由采样开关和模数转换两部分构成。计算机在通过插卡完成了对被测变量的实时采样和模数处理后，首先利用计算所安装的数据库对采样所得的实时数据进行管理，在此基础上再对数据进行各种计算处理，包括线性化处理、热电偶的冷端温度补偿及标度变换等。最后根据用户所选择的显示模式，在屏幕上以仪表的实际显示方式进行显示。

虚拟显示仪表的特点是由计算机完全模仿实际使用中的各种显示仪表的功能，例如显示面盘、侧面操作盘、接线端子等。用户可以通过计算机键盘、鼠标或触摸屏进行各种操作。在数据处理方面，计算机更具有优势。此外，一台计算机可以同时实现多种虚拟仪表，可以集中运行和显示。由于显示仪表完全被计算机所代替，除受输入通道插卡的性能限制外，其他各种性能都得到大大加强，例如计算速度、计算的复杂性、频率响应范围、精确度、稳定性、可靠性和显示模式等。

例题分析

1. 在数字式显示仪表中，经常标有3½、4½、5½位，它们分别表明什么？

答　在标有3½、4½、5½位中的3、4、5分别表示除最高位外的有效位数，而½表示最高位是0或1。它们三者的显示数范围是：3½（0000～1999），4½（00000～19999），5½（000000～199999）。

2. 无纸无笔记录仪有几种组态方式，各有什么作用？

答　无纸无笔记录仪有下列6种组态方式。

（1）时间及通道组态　用于组态（或修改）日期、时钟、记录点数和采样周期。

（2）页面及记录间隔组态　用于页面、记录间隔的设置及背光的打开/关闭设置。

（3）各个通道信息组态　各个通道的量程上下限、报警上下限、滤波时间常数以及开方与否的设置。对于流量信号，尚可做开方，流量累积和流量、温度、压力补偿。输入信号的工程单位繁多，可通过组态，选择合适的工程单位，如果想带有PID控制模块，可实现4个PID控制回路。

（4）通信信号组态　用于本机通信地址和通信方式的设置。

（5）显示画面选择组态　记录仪总共可以显示9画面。可通过组态，选择最需要显示的画面。

（6）报警信号组态　每个通道的上上限、上限、下下限、下限报警触点的设置。

习题与思考题

1. 数字显示仪表有哪些类型?
2. 试简述数字显示仪表的结构组成。
3. 试简述数字显示仪表主要的性能指标有哪些?
4. 试简述无纸记录仪的结构组成。
5. 虚拟显示仪表有哪些特点?

第二篇　化工自动化基础

化工自动化的内容比较多。前一篇着重介绍了化工生产工艺参数的自动检测。本篇将着重介绍化工生产工艺参数的自动控制。

由于在化工生产中，大多数物料是以液体或气体的状态，连续地在密闭的管道或塔器内进行各种变化，它不仅有物理变化，同时伴随着化学变化。为了及时“了解”生产过程的进行状况，必须采用自动检测系统，自动、连续地对生产过程中的各种工艺参数进行检测并显示出来，以供操作人员观察或直接监督和控制生产。

在生产过程中，必然要受到各种干扰因素的影响，使工艺参数偏离所希望的数值。为了实现高产优质和保证生产安全地进行，必须对生产过程进行控制。自动控制系统就是采用一系列自动化装置，自动地排除各种干扰因素对生产工艺参数的影响，使它们始终保持在规定的数值上或按一定的规律变化。

第七章　自动控制系统概述

第一节　自动控制系统的组成

自动控制系统是在人工控制的基础上产生和发展起来的。所以，在介绍自动控制系统的时候，先分析人工操作，并与自动控制加以比较，对分析和了解自动控制系统是有裨益的。

图 7-1 所示是一个液位贮槽，在生产上常用来作为一般的中间容器或成品罐。从前一个工序来的物料连续不断地流入槽中，而槽中的液体又送至下工序进行加工或包装。我们可以发现，流入量（或流出量）的波动会引起槽内液位的波动，严重时会溢出或抽空。解决这个问题的最简单办法，是以贮槽液位为操作指标，以改变出口阀门开度为控制手段，如图 7-1（a）所示。当液位上升时，将出口阀门开大，液位上升越多，阀门开得越大；反之，当液位下降时，就关小出口阀门，液位下降越多，阀门关得越小。为了使贮槽液位上升和下降都有足够的余地，选择玻璃管液位计中间的某一点为正常工作时的液位高度，通过控制出口阀门开度而使液位保持在这一高度上，这样就不会出现贮槽中液位过高而溢流至槽外，或使贮槽

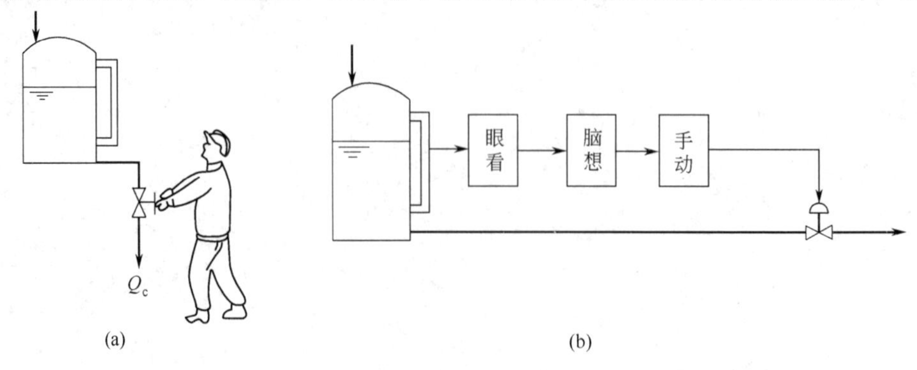

图 7-1　液位人工控制

内液体抽空而出现事故。归纳起来，操作人员所进行的工作有三方面［如图 7-1(b) 所示］。

① 检测——用眼睛观察玻璃管液位计（测量元件）中液位的高低，并通过神经系统告诉大脑。

② 运算（思考）、命令——大脑根据眼睛看到的液位高度，加以思考，并与要求的液位进行比较，得出偏差的大小和正负，然后根据操作经验，经思考、决策后发出命令。

③ 执行——根据大脑发出的命令，通过手去改变阀门开度，以改变流出量 Q_c，从而把液位保持在所需高度上。

眼、脑、手三个器官，分别担负了检测、运算和执行三个任务，来完成测量、求偏差、再控制以纠正偏差的全过程。由于人工控制受到生理上的限制，满足不了大型现代化生产的需要，为了提高控制精度和减轻劳动强度，可以用一套自动化装置来代替上述人工操作，这样，就由人工控制变为自动控制了。液位贮罐和自动化装置一起构成了一个自动控制系统，如图 7-2 所示。自动化装置主要包括三部分。

① 测量元件与变送器——图中以Ⓛ表示液位变送器（有时以⊗表示）。它的作用是测量液位，并将液位的高低转化为一种特定的信号（如标准电流信号、标准气压信号、电压等）。

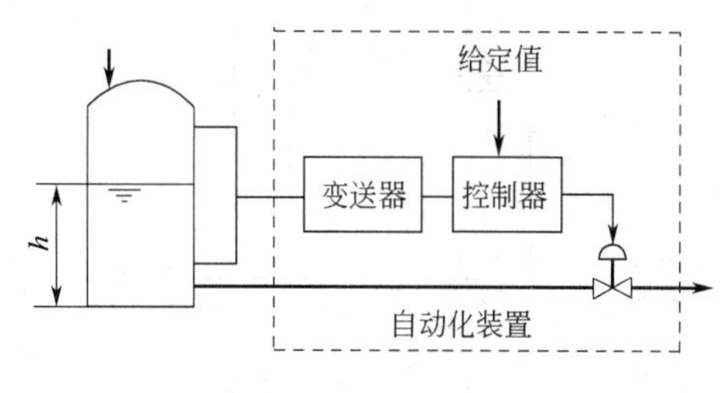

图 7-2　液位自动控制

② 自动控制器——图中以Ⓛ表示液位控制器。它接收变送器送来的信号，与工艺要求的液位高度相比较，得出偏差，并按某种运算规律算出结果，然后将此结果，用特定信号（电流或气压）发送出去。

③ 执行器——通常指控制阀，它和普通阀门的功能一样，只不过它自动地根据控制器送来的信号值改变阀门的开启度。

显然，这套自动化装置具有人工控制中操作人员的眼、脑、手的部分功能。因此，它能完成自动控制贮槽中液位高低的任务。

在自动控制系统的组成中，除必须具有前面所述的自动化装置外，还必须具有控制装置所控制的生产设备。在自动控制系统中，将需要控制其工艺参数的生产设备、机器、一段管道或设备的一部分叫做被控对象，简称对象。图 7-2 所示的液位贮槽就是这个液位控制系统的被控对象。化工生产中，各种塔器、反应器、换热器、泵与压缩机以及各种容器、贮罐都是常见的被控对象。复杂的生产设备中的精馏塔、吸收塔等，在一个设备上可能有好几个控制系统。这时在确定被控对象时，就不一定是整个生产设备。譬如说，一个精馏塔，往往塔顶需要控制温度、压力等，塔底又需要控制温度、塔釜液位等，有时中部还需要控制进料流量，在这种情况下，就只有塔的某一与控制有关的相应部分才是某一控制系统的被控对象。例如，在讨论进料流量的控制系统时，被控对象指的仅是进料管道及阀门等，而不是整个精馏塔。

第二节　自动控制系统的方块图

一、信号和变量

控制系统的作用是通过信息的获取、变换与处理来实现的。载有变量信息的物理变量就是信号。因此，对控制系统或其组成环节来说，输入变量、输出变量和状态变量都是变量，也都是信号。

图 7-3 中的方块可以用来表示系统或某一个环节。箭头指向方块的信号 u 表示施加到系统或环节上的独立变量，称为输入变量。箭头离开方块的信号表示系统或环节送出的变量，称为输出变量。如果一个系统同时有几个输入变量和几个输出变量，则称为多输入多输出系统。

u → 系统或环节 → y

图 7-3 输入、输出变量图

在控制系统的分析中，必须从信号流的角度出发，千万不要与物料流或能量流混淆。在定义输入、输出变量时，应该从因果关系、从信号的作用来考虑，而不应该与物料的流入流出相混淆。图 7-4 是一个简单水槽，流入流量为 Q_i，流出流量为 Q_o，在考虑液位 h 是如何受 Q_i、Q_o 的影响时，我们可以定义 Q_i、Q_o 为输入变量，h 为输出变量。尽管这时 Q_o 是流出流量，但是它是影响 h 的一个因素，因此仍定义为输入变量。

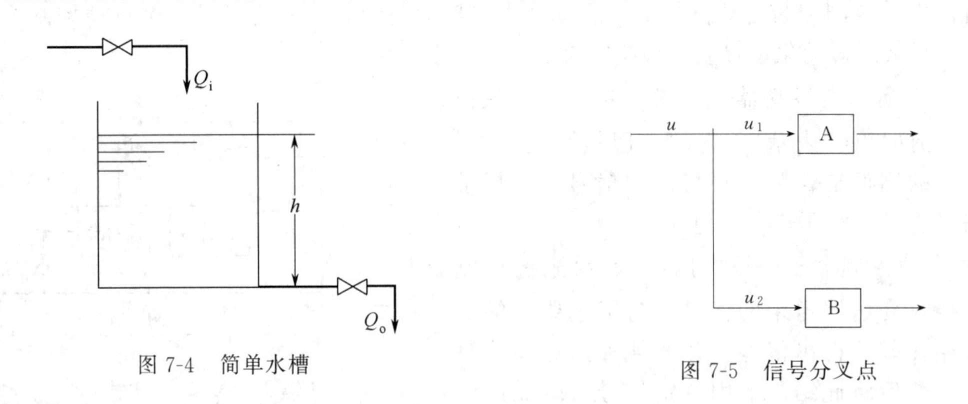

图 7-4 简单水槽

图 7-5 信号分叉点

有时一个信号同时送到两个或更多环节时，以送往两个环节为例，如图 7-5 所示。这时，也必须从信号流的角度来处理。如果从物料流看，一分为二，应该是 $u_1+u_2=u$。但对信号流来说，在方块图中通过分叉点一分为几，各通道的信号应该是相同的，即 $u_1=u_2=u$。例如将一个压力信号 p 送往几个压力仪表，各个仪表应该有相同的压力读数 p。

二、自动控制系统方块图

在研究自动控制系统时，为了能更清楚地表示出一个自动控制系统各个组成环节之间的相互影响和信号联系，便于对系统进行分析研究，往往将表示各环节的方块根据信号流的关系排列与连接起来，组成自动控制系统的方块图。图 7-6 是一个简单的自动控制系统的方块图。

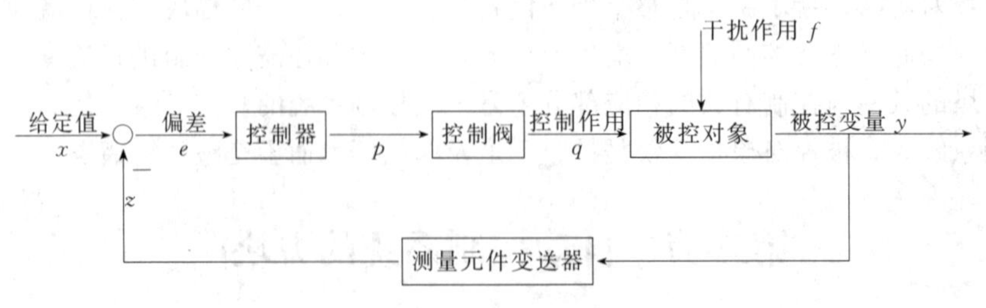

图 7-6 自动控制系统方块图

当用图 7-6 来表示图 7-2 所示的液位自动控制系统时，图中的被控对象方块就表示图 7-2 中的贮槽。在自动控制系统中，被控对象中需要加以控制（一般是需要恒定）的变量，称为被控变量，图中用 y 来表示，在液位控制系统中就是液位 h。在方块图中，被控变量 y

就是对象的输出变量。影响被控变量 y 的因素来自进料流量的改变，这种引起被控变量波动的外来因素，在自动控制系统中称为干扰作用，用 f 表示。干扰作用 f 是作用于对象的输入变量。与此同时，出料流量的改变是由于控制阀动作所致。如果用一方块表示控制阀，那么，出料流量即为“控制阀”方块的输出变量。出料流量的变化也是影响液位变化的因素，所以也是作用于对象的输入变量。出料流量 q 在方块图中把控制阀和对象连接在一起。

贮槽液位信号是测量元件及变送器的输入，而变送器的输出信号 z 进入比较机构（或元件），与工艺上希望保持的被控变量值，即给定信号 x 进行比较，得到偏差信号 $e(e=x-z)$，并送往控制器。比较机构实际上是控制器的一个组成部分，不是一个独立的元件，在图中把它以相加（减）点形式单独画出来（一般方块图中是以○或⊗表示的），为的是能更清楚地说明其比较作用。控制器根据偏差信号 e 的大小，按一定的规律运算后，发出控制信号 p 送至控制阀，使控制阀的开度发生变化，从而改变出料流量以克服干扰对被控变量（液位）的影响。控制阀输出 q 的变化称为控制作用。具体实现控制作用的参数叫做操纵变量，如图 7-2 中流过控制阀的出料流量就是操纵变量。用来实现控制作用的物料一般称为操纵介质或操纵剂，如上述中的流过控制阀的流体就是操纵介质。

用同一种形式的方块图可以代表不同的控制系统。例如图 7-7 所示的蒸汽加热器温度控制系统，当进料流量或温度等因素引起出口物料的温度变化时，可以通过温度变送器 TT 测得温度变化并将输出信号送至温度控制器 TC。温度控制器的输出送至控制阀，以改变加热蒸汽量来维持出口物料的温度始终等于给定值。这个控制系统同样可以用图 7-6 所示的方块图来表示。这时的被控对象是加热器，被控变量 y 是出口物料的温度。干扰作用 f 可以是进料流量、温度的变化等。而控制阀的输出信号即控制作用 q 是加热蒸汽量的变化，在这里，加热蒸汽是操纵介质或操纵剂。

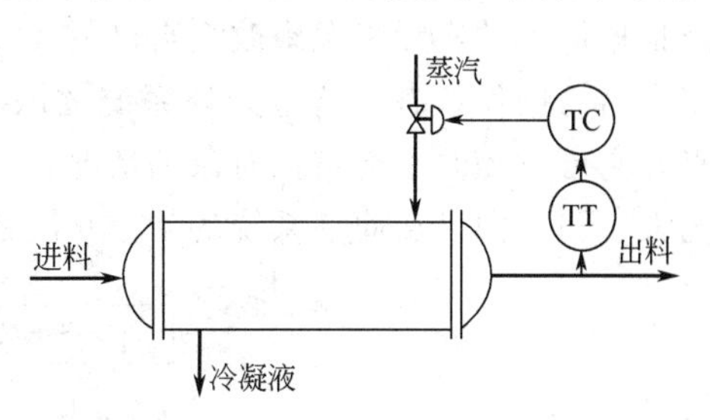

图 7-7　蒸汽加热器温度控制系统

综上所述，所谓自动控制系统的方块图，就是从信号流的角度出发，将组成自动控制系统的各个环节用信号线相互连接起来的一种图形。在已定的系统构成内，对于每个环节来说，信号的作用都是有方向性的，不可逆置，在方块图中，信号的方向由连接方块之间的信号线箭头来表示。

三、反馈

对于任何一个简单的自动控制系统，不论它们在表面上有多大差别，其方块图都有类似于图 7-6 形式。组成系统的各个环节在信号传递关系上都形成一个闭合的回路。其中任何一个信号，只要沿着箭头方向前进，通过若干个环节后，最终又会回到原来的起点。所以，自动控制系统是一个闭环系统。

自动控制系统之所以是一个闭环系统，是由于反馈的存在。由图 7-6 可以看出，系统的输出变量是被控变量，但是它经过测量元件和变送器后，又返回到系统的输入端，与给定值进行比较。这种把系统（或环节）的输出信号直接或经过一些环节重新返回到输入端的做法叫做反馈。从图 7-6 还可以看到，在反馈信号 z 旁有一个负号“－”，而在给定值 x 旁有一个正号“＋”（也可以省略），这里正和负的意思是在比较时，以 x 作为正值，以 z 作为负值，也就是到控制器的偏差信号 $e=x-z$。因为图 7-6 中的反馈信号 z 取负值，所在叫做负反馈，负反馈信号与原来的信号方向相反。如果反馈信号不取负值，而取正值，反馈信号与原来的信号方向相同，那么就叫作正反馈。在这种情况下，方块图中反馈信号 z 旁则要用正号“+”，此时偏差 $e=x+z$。在自动控制系统中都采用负反馈。因为只有负反馈，才能在被控变量 y 受到干扰的影响而升高时，使反馈信号 z 也升高，经过比较而到控制器去的偏差 e 将降低，此时控制器将发出信号，使控制阀的开度发生变化，变化的方向为负，从而使被控变量下降回到给定值，这样就达到了控制的目的。如果采用正反馈的形式，那么控制作用不仅不能克服干扰的影响，反而起着推波助澜的作用，即当被控变量受到干扰升高时，z 亦升高，控制阀的动作结果是使被控变量进一步上升，而且只要有一点微小的偏差，控制作用就会使偏差越来越大，直至被控变量超出了安全范围而破坏生产。所以自动控制系统绝对不能单独采用正反馈。

综上所述，自动控制系统是具有被控变量负反馈的闭环系统。它与自动测量、自动操纵等开环系统比较，最本质的差别，就在于控制系统有无负反馈存在。开环系统的被控变量（指主要工艺参数）不反馈到输入端。如化肥厂的造气自动机就是典型的开环系统的例子。图 7-8 是这种自动操纵系统的方块图。自动机在操作时，不管煤气发生炉的工况如何，甚至炉子灭火也不管，自动机只是周而复始地不停运转，除非操作人员干预，自动机是不会自动地根据炉子的实际工况来改变自己的操作的。自动机不能随时“了解”炉子的工况并据此改变自己的操作状态，这是开环系统的缺点。反过来说，闭环控制系统具有负反馈是它的优点，它可以随时了解被控对象的情况，有针对性地根据被控变量的变化情况而改变控制作用的大小和方向，从而使系统的工作状况始终等于或接近于我们所希望的状况。

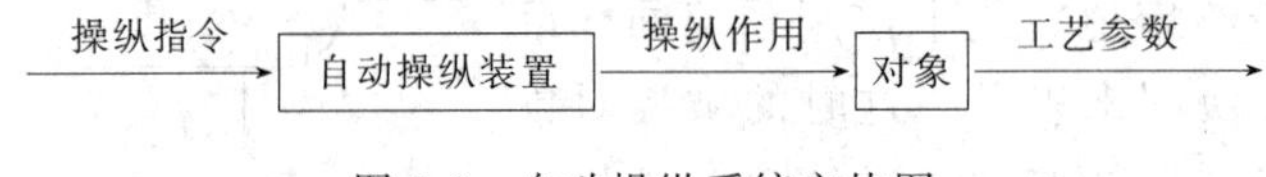

图 7-8　自动操纵系统方块图

四、自动控制系统的分类

自动控制系统有多种分类方法，可以按被控变量分类，如温度、压力、流量、液位等控制系统。也可以按控制器具有的控制规律分类，如比例、比例积分、比例微分、比例积分微分等自动控制系统。在分析自动控制系统特性时，最经常遇到的是将控制系统按照工艺过程需要控制的被控变量数值（即给定值）是否变化和如何变化来分类，这样可以将自动控制系统分为三类，即定值控制系统、随动控制系统和程序控制系统。

1. 定值控制系统

所谓“定值”，就是恒定给定值的简称。工艺生产中，如果要求控制系统使被控制的工艺参数保持在一个生产指标上不变，或者说要求工艺参数的给定值不变，那么就需要采用定值控制系统。图 7-2 所讨论的液位控制系统就是定值控制系统的一个例子。这个控制系统的目的是使贮槽液位保持在给定值不变。同样，图 7-7 所示的温度控制系统也属于定值控制系统。化工生产中要求的大都是这种类型的控制系统，因此后面所讨论的自动控制系统，如果不特别说明，都是指定值控制系统。

2. 随动控制系统（又称自动跟踪系统）

这类自动控制系统的特点是给定值不断地变化。而且，这种变化不是预先规定的，也就是说给定值是随机变化的。随动控制系统的目的就是使所控制的工艺参数准确而快速地跟随给定值的变化而变化。例如航空中的导航雷达系统、电视台的天线接收系统，都是随动控制系统的例子。

在化工自动化中，有些比值控制系统就属于随动控制系统，例如要求甲流体的流量和乙流体的流量保持一定的比值，当乙流体的流量变化时，要求甲流体的流量能快速而准确地随之变化。由于乙流体的流量变化在生产中可能是随机的，所以相当于甲流体的流量给定值也是随机的，故属于随动控制系统。

3. 程序控制系统（又称顺序控制系统）

这类自动控制系统的给定值也是变化的，但它是一个已知的时间函数，即生产技术指标需按一定的时间程序变化。这类系统在间歇生产过程中应用比较普遍，例如合成纤维锦纶生产中的熟化罐温度控制和冶金工业上金属热处理的温度控制都是这类系统的例子。近年来，程序控制系统应用日益广泛，一些定型的或非定型的程控装置越来越多地被应用到生产中，微型计算机的广泛应用也为程序控制提供了良好的技术工具与有利条件。

第三节　过渡过程和品质指标

一、控制系统的静态与动态

在定值控制系统中，将被控变量不随时间而变化的平衡状态称为系统的静态（稳态），而把被控变量随时间而变化的不平衡状态称为系统的动态。

当一个自动控制系统的输入（给定和干扰）和输出均恒定不变时，整个系统就处于一种相对稳定的平衡状态，系统的各个组成环节如变送器、控制器、控制阀都不改变其原先的状态，它们的输出信号也都处于相对稳定状态，这种状态就是上述的静态。值得注意的是这里所指的静态与习惯上所讲的静止是不同的。习惯上所说的静止都是指静止不动（当然指的仍然是相对静止）。而在自动化领域中的静态是指各参数（或信号）的变化率为零，即参数保持在某一常数不变化，而不是指物料或能量不流动。因为自动控制系统在静态时，生产还在进行，物料和能量仍然有进有出，只是平稳进行没有改变就是了。

自动控制系统的目的就是希望将被控变量保持在一个不变的给定值上，这只有当进入被控对象的物料量（或能量）和流出对象的物料量（或能量）相等时才有可能。例如图 7-2 所示的液位控制系统，只有当流入贮槽的流量和流出贮槽的流量相等时，液位才能恒定，系统才处于静态。图 7-7 所示的温度控制系统，只有当进入换热器的热量和由换热器出去的热量相等时，温度才能恒定，此时系统就达到了平衡状态，亦即处于静态。

假若一个系统原先处于平衡状态即静态，由于干扰的作用而破坏了这种平衡时，被控变量就会发生变化，从而使控制器、控制阀等自动控制装置改变原来平衡时所处的状态，产生一定的控制作用以克服干扰的影响，并力图使系统恢复平衡。从干扰发生开始，经过控制，直到系统重新建立平衡，在这一段时间内，整个系统的各个环节和参数都处于变动状态之中，所以这种状态叫做动态。

当自动控制系统在动态过程中，被控变量是不断变化的，它随时间而变化的过程称为自动控制系统的过渡过程。也就是自动控制系统从一个平衡状态过渡到另一个平衡状态的过程。

自动控制系统的过渡过程是控制作用不断克服干扰作用影响的过程，这种运动过程是控制作用与干扰作用一对矛盾在系统内斗争的过程，当这一对矛盾得到统一时，过渡过程也就结束，系统又达到了新的平衡。

平衡（静态）是暂时的、相对的、有条件的，不平衡（动态）才是普遍的、绝对的、无条件的。在自动化工作中，了解系统的静态是必要的，但是了解系统的动态更为重要。这是因为在生产过程中，干扰是客观存在的，是不可避免的，例如生产过程中前后工序的相互影响；负荷的改变；电压、气压的波动；气候的影响等。这些干扰是破坏系统平衡状态，引起被控变量发生变化的外界因素。在一个自动控制系统投入运行时，时时刻刻都有干扰作用于控制系统，从而破坏了正常的工艺生产状态。因此，就需要通过自动控制装置不断地施加控制作用去对抗或抵消干扰作用的影响，从而使被控变量保持在工艺生产所要求的控制技术指标上。所以，一个自动控制系统在正常工作时，总是处于一波未平、一波又起、波动不止、往复不息的动态过程中。显然研究自动控制系统的重点是要研究系统的动态。

化学工艺技术人员在研究和分析系统时，往往着眼点是物料平衡与热量平衡，在一般的化工原理教材中，也很少阐述动态过程的概念。殊不知，在一个化工过程中，如果物料总是平衡的，流入量恒等于流出量；热量也总是平衡的，传入的热量（包括反应生成的热量）恒等于传出的热量等，那么，生产过程中的工艺参数就会保持不变，生产过程的自动控制就没有必要了。正因为在生产过程中，物料量与热量等经常发生变化，物料平衡与热量平衡经常遭到破坏，自动控制系统正是针对这种情况而设计的，所以，作为工艺技术人员，在了解系统的静态基础上，进一步研究系统的动态特性是十分必要的。

二、控制系统的过渡过程

图 7-9 是一个简单控制系统的方块图。假定系统原先处于平衡状态，系统中的参数不随时间而变化。在某一个时刻 t_0，有一干扰作用于被控对象上，于是系统的输出信号 y 就要变化，系统进入动态过程。由于自动控制系统的负反馈作用，经过一定时间以后，系统应该重新恢复平衡。显然，系统由一个平衡状态到达另一个平衡状态时，被控变量随时间变化的规律首先取决于干扰作用的形式。在生产中，出现的干扰是没有固定形式的，且多半属于随机性质。在分析和设计控制系统时，为了安全和方便，常选择一些定型的干扰形式，其中最常用的为阶跃干扰，如图 7-10 所示。从图可以看出，所谓阶跃干扰就是在某一瞬时 t_0 干扰（即输入量）突然阶跃式地加到系统上，并继续保持在这个幅度上。采取阶跃干扰是因为考虑到这种形式的干扰比较突然、比较危险，它对被控变量的影响也最大。如果一个控制系统能够有效地克服这种类型的干扰，那么，对于其他比较缓和的干扰也一定能很好地克服；同时，这种干扰的形式简单，容易实现，便于分析、实验和计算。

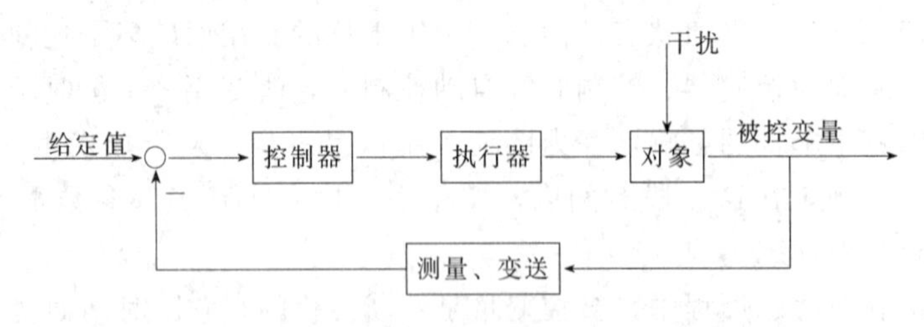

图 7-9　控制系统方块图

一般说来，自动控制系统在干扰作用下的过渡过程有图 7-11 所示的几种基本形式。

（1）非周期衰减过渡过程　被控变量在给定值的某一侧作缓慢变化，没有来回波动，最后稳定在某一数值上。这种过渡过程形式为非周期衰减过渡过程，如图 7-11(a) 所示。

（2）衰减振荡过程　被控变量上下波动，但幅度逐渐减小，最后稳定在某一数值上。这种过渡过程的形式为衰减振荡过程，如图 7-11(b) 所示。

(3) 等幅振荡过程　被控变量在给定值附近来回波动，且波动幅度保持不变。这种形式的过渡过程为等幅振荡过程，如图 7-11(c) 所示。

(4) 发散振荡过程　被控变量来回波动，且波动幅值逐渐变大，即偏离给定值越来越远。这种形式的过渡过程为发散振荡过程，如图 7-11(d) 所示。

以上所述的四种过渡过程的基本形式可以归纳为三类。

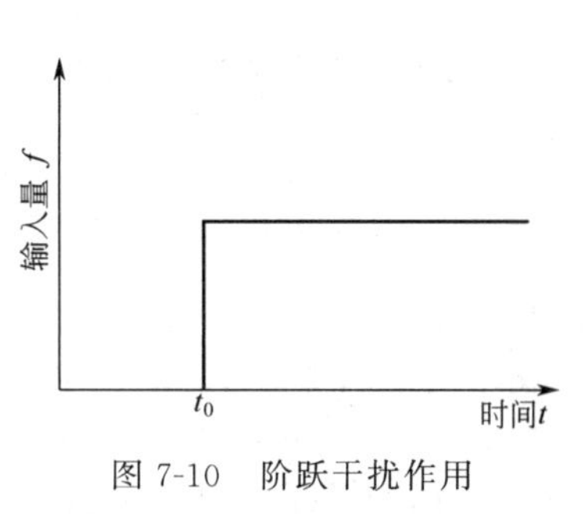

图 7-10　阶跃干扰作用

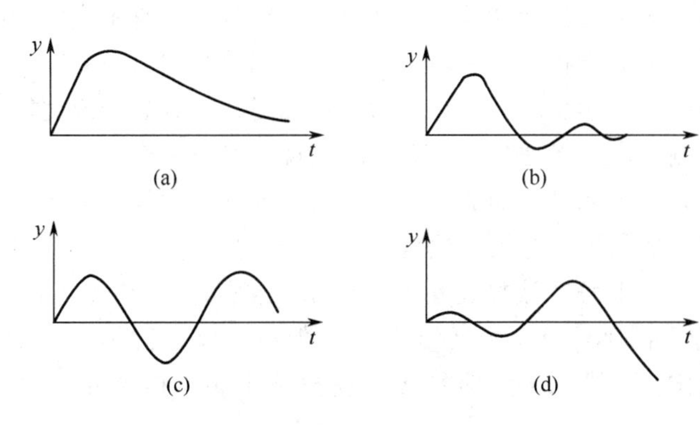

图 7-11　过渡过程的几种基本形式

① 过渡过程 (d) 形式是发散的，称为不稳定的过渡过程。其被控变量在控制过程中不但不能达到平衡状态，而且逐渐远离给定值。将导致被控变量超越工艺允许范围，严重时会引起事故。这是生产所不允许的，应竭力避免。

② 过渡过程 (a) 和过渡过程 (b) 都是衰减的，称为稳定的过渡过程。被控变量经过一段时间后，逐渐趋向原来的或新的平衡状态。这是我们所希望的。

对于非周期的衰减过程，由于这种过渡过程变化较慢，被控变量在控制过程中长时间地偏离给定值，而不能很快地恢复平衡状态。所以，一般不采用。只是在生产上不允许被控变量波动的情况下采用。

对于衰减振荡过程，由于能够较快地使系统稳定下来。所以，在多数情况下，都希望自动控制系统在干扰作用下，能够得到如图 7-11(b) 所示的衰减振荡过程。

③ 过渡过程 (c) 介于不稳定和稳定之间，一般也认为是不稳定的过渡过程。生产上不能采用，只是对于某些要求控制质量不高的场合，如果被控变量允许在工艺许可的范围内振荡（主要指在位式控制时），那么这种过渡过程形式是可以采用的。

三、控制系统的品质指标

控制系统的过渡过程是衡量控制系统品质指标的依据。由于在多数情况下，都希望得到衰减振荡过程，所以取衰减振荡的过渡过程形式来讨论控制系统的品质指标。

假定一个自动控制系统在阶跃干扰作用下，被控变量的变化曲线如图 7-12 所示，则其过渡过程就属于衰减振荡的过渡过程。图上横坐标 t 为时间，纵坐标 y 为被控变量离开给定值的变化量。若在时间 $t=0$ 之前，系统稳定，且被控变量等于给定值，即 $y=0$，在 $t=0$ 瞬间，外加阶跃干扰作用，系统的被控变量开始按衰减振荡规律变化，经过相当长时间后，被控变量 y 逐渐稳定在 C 值上，即 $y(\infty)=C$。

对于图 7-12 所示的衰减振荡形式的过渡过程，如何评价控制系统的质量呢？习惯上采用下列几个品质指标。

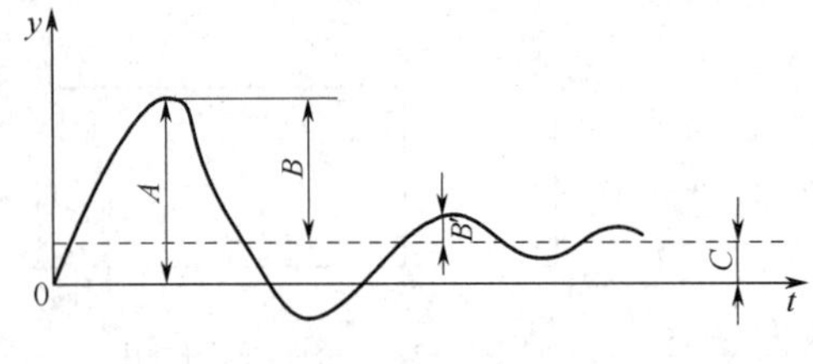

图 7-12　过渡过程品质指标示意图

1. **最大偏差或超调量**

最大偏差是指在过渡过程中，被控变量偏离给定值的最大数值。在衰减振荡过程中，最大偏差就是第一个波的峰值，在图 7-12 中以 A 表示。最大偏差表示系统瞬时偏离给定值的最大程度。若偏离的越大，偏离的时间越长，即表明系统离开规定的工艺参数指标就越远，这对稳定正常生产是不利的。因此最大偏差可以作为衡量系统质量的一个品质指标。一般来说，最大偏差当然是小一些为好，特别是对于一些有约束条件的系统，如化学反应器的化合物爆炸极限、触媒烧结温度极限等，都会对最大偏差的允许值有所限制。同时考虑到干扰会不断出现，当第一个干扰还未消除时，第二个干扰可能又出现了，偏差有可能是叠加的，这就更需要限制最大偏差的允许值。所以，在决定最大偏差的允许值时，要根据工艺情况慎重选择。

有时也可以用超调量来表征被控变量偏离给定值的程度。在图 7-12 超调量以 B 表示。从图中可以看出，超调量 B 是第一个波峰值 A 与新稳定值 C 之差，即 $B=A-C$。如果系统的新稳定值等于给定值，那么最大偏差 A 也就与超调量 B 相等了。

2. **衰减比**

虽然前面已提及一般希望得到衰减振荡的过渡过程，但是衰减快慢的程度多少为适当呢？表示衰减程度的指标是衰减比，它是前后两个相邻峰值的比。在图 7-12 中衰减比是 $B:B'$，习惯上表示为 $n:1$。假如 n 只比 1 稍大一点，显然过渡过程的衰减程度很小，接近于等幅振荡过程，由于这种过程不易稳定，振荡过于频繁，不够安全，因此一般不采用。如果 n 很大，则又太接近于非振荡过程，过渡过程过于缓慢，通常这也是不希望的。一般 n 取 4～10 之间为宜。因为衰减比在 $4:1$ 到 $10:1$ 之间时，过渡过程开始阶段的变化速度比较快，被控变量在同时受到干扰作用和控制作用的影响后，能比较快地达到一个峰值，然后马上下降，又较快地达到一个低峰值，而且第二个峰值远远低于第一个峰值。当操作人员看到这种现象后，心里就比较踏实，因为他知道被控变量再振荡数次后，就会很快地稳定下来，并且最终的稳定值必然在两峰值之间，决不会出现太高或太低的现象，更不会远离给定值，以致造成事故。尤其在反应比较缓慢的情况下，衰减振荡过程的这一特点尤为重要。对于这种系统，如果过渡过程是非振荡的衰减过程，操作人员很可能在较长时间内，都只看到被控变量一直上升（或下降），似乎很自然地怀疑被控变量会继续上升（或下降）不止，这种焦急的心情，很可能会导致操作人员去拨动给定值指针或仪表上的其他旋钮。假若一旦出现这种情况，那么就等于对系统施加了人为的干扰，有可能使被控变量离开给定值更远，使系统处于难以控制的状态。所以，选择衰减振荡过程，并规定衰减比在 $4:1$ 至 $10:1$ 之间，这完全是工人师傅多年操作经验的总结。

3. **余差**

当过渡过程结束时，被控变量所达到的新的稳态值与给定值之间的偏差，叫做余差。或者说，余差就是过渡过程结束时的残余偏差，在图 7-12 中以 C 表示。余差的符号可能是正，也可能是负的。在生产中，给定值是生产的技术指标，所以，被测变量越接近给定值越好，亦即余差越小越好。但在实际生产中，也并不是要求任何系统的余差都很小。如一般贮槽的液位控制要求就不高，这种系统往往允许液位在较大的变化范围，余差就可以大一些。又如化学反应器的温度控制，一般要求比较高，应当尽量消除余差。所以，对余差大小的要求，必须结合具体系统做具体分析，不能一概而论。

有余差的控制过程称为有差控制，相应的系统称为有差系统。没有作差的控制过程称为无差控制，相应的系统称为无差系统。

4. 过渡时间

从干扰作用发生的时刻起，到系统重新建立新的平衡时止，过渡过程所经历的时间，叫做过渡时间或控制时间。严格地讲，对于具有一定衰减比的衰减振荡过渡过程来讲，要完全达到新的平衡状态需要无限长的时间。实际上，由于仪表灵敏度的限制，当被控变量接近稳态值时，指示值就基本上不再改变了。因此，一般是在稳态值的上下规定一个小的范围，当被控变量进入这一小范围，并不再越出时，就认为被控变量已经达到新的稳态值，或者说过渡过程已经结束。这个范围一般定为稳态值的±5%（也有的规定为±2%）。按照这个规定，过渡时间就是从干扰开始作用之时起，直至被控变量进入新稳态值的±5%（或±2%）的范围内且不再越出时为止所经历的时间。过渡时间短，表示过渡过程进行得比较迅速，这时即使干扰频繁出现，系统也能适应，系统控制质量就高；反之，过渡时间太长，第一个干扰引起的过渡过程尚未结束，第二个干扰就已经出现。这样，几个干扰的影响叠加起来，就可能使系统满足不了工艺生产的要求。

5. 振荡周期或频率

过渡过程的同向两个波峰（或波谷）之间的间隔时间，叫做振荡周期或工作周期，其倒数称为振荡频率。在衰减比相同的情况下，周期与过渡时间成正比。一般希望振荡周期短一些为好。

还有一些次要的品质指标，其中振荡次数，是指在过渡过程内被控变量振荡的次数。所谓“理想过渡过程两个波”，就是指过渡过程振荡两次就能稳下来。它在一般情况下，可认为是比较理想的过渡过程。此时的衰减比大约为4：1，图7-12所示的过渡过程曲线就是接近于4：1的过渡过程曲线。上升时间也是一个品质指标，它是指从干扰开始作用时刻起到第一个波峰所需要的时间。显然，上升时间以短一些为宜。

综上所述，过渡过程的品质指标主要有：最大偏差、衰减比、余差、过渡时间等。这些指标在不同的系统中各有其重要性，且相互之间既有矛盾，又有联系。因此，应根据具体情况分清主次，区别轻重，对那些对生产过程有决定性意义的主要品质指标应优先予以保证。另外，对一个系统提出的品质要求和评价一个控制系统的质量，都应该从实际需要出发，不应过分偏高偏严。否则，就会造成人力物力的巨大浪费，甚至根本无法实现。

【例7-1】 某换热器的温度控制系统在单位阶跃干扰作用下的过渡过程曲线如图7-13所示。试分别求出最大偏差、余差、衰减比、振荡周期和过渡时间（给定值为200℃）。

解 最大偏差：$A=230℃-200℃=30℃$

余差：$C=205℃-200℃=5℃$

由图可以看出，第一个波的峰值$B=230℃-205℃=25℃$，第二个波的峰值$B'=210℃-205℃=5℃$，故衰减比$n:1$应为

$$B:B'=25℃:5℃=5:1$$

振荡周期为同向两个波的波峰（或波谷）之间的时间间隔，故周期

$$T=20-5=15\ (\text{min})$$

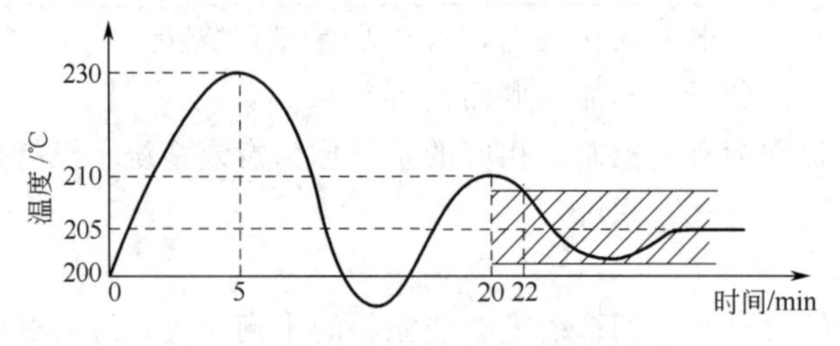

图 7-13　温度控制系统过渡过程曲线

过渡时间与规定的被控变量限制范围大小有关，假定被控变量进入额定值的±2%。就可以认为过渡过程已经结束。那么，限制范围为200℃×(±2%)=±4℃。这时，可在新稳态值（205℃）的两侧以宽度为±4℃画一区域，图中用画有阴影线的区域表示。只要被控变量进入这一区域，且不再越出，过渡过程就可以认为已经结束。因此，从图上可以看出，过渡时间为22min。

四、影响控制品质的主要因素

从前面的讨论中知道，一个自动控制系统可以概括成由两大部分组成。即工艺过程部分和自动化装置部分。前者并不是泛指整个工艺过程，而是指与该自动控制系统有关的部分。以图7-7所示的热交换器温度控制系统为例，其工艺过程部分指的是与被控变量温度 T 有关的热交换器本身，也就是前面讲的被控对象。自动化装置部分指的是为实现自动控制所必需的自动化仪表设备，通常是测量变送装置、控制器和执行器等三部分。对于一个自动控制系统来说，控制品质的好坏，在很大程度上取决于对象的性质。例如在前面所述的温度控制系统中，影响对象性质的主要因素有：换热器的负荷大小；换热器的设备结构、尺寸、材质等；换热器内的换热情况、散热情况及结垢的程度等。对于已有的生产装置，对象特性一般是基本确定了的，不能轻易加以改变，自动化装置应按对象性质和控制要求加以选择和调整，两者要很好地配合。自动化装置选择和调整不当，也会直接影响控制质量的。此外，在控制系统运行过程中，自动化装置的性能一旦发生变化，如测量失真、阀门特性变化或失灵，也会影响控制质量。总之，影响控制品质的因素是很多的，在系统设计和运行过程中都应给予充分注意。为了更好地分析和设计自动控制系统，提高控制品质，从第八章开始，将对组成自动控制系统的各个环节，按被控对象、测量变送装置、控制器和执行器的顺序逐个进行讨论，只有充分了解这些环节的作用和特性后，才能进一步研究和分析自动控制系统，提高控制系统的控制质量。

第四节　工艺管道及控制流程图

在工艺流程确定以后，工艺人员和自控设计人员应共同研究确定控制方案。控制方案的确定包括流程中各测量点的选择、控制系统的确定及有关自动信号、联锁保护系统的设计等。在控制方案确定以后，根据工艺设计给出的流程图，按其流程顺序标注出相应的测量点、控制点、控制系统及自动信号与联锁保护系统等，便成了工艺管道及控制流程图(PID图)。

图7-14是乙烯生产过程中脱乙烷塔的工艺管道及控制流程图。为了说明问题方便，对实际的工艺过程及控制方案都做了部分修改。从脱甲烷塔出来的釜液进入脱乙烷塔脱除乙

烷。从脱乙烷塔塔顶出来的碳二馏分经塔顶冷凝器冷凝后，部分作为回流，其余则去乙炔加氢反应器进行加氢反应。从脱乙烷塔底出来的釜液部分经再沸器后返回塔底，其余则去脱丙烷塔脱除丙烷。

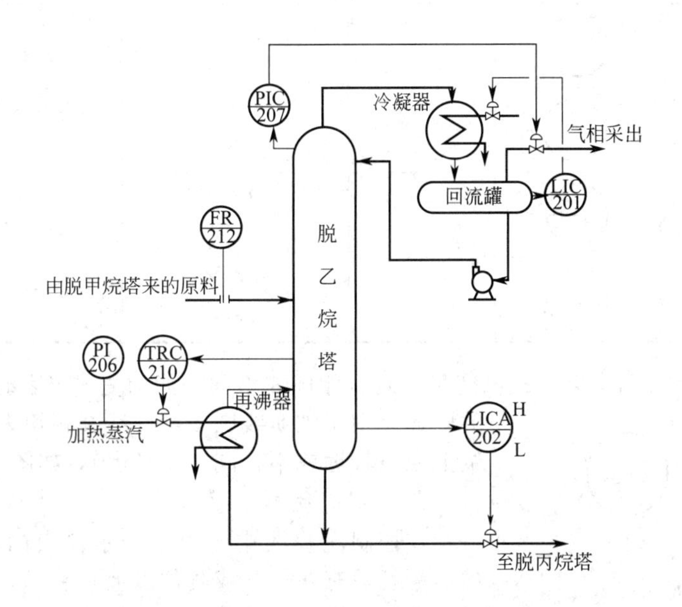

图 7-14　脱乙烷塔的工艺管道及控制流程图举例

在绘制 PID 图时，图中所采用的图例符号要按有关的技术规定进行，可参见化工行业设计标准 HG/T 20505-2014《过程测量与控制仪表的功能标志及图形符号》。下面结合图 7-14对其中一些常用的统一规定做简要介绍。

一、图形符号

1. 测量点（包括检出元件、取样点）

是由工艺设备轮廓线或工艺管线引到仪表圆圈的连接线的起点，一般无特定的图形符号，如图 7-15 所示。图 7-14 中的塔顶取压点和加热蒸汽管线上的取压点都属于这种情形。

必要时，检测元件也可以用象形或图形符号表示。例如流量检测采用孔板时，检测点也可用图 7-14 中脱乙烷塔的进料管线上的符号表示。

图 7-15　测量点的一般表示方法　　图 7-16　连接线的表示法

2. 连接线

通用的仪表信号线均以细实线表示。连接线表示交叉及相接时，采用图 7-16 的形式。必要时也可用加箭头的方式表示信号的方向。在需要时，信号线也可按气信号、电信号、导压毛细管等采用不同的表示方式以示区别。

3. 仪表（包括检测、显示、控制）的图形符号

仪表的图形符号是一个细实线圆圈，直径约 10mm，对于不同的仪表安装位置的图形符

号如表 7-1 所示。

表 7-1　仪表安装位置的图形符号表示

序号	安装位置	图形符号	备　注	序号	安装位置	图形符号	备　注
1	就地安装仪表			4	集中仪表盘后安装仪表		
			嵌在管道中				
2	集中仪表盘面安装仪表			5	就地仪表盘后安装仪表		
3	就地仪表盘面安装仪表						

对于处理两个或两个以上被测变量，具有相同或不同功能的复式仪表时，可用两个相切的圆或分别用细实线圆与细虚线圆相切表示（测量点在图纸上距离较远或不在同一图纸上），如图 7-17 所示。

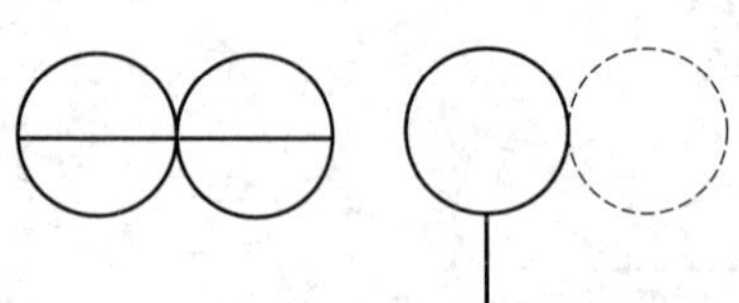

图 7-17　复式仪表的表示法

二、字母代号

在控制流程图中，用来表示仪表的小圆圈的上半圆内，一般写有两位（或两位以上）字母，第一位字母表示被测变量，后继字母表示仪表的功能，常用被测变量和仪表功能的字母代号见表 7-2。

表 7-2　常用被测变量和仪表功能的字母代号

字　母	第一位字母		后继字母
	被测变量	修饰词	功　能
A	分析		报警
C	电导率		控制(调节)
D	密度	差	
E	电压		检测元件
F	流量	比(分数)	
I	电流		指示
K	时间或时间程序		自动-手动操作器
L	物位		
M	水分或湿度		
P	压力或真空		
Q	数量或件数	积分、累积	积分、累积
R	放射性		记录或打印
S	速度或频率	安全	开关、联锁
T	温度		传送
V	黏度		阀、挡板、百叶窗
W	力		套管
Y	供选用		继动器或计算器
Z	位置		驱动、执行或未分类的终端执行机构

注：“供选用的字母（例如表中 Y），指的是在个别设计中反复使用，而本表内未列入含意的字母。使用时字母含意需在具体工程的设计图例中作出规定，第一位字母是一种含意，而作为后继字母，则为另一种含意。”

以图 7-14 的脱乙烷塔控制流程图，来说明如何以字母代号的组合来表示被测变量和仪表功能的。塔顶的压力控制系统中的PIC-207，其中第一位字母P表示被测变量为压力，第二位字母I表示具有指示功能，第三位字母C表示具有控制功能，因此，PIC的组合就表示一台具有指示功能的压力控制器。该控制系统是通过改变气相采出量来维持塔压稳定的。同样，回流罐液位控制系统中的LIC-201是一台具有指示功能的液位控制器，它是通过改变进入冷凝器的冷剂量来维持回流罐中液位稳定的。

在塔的下部的温度控制系统中的TRC-210表示一台具有记录功能的温度控制器，它是通过改变进入再沸器的加热蒸汽量来维持塔底温度恒定的。当一台仪表同时具有指示、记录功能时，只需标注字母代号"R"，不标"I"，所以TRC-210可以同时具有指示、记录功能。同样，在进料管线上的FR-212可以表示同时具有指示、记录功能的流量仪表。

在塔底的液位控制系统中的LICA-202代表一台具有指示、报警功能的液位控制器，它是通过改变塔底采出量来维持塔釜液位稳定的。仪表圆圈外标有"H"、"L"字母，表示该仪表同时具有高、低限报警，在塔釜液位过高或过低时，会发出声、光报警信号。

三、仪表位号

在检测、控制系统中，构成一个回路的每个仪表（或元件）都应有自己的仪表位号。仪表位号是由字母代号组合和阿拉伯数字编号两部分组成。字母代号的意义前面已经解释过。阿拉伯数字编号写在圆圈的下半部，其第一位数字表示工段号，后续数字（二位或三位数字）表示仪表序号。图7-14中仪表的数字编号第一位都是2，表示脱乙烷塔在乙烯生产中属于第二工段。通过控制流程图，可以看出其上每台仪表的测量点位置、被测变量、仪表功能、工段号、仪表序号、安装位置等。例如图7-14中的PI-206表示测量点在加热蒸汽管线上的蒸汽压力指示仪表，该仪表为就地安装，工段号为2，仪表序号为06。而TRC-210表示同一工段的一台温度记录控制仪，其温度的测量点在塔的下部，仪表安装在集中仪表盘面上。

例题分析

1.图7-18所示为一水箱的液位控制系统。试画出其方块图，指出系统中被控对象、被控变量、操纵变量各是什么？简要叙述其工作过程，说明带有浮球及塞子的杠杆装置在系统中的功能。

答　方块图如图7-19所示。系统中水箱里水的液位为被控变量；进水流量为操纵变量；水箱为被控对象。带有浮球及塞子的杠杆装置在系统中起着测量与调节的功能。其工作过程如下：当水箱中的液位受到扰动变化后，使浮球上下移动，通过杠杆装置带动塞子移动，使进水量发生变化，从而克服扰动对液位的影响。例如由于扰动使液位上升时，浮球上升，带动塞子上移，减少了进水量，从而使液位下降。

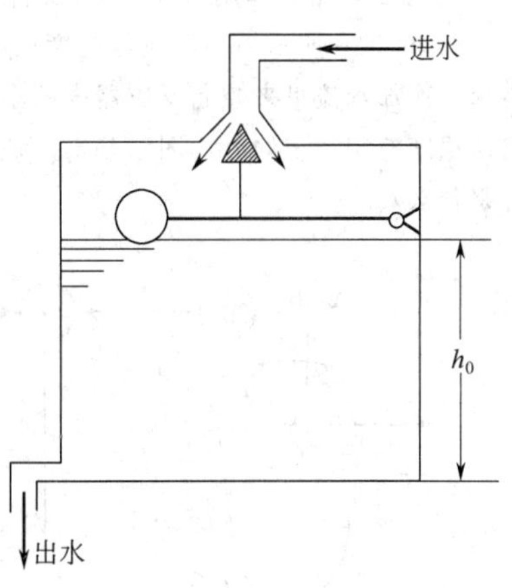

图7-18　水箱液位控制系统

2.某一电压表在稳定时能够准确显示被测电压值。在被测电压突然变化时，指针来回摆动，最后能够稳定在被测数值上。假定指示系统的衰减比为4∶1。当电压突然由0上升到220V后，指针最高能摆到252V。问经三次摆动，指针能到多少伏（即第三个波峰值）。

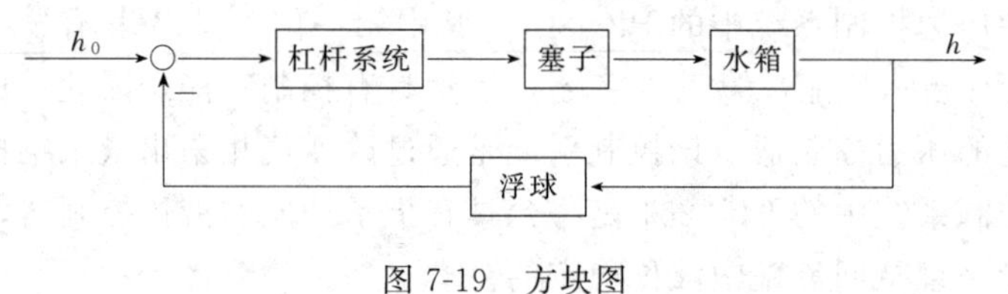

图 7-19　方块图

解　由于第一个波峰离开稳态值为

$$252-220=32\ (\text{V})$$

第二个波峰值为第一个波峰值的 1/4，故为

$$32\times\frac{1}{4}=8\ (\text{V})$$

第三个波峰值为第二个波峰值的 1/4，故为

$$8\times\frac{1}{4}=2\ (\text{V})$$

所以指针第三次摆动的最高峰值为 222V。

习题与思考题

1. 什么是化工自动化？它有什么重要意义？
2. 化工自动化主要包括哪些内容？
3. 自动控制系统主要由哪些环节组成？
4. 什么是自动控制系统的方块图，它与控制流程图有什么区别？
5. 什么是信号流？它与物料流有什么区别？
6. 在自动控制系统中，测量变送装置、控制器、执行器各起什么作用？
7. 试分别说明什么是被控对象、被控变量、给定值、操纵变量？
8. 什么是干扰作用？什么是控制作用？试说明两者的关系。

9. 图 7-20 所示为一反应器温度控制系统示意图。A、B 两种物料进入反应器进行反应，通过改变进入夹套的冷却水流量来控制反应器内的温度保持不变。图中 TT 表示温度变送器，TC 表示温度控制器。试画出该温度控制系统的方块图，并指出该系统中的被控对象、被控变量、操纵变量及可能影响被控变量的干扰是什么？

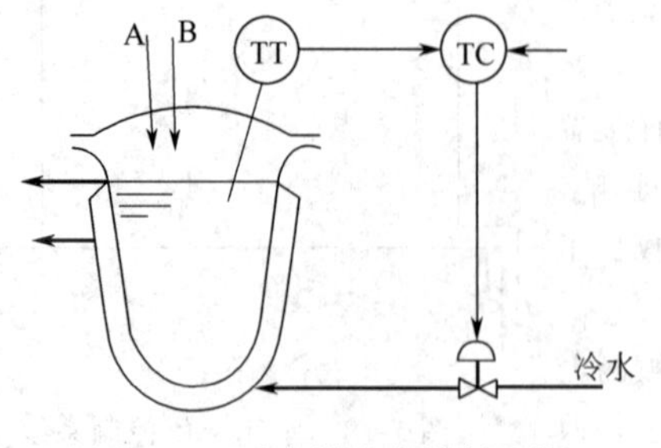

图 7-20　反应器温度控制系统

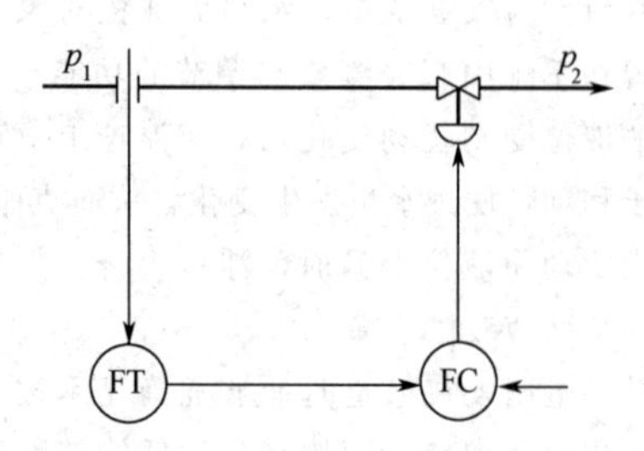

图 7-21　流量控制系统

10. 某一管道的流量需要维持恒定，为此设置流量控制系统，如图 7-21 所示。试画出该控制系统的方

块图，并说明此系统的被控对象、被控变量、操纵变量以及可能的干扰各是什么？图中 p_1、p_2 为控制阀前后的压力，FT 表示流量变送器，FC 表示流量控制器。

11. 什么是负反馈？负反馈在自动控制系统中有什么重要意义？

12. 结合题 9，说明该温度控制系统是一个具有负反馈的闭环系统。

13. 图 7-20 所示的温度控制系统中，如果由于进料温度升高使反应器内的温度超过给定值，试说明此时该系统的工作情况，此时系统是如何通过控制作用来克服干扰作用对被控变量影响的？

14. 按给定值形式不同，自动控制系统可分为哪几类？

15. 什么是控制系统的静态与动态？为什么说研究控制系统的动态比研究其静态更为重要？

16. 什么是阶跃干扰作用？为什么经常采用阶跃干扰作用作为系统的输入作用形式？

17. 什么是自动控制系统的过渡过程？它有哪几种基本形式？

18. 为什么生产上经常要求控制系统的过渡过程具有衰减振荡形式？

19. 自动控制系统衰减过渡过程的品质指标有哪些？影响这些品质指标的因素是什么？

20. 某化学反应器工艺规定操作温度为 900℃±10℃，考虑安全因素，控制过程中温度偏离给定值最大不得超过 30℃。现设计运行的温度定值控制系统，在最大干扰作用下的过渡过程曲线如图 7-22 所示。试求该系统的过渡过程品质指标最大偏差、超调量、余差、衰减比和振荡周期各是多少？并问该控制系统是否满足题中所给的工艺要求？

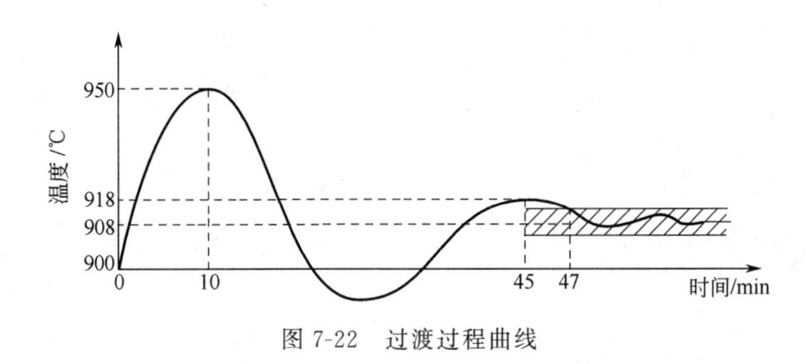

图 7-22　过渡过程曲线

21. 图 7-23(a) 是蒸汽加热器的温度控制原理图。试画出该系统的方块图，并指出被控对象、被控变量、操纵变量和可能存在的干扰是什么？现因生产需要，要求物料出口温度从 80℃提高到 81℃，当仪表给定值阶跃变化后，被控变量的变化曲线如图 7-23(b) 所示，试求该系统的过渡过程品质指标最大偏差、超调量、衰减比和余差各是多少？（提示：该系统为随动控制系统，新的给定值为 81℃。）

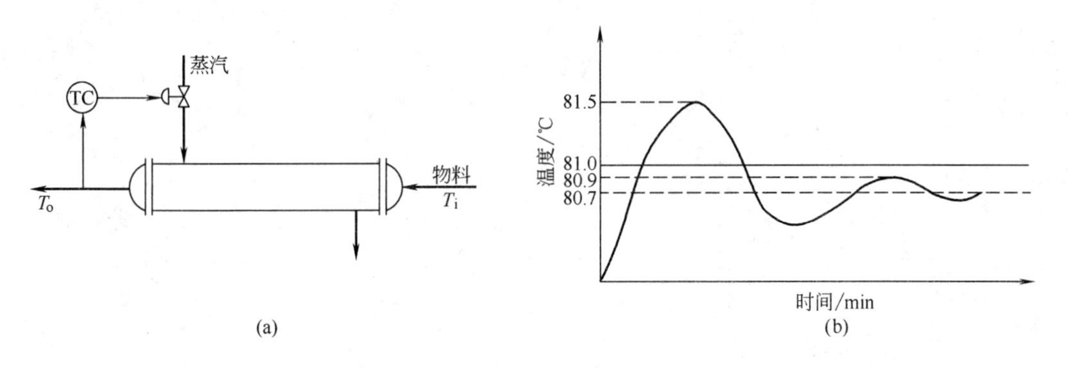

图 7-23　反应器温度控制系统

22. 什么是工艺管道与控制流程图？

23. 图 7-24 为某列管式蒸汽加热器控制流程图。试分别说明图中 PI-307、TRC-303、FRC-305 所代表的意义。

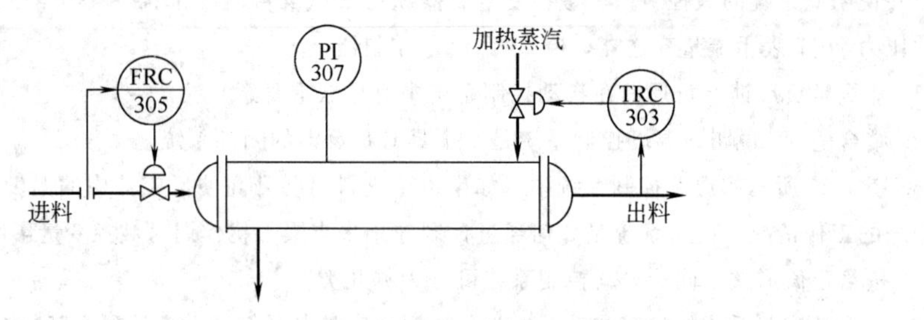

图 7-24　某列管式蒸汽加热器控制流程图

第八章　对象特性和建模

第一节　数学模型及描述方法

一、被控对象数学模型

自动控制系统是由被控对象、测量变送装置、控制器和控制阀（或执行器）组成。系统的控制品质与组成系统的每一个环节的特性都有关系，特别是被控对象的特性对控制品质的影响很大，往往是确定控制方案的重要依据。本章着重研究被控对象的特性及其数学模型的建立，其方法对于其他环节的研究也是同样可以适用的。

在化工自动化中，常见的对象是各类换热器、精馏塔、流体输送设备和化学反应器等，此外，在一些辅助系统中，气源、热源及动力设备（如空压机、辅助锅炉、电动机等）也可能是需要控制的对象。

各种对象的结构、原理千差万别，特性也很不相同。有的对象很稳定，操作很容易；有的对象则不然，只要稍不小心就会超越正常工艺条件，甚至造成事故。只有充分了解和熟悉这些对象，才能使生产操作得心应手，获得高产、优质、低消耗的成果。同样，在自动控制系统中，当运用一些自动化装置来模拟人工操作时，首先也必须深入了解对象的特性，了解它的内在规律，才能根据工艺对控制品质的要求，设计合理的控制方案，选用合适的检测仪表及控制器。在控制系统投入运行时，也是根据对象特性选择合适的控制器参数，使系统正常地运行。特别是一些比较复杂的控制方案设计，例如前馈控制、计算机最优控制等更离不开对象特性的研究。

对象特性的数学描述就称为对象的数学模型。对象数学模型对于工艺设计与生产控制都是十分重要的。控制用的数学模型是在工艺流程和设备结构都已经确定的条件下，研究一些工艺变量（包括处理量和操作条件）的变化如何影响另一些变量，如何影响装置的经济效益。用控制方面的术语来说，就是研究系统的各个输入变量是如何影响系统的状态和输出变量的。对象的数学模型有静态和动态之分。静态数学模型描述的是对象的输入变量和输出变量达到平衡时的相互关系。动态数学模型描述的是对象的输出变量在输入变量影响下的变化过程。可以认为，静态数学模型是动态数学模型在达到平衡状态时的一个特例。

在研究对象的特性时，应该预先指明对象的输入变量是什么，输出变量是什么，因为对于同样一个对象，输入变量或输出变量不相同时，它们间的关系也是不相同的。一般来说，对象的被控变量是它的输出变量，干扰作用和控制作用是它的输入变量，干扰作用和控制作用都是引起被控变量变化的因素，如图 8-1 所示。由对象的输入变量至输出变量的信号联系称之为通道。干扰作用（变量）至被控变量的通道称之为干扰通道；控制作用（即操纵变量）至被控变量的通道称之为控制通道。

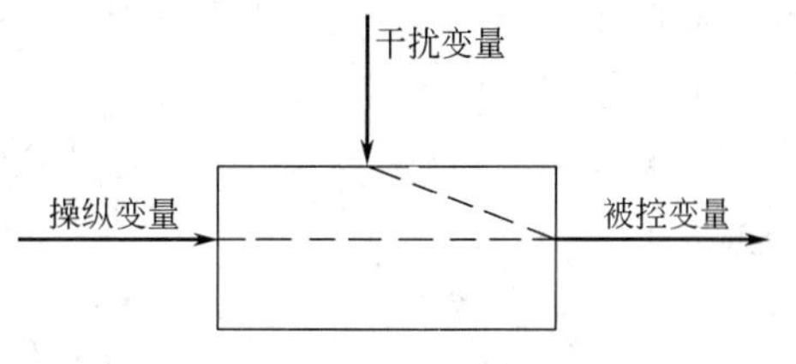

图 8-1　对象的输入、输出量

根据数学模型建立的途径不同，可分机理建

模、实验建模两类方法，也可将两者结合起来。

从机理出发，也就是从对象内在的物理和化学规律出发，可以建立描述对象输入输出特性的数学模型，这样的模型一般称为机理模型。机理建模可以在设备投产之前，充分利用已知的过程知识，从本质上去了解对象的特性。但是由于化工对象较为复杂，某些物理、化学变化的机理还不完全了解，而且线性的并不多，分布参数元件又特别多（即变量同时是位置和时间的函数），因此对于一些复杂的对象，机理建模尚存在一定困难。而且建得的模型，如不经过输入输出数据的验证，是难以判断其精确性的。

对于已经投产的生产过程，也可以通过实验测试或依据积累的操作数据，对系统的输入输出数据，通过数学回归方法进行处理，这样得到的数学模型称为经验模型。实验建模尽管可以不去分析系统的内在机理，但必须在设备投产后进行，而且在现场测试，实施中也有一定的难处。

二、数学模型的主要形式

数学模型主要有两类形式：一类是非参量形式，就是用曲线或数据表格来表示；另一类是参量形式，就是用数学方程式来表示。

非参量模型可以是实验测试的直接结果，也可以由计算得出。其特点是简单、形象，较易看出其定性的特征。但是，它们缺乏数学方程的解析性质，要按照它们来进行系统的综合与设计，往往是比较困难的。

参量模型的形式很多。静态数学模型比较简单，一般可用代数方程式表示。动态数学模型的形式主要有微分方程、传递函数、差分方程及状态方程等。

对于连续的线性集中参数系统（或对象），其特性通常可用常系数线性微分方程式来描述，如果以 $x(t)$ 表示输入变量，$y(t)$ 表示输出变量，则系统特性可用下列微分方程式来描述

$$\begin{aligned}&a_n y^{(n)}(t)+a_{n-1}y^{(n-1)}(t)+\cdots+a_1 y'(t)+a_0 y(t)\\&=b_m x^{(m)}(t)+b_{m-1}x^{(m-1)}(t)+\cdots+b_1 x'(t)+b_0 x(t)\end{aligned} \tag{8-1}$$

式中，$y^{(n)}(t)$、$y^{(n-1)}(t)$、…、$y'(t)$ 分别表示 $y(t)$ 的 n 阶、$(n-1)$ 阶、…、一阶导数；$x^{(m)}(t)$、$x^{(m-1)}(t)$、…、$x'(t)$ 分别表示 $x(t)$ 的 m 阶、$(m-1)$ 阶、…、一阶导数；a_{n}、a_{n-1}、…、a_1、a_0 及 b_m、b_{m-1}、…、b_1、b_0 分别为方程式中的各项系数。

在允许的范围内，多数化工对象动态特性可以忽略输入变量 $x(t)$ 的导数项，因此可表示为

$$a_n y^{(n)}(t)+a_{n-1}y^{(n-1)}(t)+\cdots+a_1 y'(t)+a_0 y(t)=x(t) \tag{8-2}$$

例如，一个对象如果可以用一个一阶微分方程式来描述其特性（通常称一阶对象），则可表示为

$$a_1 y'(t)+a_0 y(t)=x(t) \tag{8-3}$$

或表示成

$$Ty'(t)+y(t)=Kx(t) \tag{8-4}$$

式中　$T=\frac{a_1}{a_0}$——时间常数；

$K=\frac{1}{a_0}$——放大系数。

以上方程式中的系数 a_n、a_{n-1}、…、a_1、b_m、b_{m-1}、…、b_0 以及 T、K 等都可以认为是相应的参量模型中的参量，它们与对象的特性有关，一般需要通过对象的内部机理分析或大量的实验数据处理才能得到。

第二节　机理建模

前面已经说过，所谓机理建模，就是从系统的内在机理出发，如从系统的物料平衡、能量平衡或反应机理出发，推导出描述系统输入输出变量之间关系的数学模型。下面通过一些简单例子来讨论对象动态数学模型的建立方法。

一、一阶对象

当对象的动态特性可以用一阶微分方程式来描述时，一般称为一阶对象。

1. 水槽对象

图 8-2 是一个水槽，水经过阀门 1 不断流入水槽，水槽内的水又通过阀门 2 不断流出。工艺上要求水槽的液位 h 保持一定数值。在这里，水槽就是被控对象，液位 h 就是被控变量。如果阀门 2 的开度保持不变，而阀门 1 的开度变化是引起液位变化的原因。这时，我们要研究对象特性，就是要研究当阀门 1 的开度变化，流入量 Q_1 变化以后，液位 h 是如何变化的。

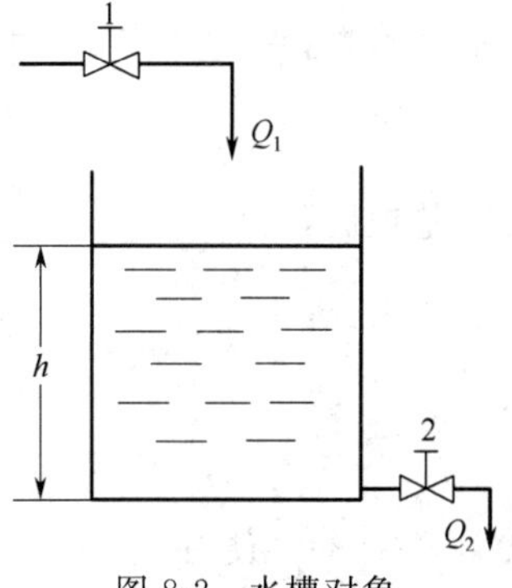

图 8-2　水槽对象

在这种情况下，对象的输入变量是流入水槽的流量 Q_1，对象的输出变量是液位 h。下面我们来推导表征 h 与 Q_1 之间关系的数学表达式。

在生产过程中，最基本的关系是物料平衡和能量平衡。当单位时间内流入对象的物料（或能量）不等于流出对象的物料（或能量）时，表征对象物料（或能量）蓄存量的变量就要随时间而变化。找出它们之间的关系，就能写出描述它们之间关系的微分方程式。因此，列写微分方程式的依据可表示为：

对象物料蓄存量的变化率＝单位时间流入对象的物料－单位时间流出对象的物料

上式中的物料量也可以表示为能量。

以图 8-2 的水槽对象为例，截面积为 A 的水槽，当流入水槽的流量 Q_1 等于流出水槽的流量 Q_2 时，系统处于平衡状态，即静态，这时液位 h 保持不变。

假定某一时刻 Q_1 有了变化，不再等于 Q_2，于是 h 也就变化，h 的变化和 Q_1 的变化究竟有什么关系呢？应从水槽的物料平衡来考虑，找出 h 与 Q_1 的关系，这是推导表征 h 与 Q_1 关系的微分方程式的依据。

在用微分方程式来描述对象特性时，考虑到控制系统中的变量总是在额定值附近变化，我们所关注的只是这些量的变化值，而不注重这些量的初始值（初始值往往是预先规定好了的），所以在下面推导方程的过程中，假定 Q_1、Q_2、h 都代表它们偏离初始平衡状态的变化值（即增量）。

如果在很短一段时间 $\mathrm{d}t$ 内，由于 Q_1 不等于 Q_2，引起液位变化了 $\mathrm{d}h$，此时，流入和流出水槽的水量之差 $(Q_1-Q_2)\mathrm{d}t$ 应该等于水槽内蓄水的变化量 $A\mathrm{d}h$，若用数学方程表示，就是

$$(Q_1-Q_2)\mathrm{d}t=A\mathrm{d}h \tag{8-5}$$

上式就是微分方程式的一种形式。在这个式子中，还不能一目了然地看出 h 与 Q_1 的关系。因为在水槽出水阀 2 开度不变的情况下，随着 h 的变化，Q_2 也会变化。h 越大，静压头越大，Q_2 也会越大。也就是说，在式(8-14) 中，Q_1、Q_2、h 都是时间的变量，如何消去中间变量 Q_2，得出 h 与 Q_1 的关系式呢？

若考虑到 h 和 Q_2 的变化量都很微小（由于在自动控制系统中，各个变量都是在它们的额定值附近做微小的波动，因此作这样的假定是允许的），可以近似认为 Q_2 与 h 成正比，与出水阀的阻力系数 R_s 成反比（在出水阀开度不变时，R_s 可视为常数），用式子表示为

$$Q_2=\frac{h}{R_s} \tag{8-6}$$

将此关系式代入式(8-5)，便有

$$\left(Q_1-\frac{h}{R_s}\right)\mathrm{d}t=A\mathrm{d}h \tag{8-7}$$

移项整理后可得

$$AR_s\frac{\mathrm{d}h}{\mathrm{d}t}+h=R_sQ_1 \tag{8-8}$$

令

$$T=AR_s \tag{8-9}$$

$$K=R_s \tag{8-10}$$

代入式(8-8)，便有

$$T\frac{\mathrm{d}h}{\mathrm{d}t}+h=KQ_1 \tag{8-11}$$

这就是用来描述简单的水槽对象特性的微分方程式。它是一阶常系数微分方程式，式中 T 为时间常数，K 为放大系数。

2. *RC* 电路

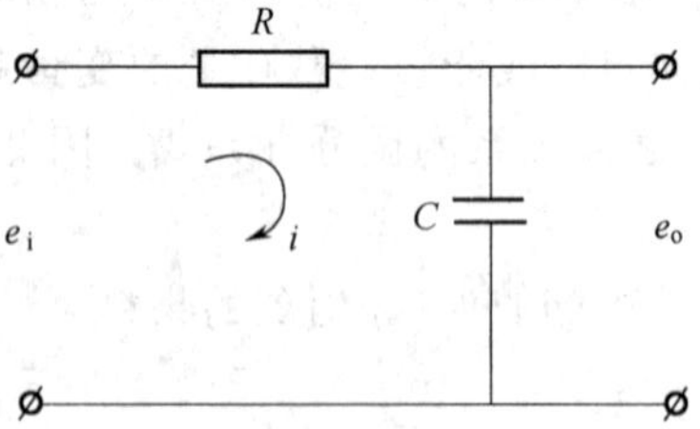

图 8-3 为 *RC* 电路，若取 e_i 为输入变量，e_o 为输出变量，根据基尔霍夫定律可得

$$e_i=iR+e_o \tag{8-12}$$

显然 i(电流) 为中间变量，应消去。

因为

$$i=C\frac{\mathrm{d}e_o}{\mathrm{d}t} \tag{8-13}$$

图 8-3　*RC* 电路

联立式(8-12) 与式(8-13)，得

$$RC\frac{\mathrm{d}e_o}{\mathrm{d}t}+e_o=e_i \tag{8-14}$$

或

$$T\frac{\mathrm{d}e_o}{\mathrm{d}t}+e_o=e_i \tag{8-15}$$

式中，$T=RC$ 为时间常数。

式(8-15) 就是描述 *RC* 电路特性的方程式，它与描述水槽特性的方程式(8-11) 是类似

的，都是一阶常系数微分方程式，只不过在式(8-15) 中，放大系数 $K=1$ 罢了。

二、积分对象

当对象的输出变量与输入变量对时间的积分成比例关系时，称为积分对象。

图 8-4 所示的液体贮槽，就具有积分特性。因为贮槽中的液体是由正位移泵抽出，因而从贮槽中流出的液体流量 Q_2 将是常数，Q_2 的变化量为零。因此，液位 h 的变化就只与流入量 Q_1 的变化量有关。如果以 h、Q_1 分别表示液位和流入量的变化量，则有

$$\mathrm{d}h=\frac{1}{A}Q_1\mathrm{d}t \tag{8-16}$$

式中　A——贮槽横截面积。

对式(8-16) 积分，可得

$$h=\frac{1}{A}\int Q_1\mathrm{d}t \tag{8-17}$$

这说明图 8-4 所示贮槽具有积分特性。

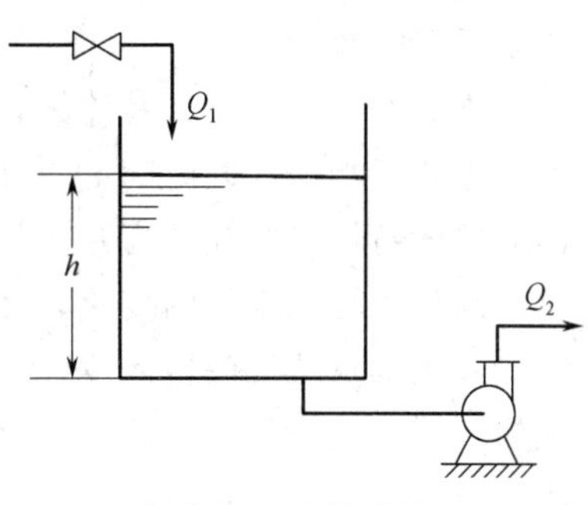

图 8-4　液体贮槽

三、时滞对象

前面所介绍的对象，在受到输入作用以后，输出变量是立即开始变化的。但是有的对象或过程，在受到输入作用后，输出变量并不立刻随之变化，而是要隔上一段时间才有响应，这种对象称为具有时滞特性的对象，而这段时间就称为时滞 τ_0（或纯滞后）。

时滞的产生一般是由于介质的输送需要一段时间而引起的。例如图 8-5(a) 所示的溶解槽，料斗中的固体物料用皮带输送机送至加料口。在料斗处加大送料量后，固体溶质需等输送机将其送到加料口并落入槽中后，才会影响溶液浓度。当以料斗的加料量 x 作为对象的输入，溶液浓度 y 作为输出时，其反应曲线如图 8-5(b) 所示。图中所示的 τ_0 为皮带输送机将固体溶质由加料斗输送到溶解槽所需要的时间，称为时滞（纯滞后）时间。显然，时滞 τ_0 与皮带输送机的传送速度 v 和传送距离 L 有如下关系

$$\tau_0=\frac{L}{v} \tag{8-18}$$

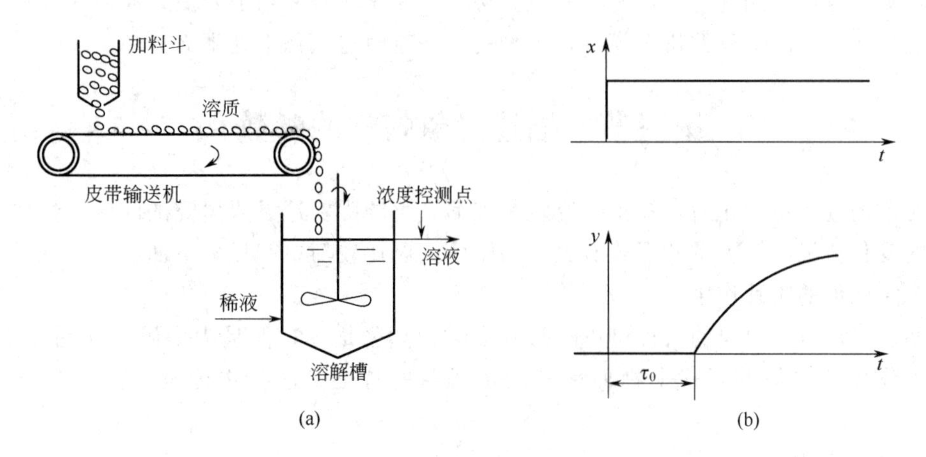

图 8-5　溶解槽及其反应曲线

另外，从测量方面来说，由于测量点选择不当、测量元件安装不合适等原因也会造成时滞。图 8-6 是一个蒸汽直接加热器。如果以进入的蒸汽量 q 为输入变量，实际测得的溶液温度为输出变量。并且测温点不是在槽内，而是在出口管道上，测温点离槽的距离为 L。那么，当蒸汽量增大时，槽内溶液温度升高，然而槽内溶液流到管道测温点处还要经过一段时间 τ_0。所以，相对于蒸汽流量变化的时刻，实际测得的溶液温度 T 要经过一段时间 τ_0 后才开始变化。这段时间 τ_0 亦为时滞。由于测量元件或测量点选择不当引起时滞的现象在成分分析过程中尤为常见。安装成分分析仪表时，取样管线太长，取样点安装离设备太远，都会引起较大的时滞，这是在实际工作中要尽量避免的。

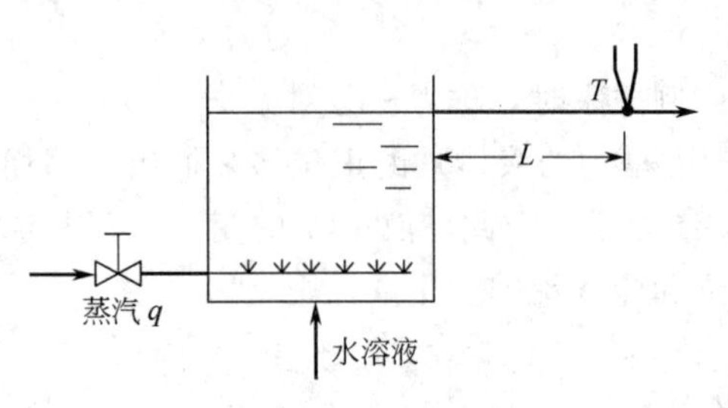

图 8-6　蒸汽直接加热器

对于一个时滞对象，其输入量 x 的曲线与输出量 y 的曲线在形状上完全相同，只是在时间轴上前后相差一段时间 τ_0，如图 8-7 所示。也就是说，时滞对象的特性是当输入变量 x 发生变化时，其输出变量不是立即反映输入变量的变化，而是要经过一段时间 τ_0 以后，才开始等量地反映输入变量 x 的变化。表示成数学关系式为

$$y=\begin{cases}x(t-\tau_0), & t>\tau_0 \\ 0, & t\leqslant\tau_0\end{cases} \tag{8-19}$$

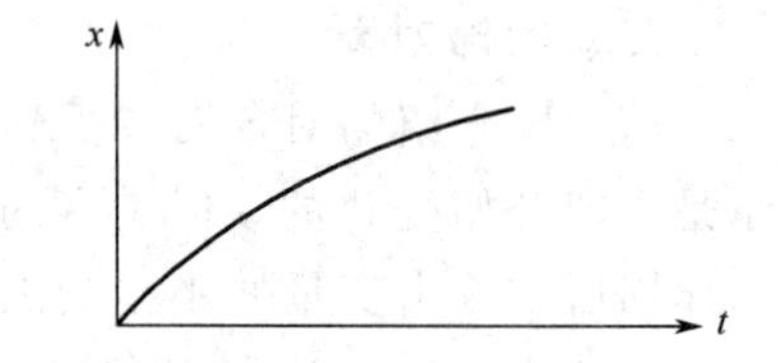

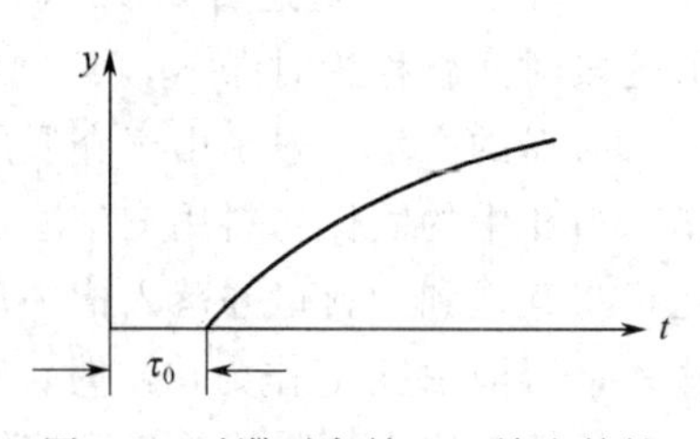

图 8-7　时滞对象输入、输出特性

如果一个对象，例如图 8-5 所示的溶解槽本身的特性可以用一阶微分方程式来描述，但由于某种原因，使输入变量与输出变量之间又有一段时滞 τ_0，则这时整个对象的特性可用下述微分方程式来描述

$$T\frac{\mathrm{d}y(t)}{\mathrm{d}t}+y(t)=Kx(t-\tau_0) \tag{8-20}$$

以上例子说明，基于机理通过推导可以得到描述对象特性的微分方程式。对于其他类型的简单对象，也可以用这种方法进行研究。但是，对于比较复杂的对象，有时需要做一些假定或简化，才能导出对象的机理模型，模型的形式有时也不像上述那么简单。

第三节　描述对象特性的参数

当对象的输入量变化后，输出量究竟是如何变化的呢？这是要研究的问题。显然，对象输出量的变化情况与输入量的形式有关。为了使问题比较简单起见，下面假定对象的输入量是具有一定幅值的阶跃作用。

前面已经讲过，对象的特性可以通过其数学模型来描述，但是为了研究问题方便起见，在实际工作中，常用下面三个物理量来表示对象的特性。这些物理量，称为对象的特性参数。

一、放大系数 K

对于如图 8-2 所示的简单水槽对象，当流入流量 Q_1 有一定的阶跃变化后，液位 h 也会

有相应的变化，但最后会稳定在某一数值上。如果我们将流量 Q_1 的变化看作对象的输入，而液位 h 的变化看作对象的输出，那么在稳定状态时，对象一定的输入就对应着一定的输出，这种特性我们称之为对象的静态特性。

假定 Q_1 的变化量用 ΔQ_1 表示，h 的变化量用 Δh 表示。在一定的 ΔQ_1 下，h 的变化情况如图 8-8 所示。在重新达到稳定状态后，一定的 ΔQ_1 对应着一定的 Δh_s 值（Δh_s 表示达到稳定后的 Δh 值）。令 K 等于 Δh_s 与 ΔQ_1 之比，用数学关系式表示，即

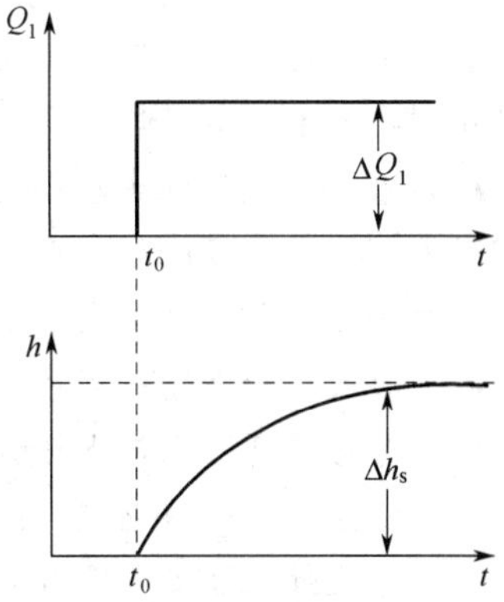

图 8-8　水槽液位的变化曲线

$$K=\frac{\Delta h_s}{\Delta Q_1}$$

或

$$\Delta h_s = K\Delta Q_1 \tag{8-21}$$

K 在数值上等于对象重新稳定后的输出变化量与输入变化量之比。它的意义也可以这样来理解：如果有一定的输入变化量 ΔQ_1，通过对象就被放大了 K 倍变为输出变化量 Δh_s，则称 K 为对象的放大系数。

对象的放大系数 K 越大，就表示对象的输入量有一定变化时，对输出量的影响越大。在工艺生产中，常常会发现有的阀门对生产影响很大，开度稍微变化就会引起对象输出量大幅度的变化，甚至造成事故；有的阀门则相反，开度的变化对生产的影响很小。这说明在一个设备上，各种量的变化对被控变量的影响是不相同的。换句话说，就是各种输入量与被控变量之间的放大系数有大有小。放大系数越大，被控变量对这个量的变化就越灵敏，这在选择自动控制方案时是需要考虑的。

现以合成氨厂的变换炉为例，来说明各个量的变化对被控变量的放大系数是不相同的。图 8-9 是一氧化碳变换过程的示意图。变换炉的作用，是将一氧化碳和水蒸气在触媒存在的条件下发生作用，生成二氧化碳和氢气，同时放出热量。生产过程要求一氧化碳的转化率要高，蒸汽消耗量要少，触媒寿命要长。生产上通常以变换炉一段反应温度作为被控变量，来间接地控制转换率和其他指标。

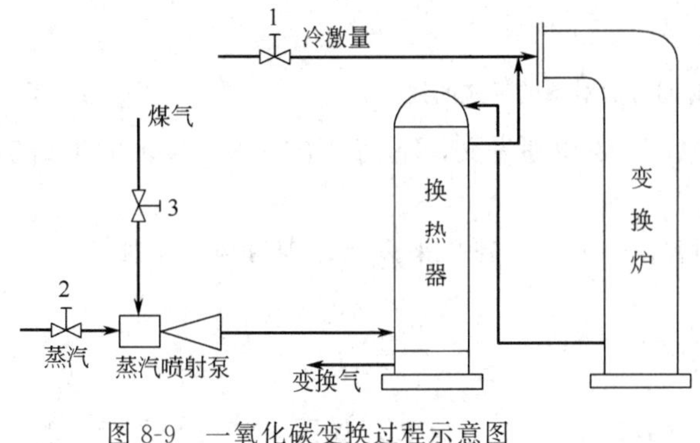

图 8-9　一氧化碳变换过程示意图

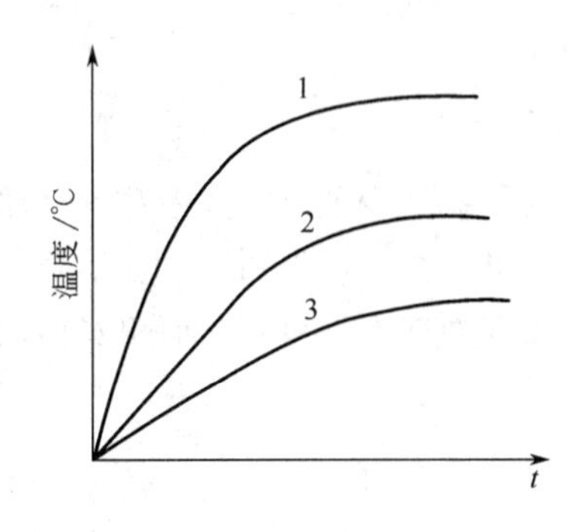

图 8-10　不同输入作用时的被控变量变化曲线

影响变换炉一段反应温度的因素是很复杂的。其中主要有冷激流量、蒸汽流量和半水煤气流量。改变阀门 1、2、3 的开度就可以分别改变冷激量、蒸汽量和半水煤气量的大小。生

产上发现，改变冷激量对被控变量温度的影响最大、最灵敏；改变蒸汽量影响次之；改变半水煤气量对被控变量温度的影响最不显著。如果改变冷激量、蒸汽量和半水煤气量的百分数是相同的，那么变换炉一段反应温度的变化曲线如图 8-10 所示。图中曲线 1、2、3 分别表示冷激量、蒸汽量和半水煤气改变时的温度变化曲线。由该图可以看出，当冷激量、蒸汽量和半水煤气量改变的相对百分数相同时，稳定以后，曲线 1 的温度变化数值最大；曲线 2 次之；曲线 3 的温度变化数值最小。这说明冷激量对温度的静态放大系数最大；蒸汽量对温度的静态放大系数次之；半水煤气对温度的静态放大系数最小。

当考虑选择什么量来作为操纵变量时，一般应选择对被控变量放大系数较大的量作为操纵变量。当然，究竟通过控制什么量来控制被控变量为最好的控制方案，除了要考虑放大系数的大小之外，还要考虑许多其他因素，详细分析将在第十二章进行。

二、时间常数 T

从大量的生产实践中发现，有的对象在受到输入作用后，被控变量变化很快，较迅速地达到稳定值；有的对象在受到输入作用后，被控变量要经过很长时间才能达到新的稳态值，这说明不同对象的惯性是不相同的。从图 8-11(a) 中可以看到，截面积很大的水槽与截面积很小的水槽相比，当进口流量改变同样一个数值时，截面积小的水槽液位变化很快，并迅速趋向新的稳态值；而截面积大的水槽惯性大，液位变化慢，需经过很长时间才能稳定。同样道理，从图 8-11(b) 中可以看出，夹套蒸汽加热的反应器与直接蒸汽加热的反应器相比，当蒸汽流量变化时，蒸汽直接加热的反应器内反应物的温度变化就比蒸汽通过夹套加热的反应器内温度变化来很快。如何定量地表示对象的这种特性呢？在自动化领域中，往往用时间常数 T 来表示。时间常数越大，表示对象受到输入作用后，被控变量变化得越慢，到达新的稳态值所需的时间越长。

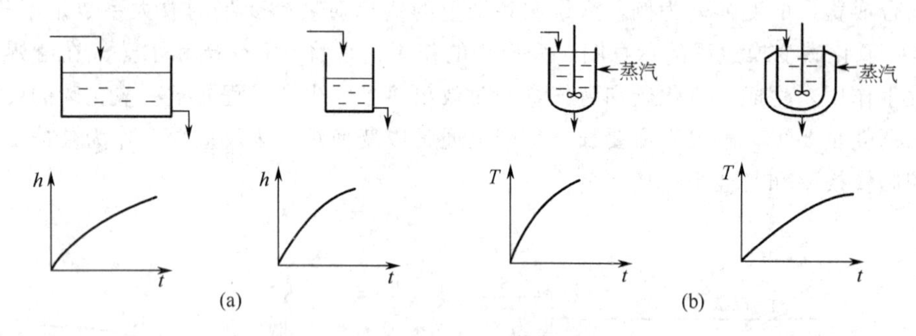

图 8-11　不同时间常数对象的反应曲线

为了进一步理解放大系数 K 与时间常数 T 的物理意义，下面结合图 8-2 所示的水槽例子，来进一步加以说明。

由前面的推导可知，简单水槽的对象特性可由式(8-11) 来表示，现重新写出如下

$$T\frac{\mathrm{d}h}{\mathrm{d}t}+h=KQ_1$$

假定 Q_1 为阶跃作用，$t<0$ 时 $Q_1=0$，$t\geqslant 0$ 时 Q_1 为一常数，如图 8-12(a) 所示。为了求得在 Q_1 作用下 h 的变化规律，可以对上述一阶微分方程式求解，得

$$h(t)=KQ_1(1-\mathrm{e}^{-\frac{t}{T}}) \tag{8-22}$$

上式就是对象在受到阶跃作用 Q_1 后，被控变量 h 随时间变化的规律，称为被控变量过渡过程的函数表达式。根据式(8-22) 可以画出 $h\sim t$ 曲线，称为阶跃反应曲线或飞升曲线，如图 8-12(b) 所示。

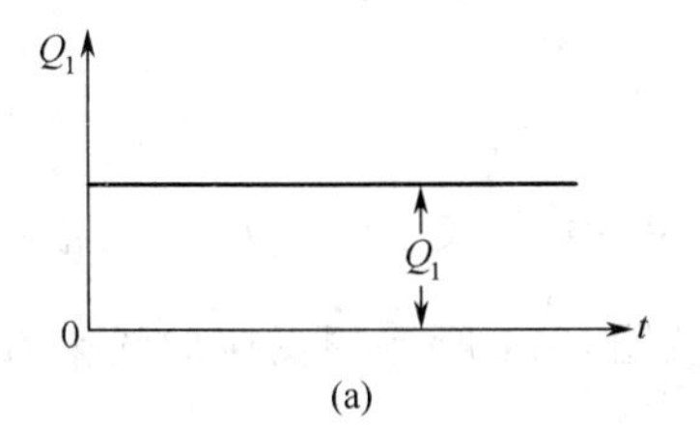

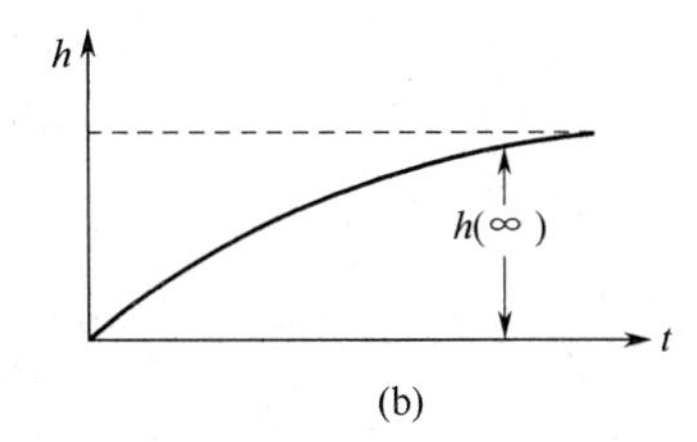

图 8-12 反应曲线

从图 8-12 反应曲线可以看出，对象受到阶跃作用后，被控变量就发生变化，当 $t\rightarrow\infty$ 时，被控变量不再变化而达到了新的稳态值 $h(\infty)$，这时由式(8-22) 可得

$$h(\infty)=KQ_1 \quad 或 \quad K=\frac{h(\infty)}{Q_1} \tag{8-23}$$

这就是说，K 是对象受到阶跃输入作用后，被控变量新的稳态值与所加的输入量之比，故是对象的放大系数。它表示对象受到输入作用后，重新达到平衡状态时的性能，是不随时间而变的，所以是对象的静态性能。

对于简单水槽对象，由式(8-10) 可知，$K=R_s$，即放大系数只与出水阀的阻力有关，当阀的开度一定时，放大系数就是一个常数。

下面再来讨论时间常数 T 的物理意义。将 $t=T$ 代入式(8-22)，就可以求得

$$h(T)=KQ_1(1-e^{-1})=0.632KQ_1 \tag{8-24}$$

将式(8-23) 代入式(8-24) 得

$$h(T)=0.632h(\infty) \tag{8-25}$$

这就是说，当对象受到阶跃输入作用后，被控变量达到新的稳态值的 63.2%所需的时间，就是时间常数 T。实际工作中，常用这种方法求取时间常数。显然，时间常数越大，被控变量的变化越慢，达到新的稳态值所需的时间也越长。在图 8-13 中，四条曲线分别表示对象的时间常数为 T_1、T_2、T_3、T_4 时，在相同的阶跃输入作用下被控变量的反应曲线。图中的纵坐标表示被控变量达到新稳态值的百分数。显然，由图可以看出，$T_1<T_2<T_3<T_4$。时间常数大的对象(例 T_4 所表示的对象)，对输入作用的反应比较慢，一般也可以认为它的惯性要大一些。

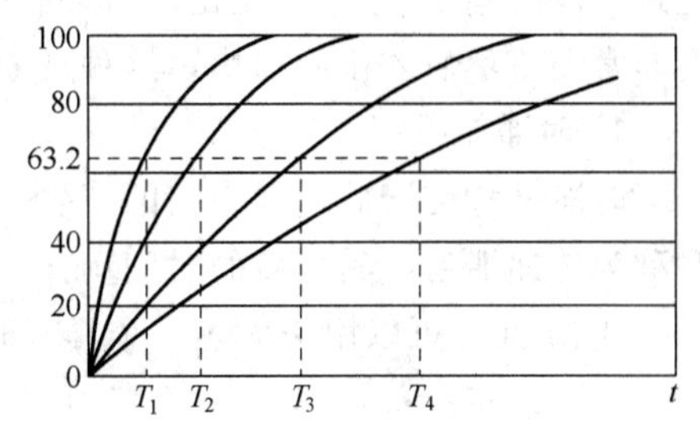

图 8-13 不同时间常数对象的反应曲线

在输入作用加入的瞬间，液位 h 的变化速度是多大呢？将式(8-22) 对时间 t 求导得

$$\frac{dh}{dt}=\frac{KQ_1}{T}e^{-\frac{t}{T}} \tag{8-26}$$

由上式可以看出，在过渡过程中，被控变量的变化速度是越来越慢的。当 $t=0$ 时，有

$$\left.\frac{\mathrm{d}h}{\mathrm{d}t}\right|_{t=0}=\frac{KQ_1}{T}=\frac{h(\infty)}{T} \tag{8-27}$$

当 $t\to\infty$ 时，由式(8-26) 可得

$$\left.\frac{\mathrm{d}h}{\mathrm{d}t}\right|_{t\to\infty}=0 \tag{8-28}$$

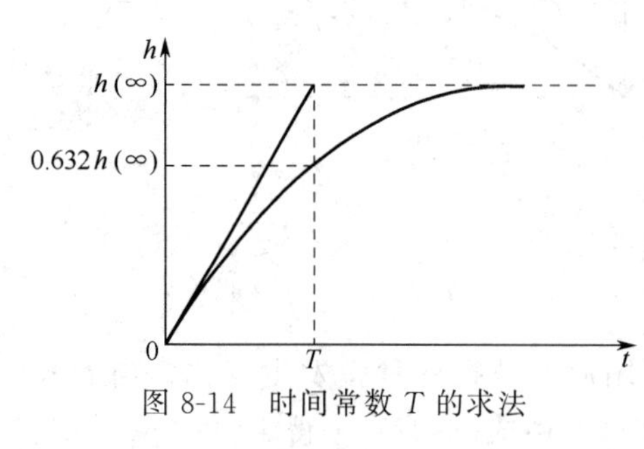

图 8-14　时间常数 T 的求法

式(8-27) 所表示的是 $t=0$ 时液位变化的初始速度。从图 8-14 所示的反应曲线来看，$\left.\frac{\mathrm{d}h}{\mathrm{d}t}\right|_{t=0}$ 就等于曲线在起始点时切线的斜率。由于切线的斜率为$\frac{h(\infty)}{T}$，从图 8-14 可以看出，这条切线在新的稳定值 $h(\infty)$ 上截得的一段时间正好等于 T。因此，时间常数 T 的物理意义可以这样来理解：当对象受到阶跃作用输入后，被控变量如果保持初始速度变化，达到新的稳态值所需要的时间就是时间常数。可是实际上被控变量的变化速度是越来越小的。所以，被控变量变化到新的稳态值所需要的时间，要比 T 长得多。理论上说，需要无限长的时间才能达到稳态值。从式(8-22) 可以看出，只有当 $t\to\infty$ 时，才有 $h=KQ_1$。但是当 $t=3T$ 时，代入式(8-22)，便得

$$\begin{aligned}h(3T)&=KQ_1(1-\mathrm{e}^{-3})\approx0.95KQ_1\\&=0.95h(\infty)\end{aligned} \tag{8-29}$$

这就是说，从加入输入作用后，经过 $3T$ 时间，液位已经变化了全部变化范围的 95%，这时，可以近似地认为动态过程基本结束。所以，时间常数 T 是表示在输入作用下，被控变量完成其变化过程所需要时间的一个重要参数。

由式(8-9) 可以看出，简单水槽对象的 $T=AR_s$。所以对于简单水槽来说，如果出水阀的开度保持不变，即 R_s 不变，那么其时间常数的大小取决于水槽的横面积 A。A 越大，水槽的时间常数也越大，在输入作用下，液位的变化越慢，达到稳态值所需的时间也越长。

三、滞后时间 τ

前面已经介绍过，对于时滞对象，当输入作用变化后，输出变量不是立即变化，而且要经过一段时间 τ_0 才开始变化。另外有的对象，当输入作用变化后，输出变量开始变化的速度非常慢，然后才慢慢加快，这种现象叫容量滞后。时滞和容量滞后都是一种滞后现象。

1. 时滞

时滞又称纯滞后，因为它的产生一般是由于介质的输送需要一段时间而引起的，所以有时称为传递滞后，其滞后的时间用 τ_0 表示。

式(8-20) 可以用来描述一个具有时滞 τ_0 的一阶对象，现重新写出如下

$$T\frac{\mathrm{d}y(t)}{\mathrm{d}t}+y(t)=Kx(t-\tau_0)$$

当假定 $y(t)$ 的初始值 $y(0)=0$，$x(t)$ 是一个发生在 $t=0$ 的阶跃输入，幅值为 A，对上述方程式求解，可得

$$y(t)=KA(1-\mathrm{e}^{-\frac{t-\tau_0}{T}})\quad(t\geqslant\tau_0) \tag{8-30}$$

根据式(8-30) 可以画得在 $x(t)=A$ 时具有时滞对象的反应曲线如图 8-15 所示。由图可以看出，具有时滞的一阶对象与没有时滞的一阶对象，它们的反应曲线在形状上完全相同，只是具有时滞的反应曲线在时间上错后一段时间 τ_0。

2. 容量滞后

有些对象在受到阶跃输入作用 x 后，被控变量 y 开始变化很慢，后来才逐渐加快，最后又变慢直至逐渐接近稳态值，这种现象叫容量滞后或过渡滞后，其反应曲线如图 8-16 所示。

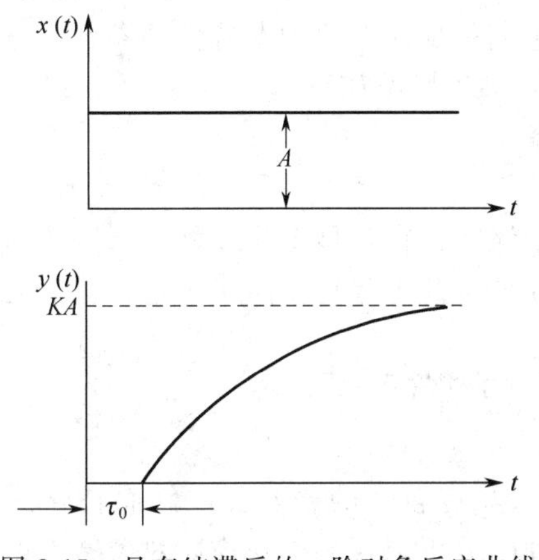

图 8-15　具有纯滞后的一阶对象反应曲线

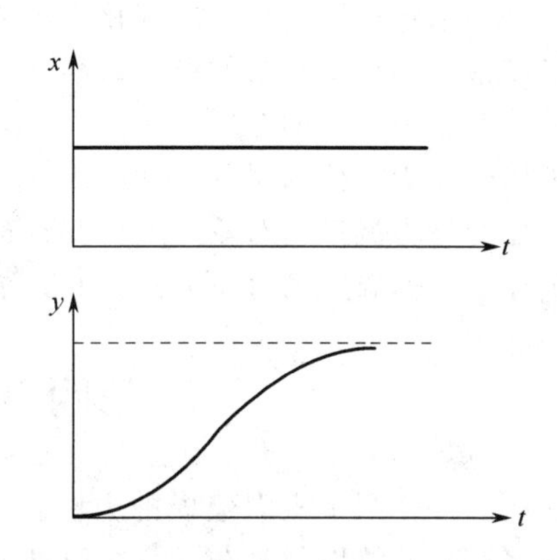

图 8-16　具有容量滞后对象的反应曲线

对于这种对象，要想用前面所讲的三个参数 K、T、τ 来描述的话，必须做近似处理，即用带有时滞的一阶对象的特性来近似上述二阶对象。近似的方法图解如下：图 8-17 代表对象在阶跃作用下的反应曲线，过曲线的拐点 O 做一切线，与时间轴相交，交点与被控变量 h 开始变化的起点之间的时间间隔 τ_n 就为容量滞后时间。由切线与时间轴的交点到切线与稳定值 KA 线的交点之间的时间间隔为 T。这样，上述对象就被近似为是有滞后时间 $\tau=\tau_n$，时间常数为 T 的一阶对象了。

时滞和容量滞后尽管在本质上不同，但在实际上往往很难严格区分。在容量滞后与时滞同时存在时，常常把两者合起来统称滞后时间 τ，即 $\tau=\tau_0+\tau_n$，如图 8-18 所示。

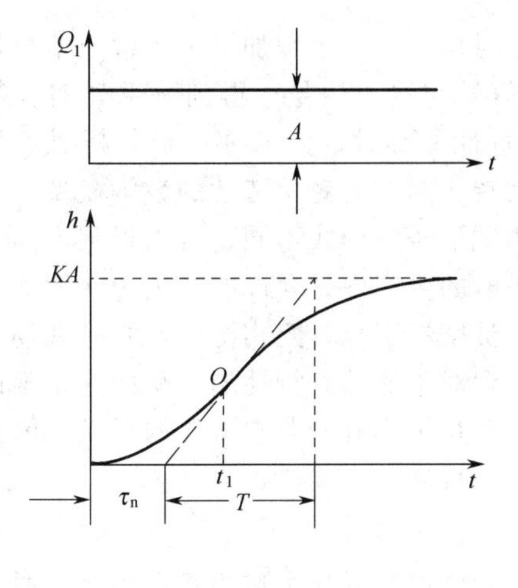

图 8-17　图解近似方法

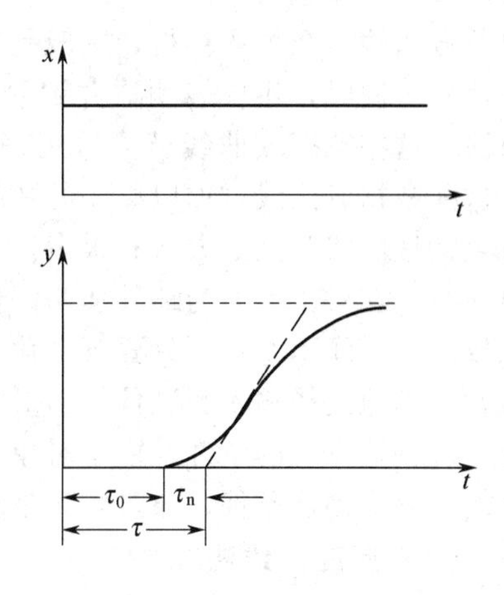

图 8-18　滞后时间 τ 示意图

不难看出，自动控制系统中，滞后的存在对控制是不利的。特别是当对象的调节通道存在滞后时，如果被控变量有偏差，但由此产生的控制作用却不能及时克服干扰作用对被控变量的影响，偏差往往会越来越大，得不到及时的克服，以至整个系统的稳定性和控制指标都会受到严重的影响。所以，在设计和安装控制系统时，都应当尽量把滞后时间减到最小。例如，在选择操纵变量时，应使对象调节通道的滞后小一些；在选择控制阀与检测点的安装位置时，应选取靠近被控对象的有利位置；从工艺角度来说，应通过工艺改进，尽量减少或缩短那些不必要的管线及阻力，以使滞后时间尽量减少。

滞后时间 τ 和时间常数 T 都是用来表征对象受到输入作用后，被控变量是如何变化的，也就是反映系统过渡过程中的变化规律的，因此，它们是反映对象动态特性的参数。

目前常见的化工对象的滞后时间 τ 和时间常数 T 大致情况如下：

被控变量为压力的对象——τ 不大，T 也属中等；

被控变量为液位的对象——τ 很小，而 T 稍大；

被控变量为流量的对象——τ 和 T 都较小，数量级往往在几秒至几十秒；

被控变量为温度的对象——τ 和 T 都较大，约几分至几十分钟。

第四节　实验建模

前面已经介绍了机理建模的方法，虽然这种方法具有较大的普遍性，然而在化工生产中，许多对象的特性很复杂，往往很难通过内在机理的分析，直接得到描述对象特性的数学表达式，且这些表达式(一般是高阶微分方程式或偏微分方程式）也难以求解；另一方面，在机理推导的过程中，往往作了许多假设，忽略了很多次要因素。但是在实际工作中，由于条件的变化，可能某些假设与实际情况不完全相符，或者有些原来次要的因素上升为不能忽略的因素，因此，要直接利用理论推导建立起来的数学模型作为合理设计自动控制系统的依据，往往是不可靠的。在实际工作中，常常用实验测试的方法来研究对象的特性，它能比较可靠地建立对象的数学模型，也可以对通过机理分析建立起来的数学模型加以验证或修改。

所谓对象特性的实验测试，就是通过实验来测取对象的输入输出数据。依据这些输入输出数据来建立对象的数学模型，则称为系统辨识。它的主要特点是从外部特性上来测试和描述对象的动态特性，而不需要深入了解其内部机理，特别是对于一些复杂的对象，实验建模比机理建模要简单省力。

对象输入输出数据的获得，一般是在所要研究的对象上，人为地加上一个输入信号，称为测试信号，同时，用仪表测取并记录对象的测试信号与输出信号，得到一系列实验数据(或曲线)。这些数据或曲线就可以用来表示对象的特性。有时，为了进一步分析对象的特性，对这些数据或曲线再加以必要的数据处理，使之转化为描述对象特性的数学模型。

对象特性的实验测取方法有很多种。根据所加测试信号的形式不同，可以得到不同的对象输出曲线。在对象上人为地外加测试信号，这在一般的生产中是允许的，因为一般加的干扰量比较小，时间不太长，只要自动化人员与工艺人员密切配合，互相协作，根据现场的实际情况，合理地选择输入测试信号的形式，是可以得到对象的动态特性的，从而为正确设计自动化系统创造有利的条件。由于对象动态特性对自动化工作有着非常重要的意义，因此只要有可能，就要创造条件，通过实验来获取对象的动态特性。

一、阶跃反应曲线法

所谓测取对象的阶跃反应曲线，就是用实验的方法测取对象在阶跃输入作用下，输出量 y 随时间的变化规律。

例如要测取图 8-2 所示简单水槽的动态特性，这时，表征水槽工作状况的物理量是液位

h，我们要测取输入流量 Q_1 改变时，输出 h 的反应曲线。假定在时间 t_0 之前，对象处于稳定状况，即输入流量 Q_1 等于输出流量 Q_2，液位 h 维持不变。在 t_0 时，突然开大进水阀，然后保持不变。Q_1 改变的幅度可以用流量仪表测得，假定为 A。这时若用液位仪表测得 h 随时间的变化规律，便是简单水槽的反应曲线，如图 8-8 所示。

这种方法比较简单。如果输入量是流量，只要将阀门的开度作突然的改变，便可认为施加了阶跃干扰。因此不需要特殊的信号发生器，在装置上进行极为容易。输出参数的变化过程可以利用原来的仪表记录下来（若原来的仪表精度不符合要求，可改用具有高灵敏度的快速记录仪），不需要增加特殊仪器设备，测试工作量也不大。总的说来，阶跃反应曲线法是一种比较简易的动态特性测试方法。

这种方法也存在一些缺点。主要是对象在阶跃信号作用下，从不稳定到稳定一般所需时间较长，在这样长的时间内，对象不可避免要受到许多其他干扰因素的影响，因而测试精度受到限制。为了提高精度，就必须加大所施加的输入作用幅值，可是这样做就意味着对正常生产的影响增加，工艺上往往是不允许的。一般所加输入作用的大小是取额定值的 5%～10%。因此，阶跃反应曲线法是一种简易但精度较差的对象特性测试方法。

二、矩形脉冲法

当对象处于稳定工况下，在时间 t_0 突然加一阶跃干扰，幅值为 A，到 t_1 时突然除去阶跃干扰，这时测得的输出量 y 随时间的变化规律，称为对象的矩形脉冲特性，而这种形式的干扰称为矩形脉冲干扰，如图 8-19 所示。

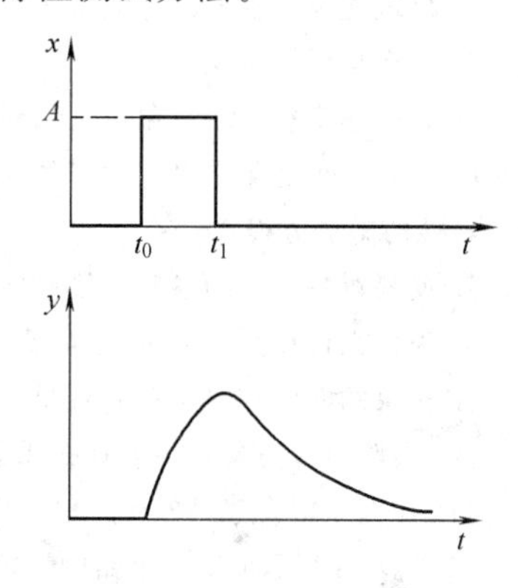

图 8-19　矩形脉冲特性曲线

用矩形脉冲干扰来测取对象特性时，由于加在对象上的干扰，经过一段时间后即被除去，因此干扰的幅值可取得比较大，以提高实验精度，对象的输出量又不至于长时间地偏离给定值，因而对正常生产影响较小。目前，这种方法也是测取对象动态特性的常用方法之一。

除了应用阶跃干扰与矩形脉冲干扰作为实验测取对象动态特性的输入信号形式外，还可以采用矩形脉冲波和正弦信号等来测取对象的动态特性，分别称为矩形脉冲波法与频率特性法。

近年来，对于一些不宜施加人为干扰来测取特性的对象，可以根据在正常生产情况下长期积累下来的各种参数的记录数据或曲线，用随机理论进行分析和计算，来获取对象的特性。这在自动化技术及计算工具进一步发展的基础上，是一种研究对象特性的有效方法。为了提高测试精度和减少计算量，也可以利用专用的仪器，在系统中施加对正常生产基本上没有影响的一些特殊信号（例如伪随机信号），然后对系统的输入输出数据进行分析处理，可以比较准确地获得对象动态特性。

机理建模与实验建模各有其特点，目前一种比较实用的方法是将两者结合起来，称为混合建模。这种建模的途径是先由机理分析的方法提供数学模型的结构形式，然后对其中某些未知的或不确定的参数利用实测的方法给予确定。这种在已知模型结构的基础上，通过实测数据来确定其中的某些参数，称为参数估计。以换热器建模为例，可以先列写出其热量平衡方程式，而其中的换热系数 K 值等可以通过实测的试验数据来确定。

例 题 分 析

某温度计是一静态放大系数为 1 的一阶环节。当温度计由温度为 0℃的地方突然插入温度为 100℃的沸水中，经 1min 后，温度指示值达到 98.5℃。试确定该温度计的时间常数 T，并写出其相应的微分方程式。

解 参照式(8-22)，已知 $K=1$，输入阶跃幅值为100℃，$t=60\text{s}$时，其温度值 $y=98.5$℃，则有

$$98.5=100(1-e^{-\frac{60}{T}})$$

由上式可以解得

$$T=14.3\ (\text{s})$$

由此可写出描述该温度计的微分方程为

$$14.3\frac{dy}{dt}+y=x$$

式中，y 表示输出量（温度值）；x 表示输入变化量，式中的时间量纲为s。

习题与思考题

1. 什么是对象特性？为什么要研究对象特性？

2. 什么是对象的数学模型？建立对象的数学模型有哪两类主要方法？

3. 机理建模的根据是什么？

4. 什么是系统辨识？

5. 试简述实验测取对象特性的阶跃反应曲线法的特点。

6. 已知一个对象是具有时滞的一阶特性，其时间常数为5，放大系数为10，时滞为2，试写出描述该对象特性的微分方程式。

7. 反映对象特性的参数有哪些？各有什么物理意义？它们对自动控制系统有什么影响？

8. 为什么说放大系数 K 是对象的静态特性？而时间常数 T 和滞后时间 τ 是对象的动态特性？

9. 对象的时滞和容量滞后各是什么原因造成的？对控制过程有什么影响？

10. 实验测取对象特性有什么重要意义？

11. 什么是混合建模？

12. 图8-3所示的 RC 电路中，已知 $R=5$，$C=2$。试画出 e_i 突然由0阶跃变化到5V时的 e_o 变化曲线，并计算出 $t=T$，$t=2T$ 及 $t=3T$ 时的 e_o 值。

13. 已知一个简单水槽，其截面积为 0.5m^2，水槽中的水由正位移泵抽出，即流出流量是恒定的。如果在稳定的情况下，输入流量突然在原来的基础上增加了 $0.1\text{m}^3/\text{h}$，试画出水槽液位 Δh 的变化曲线。

14. 为了测定某重油预热炉的对象特性，在某瞬间（假定为 $t_0=0$），突然将燃料气量从2.5T/h增加到3T/h，重油出口温度记录仪得到的阶跃反应曲线如图8-20所示，假设该对象为一阶对象，试写出描述该重油预热炉特性的微分方程式(分别以温度变化量与燃料量变化量作为输出量与输入量)，并解出燃料量变化量为单位阶跃函数（幅值为1）时的温度变化量的函数表达式。

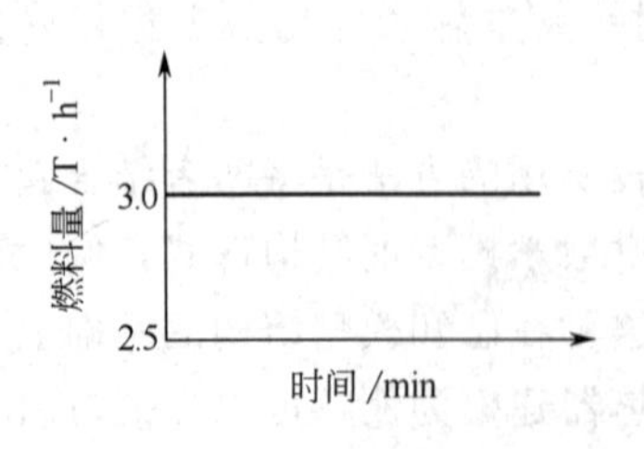

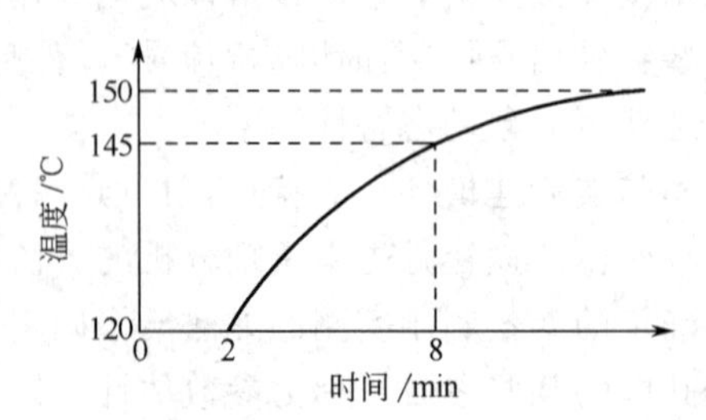

图8-20 重油预热炉的阶跃反应曲线

第九章　基本控制规律

由自动控制系统的方块图分析中知道，由于被控对象在种种干扰作用下，会使被控变量偏离工艺所要求的给定值，即产生偏差。控制器接受偏差信号，按一定的控制规律输出相应的控制信号，使执行机构产生相应的动作，以消除干扰对被控变量的影响，从而使被控变量回到给定值上来。

对于一个自动控制系统来说，决定过渡过程的形式及品质指标的因素是很多的。除了前面所述的与被控对象特性有密切的关系外，还与控制器的特性有很大关系。

控制器的输入是比较机构（元件）送来的偏差信号 e，分析自动化系统时偏差是给定信号 x 与变送器输出信号 z 之差，单纯分析控制器时，习惯采用测量值减去给定值作为偏差。控制器的输出就是控制器送往控制阀的信号 p。

控制器特性是指控制器接受了输入的偏差信号后，控制器的输出随输入的变化规律，即控制器的控制规律，用数学式子来表示，即为

$$p=f(e)=f(z-x) \tag{9-1}$$

各种控制规律是为了适应不同的生产要求而设计的，因此，必须根据生产的要求选用适当的控制规律。如选用不当，不但不能起到控制作用，反而会造成控制过程的剧烈振荡，甚至形成发散振荡而造成严重生产事故。要选用合适的控制器，首先必须了解几种常用的控制规律的特点、适用条件，然后根据过渡过程的品质指标要求，结合具体对象的特性，才能作出正确的选择。

在工业自动控制系统中最基本的控制规律有：位式控制、比例控制、积分控制和微分控制四种，下面几节将分别叙述这几种基本控制规律及其对过渡过程的影响。

第一节　位式控制

一、双位控制

双位控制的动作规律是当测量值大于给定值时，控制器的输出为最大；而当测量值小于给定值时，则控制器的输出为最小（也可以是相反的，即当测量值大于给定值时，输出为最小；当测量值小于给定值时，输出为最大）。偏差 e 与输出 p 的关系为

$$p=\begin{cases}p_{\max}, & e>0\ （或\ e<0）\\ p_{\min}, & e<0\ （或\ e>0）\end{cases} \tag{9-2}$$

双位控制只有两个输出值，相应的控制机构也只有两个极限位置，不是开就是关（严格地说应该不是最大，就是最小）。而且从一个位置到另一个位置在时间上是很快的，如图9-1所示。

图 9-2 是一个典型的双位控制系统。它是利用电极式液位计来控制贮槽的液位。槽内有一个电极，作为测量液位的装置。电极的一端与继电器的线圈 J 相接；另一端调整在液位给定值的位置。流体由装有电磁阀 V 的管线进入贮槽，经出料管流出。流体是导电的，

贮槽外壳接地。当液位低于给定值 H_0 时，流体与电极未接触，故继电器断路，此时电磁阀 V 全开，流体通过电磁阀流入贮槽，使液位上升。待液位上升至稍大于给定值时，流体与电极接触，于是继电器接通，从而使电磁阀全关，流体不再进入贮槽。但此时贮槽内流体仍继续通过出料管往外排出，故液位要下降，待液位下降至稍小于给定值时，流体又与电极脱离，于是电磁阀 V 又开启，如此反复循环，使液位维持在给定值上下很小一个范围内波动。

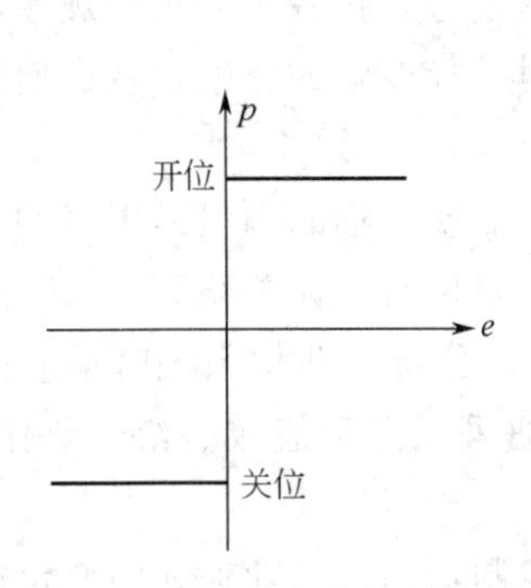

图 9-1　理想的双位控制特性

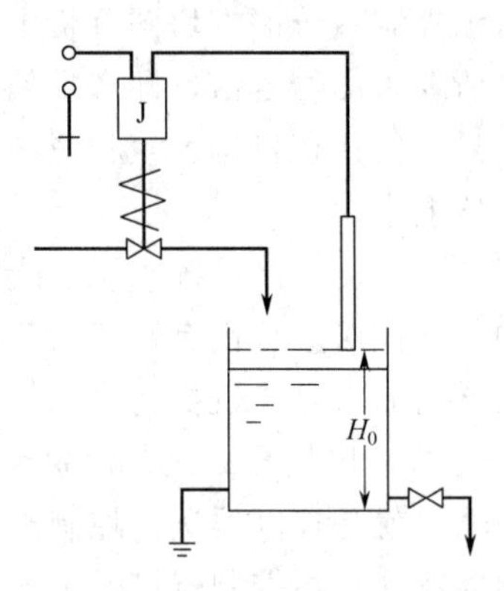

图 9-2　双位控制示例

二、具有中间区的双位控制

实际的自动控制系统中，双位控制器的控制规律要按图 9-1 的理想规律动作是很难保证的，而且也没有必要。从上例双位控制器的动作来看，若要按上述规律动作，则调节机构的动作非常频繁，这样就会使系统中的运动部件（如上例中的继电器、电磁阀等）因动作频繁而损坏，就很难保证双位控制系统安全、可靠地工作。况且实际生产中给定值也总是有一定允许偏差的，只不过有的允许范围小些，有的允许范围大些，某些情况下，这可能只要求被控变量维持在某一个比较大的范围内就可以了（例如一般贮槽的液位）。因此，实际应用的双位控制器都有一个中间区（有时就是仪表的不灵敏区）。所谓带中间区的双位控制就是当被控变量上升时，必须在测量值高于给定值某一数值后，阀门才关（或开）。而当被控变量下降时；必须在测量值低于给定值某一个数值后，阀门才开（或关）。在中间区域，阀门是不动作的。这样，就可以大大地降低调节机构开阀的频繁程度。实际的带中间区的双位控制器的控制规律如图 9-3 所示。

只要将上例中的测量装置及继电器线路稍加改变，则可成为一个具有中间区的双位控制系统，它的控制过程如图 9-4 所示。当液位低于下限值 h_L 时，电磁阀是开的，流体流入贮槽。由于进入的流体大于流出的流体，故液位上升。当升至上限值 h_H 时，阀门关闭，流体

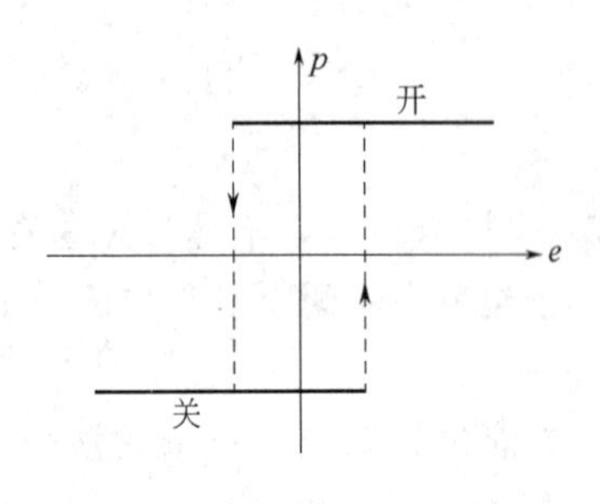

图 9-3　实际的双位控制规律

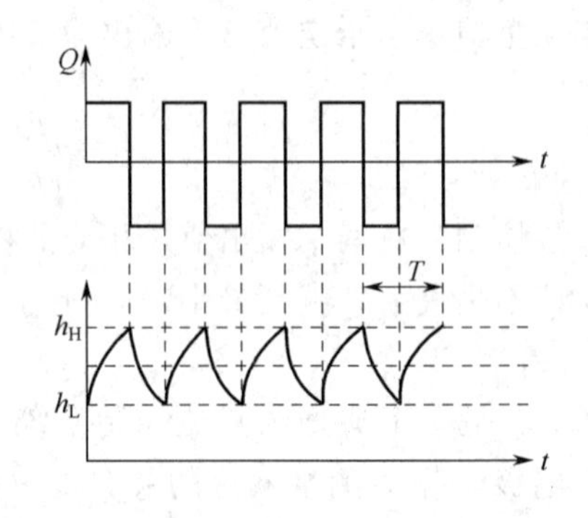

图 9-4　具有中间区的双位控制过程

停止流入。由于此时槽内流体仍在流出，故液位下降，直到液位值下降到下限值 h_L 时，电磁阀才重新开启，液位又开始上升。图 9-4 中上面的曲线是调节机构（或阀位）的输出变化与时间的关系；下面的曲线是被控变量（液位 h）在中间区内随时间变化的曲线，它是在被控变量的上限值与下限值之间的等幅振荡过程。

双位控制器的结构简单、成本较低、易于实现，因此应用很普遍。如仪表用空气压缩机贮罐的压力控制；恒温箱、电烘箱、管式加热炉的温度控制等，常采用双位控制。

衡量双位控制过程的质量，不能采用第一节中所介绍的那些品质指标，一般均采用振幅与周期（或频率）作为品质指标。如图 9-4 中振幅为（h_H-h_L），周期为 T。

如果工艺生产允许被控变量在一个较宽的范围内波动，控制器的中间区就可以适当设计得大一些，这样振荡周期就较长，可使系统中的控制元件、控制阀的动作次数减少，可动部件就不易磨损，也能减少维修工作量。由此可知，在设计双位控制系统时，应该使振幅在允许的偏差范围内，尽可能地使周期延长。

除了双位控制外，还有多位控制，这一类统称为位式控制，基工作原理基本一样。

第二节　比例控制

双位控制系统在正常工作中，被控变量不可避免地会产生持续的等幅振荡过程。这对于要求被控变量比较稳定的系统（化工厂绝大多数是这样的系统）是不能满足的。从位式控制的分析中可以看出，增加位式控制的位数是有利于减缓被控变量振荡的。在人工控制的实践中又认识到，如果能够使控制阀的开度与被控变量的偏差成比例的话，那就有可能使输入量等于输出量，从而使被控变量趋于稳定，达到平衡状态。对于图 8-2 所示的水槽，如果想用人工控制来保持水槽液位的话，那么当液位高于给定值时，就关小进水阀，液位越低，阀就开得越大。这相当于把位式控制的位数增加至无穷多位，于是继续的控制系统就演变为连续的控制系统了。这种阀门开度的变化量（亦即控制器输出的变化量）与被控变量的偏差信号成比例的控制规律，称为比例控制规律，一般用字母 P 表示。

一、比例控制规律及其特点

比例控制规律可以用下述数学式来表示

$$\Delta p=K_P e \tag{9-3}$$

式中　Δp——控制器的输出变化量；

e——控制器的输入，即偏差；

K_P——比例控制器的放大倍数（比例增益）。

放大倍数 K_P 是可调的，K_P 决定了比例作用的强弱，K_P 越大，比例作用越强。

图 9-5 是一个简单的比例控制系统。被控变量是水槽的液位。O 为杠杆的支点，杠杆的一端固定着浮球，另一端和控制阀阀杆相连接。浮球能随着液位的波动而升降。浮球的升降通过杠杆带动阀芯，浮球升高，阀门关小，输入流量减少；浮球下降，阀门开大，流量增加。

如果原来液位稳定在图 9-5 所示的实线位置上，当某一时刻排出流量突然增加一个数值以后，液位就会下降，浮球也随之下降。浮球的下降通过杠杆把进水阀门开大，使进水量增加。当进水量增加到新的排出量时，液位也就不再变化而重新稳定下来，达到新的平衡状

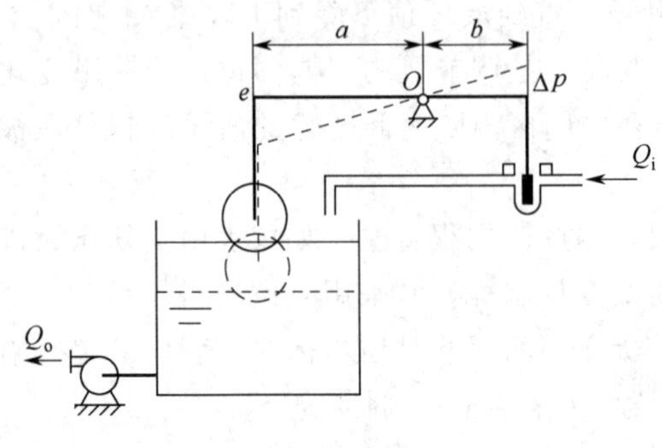

图 9-5　简单比例控制系统示意图

态。假定图 9-5 中的虚线位置就代表新的平衡状态。e 表示液位的变化量（即偏差），也就是该控制器的输入变化量；Δp 表示阀的位移量，也就是该控制器的输出变化量。由相似三角形的关系可得

$$\frac{a}{e}=\frac{b}{\Delta p}$$

所以

$$\Delta p=\frac{b}{a}e=K_P e \tag{9-4}$$

式中　$K_P=\frac{b}{a}$；

K_P——该控制器的放大倍数，它的数值可以通过改变支点 O 的位置加以调整。

二、比例度及其对控制过程的影响

1. 比例度

在实际的比例控制器中，习惯上采用比例度 δ（也称比例带），而不用放大倍数 K_P 来衡量比例控制作用的强弱。

所谓比例度就是指控制器输入的相对变化量与相应的输出的相对变化量之比的百分数。用式子可表示为

$$\delta=\frac{\dfrac{e}{x_{max}-x_{min}}}{\dfrac{\Delta p}{p_{max}-p_{min}}}\times 100\% \tag{9-5}$$

式中　$x_{max}-x_{min}$——仪表的量程；

$p_{max}-p_{min}$——控制器输出的工作范围。

例如一只比例作用的电动温度控制器，它的量程是 100～200℃，电动控制器的输出是 0～10mA，假如当指示值从 140℃变化到 160℃时，相应的控制器输出从 3mA 变化到 8mA，这时的比例度为

$$\delta=\frac{(160-140)/(200-100)}{(8-3)/(10-0)}\times 100\%=40\%$$

这就是说，当温度变化全量程的 40%时，控制器的输出从 0mA 变化到 10mA。在这个范围内，温度的变化和控制器的输出变化 Δp 是成比例的。但是当温度变化超过全量程的 40%时（在上例中即温度变化超过 40℃时），控制器的输出就不能再跟着变化了，这是因为控制器的输出最多只能变化 100%。所以，比例度实际上就是使控制器输出变化全范围时，输入偏差改变量占满量程的百分数。

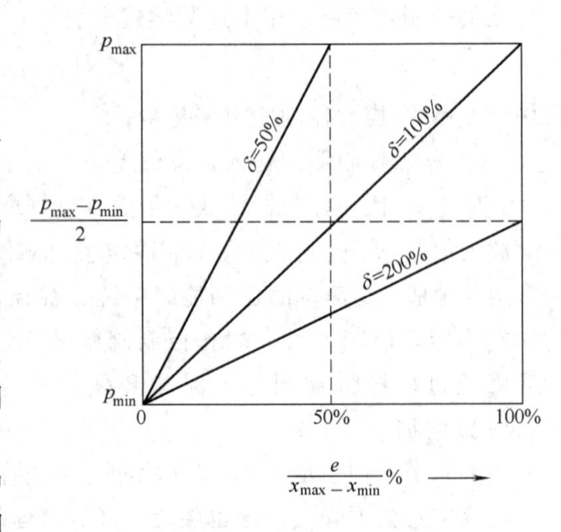

图 9-6　比例度示意图

比例度 δ 的示意图如图 9-6 所示。从图中可以看出，比例度越小，使输出变化全范围时所需的输入变化区间也就越小，反之亦然。

将式(9-3)代入式(9-5)，整理后可得：

$$\delta=\frac{1}{K_{\mathrm{P}}}\left(\frac{p_{\max}-p_{\min}}{x_{\max}-x_{\min}}\right)\times 100\% \tag{9-6}$$

对于一个具体的比例控制器，仪表的量程和控制器的输出范围都是固定的，所以由式(9-6)可以看出，比例度 δ 与放大倍数 K_{P} 成反比，即控制器的比例度 δ 越小，它的放大倍数 K_{P} 就越大，反之亦然。因此比例度和放大倍数 K_{P} 都表示比例控制器控制作用的强弱。K_{P} 越大，控制作用越强，而 δ 越大，控制作用越弱。

2. 比例控制系统的过渡过程及余差

对于图 9-5 所示的简单液位比例控制系统，假定系统原来处于平衡状态，系统中各参数均保持不变，被控变量（液位）在 t_0 前等于给定值。在 $t=t_0$时，系统受到一个阶跃干扰，出水量 Q_o 突然增加一个数值。这时，系统中的液位 h、偏差 e、控制器的输出 Δp 及进水量 Q_i 都会产生变化，其变化曲线如图 9-7 所示。

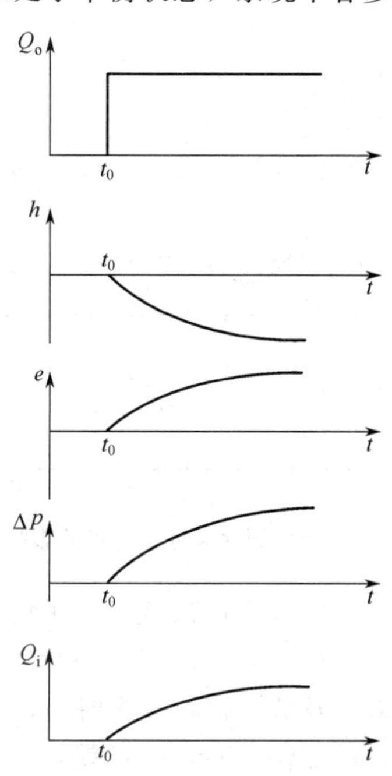

图 9-7　简单水槽的比例控制过程

由图 9-7 可以看出，当 $t=t_0$ 时，出水量 Q_o 有一阶跃增加以后，致使被控变量 h 开始下降，浮球也跟着下降，通过杠杆作用控制器输出也变化，从而使操纵变量即进水量 Q_i 也逐渐增加。由于进水量 Q_i 的增加就会使液位 h 的下降速度逐渐变慢下来，经过一定时间调整，当进水量 Q_i 重新又等于出水量 Q_o 以后，液位就稳定在一个新的数值。从图中可以看出，当控制过程结束后，被控变量新的稳态值与给定值不再相等，而是低于给定值，它们之间的差值就是余差。

为什么会产生余差呢？这是由于比例控制规律其偏差的大小与阀门的开度是一一对应的，有一个阀门开度就有一个对应的偏差值。从图 9-5 的简单比例控制系统来看，在负荷变化前，进水量与出水量是相等的，此时控制阀有一个特定的开度，比如说对应于杠杆处于水平的位置。而当 $t=t_0$ 时，出水量有一阶跃增加后，进水量必须也增加到与出水量相等时，平衡才能重新建立起来，液位也才能不再变化。要使进水量 Q_i 增加，控制阀开度必须增大，即要求阀杆必须上升。然而，杠杆是一种刚性的结构，要使阀杆上升，浮球杆一定要下移，这说明浮球所在的液位比原来为低，也就是液位稳定在一个比原来的稳态值（即给定值）要低的一个位置上，其差值就是余差。

产生余差的原因也可以用比例控制规律本身的特性来说明，根据比例控制规律的数学式(9-3)，要使控制器有输出，也就是使控制阀动作，就必须有偏差 $e\neq 0$。所以在比例控制系统中，当负荷改变以后，使控制阀动作的信号 Δp 的获得是以存在偏差为代价的。因此，比例控制系统必为有差控制系统。

3. 比例度对过渡过程的影响

比例度对过渡过程的影响如图 9-8 所示。

如前所述，比例度对余差的影响是：比例度越大，放大倍数 K_{P} 越小，由于 $\Delta p=K_{\mathrm{P}}\cdot e$，要获得同样的控制作用，所需的偏差就越大，因此，在同样的负荷变化大小下，控制过程终了时的余差就越大；反之，减少比例度，余差也随之减少。

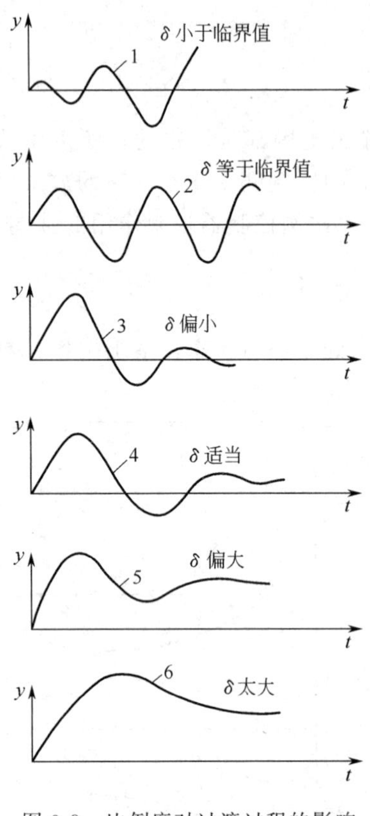

图 9-8 比例度对过渡过程的影响

比例度对系统稳定性的影响可以从图 9-8 中看出。比例度越大，过渡过程曲线越平稳；比例度越小，则过渡过程曲线越振荡；比例度过小时，就可能出现发散振荡的情况。当比例度大时，控制器放大倍数小，控制作用弱，在干扰加入后，控制器的输出变化较小，因而控制阀开度改变也小，这样被控变量的变化就很缓慢（如曲线 6）。当比例度减小时，控制器放大倍数增加，控制作用加强，即在同样的偏差下，控制器输出较大，控制阀开度改变就大，被控变量变化也比较迅速，开始有些振荡（如曲线 5、4）。当比例度再减小，控制阀开度改变就更大，大到有点过分的时候，被控变量也就跟着过分地变化，等到再拉回来时，又拉过了头，结果会出现剧烈的振荡（如曲线 3）。当比例度减小到某一数值时，系统出现等幅振荡（如曲线 2），这时的比例度称为临界比例度 δ_K。具体在什么比例度数值时，会出现这种情况，则随系统的不同特性而异。一般除反应很快的流量及管道压力等系统外，大多出现在比例度 δ 小于 20%的时候。当比例度小于临界比例度 δ_K 时，系统在干扰加入后，将出现不稳定的发散振荡过程（如曲线 1），这是很危险的，甚至会造成重大事故。所以，并不是装了控制器就一定能起到自动控制的效果，还需要正确使用控制器。对比例控制器来说，只有充分了解比例度对控制过程的影响，才能正确地选用它，最大限度地发挥控制器的作用。一般来说，若对象是较稳定的，也就是对象的滞后较小、时间常数较大及放大倍数较小时，控制器的比例度可以选得小一些，以提高整个系统的灵敏度，使反应加快一些，这样就可以得到较满意的过渡过程曲线。反之，若对象滞后较大、时间常数较小以及放大倍数较大时，比例度就必须选得大些，否则由于控制作用过强，会达不到稳定的要求。工艺生产通常要求比较平稳而余差又不太大的控制过程（如曲线 4）。这就是我们前面所提到的，一般要求衰减比为 4∶1 到 10∶1 的衰减振荡过渡过程。

总之，比例控制规律比较简单，控制比较及时，一旦有偏差出现，马上就有相应的控制作用。比例控制规律缺点是有余差，所以比例控制规律是一种最基本的控制规律，适合于干扰较小、对象的滞后较小而时间常数并不太小、控制精度要求不高的场合。

第三节 积分控制

比例控制的结果不能使被控变量回复到给定值而存在余差，控制精度不高，所以，有时把比例控制比作“粗调”。它只限于负荷变化不大和允许偏差存在的情况下适用，如液位控制等。当对控制精度有更高要求时，必须在比例控制的基础上，再加上能消除余差的积分控制作用。

一、积分控制规律及其特点

当控制器的输出变化量 Δp 与输入偏差 e 的积分成比例时，就是积分控制规律，一般用字母 I 表示。

积分控制规律的数学表示式为

$$\Delta p = K_{\mathrm{I}}\int e\,\mathrm{d}t \tag{9-7}$$

式中　K_{I}——积分比例系数，称为积分速度。

由式(9-7) 可以看出，积分控制作用输出信号的大小不仅取决于偏差信号的大小，而且主要取决于偏差存在的时间长短。只要有偏差，尽管偏差可能很小，但它存在的时间越长，输出信号就变化越大。

积分控制作用的特性可以由阶跃输入下的输出来说明。当控制器的输入偏差 e 是一常数 A 时，式(9-7) 就可写为

$$\Delta p = K_{\mathrm{I}}\int e\,\mathrm{d}t = K_{\mathrm{I}}At \tag{9-8}$$

从式(9-8) 可以画出在阶跃输入作用下的输出变化曲线，如图 9-9 所示。从图中可以看出：当积分控制器的输入是一常数 A 时，输出是一直线，其斜率与 K_{I} 有关。从图中还可以看出，只要偏差存在，积分控制器的输出是随着时间不断增大（或减小）的。

对式(9-7) 微分，可得

$$\frac{\mathrm{d}\Delta p}{\mathrm{d}t} = K_{\mathrm{I}}e \tag{9-9}$$

从上式可以看出，积分控制器输出的变化速度与偏差成正比。这就进一步说明了积分控制规律的特点是：只要偏差存在，控制器输出就会变化，调节机构就要动作，系统不可能稳定。只有当偏差消除时（即 $e=0$），输出信号才不再继续变化，调节机构才停止动作，系统才可能稳定下来。这也就是说，积分控制作用在最后达到稳定时，偏差是等于零的，这是它的一个显著特点，也是它的一个主要优点。

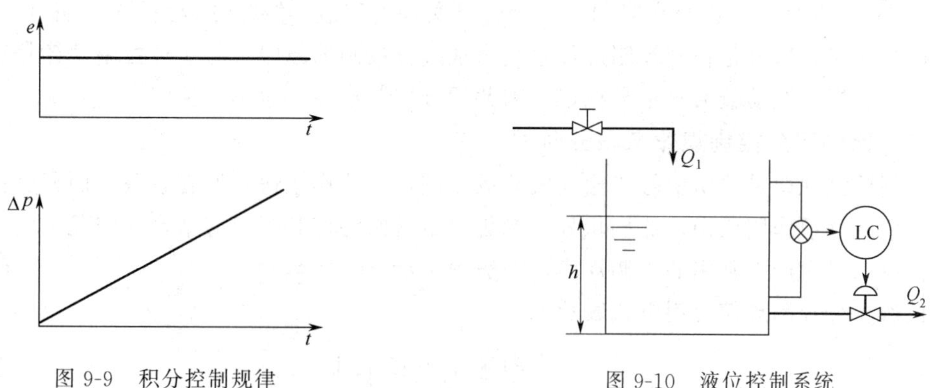

图 9-9　积分控制规律　　　　图 9-10　液位控制系统

图 9-10 是一个液位控制系统。控制阀装在出口管道上，通过改变流出量 Q_2 的大小来维持液位 h 不变。假定所采用的控制器是具有积分调节规律的，其系统在阶跃干扰下的控制作用如图 9-11 所示。

在 t_0 时刻，进料量突然有一阶跃干扰，Q_1 增加某一数值 A，则被控变量 h 立即上升，控制阀也开始动作。但积分控制作用的控制器，其输出 Δp 不是与偏差 e 成正比，而是 Δp 的变化速度与 e 成正比。因此开始时，偏差较小，Δp 的变化速度也较慢，直到偏差 e 最大时，也就是图中 t_1 时，Δp 的变化速度最大，由于 Δp 的变化曲线上每一点的斜率就表示

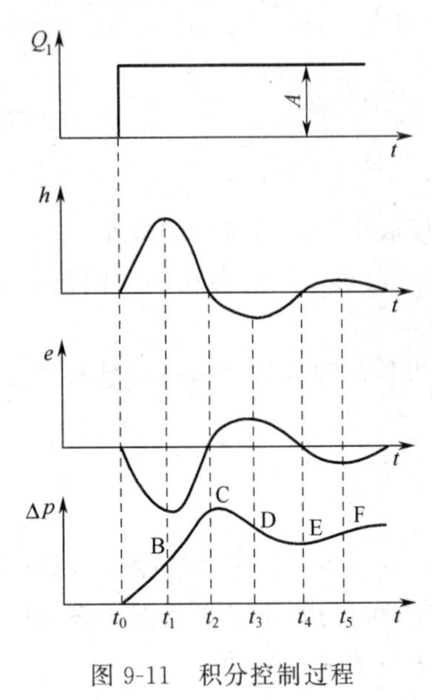

图 9-11 积分控制过程

Δp 的变化速度，因此 B 点的变化速度最大。t_1 以后，由于控制阀已开得较大，出水量 Q_2 增加并大于进水量，因此液位开始下降。但偏差仍为负值。控制阀输出 Δp 继续增加，阀门仍继续开大，以至 Q_2 比 Q_1 大了许多，此时液位迅速下降，直至 t_2 时刻，液位已回到给定值，没有偏差了，此时 Δp 的变化速度也等于零。但此时由于 Q_2 大于 Q_1，液位并不能维持在给定值不变，而是继续下降，偏差由负值变为正值，于是控制器的输出 Δp 反方向变化，开始下降，亦即控制阀开始关小。在 t_3 时刻，反向偏差达最大。当液位又回到给定值时，即 t_4 时刻，Δp 的变化速度又为零。但此时 Q_2 是小于 Q_1 的，液位还是不能维持不变。如此反复控制，液位一次比一次更接近于给定值，阀门的动作幅度也越来越小。最后，被控变量回复到给定值并不再变化，Δp 也就停留在某一相应数值上。此时控制阀的开度恰好使 Q_2 的增加量等于扰动 Q_1 的增加量 A。

从图 9-11 可以看出，只有当偏差为零并不再变化时，才能使 Δp 亦不再变化，系统才能稳定下来，所以积分控制规律是能够消除余差的。在 t_0、t_2、t_4 时刻，虽然偏差都为零，而 Δp 的数值却不同，阀门的位置亦不同。这就是说，积分控制规律与比例控制规律是不一样的，它的输出 Δp 或阀门位置并不是与偏差一一对应的。这种性质一般称为无定位性。只有具有无定位性的控制器，才有可能在负荷变化时，通过控制，仍能消除余差。

比较图中偏差 e 与输出 Δp 的变化曲线，就会发现积分控制器的输出 Δp 不能较快地跟随偏差的变化而变化，而总是落后于偏差的变化（又称相位滞后）。例如在时间 t_1 以后，液位已经开始下降，说明此时 Q_2 已经大于 Q_1，但控制器的输出 Δp 仍继续增加，阀门开大，因此 Q_2 还不断增加，以至在时刻 t_2，液位已回到给定值，但此时 Q_2 已大大超过 Q_1，所以液位还会下降。这就是积分控制过程总是出现过分控制的原因。与比例控制规律相比，积分控制过程缓慢、波动较大、不易稳定。因此积分控制规律一般不单独使用。

二、比例积分控制规律与积分时间

比例控制规律是输出信号与输入偏差成比例，因此作用快，但有余差。而积分控制规律能消除余差，但作用较慢。比例积分控制规律是这两种控制规律的结合，因此也就吸取了两者的优点，是生产上常用的控制规律，一般用字母 PI 表示。

比例积分控制规律可用下式表示

$$\Delta p = K_{\mathrm{P}}\left(e + K_{\mathrm{I}}\int e\mathrm{d}t\right) \tag{9-10}$$

当输入偏差是一幅度为 A 的阶跃变化时，比例积分控制器的输出是比例和积分两部分之和，其控制规律如图 9-12 所示。从图上可以看出，Δp 的变化一开始是一阶跃变化，其值为 $K_{\mathrm{P}}A$，这是比例作用的结果。然后随时间逐渐上升，这是积分作用的结果。从这里还可以看出，比例作用是即时的、快速的，而积分作用是缓慢的、渐近的。

由于比例积分控制是在比例控制的基础上，又加上积分控制，相当于在“粗调”的基础上再加上“细调”，所以既具有控制及时、克服偏差有力的特点，又具有能克服余差的性能。

在比例积分控制器中，经常用积分时间 T_{I} 来表示积分速度 K_{I} 的大小，在数值上有

$$T_{\mathrm{I}}=\frac{1}{K_{\mathrm{I}}} \tag{9-11}$$

将式(9-11) 代入式(9-10)，可得

$$\Delta p=K_{\mathrm{P}}\left(e+\frac{1}{T_{\mathrm{I}}}\int e\,\mathrm{d}t\right) \tag{9-12}$$

当偏差为一幅度为 A 的阶跃信号时，式(9-12) 可写为

$$\Delta p=\Delta p_{\mathrm{P}}+\Delta p_{\mathrm{I}}=K_{\mathrm{P}}A+\frac{K_{\mathrm{P}}}{T_{\mathrm{I}}}\cdot At \tag{9-13}$$

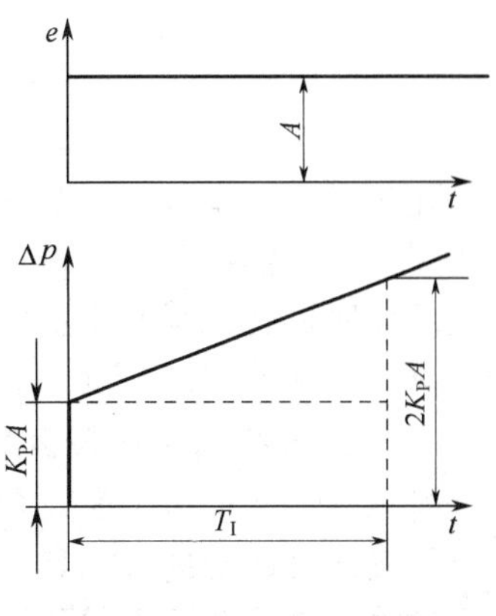

图 9-12 比例积分控制规律

式中，第一部分 $\Delta p_{\mathrm{P}}=K_{\mathrm{P}}A$ 表示比例部分的输出；第二部分 $\Delta p_{\mathrm{I}}=\frac{K_{\mathrm{P}}}{T_{\mathrm{I}}}At$ 表示积分部分的输出。在时间 $t=T_{\mathrm{I}}$ 时，由式(9-13) 可知输出为 $2K_{\mathrm{P}}A$，即当总的输出等于比例作用输出的两倍时，其时间就是积分时间。应用这个关系，可以用控制器的阶跃响应作为测定放大倍数（或比例度）和积分时间的依据。测定时，可将输入作一幅度为 A 的阶跃改变，立即记下输出垂直上升（即瞬间变化）的数值，同时马上开动秒表计时，等输出达到垂直上升部分的两倍时，停止计时。这样，秒表上所记下的时间就是积分时间 T_{I}。垂直上升的数值为 $K_{\mathrm{P}}A$，除以输入幅值 A 便得到放大倍数 K_{P}，其关系见图 9-12。

积分时间 T_{I} 越小，表示积分速度 K_{I} 越大，积分特性曲线的斜率越大，即积分作用越强。反之，积分时间 T_{I} 越大，表示积分作用越弱。若积分时间为无穷大，则表示没有积分作用，控制器就成为纯比例控制器了。

三、积分时间对系统过渡过程的影响

在同样的比例度下，积分时间对过渡过程的影响如图 9-13 所示。

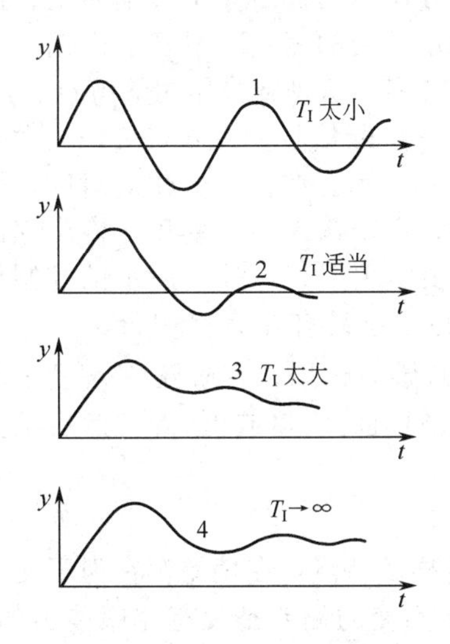

图 9-13 积分时间对过渡过程的影响

积分时间对过渡过程的影响具有两重性。当缩短积分时间，加强积分控制作用时，一方面克服余差的能力增加，这是有利的一面。但另一方面会使过程振荡加剧，稳定性降低。积分时间越短，振荡倾向越强烈，甚至会成为不稳定的发散振荡，这是不利的一面。

从图 9-13 可以看出，积分时间过大或过小均不合适。积分时间过大，积分作用太弱，余差消除很慢（见曲线 3），当 $T_{\mathrm{I}}\to\infty$ 时，成为纯比例控制器，余差将得不到消除（见曲线 4）；积分时间太小，过渡过程振荡太剧烈（见曲线 1）；只有当 T_{I} 适当时，过渡过程能较快地衰减而且没有余差（见曲线 2）。

因为积分作用会加剧振荡，这种振荡对于滞后大的对象更为明显。所以，控制器的积分时间应按控制对象的特性来选择，对于管道压力、流量等滞后不大的对象，T_{I} 可选得小些；温度对象一般滞后较大，T_{I} 可选大些。

第四节　微分控制

比例积分控制器在工业上多数系统都可采用，比例度和积分时间均可调整。当对象滞后特别大时，可能控制时间较长、最大偏差较大；当对象负荷变化特别剧烈时，由于积分作用的迟缓性质，使控制作用不够及时，系统的稳定性较差。在上述情况下，可以再增加微分作用，以提高系统控制质量。

一、微分控制规律及其特点

对于某些滞后很大的对象，如聚合釜的温度控制，在氯乙烯聚合阶段，由于是放热反应，一般通过改变进入夹套的冷却水量来维持釜温为某一给定值。有经验的工人师傅不仅根据温度偏差来改变冷水阀开度的大小，而且同时考虑偏差的变化速度来进行控制。例如当看到釜温上升很快，虽然这时偏差可能还很小，但估计很快就会有很大的偏差，为了抑制温度的迅速增加，就预先过分地开大冷水阀，这种按被控变量变化的速度来确定控制作用的大小，就是微分控制规律，一般用字母“D”表示。

具有微分控制规律的控制器，其输出 Δp 与偏差 e 的关系可用下式表示

$$\Delta p = T_{\mathrm{D}} \frac{\mathrm{d}e}{\mathrm{d}t} \tag{9-14}$$

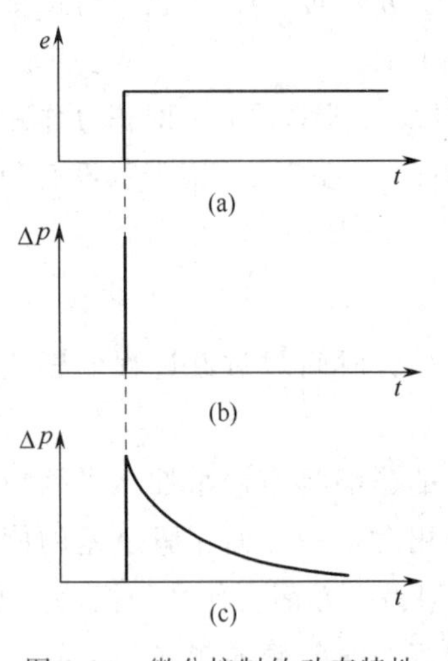

图 9-14　微分控制的动态特性

式中　T_{D}——微分时间；

$\frac{\mathrm{d}e}{\mathrm{d}t}$——偏差对时间的导数，即偏差信号的变化速度。

由式(9-14) 可知，偏差变化的速度越大，则控制器的输出变化也越大，即微分作用的输出大小与偏差变化的速度成正比。对于一个固定不变的偏差，不管这个偏差有多大，微分作用的输出总是零，这是微分作用的特点。

如果控制器的输入是一阶跃信号，按式(9-14)，微分控制器的输出如图 9-14(b) 所示。在输入变化的瞬间，输出趋于无穷大。在此以后，由于输入不再变化，输出立即降到零。在实际工作中，要实现图 9-14(b) 所示的控制作用是很难的（或不可能的），也没有什么实用价值。这种控制作用称为理想微分控制作用。图 9-14(c) 是一种近似的微分作用。在阶跃输入发生时刻，输出 Δp 突然上升到一个较大的有限数值（一般为输入幅值的 5 倍或更大），然后呈指数规律衰减直至零。

二、实际的微分控制规律及微分时间

不管是理想的微分作用，还是近似的微分作用，都有这样的特点：在偏差存在但不变化时，微分作用都没有输出。也就是说，微分控制作用对恒定不变的偏差是没有克服能力的。因此，微分控制器不能作为一个单独的控制器使用。在实际上，微分控制作用总是与比例作用或比例积分控制作用同时使用的。

实际微分控制规律是由两部分组成：比例作用与近似微分作用，其比例度是固定不变的，δ 恒等于 100%，所以可以这样认为：实际的微分控制器是一个比例度为 100%的比例微分控制器。

当输入是一幅值为 A 的阶跃信号时，实际微分控制规律的输出 Δp 将等于比例输出

Δp_P 与近似微分输出 Δp_D 之和，可用下式表示

$$\Delta p=\Delta p_P+\Delta p_D=A+A(K_D-1)e^{-\frac{K_D}{T_D}t} \tag{9-15}$$

式中　K_D——微分放大倍数；

$e^{-\frac{K_D}{T_D}t}$——代表指数衰减函数，e=2.718。

图 9-15 是实际微分控制器在阶跃输入下的输出变化曲线。

由式(9-15) 可以看出：

当 $t=0$ 时，$\Delta p=K_DA$；

$t=\infty$时，$\Delta p=A$。

所以，微分控制器在阶跃信号的作用下，输出 Δp 一开始就立即升高到输入幅值 A 的 K_D 倍，然后再逐渐下降，到最后就只有比例作用 A 了。

在式(9-15) 中，微分放大倍数 K_D 决定了微分控制器在阶跃作用瞬间的最大输出幅度。在控制器设计时，K_D 一般是确定了的，例气动膜片型控制器的 $K_D=6$。

微分时间 T_D 是表征微分作用强弱的一个重要参数，它决定了微分作用的衰减快慢，在实际控制器中，由于 K_D 是固定不变的，而 T_D 是可以调整的，因此 T_D 的作用更为重要。

在式(9-15) 中，微分控制作用部分为

$$\Delta p_D=A(K_D-1)e^{-\frac{K_D}{T_D}t} \tag{9-16}$$

$t=0$ 时，微分作用的最大输出为 $A(K_D-1)$。

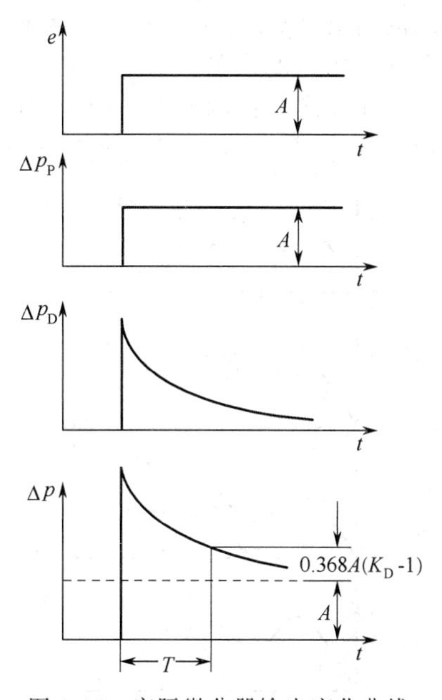

图 9-15　实际微分器输出变化曲线

如果假定 $t=\frac{T_D}{K_D}$，代入式(9-16)，则有

$$\Delta p_D=A(K_D-1)e^{-1}=0.368A(K_D-1) \tag{9-17}$$

这就是说，微分控制器受到阶跃输入的作用后，其微分部分输出一开始跳跃一下，其最大输出为 $A(K_D-1)$，然后慢慢下降，经过时间 $t=\frac{T_D}{K_D}$后，微分部分的输出下降到微分作用最大输出的 36.8%，这段时间称之为时间常数，用 T 来表示，即

$$T=\frac{T_D}{K_D} \tag{9-18}$$

从图 9-15 可以看出，在 $t=T$ 时，整个微分控制器的输出为

$$\Delta p_T=A+0.368A(K_D-1) \tag{9-19}$$

由于整个微分控制器开始的最大输出为 K_DA，所以时间常数 T 实际上等于输出由 K_DA 下降到式(9-19) 所表示的 Δp_T 所需要的时间。这个时间是可以用实验来测定的。由式(9-18) 知道，实际微分器的微分时间 T_D 为时间常数 T 和微分放大倍数的乘积，即

$$T_D=K_DT \tag{9-20}$$

对于 K_D 已经确定的控制器，通过测定 T，就可以得到微分时间 T_D。

T_D 可以表征微分作用的强弱。当 T_D 大时，微分输出部分衰减得慢，说明微分作用强。反之，T_D 小，表示微分作用弱。对于一个实际的微分器，通过改变 T_D 的大小可以改变微分作用的强弱。

三、比例微分控制系统的过渡过程

由上述可知，实际的微分控制器是一个比例度不能改变的比例微分控制器。但是由于比例作用是控制作用中最基本最主要的作用，比例度的大小对控制质量的影响很大，所以比例

度是必须能够改变的。当比例作用和微分作用结合时，构成比例微分控制规律，一般用字母“PD”表示。

理想的比例微分控制规律，可用下式表示

$$\Delta p=\Delta p_{P}+\Delta p_{D}=K_{P}\left(e+T_{D}\frac{de}{dt}\right) \tag{9-21}$$

由式(9-21) 可以看出，比例微分控制器的输出 Δp 等于比例作用的输出 Δp_{P} 与微分作用的输出 Δp_{D} 之和。改变比例度 δ（或 K_{P}）和微分时间 T_{D} 分别可以改变比例作用的强弱和微分作用的强弱。

在一定的比例度下，微分时间 T_{D} 的改变对过渡过程的影响见图 9-16。由于微分作用的输出是与被控变量的变化速度成正比的，而且总是力图阻止被控变量的任何变化的（这是由于负反馈作用的结果）。当被控变量增大时，微分作用就改变控制阀开度去阻止它增大；反之，当被控变量减小时，微分作用就改变控制阀开度去阻止它减小。由此可见，微分作用具有抑制振荡的效果。所以，在控制系统中，适当地增加微分作用后，可以提高系统的稳定性，减少被控变量的波动幅度，并降低余差（见图 9-16 中 T_{D} 适当时的曲线）。但是，微分作用也不能加得过大，否则由于控制作用过强，控制器的输出剧烈变化，不仅不能提高系统的稳定性，反而会引起被控变量大幅度的振荡。特别对于噪声比较严重的系统，采用微分作用要特别慎重。工业上常用控制器的微分时间可在数秒至几分的范围内调整。

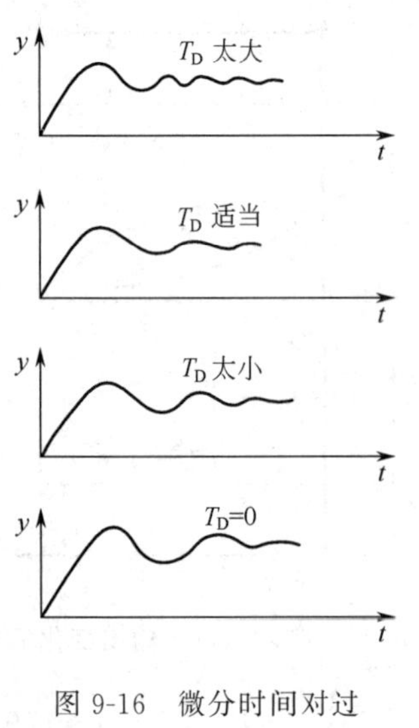

图 9-16　微分时间对过渡过程的影响

由于微分作用是根据偏差的变化速度来控制的，在扰动作用的瞬间，尽管开始偏差很小，但如果它的变化速度较快，则微分控制器就有较大的输出，它的作用较之比例作用还要及时，还要大。对于一些滞后较大、负荷变化较快的对象，当较大的干扰施加以后，由于对象的惯性，偏差在开始一段时间内都是比较小的，如果仅采用比例控制作用，则偏差小，控制作用也小，这样一来，控制作用就不能及时加大来克服已经加入的干扰作用的影响。但是，如果加入微分作用，它就可以在偏差尽管不大，但偏差开始剧烈变化的时刻，立即产生一个较大的控制作用，及时抑制偏差的继续增长。所以，微分作用具有一种抓住“苗头”预先控制的性质，这种性质是一种“超前”性质。因此微分控制有人称它为“超前控制”。

一般说来，由于微分控制的“超前”控制作用，是能够改善系统的控制质量的。对于一些滞后较大的对象，例如温度对象特别适用。

四、比例积分微分控制

由图 9-16 可以看出，比例微分控制过程是存在余差的。为了消除余差，生产上常引入积分作用。同时具有比例、积分、微分三种控制作用的控制器称为比例积分微分控制器，简称为三作用控制器，习惯上常用 PID 表示。

比例积分微分控制规律的输入输出关系可用下式表示

$$\Delta p=\Delta p_{P}+\Delta p_{I}+\Delta p_{D}=K_{P}\left(e+\frac{1}{T_{I}}\int e\,dt+T_{D}\frac{de}{dt}\right) \tag{9-22}$$

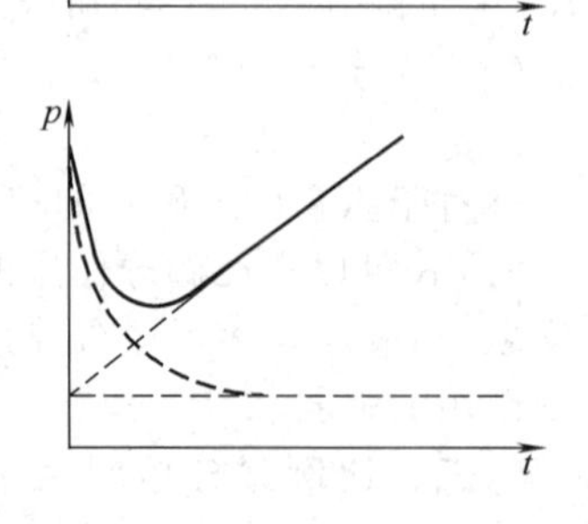

图 9-17　三作用控制器特性

式中的符号意义与前面的相同。可见，PID 控制作用就是比例、积分、微分三种控制作用的叠加。如图 9-17 所示。

由图 9-17 可见，三作用控制器在阶跃输入下，开始时，微分作用的输出变化最大，使总的输出大幅度地变化，产生一个强烈的“超前”控制作用，这种控制作用可看成为“预调”。然后微分作用逐渐消失，积分输出逐渐占主导地位，只要余差存在，积分作用就不断增加。这种控制作用可看成为“细调”，一直到余差完全消失，积分作用才有可能停止。而在 PID 的输出中，比例作用是自始至终与偏差相对应的。它一直是一种最基本的控制作用。

PID 控制器中，有三个可以调整的参数，就是比例度 δ、积分时间 T_I 和微分时间 T_D。适当选取这三个参数的数值，可以获得良好的控制质量。

由于三作用控制器综合了各类控制器的优点，因此具有较好的控制性能。但这并不意味着在任何条件下，采用这种控制器都是最合适的。一般来说，当对象滞后较大、负荷变化较快、不允许有余差的情况下，可以采用三作用控制器。如果采用比较简单的控制器已能满足生产要求，那就不要采用三作用控制器了。

例 题 分 析

1. 目前，在化工生产过程中的自动控制系统，常用控制器的控制规律有位式控制、比例控制、比例积分控制、比例微分控制和比例积分微分控制。试综述它们的特点及使用场合。

答 列表 9-1 分析如下：

表 9-1 各种控制规律的特点及使用场合

控制规律	输入 e 与输出 p(或 Δp)的关系式	阶跃作用下的响应（阶跃幅值为 A）	优 缺 点	适 用 场 合
位 式	$p=p_{\max}(e>0)$ $p=p_{\min}(e<0)$		结构简单；价格便宜；控制质量不高；被控变量会振荡	对象容量大，负荷变化小，控制质量要求不高，允许等幅振荡
比例(P)	$\Delta p=K_P e$	Δp, K_PA, t_0, t	结构简单；控制及时；参数整定方便；控制结果有余差	对象容量大，负荷变化不大、纯滞后小，允许有余差存在，例如一些塔釜液位、贮槽液位、冷凝器液位和次要的蒸汽压力控制系统等
比例积分(PI)	$\Delta p=K_P\left(e+\frac{1}{T_I}\int e\mathrm{d}t\right)$	Δp, K_PA, t_0, t	能消除余差；积分作用控制缓慢；会使系统稳定性变差	对象滞后较大，负荷变化较大，但变化缓慢，要求控制结果无余差。此种规律广泛应用于压力、流量、液位和那些没有大的时间滞后的具体对象
比例微分(PD)	$\Delta p=K_P\left(e+T_D\frac{\mathrm{d}e}{\mathrm{d}t}\right)$	Δp, K_PA, t_0, t	响应快、偏差小、能增加系统稳定性；有超前控制作用，可以克服对象的惯性；控制结果有余差	对象滞后大，负荷变化不大，被控变量变化不频繁，控制结果允许有余差存在
比例积分微分(PID)	$\Delta p=K_P\left(e+\frac{1}{T_I}\int e\mathrm{d}t+T_D\frac{\mathrm{d}e}{\mathrm{d}t}\right)$	Δp, t_0, t	控制质量高；无余差；参数整定较麻烦	对象滞后大；负荷变化较大，但不甚频繁；对控制质量要求高。例如精馏塔、反应器、加热炉等温度控制系统及某些成分控制系统

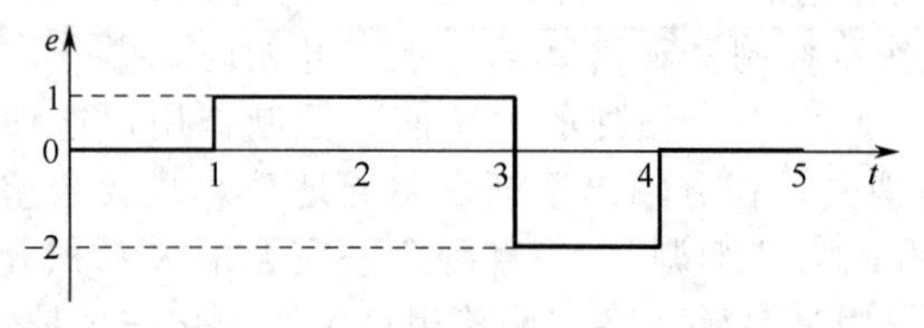

图 9-18　输入偏差信号变化曲线

2. 对一台比例积分控制器作开环试验。已知$K_P=2$，$T_I=0.5\text{min}$。若输入偏差如图 9-18 所示，试画出该控制器的输出信号变化曲线。

解　对于 PI 控制器，其输入输出的关系式为

$$\Delta p = K_P\left(e + \frac{1}{T_I}\int e\,dt\right)$$

将输出分为比例和积分两部分，分别画出后再叠加就得到 PI 控制器的输出波形。比例部分的输出为

$$\Delta p_P = K_P e$$

当 $K_P=2$ 时，输出波形如图 9-19(a) 所示。

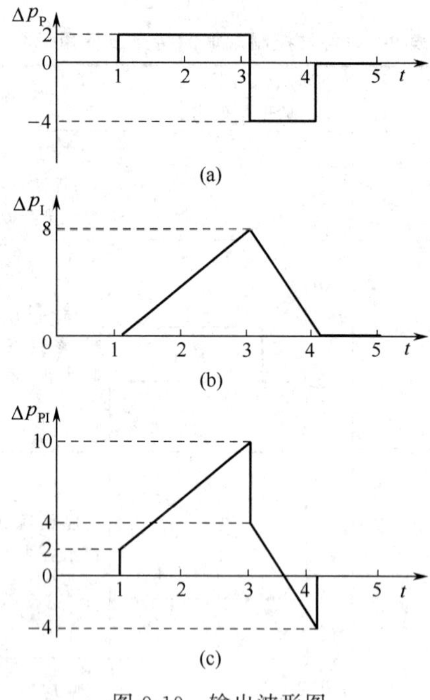

图 9-19　输出波形图

积分部分的输出为

$$\Delta p_I = \frac{K_P}{T_I}\int e\,dt$$

当 $K_P=2$，$T_I=0.5\text{min}$ 时，$\Delta p_I = 4\int e\,dt$ 。在 $t=0\sim1\text{min}$ 期间，由于 $e=0$，故输出为 0。在 $t=1\sim3\text{min}$ 期间，由于 $e=1$，所以 $t=3\text{min}$ 时，其输出 $\Delta p_I = 4\int_1^3 dt = 8$。在 $t=3\sim4\text{min}$ 期间，由于 $e=-2$，故 $t=4\text{min}$ 时，其积分总输出 $\Delta p_I = 4\int_1^3 dt - 4\int_3^4 2dt = 0$。故 Δp_I 输出波形如图 9-19(b) 所示。

将图 9-19(a)、(b) 曲线叠加，便可得到 PI 控制器的输出，如图 9-19(c) 所示。

习题与思考题

1. 什么是控制器的控制规律？控制器有哪些基本控制规律？

2. 双位控制规律是怎样的？有何优缺点？

3. 比例控制规律是怎样的？为什么单纯的比例控制系统不能消除余差？

4. 什么是比例控制器的比例度？

5. 一台 DDZ-Ⅲ温度比例控制器的测量范围为 0～1000℃。当指示值变化了 100℃，控制器的比例度为 50％时，求相应的控制器输出将变化多少？当指示值变化多少时，控制器输出变化达到全范围？

6. 比例控制器的比例度对控制过程有什么影响？选择比例度时要注意什么问题？

7. 写出积分控制规律的数学表达式。为什么积分控制能消除余差？

8. 什么是积分时间 T_1？积分时间对过渡过程有何影响？

9. 某台 DDZ-Ⅲ型比例积分控制器，其输入输出范围均为 4～20mA。比例度为 200％，积分时间为 1.5min。问当输入在某时刻突然变化了 1mA，经 3min 后，输出变化了多少 mA。

10. 某台单元组合式电动控制器，在输入偏差信号 I_e 作阶跃变化时，用实验得到的输出信号 I_o 的变化曲线如图 9-20 所示。试确定该控制器的比例度 δ 及积分时间 T_1。

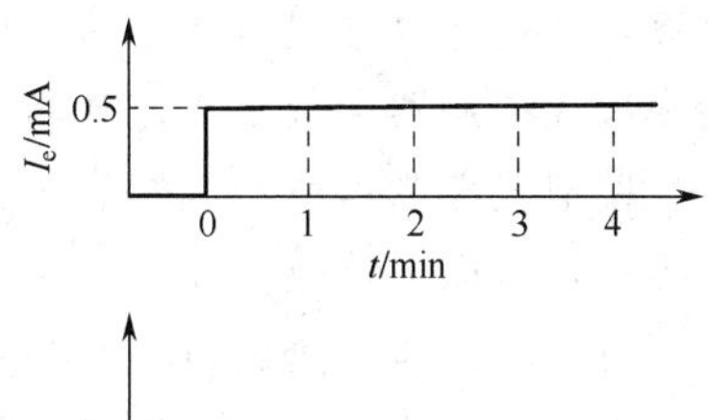

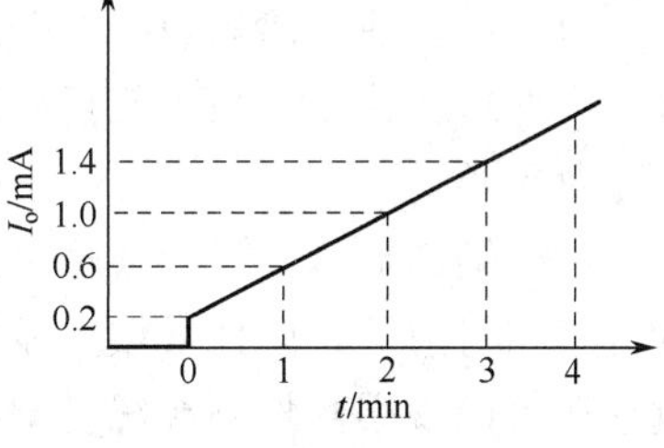

图 9-20　PI 控制器实验曲线

11. 为什么积分控制规律一般不单独使用？

12. 微分时间的大小对过渡过程有什么影响？

13. 为什么在控制系统中，不单独使用微分控制规律？

14. 比例积分微分三作用控制器的控制规律是怎样的？它有什么特点？

15. 三作用控制器中可以调整的参数有哪三个？试分别说明调整其中某一个参数时，对三作用控制器的控制作用有什么影响？

第十章　控制器

第一节　控制器概述

控制器（调节器）是将被测变量测量值与给定值相比较后产生的偏差进行一定的PID运算，并将运算结果以一定信号形式送往执行器，以实现对被控变量的自动控制。控制器分为模拟式控制器和数字式控制器。

模拟式控制器所传送的信号为连续的模拟信号，它除了对偏差进行PID运算外，一般还需要具备以下功能。

（1）测量值、给定值与偏差显示　控制器的输入电路接受测量信号与给定信号，两者相减后得到偏差信号。模拟式控制器给出测量值与给定值显示，或由偏差显示仪表显示偏差的大小及正负。

（2）输出显示　控制器输出信号的大小由显示仪表显示，由于控制器的输出是与控制阀的开度相对应的，因此习惯上显示表也称作阀位表。阀位表不仅显示控制阀的开度，而且通过它还可以观察到控制系统受干扰影响后控制器的控制过程。

（3）手动与自动的双向切换　控制器必须具有手动与自动的切换开关，可以对控制器进行手动与自动之间的双向切换，而且在切换过程中，做到无扰动切换，也就是说，在切换的瞬间，保持控制器的输出信号不发生突变，以免切换操作给控制系统带来干扰。

（4）内、外给定信号的选择　控制器应具有内、外给定信号的选择开关。当选择内给定信号时，控制器的给定信号由控制器内部提供；当选择外给定信号时，控制器的给定信号由控制器的外部提供。内、外给定信号的选择是上控制系统的不同类型及要求来确定的。

（5）正、反作用的选择　控制系统应具有正、反作用开关来选择控制器的正、反作用。就控制器的作用方向而言，当控制器的测量信号增加（或给定信号减小）时，控制器的输出信号增加的称为正作用控制器；当测量增加（或给定信号减小）时，控制器的输出减小的称为反作用控制器。控制器正、反作用的选择原则是为了使控制系统具有负反馈的作用，以便当被控变量增加而超过给定值时，通过控制器的作用能使被控变量下降回到给定值，反之亦然。

第二节　数字式控制器

数字式控制器采用数字技术，以微处理机为核心部件，备有模-数和数-模器件（A/D和D/A）。数字式控制器在外观、体积、信号制上都与DDZ-Ⅲ型控制器相似或一致，也可装在仪表盘上使用，且数字式控制器经常只用来控制一个回路（包括复杂控制回路），所以数字式控制器常被称为单回路数字控制器。

一、数字式控制器的主要特点

由于数字式控制器在构成与工作方式上都不同于模拟式控制器，因此使它具有以下特点。

1. 实现了模拟仪表与计算机一体化

将微处理机引入控制器，使控制器电路简化，功能增强，提高了性能价格比。数字式控制器的外形结构、面板布置保留了模拟式控制器的特征。

2. 具有丰富的运算控制功能

数字式控制器有许多运算模块和控制模块。用户根据需要选用部分模块进行组态，除了PID运算控制功能外，还可以实现串级控制、比值控制、前馈控制、选择性控制、自适应控制、非线性控制等。

3. 使用灵活方便，通用性强

数字式控制器模拟量输入输出均采用国际统一标准信号（4～20mA直流电流，1～5V直流电压），同时数字式控制器还有数字量输入输出，可以进行开关量控制。

4. 具有通信功能，便于系统扩展

可以挂在数据通道上与其他计算机、操作站等进行通信，也可以作为集散控制系统的过程控制单元。

5. 可靠性高，维护方便

一台数字式控制器可以替代数台模拟仪表，减少了硬件连接；数字式控制器具有一定的自诊断功能，另外复杂回路采用模块软件组态来实现，使硬件电路简化。

二、数字式控制器的基本构成

模拟式控制器只是由模拟元器件构成，它的功能也完全由硬件构成形式所决定，因此其控制功能比较单一；而数字式控制器由硬件电路和软件两大部分组成，其控制功能主要是由软件所决定。

1. 数字式控制器的硬件电路

数字式控制器的硬件电路由主机电路、过程输入通道、过程输出通道、人机接口电路以及通信接口电路等部分组成，其构成框图如图10-1所示。

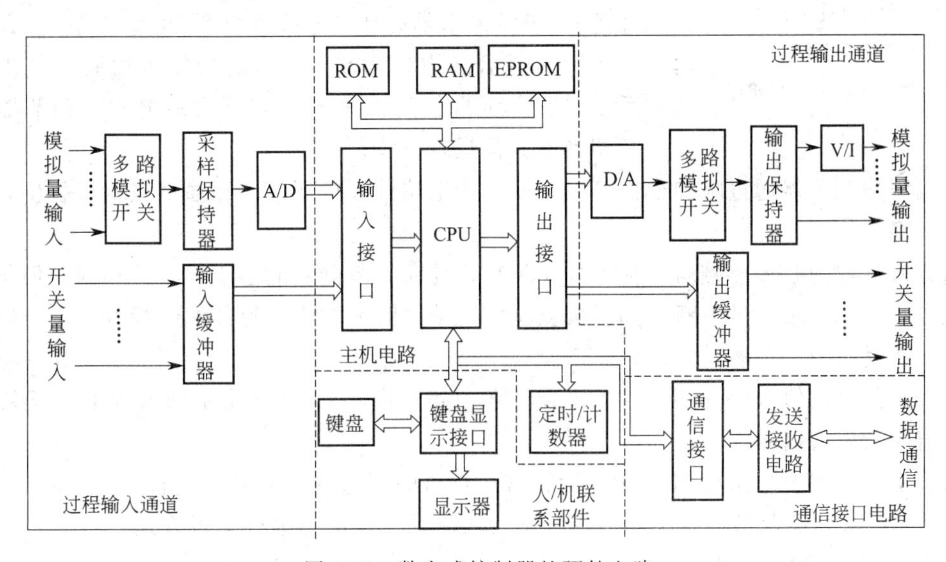

图10-1 数字式控制器的硬件电路

2. 数字式控制器的软件

数字式控制器的软件包括系统程序和用户程序两大部分。

（1）系统程序　系统程序是控制器软件的主体部分，通常由监控程序和功能模块两部分组成。监控程序使控制器各硬件电路能正常工作并实现所规定的功能，同时完成各组成部分之间的管理。功能模块提供了各种功能，用户可以选择所需要的功能模块以构成用户程序，使控制器实现用户所规定的功能。

（2）用户程序　用户程序是用户根据控制系统的要求，在系统程序中选择所需要的功能模块，并将它们按一定的规则连接起来的结果，其作用是使控制器完成预定的控制与运算功能。使用者编制程序实际上是完成功能模块的连接，也即组态工作。控制器的编程工作是通过专用的编程器进行的，有“在线”和“离线”两种编程方法。下面介绍一种采用表格式语言和离线编程方法的 KMM 型可编程序调节器。

三、KMM 型可编程序调节器

KMM 型可编程序调节器是一种单回路的数字控制器。它是 DK 系列中的一个重要品种，而 DK 系列仪表又是集散控制系统 TDC-3000 的一部分。KMM 型可编程序调节器可以接收五个模拟输入信号（1～5V），四个数字输入信号，输出三个模拟信号（1～5V），其中一个可为 4～20mA，输出三个数字信号。它是在比例积分微分运算的功能上再加上好几个辅助运算的功能，它能用于单回路的简单控制系统与复杂的串级控制系统，除完成传统的模拟控制器的比例、积分、微分控制功能外，还能进行加、减、乘、除、开方等运算，并可进行高、低值选择和逻辑运算等。可作为分散型数字控制系统中装置级的控制器使用。

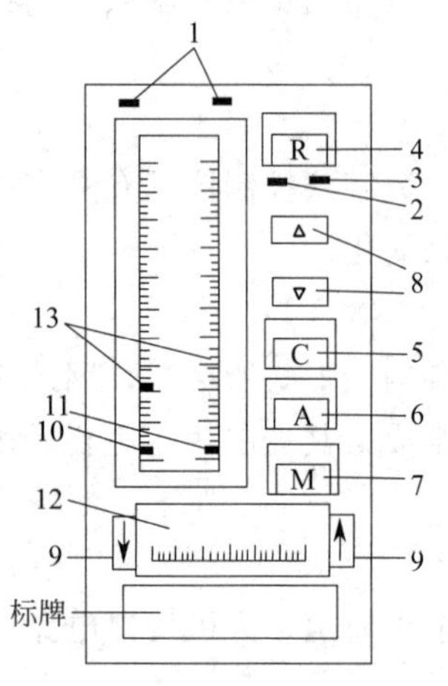

图 10-2　KMM 型调节器面板布置图

1～7—指示灯；8,9—按钮；10～13—指针

可编程序调节器的面板布置如图 10-2 所示。

指示灯 1 分左右两个，分别作为测量值上、下限报警用。

当调节器依靠内部诊断功能检出异常情况后，指示灯 2 就发亮（红色），表示调节器处于“后备手操”运行方式。在此状态时，各指针的指示值均为无效。以后的操作可由装在仪表内部的“后备操作单元”进行。只要异常原因不解除，调节器就不会自行切换到其他运行方式。

可编程序调节器通过附加通信接口，就可和上位计算机通信。在通信进行过程中，通信指示灯 3 亮。

当输入外部的联锁信号后，指示灯 4 闪亮，此时调节器功能与手动方式相同。但每次切换到此方式后，联锁信号中断，如不按复位按钮 R，就不能切换到其他运行方式。一按复位按钮 R，就返回到“手动”方式。

仪表上的测量值（PV）指针 10 和给定值（SP）指针 11 分别指示输入到 PID 运算单元的测量值与给定值信号。

仪表上还设有备忘指针 13，用来给正常运行时的测量值、给定值、输出值做记号用。

按钮 M、A、C 及指示灯 7、6、5 分别代表手动、自动与串级运行方式。

当按下按钮 M 时，指示灯亮（红色）。这时调节器为“手动”运行方式，通过输出操作按钮 9 可进行输出的手动操作。按下右边的按钮时，输出增加；按下左边的按钮时，输出减小。输出值由输出指针 12 进行显示。

当按下按钮 A 时，指示灯亮（绿色）。这时调节器为“自动”运行方式，通过给定值（SP）设定按钮 8 可以进行内给定值的增减。上面的按钮为增加给定值，下面的按钮为减小给定值。当进行 PID 定值调节时，PID 参数可以借助表内侧面的数据设定器加以改变。数据设定器除可以进行 PID 参数设定外，还可以对给定值、测量值进行数字式显示。

当按下按钮 C 时，指示灯亮（橙色）。这时调节器为“串级”运行方式，调节器的给定值可以来自另一个运算单元或从调节器外部来的信号。

调节器的启动步骤如下。

（1）调节器在启动前，要预先将“后备手操单元”的“后备/正常”运行方式切换开关扳到“正常”位置。另外，还要拆下电池表面的两个止动螺钉，除去绝缘片后重新旋紧螺钉。

（2）使调节器通电，调节器即处于“联锁手动”运行方式，联锁指示灯亮。

（3）用“数据设定器”来显示、核对运行所必需的控制数据，必要时可改变 PID 参数。

（4）按下“R”键（复位按钮），解除“联锁”。这时就可进行手动、自动或串级操作。

本调节器由于具有自动平衡功能，所以手动、自动、串级运行方式之间的切换都是无扰动的，不需要任何手动调整操作。

四、C3000 数字控制器

C3000 是一种采用 32 位微处理器和 5.6in TFT 彩色液晶显示屏的可编程多回路控制器。它主要有控制、记录、分析等功能，可通过串口和 CF 卡实现与上位机的数据交换。

1. 功能概述

C3000 数字控制器最多可测量 8 路模拟量输入 AI，2 路开关量输入 DI/频率量输入 FI（DI 与 FI 的个数和为 2）。最小采样周期是 0.125s，当处于最小采样周期时，最多可配置 2 路模拟量输入通道；最多支持 4 路模拟量输出 AO（0.00～20.00mA）、12 路开关量输出 DO、2 路时间比例输出 PWM。

C3000 数字控制器通过 3 个程序控制模块，4 个单回路 PID 控制模块，6 个 ON/OFF 控制模块，与内部运算通道相配合，实现单回路、串级、分程、比值、三冲量和批量控制等方案，还具有参数自整定功能。

C3000 数字控制器具有串口通信功能；支持打印功能；最大支持 512MB 工业级 CF 卡存储器；可提供 1 路配电输出，输出电压为 24V DC，最大输出电流为 100mA。

2. 操作面板

C3000 数字控制器的面板各部件分布如图 10-3 所示。

C3000 数字控制器有 5 个自定义功能键，根据各个画面底部的提示，进行单击和长按即可实现相应的功能。

3. 用户登录

在任何监控画面下，单击 MENU 进入登录画面。C3000 数字控制器的操作用户按权限分为四个等级：操作员 1、操作员 2、工程师 1、工程师 2。其中“工程师 2”拥有最高权限，可决定操作员 1、操作员 2 和工程师 1 的权限并设置其登录密码。

4. 监控画面

C3000 数字控制器有 11 幅基本的实时监控画面，依次为【总貌】、【数显】、【棒图】、

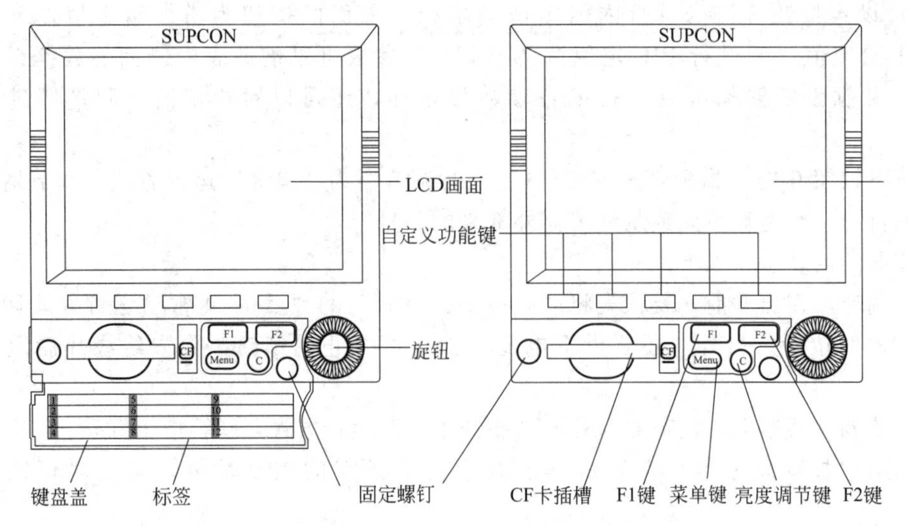

图 10-3　C3000 数字控制器面板部件分布图

【实时】、【历史】、【信息】、【累积】、【控制】、【调整】、【程序】和【ON/OFF 画面】。

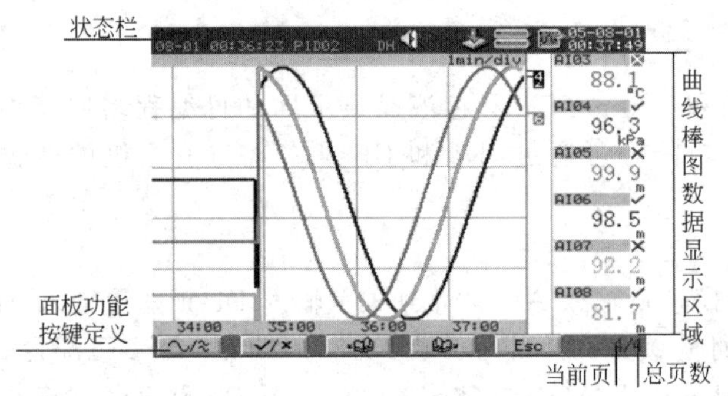

图 10-4　监控画面

(1) 画面概述　监控画面的上方状态栏显示控制器当前的头信息，中间主体画面显示相关的监控内容，下方显示自定义功能键（可消隐/显示）以及当前页码。如图 10-4 所示。

(2) 画面选择

① 在任意组态画面：单击 Esc 键，直至返回监控画面。

② 在任意监控画面：

a. 单击旋钮可按照【总貌】、【数显】、【棒图】、【实时】、【历史】、【信息】、【累积】、【控制】、【程序】、【ON/OFF】次序循环切换各监控画面，【调整】画面不在此循环中。

b. 长按旋钮弹出导航菜单，单击可进入对应的监控画面。

(3) 总貌画面　总貌画面显示当前所有通道的运行状况，包括模拟量输入 AI、开关量输入 DI、频率量输入 FI、模拟量输出 AO、开关量输出 DO、时间比例输出 PWM、模拟量虚拟通道 VA 及开关量虚拟通道 VD。通道显示位号内容由用户自定义。总貌画面共 2 幅，通过左起第一个自定义功能键进行切换。其中 VA01～VA08、VD01～VD08 在第一幅画面中显示，剩余的通道在第二幅画面上显示。总貌画面一如图 10-5 所示。

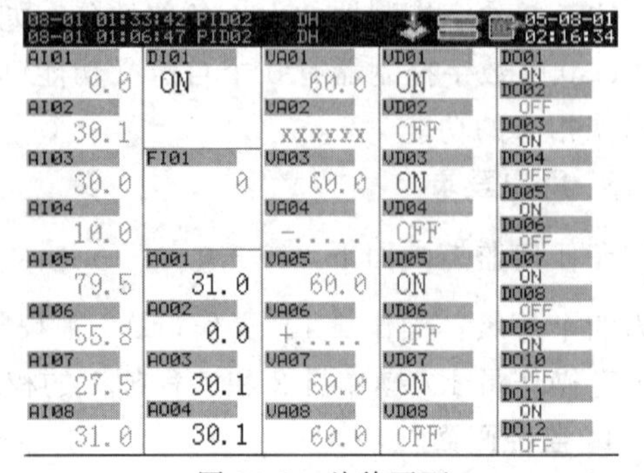

图 10-5　总貌画面

(4) 实时显示画面　数显画面、棒图画面和实时画面三幅画面是实时数据的三种显示状态，均显示当前实时数据，如图 10-6 所示。每一类型的画面最多有 4 页，每页中显示的信号可根据需要在【画面组态】中自行选择设置。每页最多为 6 个信号显示，若少于 6 个，则该位置处以空白显示。

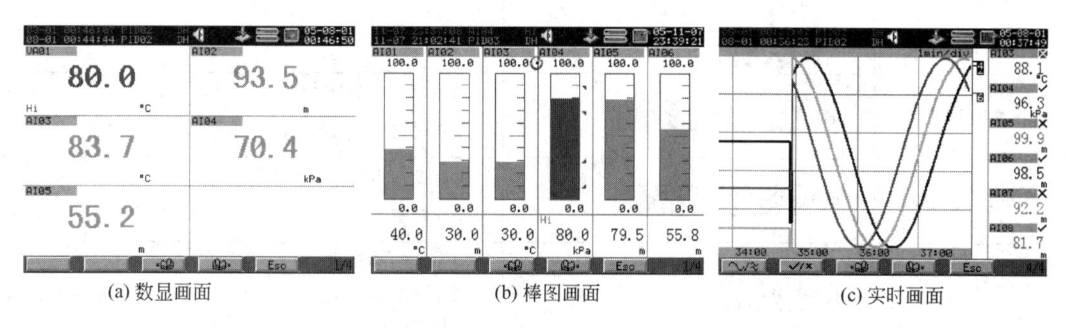

(a) 数显画面　(b) 棒图画面　(c) 实时画面

图 10-6　实时显示画面一

画面下方的功能键定义大体相同，功能键定义可消隐可显示。在三种类型画面下单击最右边的功能键调出或消隐功能键定义。、为循环翻页。

(5) 历史画面　历史画面用来显示信号在历史时间内的信息和变化，有曲线和数值两种显示形式。记录数据的时间长度与记录基本间隔以及记录通道数目有关。历史画面共有 12 个不同的功能定义键，分 3 个画面显示，单击画面下方的相关功能键可切换各画面，移动标尺向前或者向后追忆数据等操作。

(6) 信息画面　信息画面包括通道报警信息、操作信息和故障信息三幅画面。

(7) 累积画面　累积画面有班累积、时累积、日累积及月累积画面，班报表、时报表支持最多 24 条报表数据，日报表支持最多 31 条报表数据，月报表支持最多 12 条报表数据。

(8) PID 控制画面　PID 控制画面可显示 4 个控制回路的信息，每个回路显示的信息主要有："手自动状态""内外给定方式""测量值/设定值的单位和实时值""PID 输出的单位和实时值""测量值和输出值的棒图""设定值 SV 和输出值 MV 限幅值""按键和偏差报警的信息"等。PID 控制显示画面如图10-7所示。

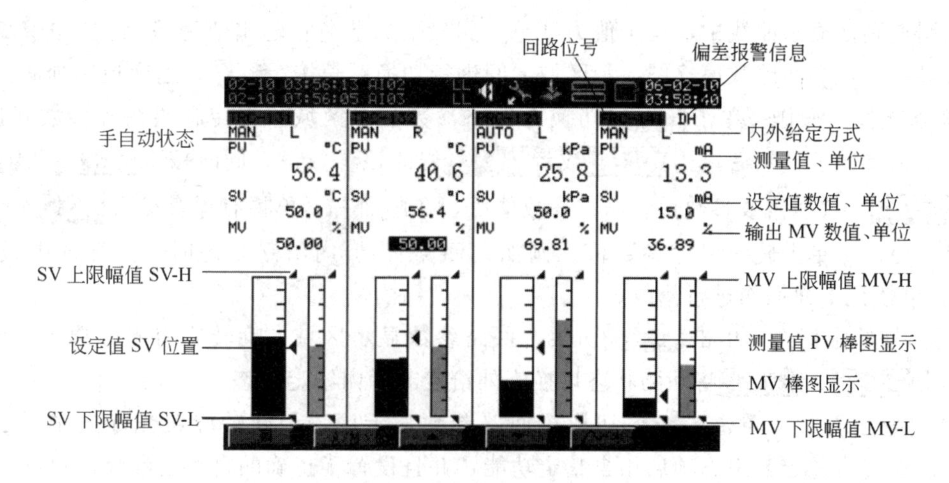

图 10-7　实时显示画面二

若要对某回路进行操作，可将旋钮左旋或者右旋，直到被选中的回路位号、输出值（手动状态下）和设定值（自动状态且内给定）反色显示，再按表 10-1 操作。

表 10-1　PID 控制回路的操作项目

操作内容		操作方法	备注
手/自动状态切换		长按 A/M>	
修改输出 MV 值		单击 ▲ 、 ▼	①必须在手动状态下 ②同时按下 ↗ 可快速修改
修改设定值 SV		单击 ▲ 、 ▼	①自动、内给定状态下 ②同时按下 ↗ 可快速修改
进入调整画面	方法一	长按 /~*	①在控制画面下 ②在【画面开关】组态中，将“调整画面”设置为开启状态时
	方法二	长按旋钮，在弹出的导航菜单中选择“调整画面”	在任意监控画面

注：进入调整画面后，可进行修改 PID 参数操作及其他操作。

（9）调整画面　调整画面显示的是当前 PID 操作回路的信息。画面信息如图 10-8 所示。

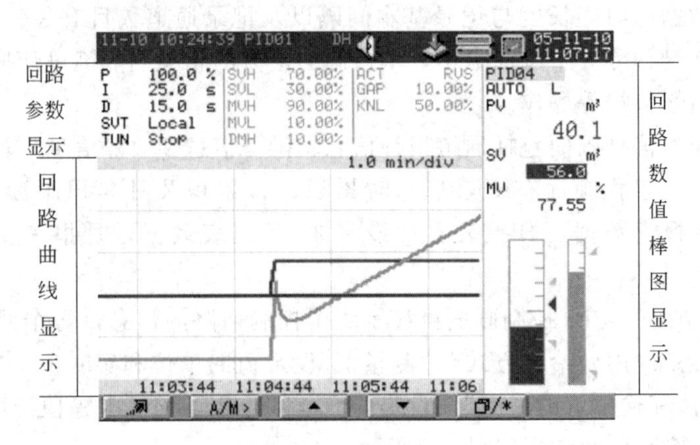

图 10-8　调整画面

在调整画面显示曲线中，设定值为红色；测量值为蓝色；输出值为绿色。单击 ⧉/* ，在参数显示区域和回路数值棒图显示区域之间进行切换；长按 ⧉/* ，返回控制画面。

① 参数修改操作。单击 ⧉/* 切换至回路参数显示区域。旋转旋钮在各参数间切换，光标选中某参数项，然后单击 ▲ 或者 ▼ 修改该参数值，同时按下 ↗ 和 ▲ （或者 ▼ ）快速修改参数值。修改参数值后，在画面右下角将有保存按键 🖫 （对应旋钮键）提示，单击旋钮保存参数值。例如在回路自动/内给定状态时，光标选中设定值 SV 项，可依照上面操作进行修改。

② 内外给定切换。单击 ⧉/* 切换至回路参数显示区域，旋转旋钮光标选中“SVT”项，单击 R 、 L 将回路状态切换为外给定或者内给定状态。

③ 自整定开关。单击 ⧉/* 切换至回路参数显示区域，旋转旋钮光标选中“TUN”项。若已在【自整定】组态项启用自整定功能，并且设置了正确的自整定参数，则可以在调整画面进行自整定操作。自整定结束后，整定参数值显示在参数显示区域，同时在右下角有 🖫 提示，单击旋钮则整定参数值被保存。自整定曲线如图 10-9 所示。

④ 标尺的选择。如图 10-9 所示，单击标尺 ①、②、④、⑧ 可以改变

每屏显示数据的时间范围。

(10) ON/OFF 控制画面　ON/OFF 控制画面显示各控制回路的位号、手/自动状态、SV 给定方式、当前测量值及其单位、当前设定值及其单位、当前输出值 MV、测量值棒图显示、输出值棒图显示、设定值限幅、当前设定值位置、偏差报警信息以及按键等信息。ON/OFF 控制画面按键操作可进行内外给定切换、手自动切换、设定值修改等。

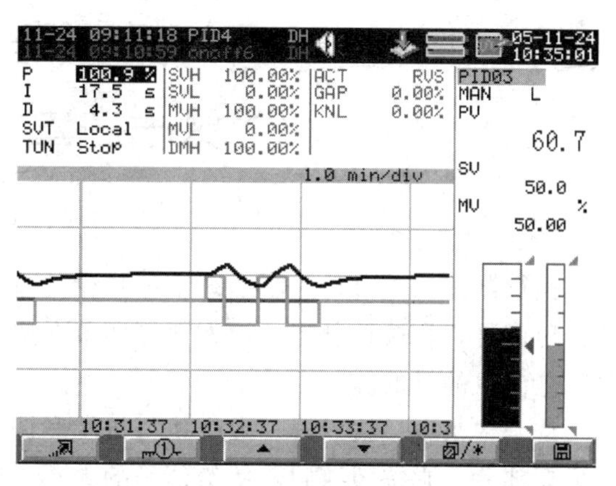

图 10-9　自整定曲线

(11) 常数修改　在需要修改常数而又不能重新启用组态的场合，可以使用运行常数修改功能。任意监控画面下，单击 F2 ，可进行常数修改。

例 题 分 析

简述数字式控制器的基本构成以及各部分的主要功能。

答　如图 10-1 所示，数字式控制器由硬件电路与软件两大部分构成。硬件电路包括主机电路、过程输入通道、过程输出通道、人机接口电路以及通信接口电路等。主机电路用于实现仪表数据运算及各组成部分之间的管理。过程输入通道包括模拟量输入通道和开关量输入通道，分别用于连接模拟输入信号和开关量输入信号。过程输出通道包括模拟量输出通道和开关量输出通道，分别用于输出模拟量信号和开关量信号。人机接口电路用于人机联系。通信接口电路用于信号的发送和接收。

数字式控制器的软件包括系统软件和用户软件。系统软件由监控程序和功能模块组成，分别管理控制器各部分的工作和提供各种功能。用户软件是用户根据控制系统的要求，进行组态，以完成预定的控制与运算功能。

习题与思考题

1. 试简述控制器的正反作用的含义。
2. 数字式控制器的主要特点有哪些？
3. C3000 过程控制器可实现哪些控制方案？
4. C3000 过程控制器操作用户按权限可分为哪几个等级？其中拥有最高权限的是哪一个等级？
5. C3000 过程控制器有几幅基本的实时监控画面？
6. C3000 过程控制器如何进行用户登录？
7. 总貌画面有几幅？显示哪些内容？
8. 在 PID 控制画面最多可以显示几个控制回路的信息？每个回路显示的信息主要有哪些内容？

第十一章 执行器

执行器是构成自动控制系统不可缺少的重要部分。执行器在系统中的作用是接受控制器的输出信号，直接控制能量或物料等调节介质的输送量，达到控制温度、压力、流量、液位等工艺参数的目的。

从结构来说，执行器一般由执行机构和调节机构两部分组成。其中，执行机构是执行器的推动部分，它按照控制器所给信号的大小，产生推力或位移；调节机构是执行器的调节部分，最常见的是控制阀，它接受执行机构的操纵，改变阀芯与阀座间的流通面积，调节工艺介质的流量。

根据执行机构使用的能源种类，执行器可分为气动、电动、液动三种。其中气动执行器具有结构简单、工作可靠、价格便宜、维护方便、防火防爆等优点，因而在工业控制中获得最普遍的应用。电动执行器的优点是能源取用方便、信号传输速度快和传输距离远，缺点是结构复杂、推力小、价格贵，适用于防爆要求不太高及缺乏气源的场所。液动执行器的特点是推力最大，但目前工业控制中基本不用。

第一节 气动执行器

一、气动执行器的组成与分类

1. 组成

气动执行器一般是由气动执行机构和控制阀两部分组成，根据需要还可以配上阀门定位器和手轮机构等附件。

图 11-1 所示的气动薄膜控制阀就是一种典型的气动执行器。气动执行机构接受控制器（或转换器）的输出气压信号（0.02～0.1MPa），按一定的规律转换成推力，去推动控制阀。控制阀为执行器的调节机构部分，它与被调节介质直接接触，在气动执行机构的推动下，使阀门产生一定的位移，用改变阀芯与阀座间的流通面积，来控制被调介质的流量。

2. 气动执行机构的分类

气动执行机构主要有薄膜式与活塞式两种。其次还有长行程执行机构与滚筒膜片执行机构等。

薄膜式执行机构具有结构简单、动作可靠、维修方便、价格便宜等特点，是一种用得较多的气动执行机构。推杆的位移就是气动薄膜执行机构的行程，行程规格有 10mm、16mm、25mm、40mm、60mm、100mm 等。

气动薄膜式执行机构分为正作用式与反作用式两类。当来自控制器或阀门定位器的信号压力增大时，推杆向下移动的叫正作用执行机构：当信号压力增大时，推杆向上移动的叫反作用执行机构。正作用执行机构的信号压力是通入波纹膜片上方的薄膜气室；而反作用执行机构的信号压力是通入波纹膜片下方的薄膜气室。通过更换个别零件，两者便能互相改装。根据有无弹簧执行机构可分为有弹簧的无弹簧的，有弹簧的薄膜式执行机构最为常用。

活塞式执行机构具有很大的输出力，适用于高静压、高压差、大口径的场合。

长行程执行机构行程长、转矩大，适于输出转角（0°～90°）和力矩，可用于需要大转矩的蝶阀、风门、挡板等场合。

滚筒膜片执行机构是专门与偏心旋转控制阀配用的。

3. 控制阀的分类

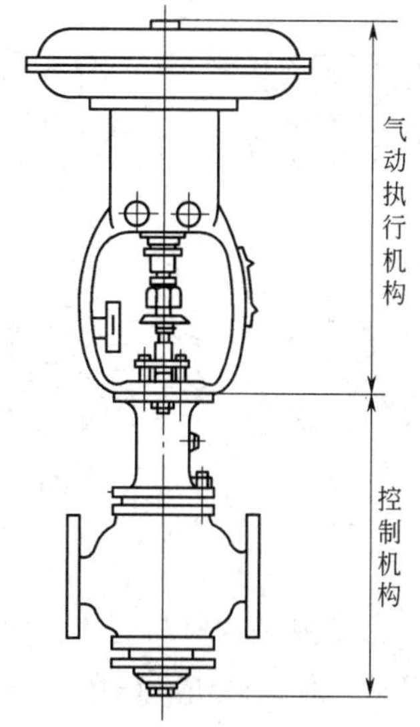

图 11-1 气动薄膜控制阀外形图

控制阀通过阀杆上部与执行机构相连，下部与阀芯相连，是按信号压力的大小，通过改变阀芯与阀座之间的流通面积来改变阀的阻力系数，使得被控介质的流量相应地改变，从而达到控制工艺参数的目的。

根据不同的使用要求，控制阀的结构有很多种类。

（1）直通单座控制阀　直通单座控制阀的阀体内只有一个阀座和阀芯，如图 11-2(a) 所示。其特点是结构简单、价格便宜、全关时泄漏量少。但由于阀座前后存在压力差，对阀芯产生不平衡力较大。一般适用于阀两端压差较小，对泄漏量要求比较严格，管径不大（公称直径 D_g <25mm）的场合。当需用在高压差时，应配用阀门定位器。

（2）直通双座控制阀　直通双座控制阀的阀体内有两个阀座和两个阀芯，根据阀芯、阀座相对位置，可分为正作用式与反作用式(或称正装与反装)。当阀体直立，阀杆下移时，流通面积减小的为正作用式。如图 11-2(b) 所示。反之为反作用式，如果将阀芯倒装，正反装可以互换。由于流体作用在上、下阀芯上的推力方向相反而大小近似相等，因此介质对阀芯造成的不平衡力小，允许使用的压差较大，应用比较普遍。但是，因加工精度的限制，上下两个阀芯不易保证同时关闭，所以泄漏量较大。不宜用在高黏度和含悬浮颗粒或纤维介质的场合。

（3）角形控制阀　角形控制阀的两个接管呈直角形，如图 11-2(c) 所示。它的流路简单，阻力较小。流向一般是底进侧出，适用于测量高黏度介质、高压差和含有少量悬浮物和颗粒状物质的流量。

（4）高压控制阀　高压控制阀的结构形式大多为角形，阀芯头部掺铬或镶以硬质合金，以适应高压差下的冲刷和汽蚀。为了减少高压差对阀的汽蚀，有时采用几级阀芯，把高差压分开，各级都承担一部分以减少损失。

（5）三通控制阀　三通控制阀有三个出入口与管道连接。其流通方式有分流（一种介质分成两路）和合流（两种介质混合成一路）两种。分别如图 11-2(d)、(e) 所示。通常可用来代替两个直通阀，适用于配比控制和旁路控制。与直通阀相比，组成同样的系统时，可省掉一个二通阀和一个三通接管。

（6）隔膜控制阀　它采用耐腐蚀衬里的阀体和隔膜，代替阀组件，如图 11-2(g) 所示。当阀杆移动时，带动隔膜上下动作，从而改变它与阀体堰面间的流通面积。这种控制阀结构简单、流阻小、流通能力比同口径的其他种类的大。由于流动介质用隔膜与外界隔离，故无填料密封，介质不会外漏。这种阀耐腐蚀性强，适用于强酸、强碱、强腐蚀性介质的控制，也能用于高黏度及悬浮颗粒状介质的控制。

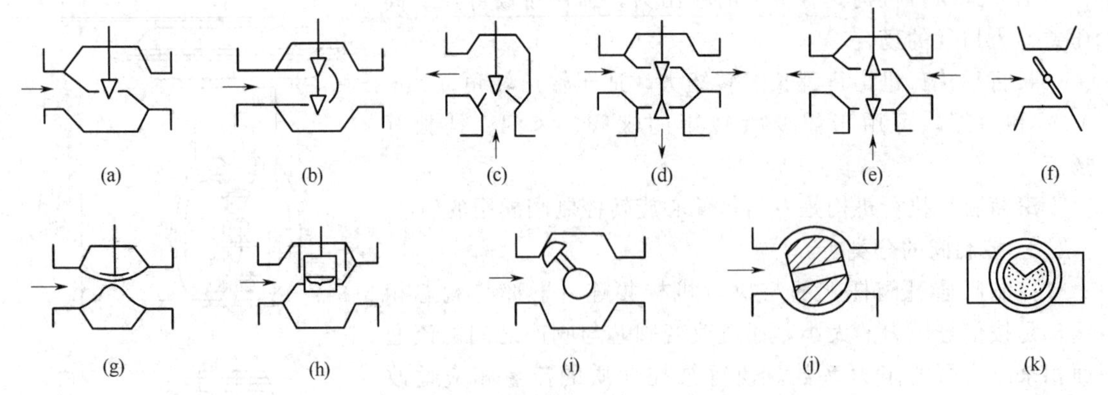

图 11-2 控制阀体主要类型示意图

由于隔膜的材料通常为氯丁橡胶、聚四氟乙烯等，故使用温度宜在 150℃以下，压力在 1MPa 以下。另外，在选用隔膜阀时，应注意执行机构须有足够的推力。一般隔膜阀直径 $D_g>100$mm 时，应采用活塞式执行机构。

（7）蝶阀　又名翻板（挡板）阀，如图 11-2(f) 所示。它是通过杠杆带动挡板轴使挡板偏转，改变流通面积，达到改变流量的目的。蝶阀具有结构简单、重量轻、价格便宜、流阻极小的优点，但泄漏量大。适用于大口径、大流量、低压差的场合，也可以用于浓浊浆状或悬浮颗粒状介质的控制。

（8）球阀　球阀的节流元件是带圆孔的球形体，如图 11-2(j) 所示。转动球体可起到控制和切断的作用，常用于双位式控制。

球阀的结构除上述外，还有一种是 V 形缺口球形体，如图 11-2(k) 所示。转动球心使 V 形缺口起节流和剪切的作用，其特性近似于等百分比型。适用于纤维、纸浆、含有颗粒等介质的控制。

（9）凸轮挠曲阀　又名偏心旋转阀，如图 11-2(i) 所示。它的阀芯呈扇形球面状，与挠曲臂及轴套一起铸成，固定在转动轴上。凸轮挠曲阀的挠曲臂在压力作用下能产生挠曲变形，使阀芯球面与阀座密封圈紧密接触，密封性良好。同时，它的重量轻、体积小、安装方便。适用于高黏度或带有悬浮物的介质流量控制。

（10）笼式阀　又名套筒型控制阀，它的阀体与一般直通单座阀相似，如图 11-2(h) 所示。笼式阀的阀体内有一个圆柱形套筒，也叫笼子。套筒壁上开有一个或几个不同形状的孔（窗口），利用套筒导向，阀芯可在套筒中上下移动，由于这种移动改变了笼子的节流孔面积，就形成各种特性并实现流量控制。笼式阀的可调比大、振动小、不平衡力小、结构简单、套筒互换性好，部件所受的汽蚀也小，更换不同的套筒即可得到不同的流量特性，是一种性能优良的阀，特别适用于要求低噪声及压差较大的场合，但不适用高温、高黏度及含有固体颗粒的流体。

二、控制阀的流量特性

控制阀的流量特性是指被调介质流过阀门的相对流量与阀门的相对开度（相对位移）之间的关系，即

$$\frac{Q}{Q_{\max}}=f\left(\frac{l}{L}\right) \tag{11-1}$$

式中 $\frac{Q}{Q_{max}}$——相对流量，即控制阀某一开度流量与全开时流量之比；

$\frac{l}{L}$——相对开度，即控制阀某一开度行程与全开时行程之比。

一般地说，流过控制阀的流量主要取决于执行机构的行程，或者说取决于阀芯、阀座之间的节流面积。但是实际上还要受多种因素的影响，如在节流面积改变的同时，还会引起阀前后压差变化，而压差的变化又会引起流量的变化。为了便于分析比较，先假定阀前后压差固定，然后再引申到真实情况，于是流量特性又有理想特性与工作特性之分。

1. 理想流量特性

在控制阀前后压差保持不变时得到的流量特性称为理想流量特性。它取决于阀芯的形状，如图 11-3 所示，不同的阀芯曲面可得到不同的理想流量特性。典型的理想流量特性有直线、等百分比（对数）、快开和抛物线型，其特性曲线如图 11-4 所示。

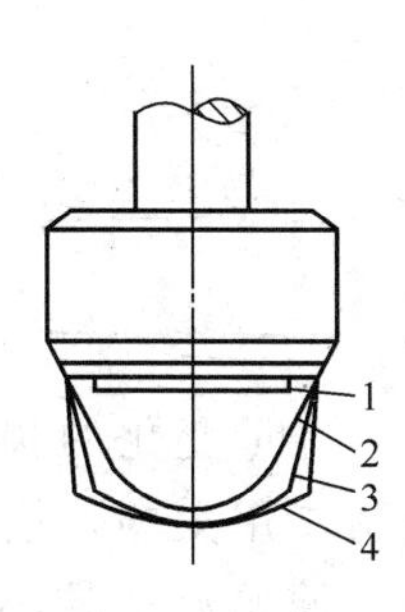

图 11-3 不同流量特性的阀芯形状

1—快开；2—直线；

3—抛物线；4—等百分比

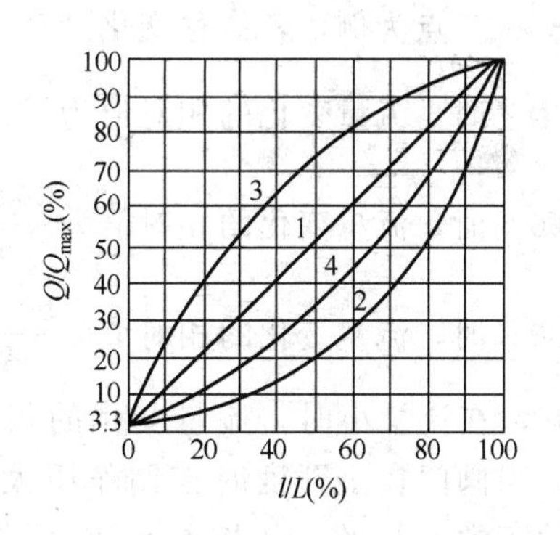

图 11-4 控制阀的理想流量特性曲线（$R=30$）

1—直线；2—等百分比（对数）；

3—快开；4—抛物线

（1）直线流量特性 直线流量特性是指控制阀的相对流量与相对开度成直线关系，即单位位移变化所引起的流量变化是常数，用数学式表示为

$$\frac{\mathrm{d}\left(\frac{Q}{Q_{max}}\right)}{\mathrm{d}\left(\frac{l}{L}\right)}=K \tag{11-2}$$

式中 K——常数，即控制阀的放大系数。

将式(11-2) 积分得

$$\frac{Q}{Q_{max}}=K\frac{l}{L}+C \tag{11-3}$$

式中 C——积分常数。

已知边界条件为：$l=0$ 时，$Q=Q_{min}$；$l=L$ 时，$Q=Q_{max}$。把边界条件代入式(11-3)，便可得到

$$C=\frac{Q_{min}}{Q_{max}}=\frac{1}{R}，K=1-\frac{Q_{min}}{Q_{max}}=1-\frac{1}{R} \tag{11-4}$$

式中 R——控制阀所能控制的最大流量 Q_{max} 与最小流量 Q_{min} 的比值，称为控制阀的可调

范围或可调比。

注意，Q_{min}并不是控制阀全关时的泄漏量，一般它是Q_{max}的2%～4%。国产控制阀理想可调范围R为30，这是对于直通单座阀、直通双座阀、角形阀和阀体分离阀而言的。隔膜阀的可调范围R为10。

将式(11-4)代入式(11-3)，可得

$$\frac{Q}{Q_{max}}=\frac{1}{R}+\left(1-\frac{1}{R}\right)\frac{l}{L} \tag{11-5}$$

式(11-5)表明$\frac{Q}{Q_{max}}$与$\frac{l}{L}$之间呈线性关系，在直角坐标上是一条直线。要注意的是当可调比R不同时，特性曲线在纵坐标上的起点是不同的，当$R=30$，$\frac{l}{L}=0$时，$\frac{Q}{Q_{max}}=0.033$。为便于分析和计算，我们假设$R=\infty$，即特性曲线以坐标原点为起点，这时当位移变化10%所引起的流量变化总是10%。但流量变化的相对值是不同的，以行程的10%、50%及80%三点为例，若位移变化量都为10%，则

在10%时，流量变化的相对值为$\frac{20-10}{10}\times100\%=100\%$；

在50%时，流量变化的相对值为$\frac{60-50}{50}\times100\%=20\%$；

在80%时，流量变化的相对值为$\frac{90-80}{80}\times100\%=12.5\%$。

可见，在流量小时，流量变化的相对值大，在流量大时，流量变化的相对值小。也就是说，当阀门在小开度时控制作用太强；而在大开度时控制作用太弱，这是不利于控制系统的正常运行的。从控制系统来讲，当系统处于小负荷（原始流量较小）时，要克服外界干扰的影响，希望控制阀动作所引起的流量变化量不要太大，以免控制作用太强产生超调，甚至发生振荡；当系统处于大负荷时，要克服外界干扰的影响，希望控制阀动作所引起的流量变化量要大一些，以免控制作用微弱而控制不够灵敏。直线流量特性不能满足这个要求。

(2) 等百分比流量特性　等百分比流量特性是指单位相对位移变化所引起的相对流量变化与此点的相对流量成正比关系。即控制阀的放大系数是变化的，它随相对流量的增大而增大，用数学式表示为

$$\frac{d\left(\frac{Q}{Q_{max}}\right)}{d\left(\frac{l}{L}\right)}=K\left(\frac{Q}{Q_{max}}\right) \tag{11-6}$$

将上式积分得

$$\ln\left(\frac{Q}{Q_{max}}\right)=K\left(\frac{l}{L}\right)+C \tag{11-7}$$

将前述之边界条件代入式(11-7)，求得常数项为

$$C=\ln\left(\frac{Q_{min}}{Q_{max}}\right)=\ln\frac{1}{R}=-\ln R \tag{11-8}$$

$$K=\ln R \tag{11-9}$$

将式(11-8)、式(11-9)代入式(11-7)得

$$\frac{Q}{Q_{\max}}=e^{\left(\frac{l}{L}-1\right)\ln R} \quad 或 \quad \frac{Q}{Q_{\max}}=R^{\left(\frac{l}{L}-1\right)} \tag{11-10}$$

式(11-10)表示$\frac{Q}{Q_{\max}}$与$\frac{l}{L}$之间成对数关系，故也称对数流量特性。在直角坐标上是一条对数曲线，曲线斜率（即放大系数）是随行程的增大而增大的。在同样的行程变化值下，负荷小时，流量变化小，控制平稳缓和；负荷大时，流量变化大，控制灵敏有效。

（3）快开流量特性　这种流量特性在开度较小时就有较大的流量，随开度的增大，流量很快就达到最大，此后再增加开度，流量的变化甚小，故称为快开特性。快开特性控制阀适用于要求迅速启闭的切断阀或双位控制系统。

（4）抛物线流量特性　这种流量特性是指$\frac{Q}{Q_{\max}}$与$\frac{l}{L}$之间成抛物线关系，在直角坐标上是一条抛物线，它介于直线流量特性与等百分比流量特性之间。

2. 工作流量特性

在实际生产中，控制阀前后压差总是变化的，这时的流量特性称为工作流量特性。控制阀的工作流量特性与实际的管道系统有关。

（1）串联管道时的工作流量特性　当控制阀串联在管道系统中时，以Δp_V表示控制阀前后的压力损失；Δp_F表示管道系统中除控制阀外所有其他部分（包括管道、弯头、节流孔板、其他操作阀门等）的压力损失；Δp表示系统的总压差（如图11-5所示）。如果维持系统的总压差Δp不变，当流量增大时，由于串联管道系统的压力损失Δp_F与流量的平方成正比，因此随着流量的增大Δp_F也增加，因此控制阀两端的压差ΔP_V会随流量的增大而减小。由于控制阀上的压差变化，会使控制阀的相对位移与相对流量之间的关系也发生变化，于是，控制阀的理想流量特性发生了畸变，畸变后的特性就为工作流量特性。

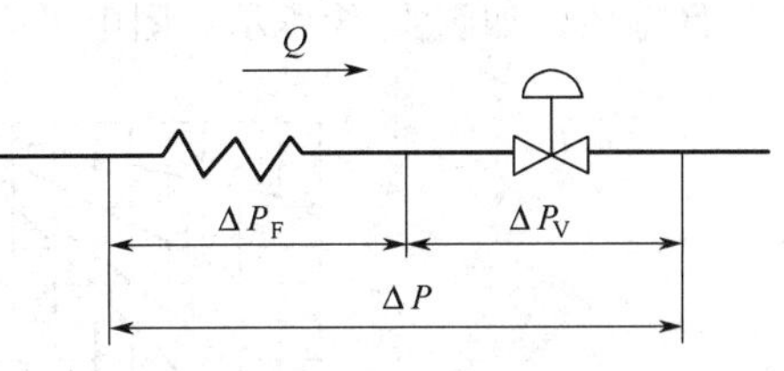

图11-5　串联管道的情形

以S（阻力比），表示控制阀全开时阀上压差与系统总压差的比值，S值越小，表示与控制阀串联的管道系统的阻力损失越大，因此对阀的特性影响也越大。所以在实际使用中，一般希望S值不低于0.3～0.5。不同S值时控制阀的工作流量特性见图11-6。$Q_{\max}$表示管道阻力等于零时控制阀全开流量。

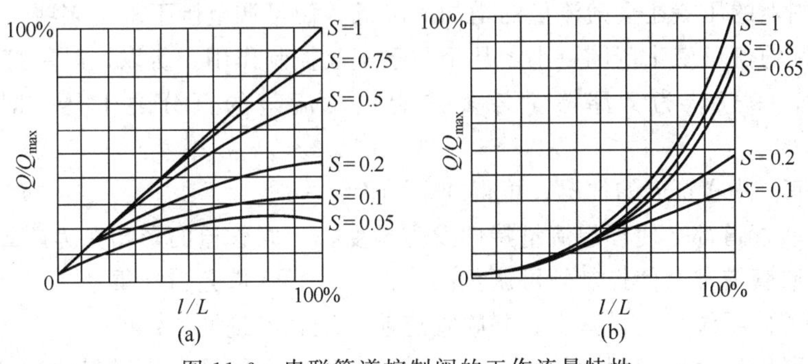

图11-6　串联管道控制阀的工作流量特性

图中在 $S=1$ 时，管道阻力损失为零，控制阀上的压差就等于系统总压差，实际工作特性和理想流量特性是一致的。随着 S 的减小，直线特性渐渐趋近于快开特性曲线［见图 11-6(a)］。等百分比特性曲线渐渐接近于直线特性［见图 11-6(b)］。

在现场使用中，当控制阀选得过大或生产处于非满负荷状态时，控制阀将工作在小开度。有时，为了使控制阀有一定开度，而把工艺阀门关小些以增加管道阻力，使流过控制阀的流量降低。这样，实际上就使 S 值下降，流量特性畸变，控制阀的实际可调范围减小，恶化了控制质量。当管道系统的阻力太大，严重时会使控制阀启闭不再起什么作用。在使用中要注意到这一点，不能任意关小控制阀两端的截止阀。

（2）并联管道时的工作流量特性　控制阀一般都装有旁路阀，便于手动操作和维护。当生产量提高或控制阀选得过小时，由于控制阀流量不够而只好将旁路阀打开一些，这时控制阀的理想流量特性变为工作流量特性。

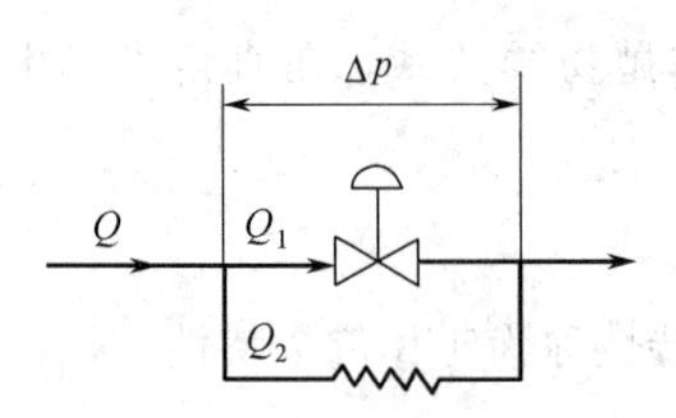

图 11-7　并联管道情况

图 11-7 表示并联管道时的情况。显然这时管路的总流量是控制阀流量与旁路流量之和，即 $Q=Q_1+Q_2$。

若以 x 代表管道并联时控制阀全开流量与总管最大流量 Q_{max} 之比，可以得到在 Δp 为一定，而 x 值为不同数值时的工作流量特性，如图 11-8 所示。图中纵坐标流量以总管最大流量 Q_{max} 为参比值。

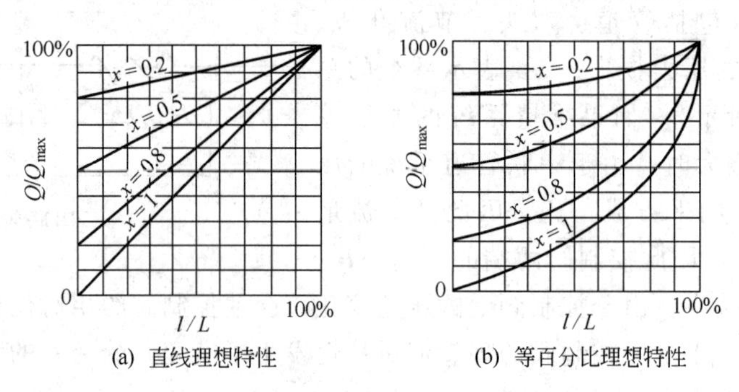

图 11-8　并联管道控制阀的工作流量特性

由图可见：当 $x=1$，即旁路阀关闭时，控制阀的工作流量特性同理想流量特性。随着 x 的减小，即旁路阀逐渐打开，虽然阀本身的流量特性变化不大，但可调范围大大降低了，控制阀关死，即 $\frac{l}{L}=0$ 时，流量 Q_{min} 大大增大。同时，在实际使用中总存在着串联管道阻力的影响，控制阀上的压差还会随流量的增加而降低，使可调范围下降更多些，控制阀在工作过程中所能控制的流量变化范围更小，甚至几乎不起控制作用。所以，采用打开旁路的控制方式是不好的，一般认为旁路流量最多只能是总流量的百分之十几，即 x 值最小不低于 0.8。

综合上述串、并联管道的情况，可得如下结论：

① 串、并联管道都会使理想流量特性发生畸变，串联管道的影响尤为严重；

② 串、并联管道都会使控制阀可调范围降低，并联管道尤为严重；

③ 串联管道使系统总流量减少，并联管道使系统总流量增加；

④ 串、并联管道会使控制阀的放大系数减小，即输入信号变化引起的流量变化值减小，串联管道时控制阀大开度，则 S 值降低对放大系数影响严重，并联管道时控制阀小开度时，

x 值降低对放大系数影响更严重。

三、控制阀的选择

气动薄膜控制阀选用得正确与否是很重要的。选用控制阀时，一般要根据被调介质的特点（温度、压力、腐蚀性、黏度等）、控制要求、安装地点等因素，参考各种类型控制阀的特点合理地选用。在具体选用时，一般应考虑下列几个主要方面的问题。

1. 控制阀结构与特性的选择

控制阀的结构形式主要根据工艺条件，如温度、压力及介质的物理、化学特性（如腐蚀性、黏度等）来选择。例如强腐蚀介质可采用隔膜阀、高温介质可选用带翅形散热片的结构形式。

控制阀的结构型式确定以后，还需确定控制阀的流量特性（即阀芯的形状）。一般是先按控制系统的特点来选择阀的希望流量特性，然后再考虑工艺配管情况来选择相应的理想流量特性。使控制阀安装在具体的管道系统中，畸变后的工作流量特性能满足控制系统对它的要求。目前使用比较多的是等百分比流量特性。

2. 气开式与气关式的选择

气动执行器有气开式与气关式两种型式。气压信号增加时，阀关小；气压信号减小时阀开大的为气关式。反之，为气开式。气动执行器的气开或气关式由执行机构的正、反作用及控制阀的正反作用来确定。

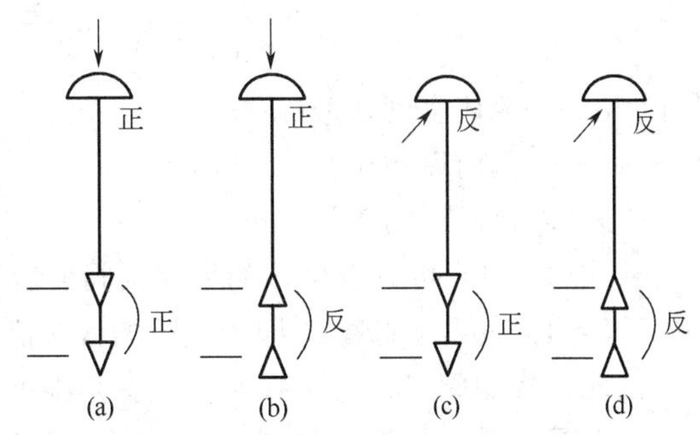

图 11-9　组合方式图

图 11-9 和表 11-1 说明了如何由执行机构的正、反作用和控制阀的正、反作用来组合而成的气动执行器的气关、气开型式。

表 11-1　组合方式表

序　号	执行机构	控制阀	气动执行器	序　号	执行机构	控制阀	气动执行器
(a)	正	正	气关　(反)	(c)	反	正	气开　(正)
(b)	正	反	气开　(正)	(d)	反	反	气关　(反)

控制阀的气开、气关型式的选择主要从工艺生产上的安全要求出发。考虑原则是：万一输入到气动执行器的气压信号由于某种原因（例如气源故障、堵塞、泄漏等）而中断时，应保证设备和操作人员的安全。如果阀处于打开位置时危害性小，则应选用气关式，以使气源系统发生故障，气源中断时，阀门能自动打开，保证安全。反之阀处于关闭时危害性小，则应选用气开阀。例如，加热炉的燃料气或燃料油一般应选用气开式控制阀，即当信号中断时应切断进炉燃料，以免炉温过高造成事故。又如控制进入设备易燃气体的控制阀，应选用气开式，以防设备爆炸，若介质为易结晶物料，则一般应选用气关式，以防堵塞。

3. 控制阀口径的选择

控制阀口径选择得合适与否将会直接影响控制效果。口径选择得过小，会使流经控制阀的介质达不到所需要的最大流量。在大的干扰情况下，系统会因介质流量（即操纵变量的数值）的不足而失控，因而使控制效果变差，此时若企图通过开大旁路阀来弥补介质流量的不足，则会使阀的流量特性产生畸变；口径选择得过大，不仅会浪费设备投资，而且会使控制阀经常处于小开度工作，控制性能也会变差，容易使控制系统变得不稳定。

控制阀的口径选择是由控制阀流量系数 K_V 值决定的。流量系数 K_V 的定义为：当阀两端压差为100kPa，流体密度为 $1g/cm^3$，阀全开时，流经控制阀的流体流量（以 m^3/h 表示）。例如，某一控制阀在全开时，当阀两端压差为100kPa，如果流经阀的水流量为 $40m^3/h$，则该控制阀的流量系数 K_V 值为40。

控制阀的流量系数 K_V 表示控制阀容量的大小，是表示控制阀流通能力的参数。因此，控制阀流量系数 K_V 亦可称控制阀的流通能力。

对于不可压缩的流体，且阀前后压差 p_1-p_2 不太大（即流体为非阻塞流）时，其流量系数 K_V 的计算公式为

$$K_V=10Q\sqrt{\frac{\rho}{p_1-p_2}} \tag{11-11}$$

式中 ρ——流体密度，g/cm^3；

p_1-p_2——阀前后的压差，kPa；

Q——流经阀的流量，m^3/h。

从式(11-11) 可以看出，如果控制阀前后压差 p_1-p_2 保持为100kPa，阀全开时流经阀的水（$\rho=1g/cm^3$）流量 Q 即为该阀的 K_V 值。

因此，控制阀口径的选择实质上就是根据特定的工艺条件（即给定的介质流量、阀前后的压差以及介质的物性参数等）进行 K_V 值的计算，然后按控制阀生产厂家的产品目录，选出相应的控制阀口径，使得通过控制阀的流量满足工艺要求的最大流量且留有一定的裕量，但裕量不宜过大。

K_V 值的计算与介质的特性、流动的状态等因素有关，具体计算时请参考有关计算手册。

四、气动执行器的安装和维护

气动执行器的正确安装和维护，是保证所选用的阀门能发挥应有效果的重要一环。对气动执行器的安装和维护，一般应注意下列几个问题。

① 为便于维护检修，气动执行器应安装在靠近地面或楼板的地方。当装有阀门定位器或手轮机构时，更应保证观察、调整和操作的方便。手轮机构的作用是：在开停车或事故情况下，可以用它来直接人工操作控制阀，而不用气压驱动。

② 气动执行器应安装在环境温度不高于+60℃和不低于−40℃的地方，并应远离振动较大的设备。为了避免膜片受热老化，控制阀的上膜盖与载热管道或设备之间的距离应大于200mm。

③ 阀的公称通径与管道公称通径不同时，两者之间应加一段异径管。

④ 气动执行器应该是正立垂直安装于水平管道上。特殊情况下需要水平或倾斜安装时，除小口径阀外，一般应加支撑。即使正立垂直安装，当阀的自重较大和有振动场合时，也应加支撑。

⑤ 通过控制阀的流体方向在阀体上有箭头标明，不能装反，正如孔板不能反装一样。

⑥ 控制阀前后一般要各装一只切断阀，以便修理时拆下控制阀。考虑到控制阀发生故障或维修时，不影响工艺生产的继续进行，一般应装旁路阀，如图11-10所示。

⑦ 控制阀安装前，应对管路进行清洗，排去污物和焊渣。安装后还应再次对管路和阀

门进行清洗，并检查阀门与管道连接处的密封性能。当初次通入介质时，应使阀门处于全开位置以免杂质卡住。

⑧ 在日常使用中，要对控制阀经常维护和定期检修。应注意填料的密封情况和阀杆上下移动的情况是否良好，气路接头及膜片有否漏气等。检修时重点检查部位有阀体内壁、阀座、阀芯、膜片及密封圈、密封填料等。

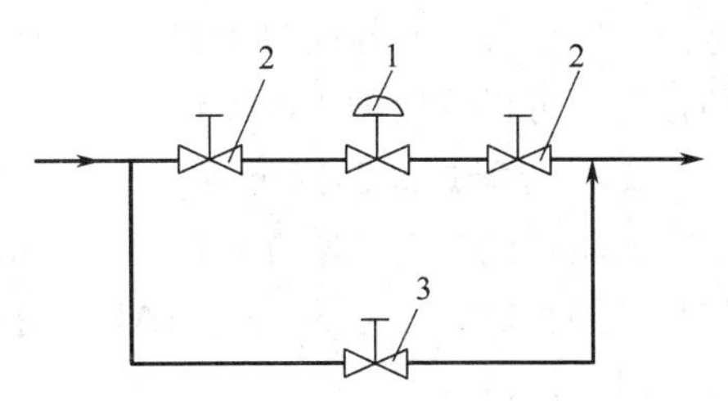

图 11-10 控制阀在管道中的安装

1—控制阀；2—切断阀；3—旁路阀

第二节 阀门定位器与电-气转换器

阀门定位器是气动控制阀的辅助装置，与气动执行机构配套使用。阀门定位器将来自控制器的控制信号，成比例地转换成气压信号输出至执行机构，使阀杆产生位移，其位移量通过机械机构反馈到阀门定位器，当位移反馈信号与输入的控制信号相平衡时，阀杆停止动作，控制阀的开度与控制信号相对应。由此可见，阀门定位器与气动执行机构构成一个负反馈系统，因此采用阀门定位器可以提高执行机构的线性度，实现准确定位，并且可以改变执行机构的特性，从而可以改变整个执行器的特性。

按结构型式，阀门定位器可以分为气动阀门定位器、电-气阀门定位器和智能式阀门定位器。下面介绍常用的后两种型式。

一、电-气阀门定位器

采用电-气阀门定位器后，可用电动控制器输出的 0～10mA 或 4～20mA DC 电流信号去操作气动执行机构。一台电-气阀门定位器具有电-气转换器和气动阀门定位器的两个作用。

图 11-11 是配薄膜执行机构的电-气阀门定位器的动作原理图。实际上，只要将配薄膜执行机构的气动阀门定位器的波纹管组件换成力矩马达，便可成为电-气阀门定位器。

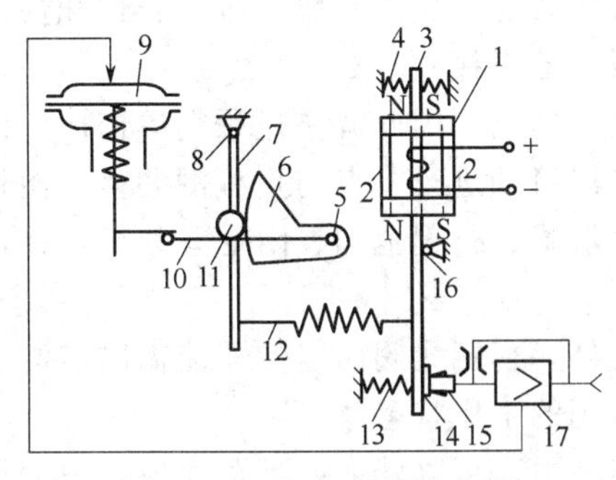

图 11-11 电-气阀门定位器

1—永久磁钢；2—导磁体；3—主杠杆（衔铁）；4—平衡弹簧；5—反馈凸轮支点；6—反馈凸轮；7—副杠杆；8—副杠杆支点；9—薄膜气室；10—反馈杆；11—滚轮；12—反馈弹簧；13—调零弹簧；14—挡板；15—喷嘴；16—主杠杆支点；17—放大器

力矩马达组件是将电流变为力（力矩）的转换元件，它由永久磁钢 1、导磁体 2、线圈、衔铁（即主杠杆 3）和工作气隙所组成。导磁体和衔铁用高导磁性能的坡莫合金制成。永久磁钢呈 U 形，其端部 N、S 两极罩在导磁体上。当信号电流通过线圈时，由于电磁场和永久磁钢的相互作用，使主杠杆 3 受到一个向左的刀，于是它绕支点 16 偏转，使挡板 14 靠近喷嘴 15，喷嘴背压经放大器 17 放大后，送入薄膜气室 9 使阀杆向下移动，并带动反馈杆 10 绕支点 5 转动，连在同一轴上的反馈凸轮 6 也做逆时针方向转动，通过滚轮 11 使副杠杆 7 绕支点 8 转动，将反馈弹簧 12 拉伸。弹簧 12 对主杠杆的拉力与力矩马达作用在主杠杆上的力两者力矩平衡时，仪表便达到平衡状态。此时，一定的信号电流就被转换为一定的气压信号，并与阀门位置成精确的对应关系。弹簧 13 是作调整零位用的。改变凸轮 6 的形状，可以改变输入电流信号与输出阀杆位移的对应关系。

二、智能式阀门定位器

智能式阀门定位器有只接收 4～20mA 直流电流信号的，也有既接收 4～20mA 的模拟信号又接收数字信号的，即 HART 通信的阀门定位器；还有只进行数字信号传输的现场总线阀门定位器。

智能式阀门定位器的硬件电路由信号调理部分、微处理机、电气转换控制部分和阀位检测反馈装置等部分构成，如图 11-12 所示。

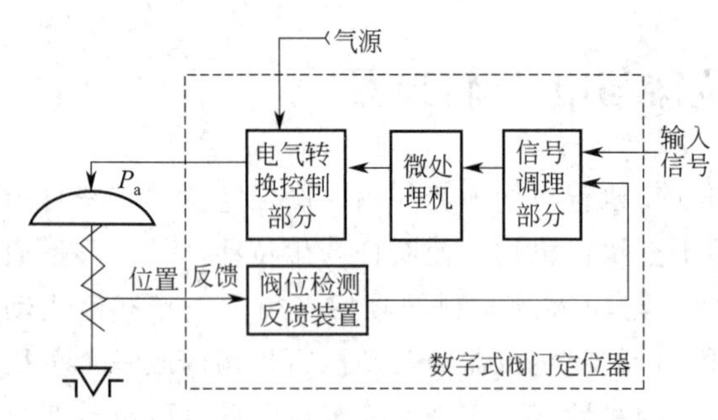

图 11-12 智能式阀门定位器的构成原理

信号调理部分将输入信号和阀位反馈信号转换为微处理机所能接收的数字信号后送入微处理机；微处理机将这两个数字信号按照预先设定的特性关系进行比较，判断阀门开度是否与输入信号相对应，并输出控制电信号至电气转换控制部分；电气转换控制部分将这一信号转换为气压信号送至气动执行机构，推动调节机构动作；阀位检测反馈装置检测执行机构的阀杆位移并将其转换为电信号反馈到阀门定位器的信号调理部分。

智能式阀门定位器通常都有液晶显示器和手动操作按钮，显示器用于显示阀门定位器的各种状态信息，按钮用于输入组态数据和手动操作。

智能式阀门定位器以微处理器为核心，同时采用了各种新技术和新工艺，因此其具有许多模拟式阀门定位器所难以实现或无法实现的优点。

(1) 定位精度和可靠性高　智能式阀门定位器机械可动部件少，输入信号和阀位反馈信号的比较是直接的数字比较，不易受环境影响，工作稳定性好，不存在机械误差造成的死区影响，因此具有更高的定位精度和可靠性。

(2) 流量特性修改方便　智能式阀门定位器一般都包含有常用的直线、等百分比和快开特性功能模块，可以通过按钮或上位机、手持式数据设定器直接设定。

(3) 零点、量程调整简单　零点调整与量程调整互不影响，因此调整过程简单快捷。许多品种的智能式阀门定位器具有自动调整功能，不但可以自动进行零点与量程的调整，而且能自动识别所配装的执行机构规格，如气室容积、作用形式、行程范围、阻尼系数等，并自动进行调整，从而使调节阀处于最佳工作状态。

(4) 具有诊断和监测功能　除一般的自诊断功能之外，智能式阀门定位器能输出与调节阀实际动作相对应的反馈信号，可用于远距离监控调节阀的工作状态。

接收数字信号的智能式阀门定位器，具有双向通信能力，可以就地或远距离地利用上位机或手持式操作器进行阀门定位器的组态、调试、诊断。

三、电-气转换器

在电-气复合控制系统中，电-气转换器可将来自电动控制器的输出信号经转换后用以驱动气动执行器，或者将来自各种电动变送器的输出信号经转换后送往气动控制器。

图 11-13 是一种型式的电-气转换器的结构原理图。该仪表是按力矩平衡原理工作的。当直流电流信号通入置于恒定磁场里的测量线圈 7 中时，线圈便产生了电磁力，使杠杆 6 绕

十字簧片 4 偏转，则挡板靠近喷嘴，背压升高，经放大器 10 放大后，一方面输出，一方面反馈到负反馈波纹管 3 和正反馈波纹管 5 中，建立起与电磁力矩相平衡的反馈力矩。于是输出气压信号就与线圈输入电流成一一对应的关系，这样就把电流信号转换为 0.02～0.1MPa 的气压信号。

采用两个波纹管是由于电磁力矩比较小，而负反馈波纹管的力矩比较大，为此设置了一个正反馈波纹管，使总的负反馈力矩得以减小。调零弹簧 2 用以调整气动输出的起始值。

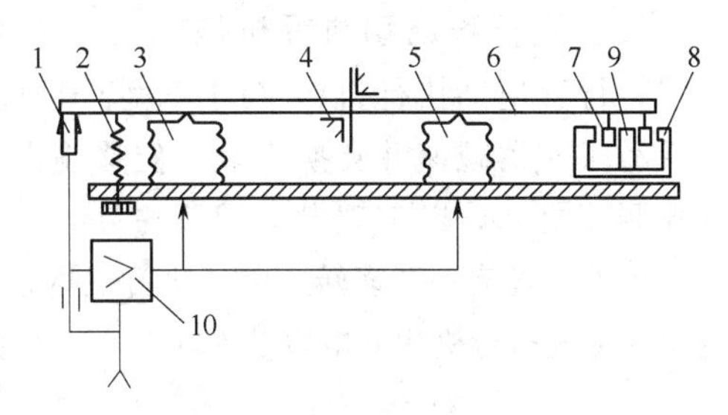

图 11-13　电-气转换器结构原理图

1—喷嘴挡板；2—调零弹簧；3—负反馈波纹管；4—十字簧片；5—正反馈波纹管；6—杠杆；7—测量线圈；8—磁钢；9—铁芯；10—放大器

第三节　电动执行器

电动执行器是电动控制系统中的一个重要组成部分。它把来自控制仪表的 0～10mA 或 4～20mA 的直流统一电信号，转换成与输入信号相对应的转角或位移，以推动各种类型的控制阀，从而实现自动控制。

一、概述

电动执行器动作灵敏，精度较高。信号传输速度快，在电源中断时，它能保持原位不动，电动执行器由电动执行机构和控制机构两部分组成，二者可以用机械连杆连接。电动执行机构根据其输出方式不同，主要有角行程、直行程和多转式等类型，几种类型的电动执行机构在电气原理上基本相同，只是减速器不一样。控制机构的种类很多，有蝶阀、闸阀、截止阀、感应调压器等。电动执行器只能应用于防爆要求不太高的场合。

二、角行程电动执行机构

DKJ 型角行程电动执行机构以交流 220V 为动力，接受控制器的直流电流输出信号，并转变为 0°～90°的转角位移，以一定的机械转矩和旋转速度自动操纵挡板、阀门等控制机构，完成控制任务。

角行程电动执行机构是由伺服放大器、伺服电动机、减速器、位置发送器等组成。其工作原理如图 11-14 所示，伺服放大器将控制仪表输入的统一标准电信号，与位置反馈信号进行比较。当无信号输入时，由于位置反馈信号亦趋于零，放大器无输出，电机不转。如有信号输入，且与反馈信号产生偏差，使放大器有足够的输出功率，驱动伺服电动机，减速器输出轴开始旋转，直到与输出轴相连的位置发送器的输出电流与输入信号相等为止。此时输出轴就稳定在与该输入信号相对应的转角位置上。

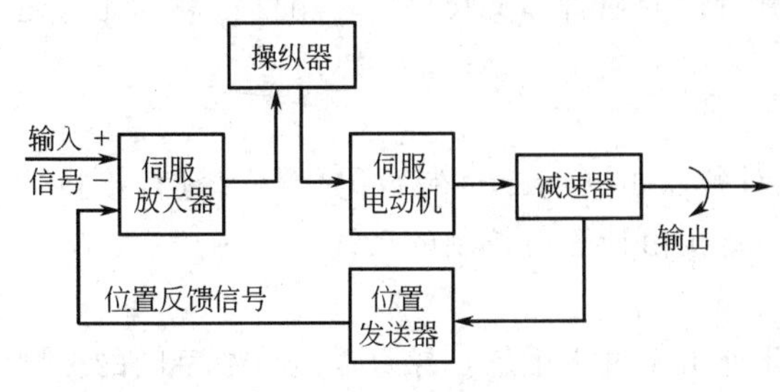

图 11-14　角行程电动执行机构的组成示意图

电动执行机构不仅可与控制器配合实现自动控制，还可通过操作器实现控制系统的自动控制和手动控制的相互切换。当操作器的切换开关放到手动操作位置时，由正、反操作按钮直接控制电机的电源，以实现执行机构输出轴的正转或反转，进行遥控手动操作。

三、直行程电动执行机构

直行程电动执行机构（DKZ 型）是以控制仪表的指令作为输入信号，使电动机动作，然后经减速器减速并转换为直线位移输出，去操作单座、双座、三通等各种控制阀和其他直线式调节机构，以实现自动调节的目的。

另外，还有一种多转式电动执行机构，它主要用来开启和关闭闸阀、截止阀等多转式阀门。由于多转式执行机构的电机功率比较大，最大有几十千瓦，一般多用作就地操作和遥控场合。

第四节　数字阀与智能控制阀

随着计算机控制系统的发展，为了能够直接接收数字信号，执行器出现了与之适应的新品种，数字阀和智能控制阀就是其中两例，下面简单介绍一下它们的功能与特点。

一、数字阀

数字阀是一种位式的数字执行器，由一系列并联安装而且按二进制排列的阀门所组成。图 11-15 表示一个 8 位数字阀的控制原理。数字阀体内有一系列开闭式的流孔，它们按照二进制顺序排列。例如对这个数字阀，每个流孔的流量按 2^0，2^1，2^2，2^3，2^4，2^5，2^6，2^7 来设计，如果所有流孔关闭，则流量为 0，如果流孔全部开启，则流量为 255（流量单位），分辨率为 1（流量单位）。因此数字阀能在很大的范围内（如 8 位数字阀调节范围为 1～255）精密控制流量。数字阀的开度按步进式变化，每步大小随位数的增加而减小。

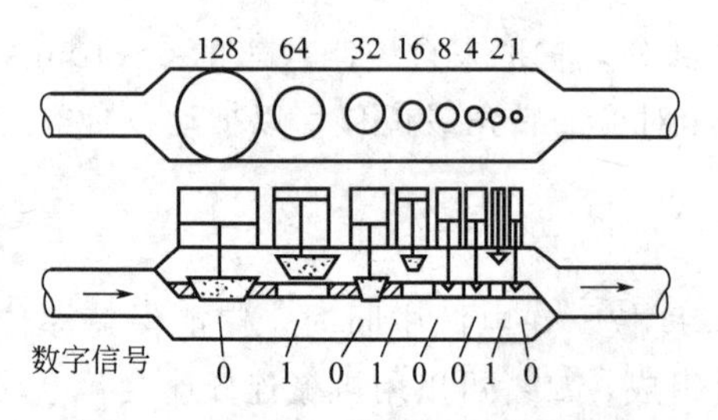

图 11-15　8 位二进制数字阀原理图

数字阀主要由流孔、阀体和执行机构三部分组成。每一个流孔都有自己的阀芯和阀座。执行机构可以用电磁线圈，也可以用装有弹簧的活塞执行机构。

数字阀有以下特点。

(1) 高分辨率　数字阀位数越高，分辨率越高。8 位、10 位的分辨率比模拟式控制阀高得多。

(2) 高精度　每个流孔都装有预先校正流量特性的喷管和文丘里管，精度很高，尤其适合小流量控制。

(3) 反应速度快，关闭特性好。

(4) 直接与计算机相连 数字阀能直接接收计算机的并行二进制数码信号，有直接将数字信号转换成阀开度的功能。因此数字阀能用于直接由计算机控制的系统中。

(5) 没有滞后、线性好、噪声小。

但是数字阀结构复杂、部件多、价格贵。此外由于过于敏感，导致输送给数字阀的控制信号稍有错误，就会造成控制错误，使被控流量大大高于或低于所要求的量。

二、智能控制阀

智能控制阀是近年来迅速发展的执行器，集常规仪表的检测、控制、执行等作用于一身，具有智能化的控制、显示、诊断、保护和通信功能，是以控制阀为主体，将许多部件组装在一起的一体化结构。智能控制阀的智能主要体现在以下几个方面。

(1) 控制智能　除了一般的执行器控制功能外，还可以按照一定的控制规律动作。此外还配有压力、温度和位置参数的传感器，可对流量、压力、温度、位置等参数进行控制。

（2）通信智能　智能控制阀采用数字通信方式与主控制室保持联络，主计算机可以直接对执行器发出动作指令。智能控制阀还允许远程检测、整定、修改参数或算法等。

（3）诊断智能　智能控制阀安装在现场，但都有自诊断功能，能根据配合使用的各种传感器通过微机分析判断故障情况，及时采取措施并报警。

目前智能控制阀已经用于现场总线控制系统中。

例题分析

1. 在生产实际中，由于生产负荷的变动，使原设计的控制阀尺寸不能相适应，会有什么后果？为什么？

答　当生产中由于负荷增加，使原设计的控制阀尺寸显得太小时，会使控制阀经常工作在大开度，调节效果不好。此时若开启旁路阀，会使控制阀特性发生畸变，可调范围大大降低；当生产中由于负荷减少，使原设计的控制阀尺寸显得太大时，会使控制阀经常工作在小开度，调节显得过于灵敏（特别是对于直线流量特性的控制阀），控制阀有时会振动，产生噪声，严重时发出尖叫声。此时为了增加管路阻力，有时会适当关小与控制阀串联的工艺阀门，但这样做的结果会使控制阀的特性发生严重畸变，甚至会接近于快开特性，控制阀的实际可调范围降低，严重时会使控制阀失去调节作用。所以当生产中负荷有较大改动时，在可能的条件下，应相应地更换控制阀，或采用其他控制方案（例分程控制系统）。

2. 某台控制阀的流量系数 $K_{V_{max}}=200$，当阀前后压差为 1.2MPa，流体密度为 $0.81g/cm^3$，流动状态为非阻塞流时，问所能通过的最大流量为多少？如果压差变为 0.2MPa 时，所能通过的最大流量为多少？

解　由公式 $K_{V_{max}}=10Q_{max}\sqrt{\rho/(p_1-p_2)}$ 得

$$Q_{max}=\frac{C_{max}}{10}\times\sqrt{\frac{p_1-p_2}{\rho}}=\frac{200}{10}\times\sqrt{\frac{1200}{0.81}}=769.8\ (m^3/h)$$

当压差变为 0.2MPa 时，所能通过的最大流量为

$$Q'_{max}=\frac{K_{V_{max}}}{10}\times\sqrt{\frac{p_1-p_2}{\rho}}=\frac{200}{10}\times\sqrt{\frac{200}{0.81}}=314.3\ (m^3/h)$$

上述结果表明，提高控制阀两端的压差时，对于同一尺寸的控制阀，会使所能通过的最大流量增加。换句话说，在工艺上要求的最大流量已经确定的情况下，增加阀两端的压差，可以减小所选择控制阀的尺寸（口径），以节省投资。这在控制方案选择时，有时是需要加以考虑的。例如离心泵的流量控制，其控制阀一般安装在出口管线上，而不安装在吸入管线上，这是因为离心泵的吸入高度（压头）是有限的，压差较小，将会影响控制阀的正常工作。同时，由于离心泵的吸入压头损失在控制阀上，以致会影响离心泵的正常工作。

3. 图 11-16 表示一受压容器，采用改变气体排出量以维持容器内压力恒定，试问控制阀应选择气开式还是气关式？为什么？

答　在一般情况下，应选择气关式。因为在这种情况下，控制阀处于全关时比较危险，容器内的压力会不断上升，严重时会超过受压容器的耐压范围，以致损坏设备，造成不应有的事故。选择气关式，可以保证在气源压力中断时，控制阀自动打开，以使容器内压力不至于过高而出事故。

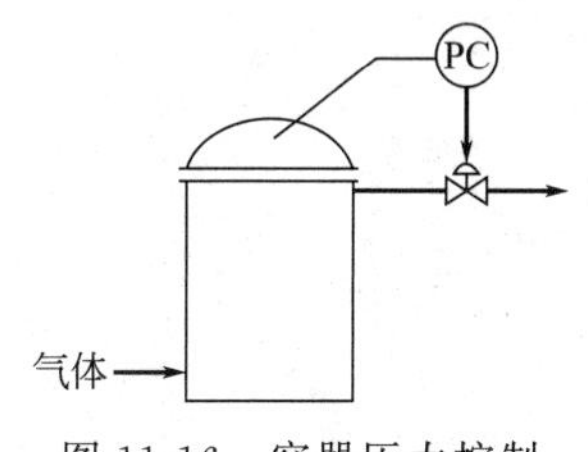

图 11-16　容器压力控制

4. 若气动控制阀不动作，应如何进行检查及处理？

答　当气动控制阀不动作时，应依次检查压缩空气供气是否正常，有没有控制信号，阀门定位器有无气源，阀门定位器有没有输出，检查控制阀的膜片是否损坏，阀杆是否弯曲或折断，拆开阀门检查阀芯是否脱落或卡死，并对症处理。

若压缩空气供气不正常，就检查空气压缩机是否运作，检查气源管道的泄漏点。若没有控制信号，先

检查控制器输出信号，再检查控制信号管路堵塞及泄漏点。阀门定位器若无气源，就检查并处理管路的堵塞或泄漏点，也要检查过滤器、减压器。阀门定位器若没有输出，可能是阀门定位器泄漏，或者放大器的恒节流孔堵塞。若控制阀的膜片损坏就更换膜片。若阀杆弯曲或折断就进行校正或更换。

习题与思考题

1. 气动执行器主要由哪两部分组成，各起什么作用？
2. 试说明不同结构的控制阀的使用场合。
3. 为什么说双座阀产生的不平衡力比单座阀小？
4. 试分别说明什么叫控制阀的流量特性、理想流量特性和工作流量特性。
5. 为什么等百分比特性又叫对数特性？与线性特性比较起来它有什么优点？
6. 什么叫控制阀的可调范围？在串、并联管道中可控范围为什么会变化？
7. 什么是串联管道中的阻力比 S？S 值的变化为什么能使理想流量特性发生畸变？
8. 什么是并联管道中的分流比 χ？试说明 χ 值对控制阀流量特性的影响。
9. 如果控制阀的旁路流量较大，会出现什么情况？
10. 什么叫气动执行器的气开式与气关式？其选择原则是什么？
11. 如何将一台气开阀改为气关阀？
12. 什么是控制阀的流量系数 K_V？如何选择控制阀的口径？
13. 气动执行器的安装与日常维护要注意什么？
14. 电-气阀门定位器有什么用途？
15. 智能阀门定位器由哪几部分组成？和模拟的阀门定位器比较，智能阀门定位器有哪些优点？
16. 电动执行器有哪几种类型？各用于什么场合？
17. 数字阀有哪些特点？
18. 什么是智能控制阀？它的智能主要体现在哪些方面？

第十二章　简单控制系统

第一节　概　　述

随着生产过程自动化水平的日益提高，控制系统的类型越来越多，复杂程度的差异也越来越大。本章所研究的简单控制系统是使用最普遍、结构最简单的一种自动控制系统。所谓简单控制系统，通常是指由一个测量元件、变送器，一个控制器、一个执行器和一个被控对象所构成的一个回路的闭环系统，因此也称为单回路控制系统。

图 12-1 的液位控制系统与图 12-2 的温度控制系统都是简单控制系统的例子。图中⊗表示测量元件及变送器。控制器用小圆圈表示，圆内写有两位（或三、四位）字母，第一位字母表示被测变量，后继字母表示仪表的功能。

图 12-1 的液位控制系统中，贮槽是被控对象，液位是被控变量，变送器将反映液位高低的信号送往液位控制器 LC。控制器的输出信号送往控制阀，控制阀开度的变化使贮槽输出流量发生变化以维持液位稳定。

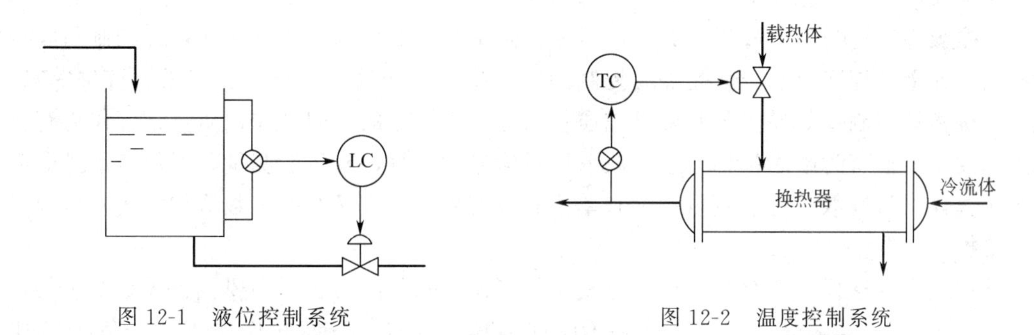

图 12-1　液位控制系统　　　　图 12-2　温度控制系统

图 12-2 的温度控制系统，是通过改变进入换热器的载热体流量，以维持换热器出口物料的温度在工艺规定的数值上。

简单控制系统的典型方块图如图 12-3 所示。由图可知，简单控制系统由四个基本环节组成，即被控对象（简称对象）、测量变送装置、控制器和执行器。对于不同对象的简单控制系统，都可以用相同的方块图来表示，这就便于对它们的共性进行研究。

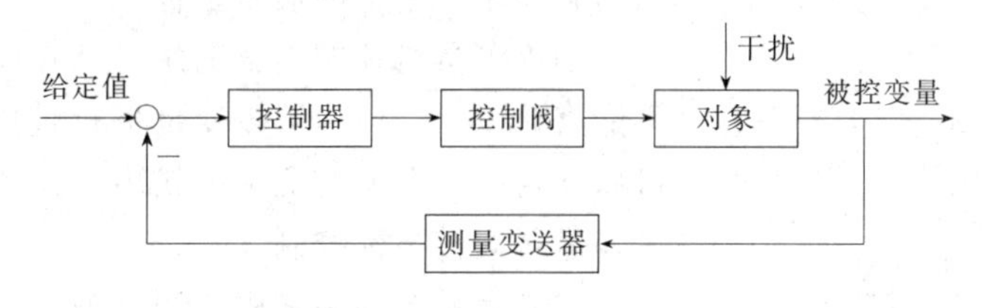

图 12-3　简单控制系统方块图

简单控制系统的结构比较简单，所需的自动化装置数量少，投资低，操作维护也比较方便，因此在工业生产过程中得到了广泛的应用。由于简单控制系统最基本并应用广泛，因此，学习和研究简单控制系统的结构、原理及使用是十分必要的。同时学会了简单控制系统的分析，将会给复杂控制系统的分析和研究提供很大的方便。

前面几章已经分别介绍了组成简单控制系统的各个组成部分，包括被控对象、测量元件及变送器、控制器、执行器等。本章将介绍组成简单控制系统的基本原则、简单控制系统的分析方法、控制器控制规律的选择及控制器参数的工程整定、控制系统的投运及运行中的问题分析等。

第二节　被控变量的选择

生产过程中希望借助自动控制保持恒定值的变量称为被控变量。在构成一个自动控制系统时，被控变量的选择十分重要，它关系到系统能否达到稳定操作、增加产量、提高质量、改善劳动条件等目的，关系到控制方案的成败。如果被控变量选取不当，不管组成什么型式的控制系统，也不管配上多么精确的工业自动化仪表，都不能达到预期的控制效果。

被控变量的选择是与生产工艺密切相关的。影响一个生产过程正常操作的因素是很多的，但并非所有影响因素都需要且可能加以自动控制的。我们必须深入实际、调查研究、分析工艺，找出影响生产的关键变量作为被控变量。所谓“关键”，是指这些变量对产品的产量、质量以及安全具有决定性的作用，且对这些变量进行人工操作是既紧张又频繁，或人工操作根本无法满足工艺要求的。

根据被控变量与生产过程的关系，可分为两种类型的控制型式：直接指标控制与间接指标控制。如果被控变量本身就是需要控制的工艺指标（如温度、压力、流量、液位等），则称为直接指标控制；如果工艺是要求按质量指标进行操作的，照理应以质量指标作为直接指标进行控制，但有时缺乏各种合适的获取质量信号的工具，或虽能测量，但信号很微弱或滞后很大，这时可选取与直接质量指标有单值对应关系且反应又快的参数，如温度、压力等作为间接指标控制。

被控变量的选择，有时是一件十分复杂的工作，除了前面所说的要找出关键变量外，还要考虑许多其他因素，下面我们先举一个例子略加说明，然后再归纳出被控变量选择的一般原则。

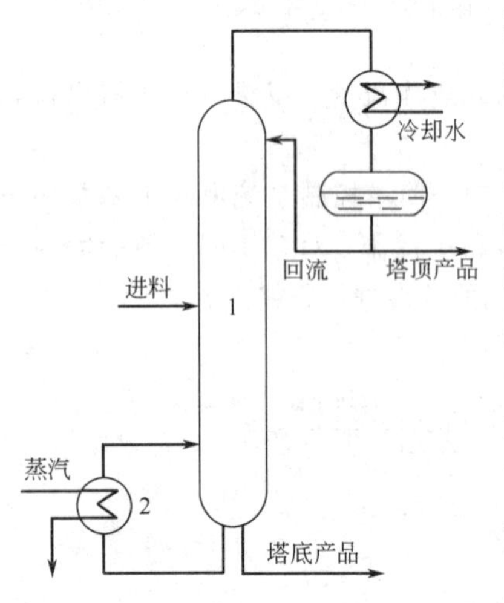

图 12-4　精馏过程示意图

1—精馏塔；2—蒸汽加热器

图 12-4 是精馏过程的示意图。它的工作原理是利用被分离物各组分的挥发度不同，把混合物的各组分进行分离。假定该精馏塔的操作是要使塔顶产品达到规定的纯度，那么塔顶馏出物的组分 X_D 应作为被控变量，因为它就是工艺上的质量指标。

如果测量塔顶馏出物的组分 X_D 尚有困难，那么就不能直接以 X_D 作为被控变量进行直接指标控制。这时可以在与 X_D 有关的变量中找出合适的变量作为被控变量，进行间接指标控制。

在二元系统的精馏中，当气液两相并存时，塔顶易挥发组分的浓度 X_D、塔顶温度 T_D、压力 p 三者之间有一定关系。当压力恒定时，组分 X_D 和温度间存在着单值对应关系。图 12-5 所示为苯、甲苯二元系统中易挥发组分浓度与温度间的关系。易挥发组分的浓度越高，对应的温度越低；相反，易挥发组分的浓度越低，对应的温度越高。

当温度 T_D 恒定时，组分 X_D 和压力之间也存在着单值对应关系，如图 12-6 所示。易挥发组分浓度越高，对应的压力也越高；反之，易挥发组分的浓度越低，与之对应的压力也越低。由此可见，在组分、温度、压力三个变量中，只要固定温度或压力中的一个变量，另一个变量就可以代替组分 X_D 作为被控变量。在温度和压力中，究竟选哪一个变量作为被控变量好呢？

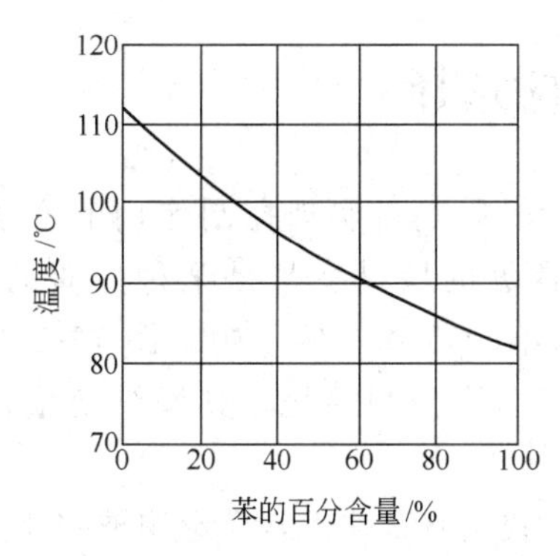

图 12-5 苯-甲苯溶液的 T-X 图

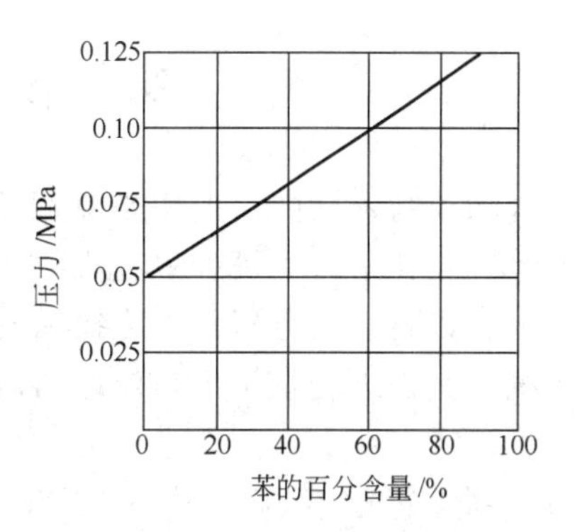

图 12-6 苯-甲苯溶液的 p-X 图

从工艺合理性考虑，常常选择温度作为被控变量。这是因为：第一，在精馏塔操作中，压力往往需要固定，只有将塔操作在规定的压力下，才易于保证塔的分离纯度，保证塔的效率和经济性，如果塔压波动，就会破坏原来的气液平衡，影响相对挥发度，使塔处于不良工况；同时，随着塔压的变化，往往还会引起与之相关的其他物料量（例如进、出量，回流量等）的变化；第二，在塔压固定的情况下，精馏塔各层塔板上的压力是基本一致的，这样各层塔板上的温度与组分之间就有一定的单值对应关系，由此可见，固定压力，选择温度作为被控变量对精馏塔的出料组分进行间接指标控制是可能的，也是合理的。

在选择被控变量时，还必须使所选变量有足够的灵敏度。在上例中，当 X_D 变化时，温度 T_D 的变化必须灵敏，有足够大的变化，容易被测量元件所感受。

此外，还要考虑简单控制系统被控变量间的独立性。假如在精馏操作中，塔顶和塔底的产品纯度都需要控制在规定的数值，据上分析，可在固定塔压的情况下，塔顶与塔底分别设置温度控制系统。但这样一来，由于精馏塔各塔板上的物料温度相互之间有一定影响，塔底温度升高，塔顶温度相应也会升高；同样，塔顶温度升高，亦会使塔底温度相应升高。也就是说，塔顶的温度与塔底的温度之间存在关联问题。因此，以两个简单控制系统分别控制塔顶温度与塔底温度，势必造成相互干扰，使两个系统都不能正常工作。所以采用简单控制系统时，通常只能保证塔顶或塔底一端的产品质量。若工艺要求保证塔顶产品质量，则选塔顶温度为被控变量；若工艺要求保证塔底产品质量，则选塔底温度为被控变量。如果工艺要求塔顶和塔底产品纯度都要严格保证，则通常需要组成复杂控制系统，增加解耦装置，解决相互关联问题。

从上述举的实例中可以看出，若要正确地选择被控变量，就必须了解工艺过程和工艺特点对控制的要求，仔细分析各变量之间的相互关系。选择被控变量时，一般要遵循下列原则：

① 被控变量应能代表一定的工作操作指标或能反应工艺的操作状态，一般都是工艺过程中比较重要的变量；

② 被控变量在工艺操作过程中常常要受到一些干扰影响而变化，为维持被控变量的恒

定，需要较频繁的控制；

③ 尽量采用直接指标作为被控变量。当无法获得直接指标信号，或其测量信号滞后很大时，可选择与直接指标有单值对应关系的间接指标作为被控变量；

④ 被控变量应比较容易测量，并具有小的滞后和足够大的灵敏度；

⑤ 选择被控变量时，必须考虑工艺合理性和国内仪表产品现状；

⑥ 被控变量应是独立可控的。

第三节　操纵变量的选择

在自动控制领域中，把用来克服干扰对被控变量的影响，实现控制作用的变量称为操纵变量，具体来说，就是执行器的输出变量，最常见的操纵变量是某种介质的流量。此外，也有以转速、电压等作为操纵变量的。在本章第一节举的例子中，图 12-1 的液位控制系统，其操纵变量是出口流体的流量；图 12-2 的温度控制系统，其操纵变量是载热体的流量。

当被控变量选定以后，接下去应对工艺进行分析，找出有哪些因素会影响被控变量发生变化，并确定这些影响因素中哪些是可控的，哪些是不可控的。原则上，应将对被控变量影响较显著的可控因素作为操纵变量。下面举一实例加以说明。

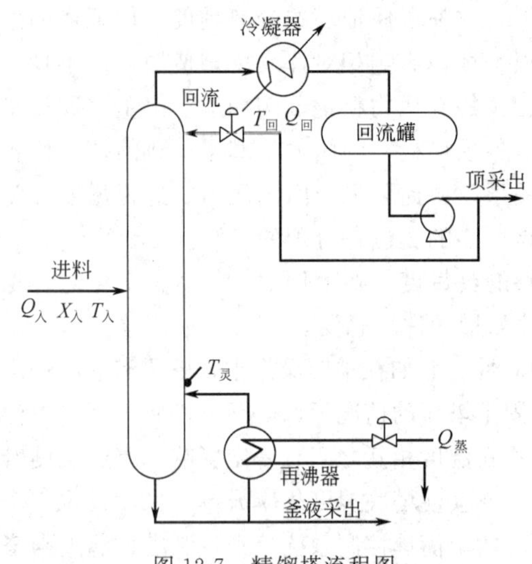

图 12-7　精馏塔流程图

图 12-7 是炼油和化工厂中常见的精馏设备。如果根据工艺要求，已选定提馏段某块塔板（一般为温度变化最灵敏的板——灵敏板）上的温度作为被控变量，那么，自动控制系统的任务就是通过维持灵敏板温度恒定，来保证塔底产品的成分满足要求。

从工艺分析可知，影响提馏段灵敏板温度 $T_{灵}$ 的因素主要有：进入流量（$Q_{入}$）、成分（$X_{入}$）、温度（$T_{入}$）、回流的流量（$Q_{回}$）、加热蒸汽流量（$Q_{蒸}$）、冷凝器冷却温度（$T_{冷}$）及塔压（P）等。这些因素都会影响被控变量 $T_{灵}$ 的变化，如图 12-8 所示。现在的问题是选择哪一个变量作为操纵变量。为此，我们可将这些影响因素分为两大类，即可控的和不可控的。从工艺角度来看，本例中只有回流量 $Q_{回}$ 和加热蒸汽量 $Q_{蒸}$ 为可控因素，其他均为不可控因素。当然，在不可控因素中，有些也是可以控制的，例如 $Q_{入}$、塔压 P 等，只是工艺上不允许用这些变量去控制塔内的温度（因为 $Q_{入}$ 的波动意味着生产负荷的波动；塔压的波动意味着塔的工况不稳定，这些都是不允许的）。在两个可控因素中，蒸汽流量的变化对提馏段温度更迅速显著。同时，从经济角度来看，控制蒸汽流量比控制回流量所消耗的能量要小，所以通常应选择蒸汽流量作为操纵变量。

操纵变量和干扰变量作用在对象上，都会引起被控变量的变化。图 12-9 是其示意图。干扰变量由干扰通道施加在对象上，起着破坏作用，使被控变量偏离给定值；操纵变量由控制通道加到对象上，使被控变量回复到给定值，起着校正作用，这是一对相互矛盾的变量，它们对被控变量的影响都与对象特性有密切的关系。因此在选择操纵变量时，要认真分析对象特性，以提高控制系统的控制品质。

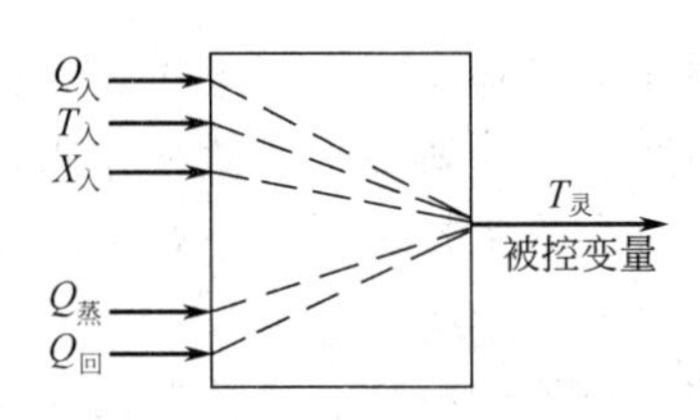

图 12-8 影响提馏段温度各种因素示意图

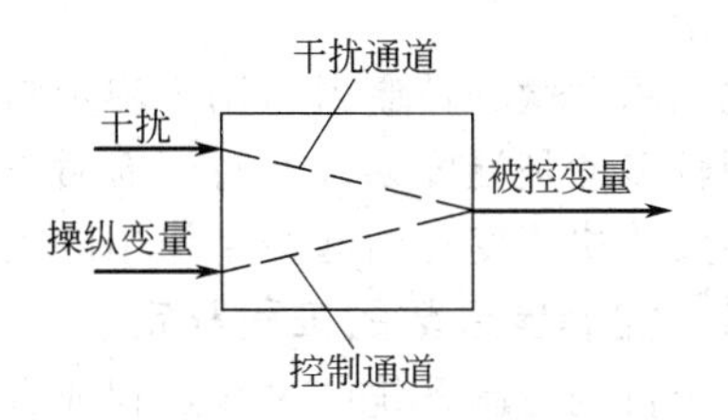

图 12-9 干扰通道与控制通道示意图

概括起来，选择操纵变量的原则有如下三点。

① 操纵变量应是可控的，即工艺上允许控制的变量。

② 操纵变量一般应比其他干扰对被控变量的影响更加灵敏。为此，应通过合理选择操纵变量，使控制通道的放大倍数适当大、时间常数适当小、滞后时间尽量小。为使其他干扰对被控变量的影响减小，应使干扰通道的放大倍数尽可能小，时间常数尽可能大。注意，在影响被控变量的诸多因素中，确定了其中一种因素作为操纵变量后，其余的因素都自然成了影响被控变量变化的干扰因素。

在前面列举的精馏塔提馏段温度控制中，由于回流量对提馏段温度影响的通道长，时间常数大，而加热蒸汽量对提馏段影响的通道短，时间常数小，因此选择蒸汽流量作为操纵变量是合理的。

③ 在选择操纵变量时，除了从自动化角度考虑外，还要考虑工艺的合理性与生产的经济性，尽可能地降低物料和能量的消耗。一般来说，不宜选择生产负荷作为操纵变量，因为生产负荷直接关系到产品的产量，是不宜经常波动的。

第四节 控制器控制规律的选择及参数整定

一、控制规律的选择

目前工业上常用的控制器主要有三种控制规律：比例控制规律、比例积分控制规律和比例积分微分控制规律，分别简写为 P、PI 和 PID。

选择哪种控制规律主要是根据控制器的特性和工艺要求来决定。

比例控制器的特点是：控制器的输出与偏差成比例，阀门位置与偏差之间有一一对应关系。当负荷变化时，比例控制器克服干扰能力强，过渡过程时间短。在常用控制规律中，比例作用是最基本的控制规律，不加比例作用的控制规律是很少采用的。但是，纯比例控制器在过渡过程终了时存在余差。负荷变化越大，余差就越大。

比例控制器适用于调节通道滞后较小、负荷变化不大、工艺上没有提出无差要求的系统。如中间贮罐的液位、精馏塔塔釜液位以及不太重要的蒸汽压力等。

比例积分控制器的特点是：积分作用使控制器的输出与偏差的积分成比例，故过渡过程结束时无余差，这是积分作用的显著优点。但是，加上积分作用，会使稳定性降低。虽然在加上积分作用的同时，可以通过加大比例度，使稳定性基本保持不变，但超调量和振荡周期都相应增大，过渡过程时间也加长。

比例积分控制器是使用最多、应用最广的控制器。它适用于调节通道滞后较小、负荷变化不大、工艺参数不允许有余差的系统。例如流量、压力和要求严格的液位控制系统，常采用比例积分控制器。

比例积分微分控制器的特点是：微分作用使控制器的输出与偏差变化速度成比例。它对克服容量滞后有显著效果。在比例的基础上加上微分作用能提高稳定性，再加上积分作用可以消除余差。

比例积分微分控制器适用于容量滞后较大、负荷变化大、控制质量要求较高的系统，目前应用较多的是温度系统。对于滞后很小或噪声严重的系统，应避免引入微分作用，否则会由于参数的快速变化引起控制作用的大幅度变化，严重时会导致控制系统不稳定。

二、控制器参数的工程整定

一个自动控制系统的过渡过程或者控制质量，与被控对象的特性、干扰形式与大小、控制方案的确定及控制器的参数整定有着密切关系。对象特性和干扰情况是受工艺操作和设备特性限制的。在确定控制方案时，只能尽量设计合理，并不能任意改变它。一旦方案确定之后，对象各通道的特性就已成定局。这时控制质量只取决于控制器参数的整定了。所谓控制器参数的整定，就是按照已定的控制方案，求取使控制质量最好时的控制器参数值。具体来说，就是确定最合适的控制器比例度 δ、积分时间 T_I 和微分时间 T_D。

整定的方法很多，我们只介绍几种工程上最常用的方法。

1. 临界比例度法

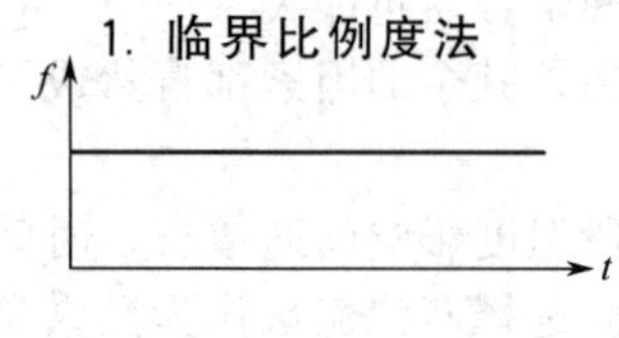

图 12-10 临界振荡过程

这是目前使用较多的一种方法。它是先通过试验得到临界比例度 δ_K 和临界周期 T_K，然后根据经验总结出来的关系求出控制器各参数值。具体做法如下。

在闭合的控制系统中，先将控制器变为纯比例作用，即将 T_I 放在“∞”位置上，T_D 放在“0”位置上，在干扰作用下，从大到小地逐渐改变控制器的比例度，直到系统产生等幅振荡（即临界振荡），如图 12-10 所示，这时的比例度叫临界比例度 δ_K，周期为临界振荡周期 T_K，记下 δ_K 和 T_K，然后按表 12-1 中的经验公式计算出控制器的各参数整定数值。

表 12-1 临界比例度法参数计算公式表

控制作用	比例度/%	积分时间 T_I/min	微分时间 T_D/min
比例	$2\delta_K$		
比例＋积分	$2.2\delta_K$	$0.85T_K$	
比例＋微分	$1.8\delta_K$		$0.1T_K$
比例＋积分＋微分	$1.7\delta_K$	$0.5T_K$	$0.125T_K$

临界比例度法比较简单方便，容易掌握和判断，适用于一般的控制系统。但是对于临界比例度很小的系统不适用。因为临界比例度很小，则控制器输出的变化一定很大，被控变量容易超出允许范围，影响生产的正常进行。

临界比例度法是要使系统达到等幅振荡后，才能找出 δ_K 与 T_K，对于工艺上不允许产生等幅振荡的系统亦不适用。

2. 衰减曲线法

衰减曲线法是通过使系统产生衰减振荡来整定控制器的参数值的，具体做法如下。

在闭合的控制系统中，先将控制器变为纯比例作用，比例度放在较大的数值上，在达到稳定后，用改变给定值的办法加入阶跃干扰，观察记录曲线的衰减比，然后从大到小改变比例度，直至出现 4∶1 衰减比为止，见图 12-11(a)，记下此时的比例度 δ_S（叫 4∶1 衰减比例度），并从曲线上得出衰减周期 T_S，然后根据表 12-2 中的经验公式，求出控制器的参数整定值。

有的过程，4∶1衰减仍嫌振荡过强，可采用10∶1衰减曲线法。方法同上，得到10∶1衰减曲线后［见图12-11(b)］，记下此时的比例度δ'_S和最大偏差时间$T_{升}$（又称上升时间），然后根据表12-3中的经验公式，求出相应的δ、T_I、T_D值。

表12-2　4∶1衰减曲线法控制器参数计算表

控制作用	δ/%	T_I/min	T_D/min
比例	δ_S		
比例＋积分	$1.2\delta_S$	$0.5T_S$	
比例＋积分＋微分	$0.8\delta_S$	$0.3T_S$	$0.1T_S$

表12-3　10∶1衰减曲线法控制器参数计算表

控制作用	δ/%	T_I/min	T_D/min
比例	δ'_S		
比例＋积分	$1.2\delta'_S$	$2T_{升}$	
比例＋积分＋微分	$0.8\delta'_S$	$1.2T_{升}$	$0.4T_{升}$

采用衰减曲线法必须注意以下几点：

① 加的干扰幅值不能太大，要根据生产操作要求来定，一般为额定值的5%左右，也有例外的情况；

② 必须在工艺参数稳定情况下才能施加干扰，否则得不到正确的δ_S、T_S或δ'_S和$T_{升}$值；

③ 对于反应快的系统，如流量、管道压力和小容量的液位控制等，要在记录曲线上严格得到4∶1衰减曲线比较困难，一般以被控变量来回波动两次达到基本稳定，就可以近似地认为达到4∶1衰减过程了。

衰减曲线法比较简便，适用于一般情况下的各种参数的控制系统。但对于干扰频繁，记录曲线不规则，不断有小摆动时，由于不易得到正确的衰减比例度δ_S和衰减周期T_S，使得这种方法难于应用。

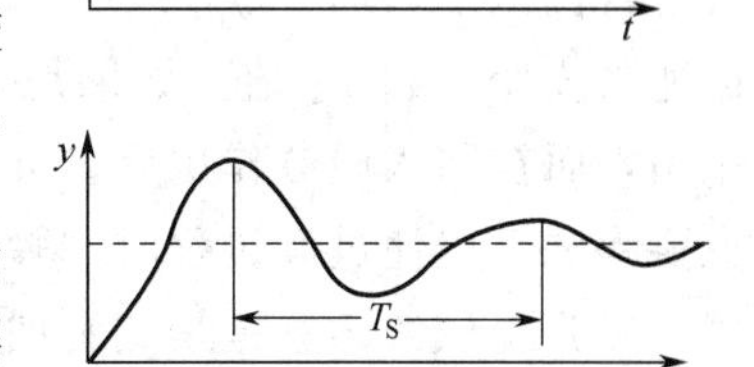

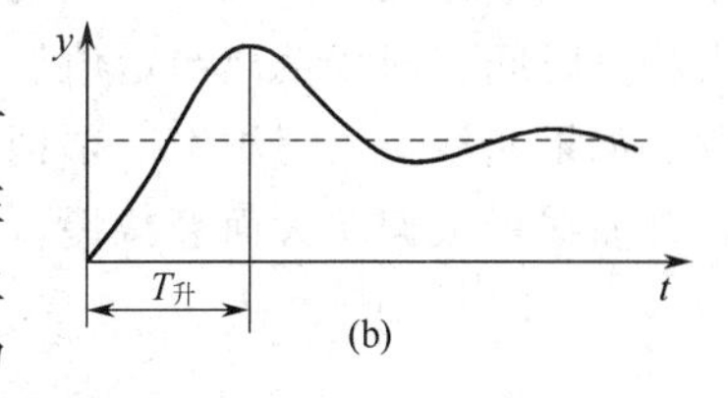

图12-11　4∶1和10∶1衰减振荡过程

3. 经验凑试法

经验凑试法是长期的生产实践中总结出来的一种整定方法。它是根据经验先将控制器参数放在一个数值上，直接在闭合的控制系统中，通过改变给定值施加干扰，在记录仪上观察过渡过程曲线，运用δ、T_I、T_D对过渡过程的影响为指导，按照规定顺序，对比例度δ、积分时间T_I和微分时间T_D逐个整定，直到获得满意的过渡过程为止。

各类控制系统中控制器参数的经验数据，列于表12-4中，供整定时参考选择。

表12-4　各类控制系统中控制器参数经验数据表

被控变量	特　　点	δ/%	T_I/min	T_D/min
流量	对象时间常数小，参数有波动，δ要大；T_I要短；不用微分	40～100	0.3～1	
温度	对象容量滞后较大，即参数受干扰后变化迟缓，δ应小；T_I要长；一般需加微分	20～60	3～10	0.5～3
压力	对象的容量滞后一般，不算大，一般不加微分	30～70	0.4～3	
液位	对象时间常数范围较大。要求不高时，δ可在一定范围内选取，一般不用微分	20～80		

表中给出的只是一个大体范围，有时变动较大。例如，流量控制系统的δ值有时需在

200%以上；有的温度控制系统，由于容量滞后大，T_I 往往用在 15min 以上。另外，选取 δ 值时应注意测量部分的量程和控制阀的尺寸。如果量程范围小（相当于测量变送器的放大系数 K_m 大）或控制阀尺寸选大了（相当于控制阀的放大系数 K_V 大）时，δ 应选得适当大一些。

整定的步骤有以下两种。

① 先用纯比例作用进行凑试，待过渡过程已基本稳定并符合要求后，再加积分作用消除余差，最后加入微分作用是为了提高控制质量。按此顺序观察过渡过程曲线进行整定工作，具体做法如下。

根据经验并参考表 12-4 的数据，选出一个合适的 δ 值作为起始值，把积分阀全关、微分阀全开，将系统投入自动。改变给定值，观察记录曲线形状。如曲线不是 4：1 衰减（这里假定要求过渡过程是 4：1 衰减振荡的），例如衰减比大于 4：1，说明选的 δ 值偏大，适当减小 δ 值再看记录曲线，直到呈 4：1 衰减为止。注意，当把控制器比例度盘拨小后，如无干扰就看不出衰减振荡曲线，一般都要改变一下给定值才能看到，若工艺上不允许改变给定值，那只好等候工艺本身出现较大干扰时再看记录曲线。δ 值调整好后，如要求消除余差，则要引入积分作用。一般积分时间可先取为衰减周期的一半值，并在积分作用引入的同时，将比例度增加 10%～20%，看记录曲线的衰减比和消除余差的情况，如不符合要求，再适当改变 δ 和 T_I 值。如果是三作用控制器，则在已调整好 δ 和 T_I 的基础上再引入微分作用，而在引入微分作用后，允许把 δ 值缩小一点，把 T_I 值也再缩小一点。微分时间 T_D 也要凑试，以使过渡过程时间短，超调量小，控制质量满足生产要求。

经验凑试法的关键是“看曲线，调参数”。因此，必须弄清楚控制器参数值变化对过渡过程曲线的影响关系。一般来说，在整定中，观察到曲线振荡很频繁，须把比例度增大以减小振荡；当曲线最大偏差大且趋于非周期过程，须把比例度减小。当曲线波动较大时，应增大积分时间；曲线偏离给定值后，长时间回不来，则须减小积分时间，以加快消除余差的过程。如果曲线振荡得厉害，须把微分作用减到最小，或者暂时不加微分作用，以免更加剧振荡；曲线最大偏差大而衰减慢，须把微分时间加长。经过反复凑试，一直调到过渡过程振荡两个周期后基本达到稳定，品质指标达到工艺要求为止。

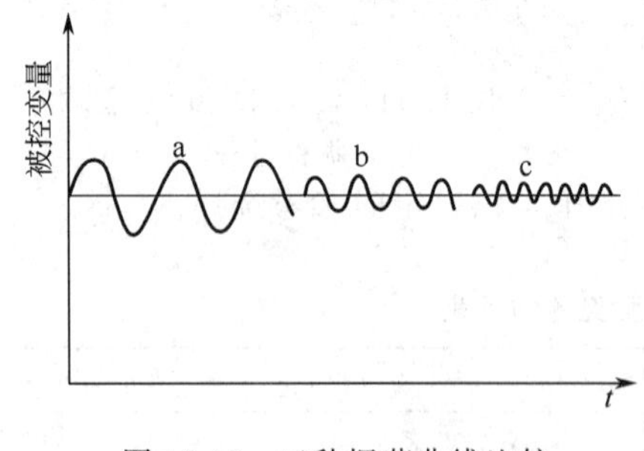

图 12-12　三种振荡曲线比较

在一般情况下，比例度过小，积分时间过小或微分时间过大，都会产生周期性的激烈振荡。但是，积分时间过小引起的振荡，周期较长；比例度过小，振荡周期较短；微分时间过大，振荡周期最短。如图 12-12 所示。曲线 a 的振荡是积分时间过小引起的，曲线 b 是比例度过小引起的，曲线 c 的振荡是微分时间过大引起的。

比例度过小、积分时间过小和微分时间过大引起的振荡，还可以这样进行判别：从输出气压（或电流）指针动作之后，一直到测量指针发生动作，如果这段时间短，应把比例度增加；如果这段时间长，应把积分时间增大；如果时间最短，应把微分时间减小。

如果比例度过大或积分时间过大，都会使过渡过程变化缓慢，如何判别这两种情况呢？一般地说，比例度过大，曲线东跑西跑、不规则的较大的偏离给定值，而且，形状像波浪般的绕大弯的变化，如图 12-13 曲线 a 所示。如果曲线通过非周期的不正常路径，慢慢地回复到给定值，就说明积分时间过大，如图 12-13 曲线 b 所示。应当引起注意，积分时间过大或微分时间过大，超出允许的范围时，不管如何改变比例度，都是无法补救的。

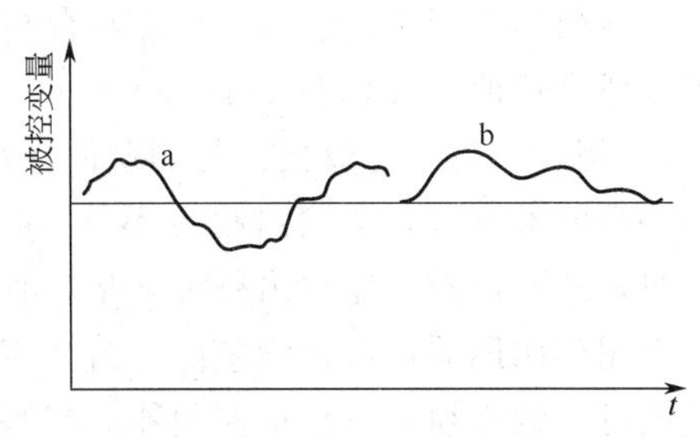

图 12-13　比例度过大、积分时间过大时两种曲线比较

② 经验凑试法还可以按下列步骤进行：先按表 12-4 中给出的范围把 T_{I} 定下来，如要引入微分作用，可取 $T_{\mathrm{D}}=\left(\frac{1}{3}\sim\frac{1}{4}\right)T_{\mathrm{I}}$，然后对 δ 进行凑试，凑试步骤与前一种方法相同。

一般来说，这样凑试可较快地找到合适的参数值。但是，如果开始 T_{I} 和 T_{D} 设置得不合适，则可能得不到所要求的记录曲线。这时应将 T_{D} 和 T_{I} 做适当调整，重新凑试，直至记录曲线合乎要求为止。

经验凑试法的特点是方法简单，适用于各种控制系统，因此应用非常广泛。特别是外界干扰作用频繁，记录曲线不规则的控制系统，采用此法最为合适。但是此法主要是靠经验，在缺乏实际经验或过渡过程本身较慢时，往往费时较多。为了缩短整定时间，可以运用优选法，使每次参数改变的大小和方向都有一定的目的性。值得注意的是，对于同一个系统，不同的人采用经验凑试法整定，可能得出不同的参数值，这是由于对每一条曲线的看法，有时会因人而异，没有一个很明确的判断标准，而且不同的参数匹配有时会使所得过渡过程衰减情况一样。

最后必须指出，在一个自动控制系统投运时，控制器的参数必须整定，才能获得满意的控制质量。同时，在生产进行的过程中，如果工艺操作条件改变，或负荷有很大变化，被控对象的特性就要改变，因此，控制器的参数必须重新整定。由此可见，整定控制器参数是经常要做的工作，对工艺人员与仪表人员来说，都是需要掌握的。

第五节　控制系统的投运及操作中的常见问题

一、控制系统的投运

一个自动控制系统设计并安装完毕后，如何投运是一项很重要的工作，尤其对一些重要的控制系统更应重视。下面讨论一下投运前及投运中的几个主要问题。

1. 准备工作

对于工艺人员与仪表人员来说，投运前都要熟悉工艺过程，了解主要工艺流程、主要设备的功能、控制指标和要求，以及各种工艺参数之间的关系；熟悉控制方案，全面掌握设计意图，熟悉各控制方案的构成，对测量元件和控制阀的安装位置、管线走向、工艺介质性质等都要心中有数。对于仪表人员来说，还应该熟悉各种自动化工具的工作原理和结构，掌握调校技术；投运前必须对测量元件、变送器、控制器、控制阀和其他仪表装置，以及电源、气源、管路和线路进行全面检查，尤其是要对气压信号管路进行试漏。

2. 仪表检查

仪表虽在安装前已校验合格，投运前仍应在现场校验一次，在确认仪表工作正常后才可考虑投运。

对于控制记录仪表，除了要观察测量指示是否正常外，还特别要对控制器控制点进行复校。前面已经介绍过，对于比例积分控制器，当测量值与给定值相等时，控制器的输出可以等于任意数值（气动仪表在0.02～0.1MPa之间，电动仪表在0～10mA或4～20mA之间）。例如，将给定值指针与测量值指针重合（又称对针），这时控制器的输出就应该稳定在某一数值不变。如果输出稳定不住（还在继续增大或减小），说明控制器的控制点有偏差。此时，若要使控制器输出稳定下来，测量值与给定值之间必然就有偏差存在。如果控制器是比例积分作用的，这种测量值与给定值之间的偏差就是控制点偏差。当控制点偏差超过允许范围时，就必须重新校正控制器的控制点。当然，如果控制器是纯比例作用的，那么测量值与给定值之间存在偏差是正常现象。

3. 检查控制器的正、反作用及控制阀的气开、气关型式

控制器的正反作用与控制阀的气开、气关型式是关系到控制系统能否正常运行与安全操作的重要问题，投运前必须仔细检查。

前面已经讲到，自动控制系统是具有被控变量负反馈的闭环系统。也就是说，如果被控变量偏高，则控制作用应使之降低；相反，如果原来被控变量偏低，则控制作用应使之升高。控制作用对被控变量的影响应与干扰作用对被控变量的影响相反，才能使被控变量回复到给定值。这里，就有一个作用方向的问题。

在控制系统中，不仅是控制器，而且被控对象、测量变送器、控制阀都有各自的作用方向。它们如果组合不当，使总的作用方向构成了正反馈，则控制系统不但不能起控制作用，反而破坏了生产过程的稳定。所以，在系统投运前必须注意检查各环节的作用方向。

所谓作用方向，就是指输入变化后，输出变化的方向。当输入增加时，输出也增加，则称为“正作用”方向；反之，当输入增加时，输出减少的称“反作用”方向。

对于控制器，当被控变量（即变送器送来的信号）增加后，控制器的输出也增加，称为“正作用”方向；如果输出随着被控变量的增加而减小，则称为“反作用”方向（同一控制器，其被控变量与给定值的变化，对输出的作用方向是相反的）。对于变送器，其作用方向一般都是“正”的，因为当被控变量增加时，其输出信号也是相应增加的。对于控制阀，它的作用方向取决于是气开阀还是气关阀（注意不要与控制阀的“正作用”及“反作用”混淆），当控制器输出信号增加时，气开阀的开度增加，是“正”方向，而气关阀是“反”方向。至于被控对象的作用方向，则随具体对象的不同而各不相同。当操纵变量增加时，被控变量也增加的对象属于“正作用”。反之，被控变量随操纵变量的增加而降低的对象属于“反作用”。

在一个安装好的控制系统中，对象、变送器的作用方向一般都是确定了的，控制阀的气开或气关型式主要应从工艺安全角度来选定。所以在系统投运前，主要是确定控制器的作用方向。

图12-14是一个简单的加热炉出口温度控制系统。为了在控制阀气源突然断气时，炉温不继续升高，以防烧坏炉子，采用了气开阀（停气时关闭），是“正”方向。炉温是随燃料的增多而升高的，所以炉子也是“正”方向作用的。变送器是随炉温升高，输出增大，也是“正”方向。所以控制器必须为“反方向”，才能当炉温升高时，使阀门关小，炉温下降。

图12-15是一个简单的液位控制系统。控制阀采用了气开阀，在一旦停止供气时，阀门自动关闭，以免物料全部流走，故控制阀是“正”方向。当控制阀打开时，液位是下降的，所以对象的作用方向是“反”的。变送器为“正”方向。这时控制器的作用方向必须为“正”才行。

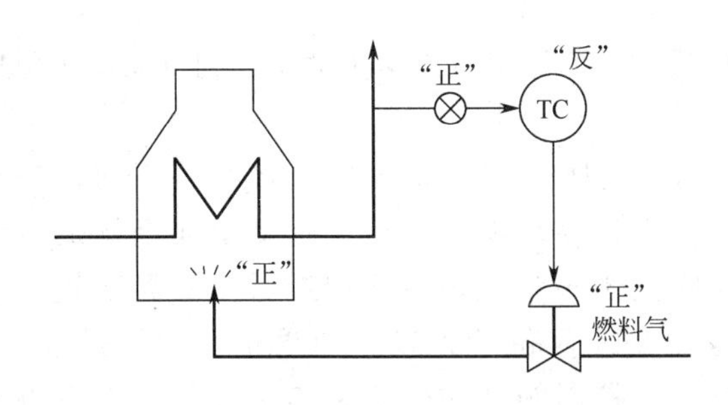

图 12-14　加热炉出口温度控制

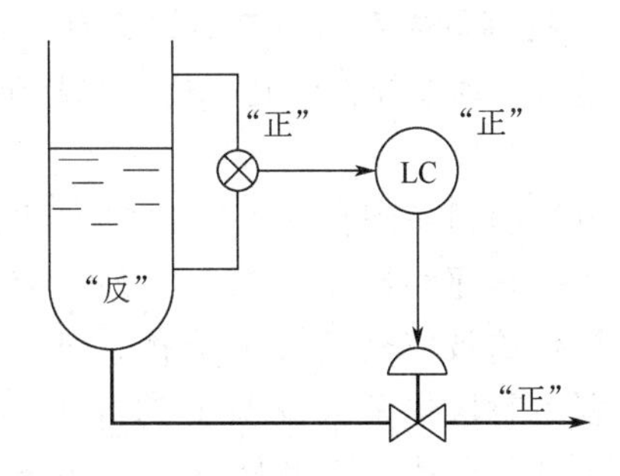

图 12-15　液位控制系统

总之，确定控制器作用方向，就是要使控制回路中各个环节总的作用方向为“反”方向，构成负反馈，这样才能真正起到控制作用。

4. 控制阀的投运

在现场，控制阀的安装情况一般如图 12-16 所示。在控制阀 4 的前后各装有截止阀，图中 1 为上游阀，2 为下游阀。另外，为了在控制阀或控制系统出现故障时不致影响正常的工艺生产，通常在旁路上安装有旁路阀 3。

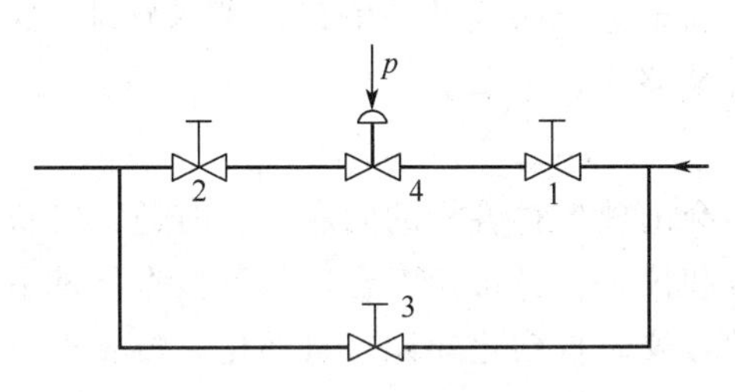

图 12-16　控制阀安装示意图

1—上游阀；2—下游阀；3—旁路阀；4—控制阀

开车时，有两种操作步骤，一种是先用人工操作旁路阀，然后过渡到控制阀手动遥控；另一种是一开始就用手动遥控。如条件许可，当然后一种方法较好。

当由旁路阀手工操作转为控制阀手动遥控时，步骤如下：

① 先将上游阀 1 和下游阀 2 关闭，手动操作旁路阀 3，使工况逐渐趋于稳定；

② 用手动定值器或其他手动操作器调整控制阀上的气压 p，使它等于某一中间数值或已有的经验数值；

③ 先开上游阀 1，再逐渐开下游阀 2，同时逐渐关闭旁路阀 3，以尽量减少波动（亦可先开下游阀 2）；

④ 观察仪表指示值，改变手动输出，使被控变量接近给定值。

远距离人工控制控制阀叫手动遥控，可以有三种不同的情况：

① 控制阀本身是遥控阀，利用定值器或其他手动操作器遥控；

② 控制器本身有切换装置或带有副线板，切至“手动”位置，利用定值器或手操轮遥控；

③ 控制器不切换，放在“自动”位置，利用定值器改变给定值而进行遥控。但此时宜将比例度置于中间数值，不加积分和微分作用。

一般说来，当达到稳定操作时，阀门膜头压力应为 0.03～0.085MPa 范围内的某一数值，否则，表明阀的尺寸不合适，应重新选用控制阀。当压力超过 0.085MPa 时，表明所选控制阀太小（对气开阀而言），可适当利用旁路阀来调整，但这不是根本解决的办法，它将使阀的流量特性变坏，当由于生产量的不断增加，使原设计的控制阀太小时，如果只是依靠开大旁路阀来调整流量，会使整个自动控制系统不能正常工作。这时无论怎样整定控制器参数，都是不能获得满意的控制质量的。

5. 控制器的手动和自动的切换

通过手动遥控控制阀，使工况趋于稳定以后，控制器就可以由手动切换到自动，实现自动操作。

由手动切换到自动，或由自动切换到手动，因所用仪表型号及连接线路不同，有不同的切换程序和操作方法，总的要求是要做到无扰动切换。所谓无扰动切换，就是不因切换操作给被控变量带来干扰。对于气动薄膜控制阀来说，只要切换时无外界干扰，切换过程中就应保证阀膜头上的气压不变，也就是使阀位不跳动，如果正在切换过程中，发生了外界干扰，控制器立即发出校正信号操纵控制阀动作，这是正常现象，不是切换带来的扰动。为了避免这种情况，切换必须迅速完成。所以，总的要求是平稳、迅速，实现无扰动切换。

6. 控制器参数的整定

控制系统投入自动后，即可进行控制器参数的整定。整定方法前面已经介绍过，这里所要强调的是：不管采用哪种方法进行整定，所得到的自动控制系统，在正常工况下，由于经常受到各种扰动，被控变量不可能总是稳定在一个数值上长期不变。企图通过控制器参数整定，使仪表测量值指针总是保持不动，记录曲线为一条直线或一个圆，这是不现实的。记录曲线围绕给定值附近有一些小的波动是正常的。如果出现记录曲线是一条直线或一个圆，这时倒要检查一下测量记录仪表有否故障，灵敏度是否足够等。

二、控制系统操作中的常见问题

控制系统在投运以后及运行一个时期以后，可能会出现各种各样的问题，这时通常要从自动化装置和工艺两方面去寻找原因，只要工艺人员和仪表人员密切配合，认真检查，是不难发现问题并找出处理办法的。显然，工艺人员要学习仪表自动化知识，自动化人员要学习工艺知识，这是十分重要的。

这里仅就控制系统可能出现的几个主要问题，以及解决的措施做简单的介绍。

1. 控制系统间的相互干扰及克服办法

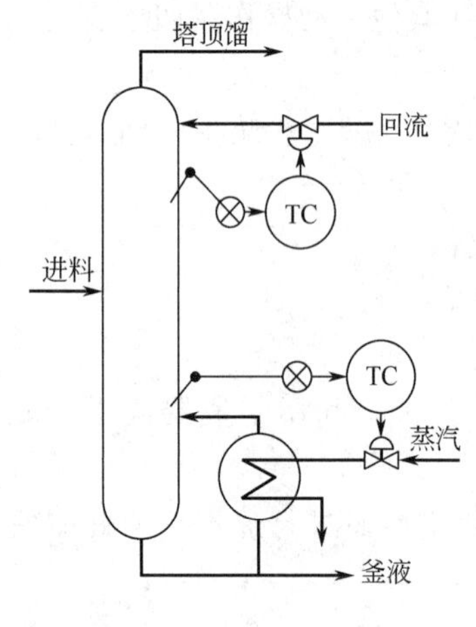

图 12-17　精馏塔控制系统之间的干扰

由于化工过程常常是用管道将一系列单元设备连接而成的，流经设备和管道的物料又常是连续的。所以，随着生产过程的强化和反应速度的加快，必将使过程中参数之间的联系更加密切，相互之间的影响和依赖关系也就越大。在工艺操作中常会看到，当改变某一参数（例如压力或流量等）后，很快会影响另外几个参数都发生变化。参数之间这种关联程度越强，控制系统间的相互干扰也就越严重。当几个控制系统间相互干扰时，通常需要采取措施加以处理，否则不能正常运行。有时尽管对每一个系统设计得非常完善，但几个系统同时投入运行后，会因为几个控制系统之间的干扰而根本无法正常运行。

图 12-17 是精馏塔两个温度控制系统之间相互干扰的示意图。由于精馏塔在操作过程中是一个整体，通过控制回流量来控制塔顶温度时，必然会影响塔底温度。同样，通过控制加热蒸汽量来控制塔底温度时，必然会影响塔顶温度。

图 12-18 是压力和流量两个控制系统之间相互干扰的示意图。如果在一条管道上既要控

制压力，又要控制流量时，两者必然存在相互干扰。例如，当管道压力低于给定值时，压力控制器要去关小阀门 1，这将导致管道流量下降，于是流量控制器要去打开阀门 2，这又会导致压力下降，如此反复，可能会造成两个控制系统都无法正常工作。

一些并联运行的设备相互之间关联也很大，例如一个负荷分配系统（见图 12-19），主管道与三个支管道是连通的，各支管上均有控制阀门。改变任一阀的开度都会影响主管道内的压力变化，而这又会影响进入其他分支管内的流量，当主管道口径越小时，这种影响越明显。消除控制系统间相互干扰的办法可以从工艺上考虑，也可以从控制系统方面考虑。

对于图 12-18 的管道压力与流量控制系统，如不希望改变控制方案时，可以通过控制器参数整定，将两个控制系统的动态联系削弱，使其能正常工作。假如压力系统是主要的，可以把流量控制器的比例度与积分时间适当加大。当受到干扰时，压力控制系统立即起作用，把压力调回给定值，而流量控制系统慢慢起作用，经过一段时间才能回复到给定值。这样，削弱了流量系统对压力系统的影响。采取这种措施后，保证了主要被控变量——压力的稳定，而流量的控制质量会有所降低，但这是必须付出的代价。

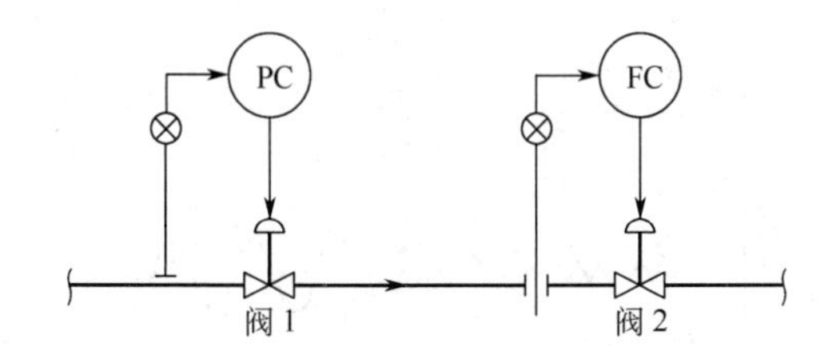

图 12-18　压力和流量控制系统之间的干扰

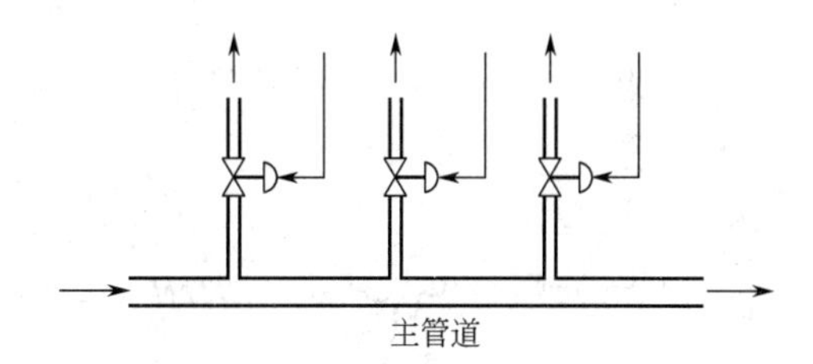

图 12-19　负荷分配系统

图 12-17 所示的精馏塔温度控制系统之间的干扰也可以用同样方法加以克服。在这个例子中，由于塔顶系统的操纵变量是回流量，影响塔顶温度较快，而塔底系统的操纵变量是加热蒸汽，要通过再沸器换热过程才能影响塔底温度。所以塔底温度控制系统的动作本来就比塔顶温度控制系统慢，如果再通过参数整定，将塔底温度控制器的比例度加大一些，这样就可以进一步削弱两个温度控制系统之间的动态联系，从而使两套系统比较正常的工作。另外，从自动化角度出发，尚可设计较为复杂一些的去关联控制系统，通过引入一些特殊的去关联环节来消除相互间的影响。

从工艺上消除关联也是一个极为有效的措施。如图 12-19 所示的负荷分配系统，只要把主管道口径适当加粗，就可削弱各支管控制系统间的关联，使各系统成为基本上独立的控制系统。

2. 测量系统的故障及判别方法

自动控制系统在运行过程中，有时测量系统会出现各种故障。这时工艺人员若误认为是工艺有问题而对设备进行误操作，结果就会影响生产，甚至导致生产事故，所以在发现工艺参数的记录曲线出现异常情况时，首先要分析情况，判别其原因，这是正常操作的前提之一。判别的方法可归纳如下三点。

（1）记录曲线的分析比较　记录曲线的异常情况一般有下列几种，仔细分析比较，是不难找出其原因的。

① 记录曲线突变。一般来说，工艺参数的变化是比较缓慢的，有规律的。如果记录曲线突然变化到“最大”或“最小”两个极端位置上，则可能是仪表发生故障。

② 记录曲线突然大幅度变化。各个工艺参数往往是互相关联的。一个参数的大幅度变化一般总要引起其他参数的明显变化，如果其他参数并没有变化，则这个指示参数大幅度变化的仪表或有关装置可能有故障。

③ 记录曲线出现不规则变化。一般说来，控制阀存在干摩擦或死区，记录曲线产生图 12-20 中 a 的现象；仪表记录笔卡住，记录曲线往往出现 b 的现象；控制阀定位器用得不当，产生跳动，记录曲线产生有规律的自持振荡，如图 12-20 曲线 c 所示。

④ 记录曲线出现等幅振荡。除了由于控制器参数整定不合适出现临界振荡外，其他因素也会使记录曲线出现等幅振荡。一般说来，控制阀阀杆滞涩，阀芯特性不好，阀门尺寸太大，工作在全行程的三分之一以下，会引起记录曲线呈现狭窄的锯齿状的并有较小时间间隔的振荡变化，如图 12-21 中曲线 a 所示；往复泵的脉冲，引起控制过程曲线呈现较宽的连续的有较大时间间隔的振荡变化，如图 12-21 曲线 b；有的控制系统在比例度还很大的时候，就产生虚假的临界振荡变化，如图 12-21 曲线 c。这种振荡是紧跟着直接有关的其他工艺参数的波动而产生的，这时，不要被假象所迷惑，它说明控制作用还很微弱，应把比例度大幅度减小。

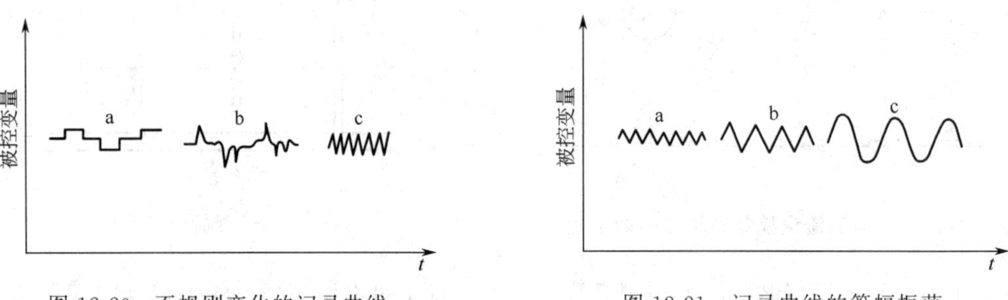

图 12-20　不规则变化的记录曲线

图 12-21　记录曲线的等幅振荡

⑤ 记录曲线不变化，呈直线状（或圆状）。目前大多数较灵敏的仪表，对工艺参数的微小变化，多少总能反映一些出来。如果在较长的时间内，记录曲线是直线状，或原来有波动的曲线突然变成直线形（或圆形），就要考虑仪表可能有故障。这时可以人为地改变一点工艺条件，看仪表有无反应，如果没有反应，则仪表有故障。

（2）控制室仪表与现场同位仪表比较　对控制室仪表指示有怀疑时，可以观察现场同位置（或相近位置）安装的各种直观仪表（如弹簧管压力表，玻璃管温度计等）的指示，看两者指示值是否相近（不一定要完全相等），如果差别很大，则仪表有故障。

（3）两台仪表之间的比较　对一些重要的工艺参数，往往都是用两台仪表同时进行检测显示，以确保测量准确，又便于对比检查。如果两台仪表的指示值不是同时变化，且相差较大，则仪表有故障。

造成测量系统故障的原因很多，必须仔细分析，认真检查。例如开车时测量正常，但开车一段时间后发现测量不准确，或被控变量指示值变化不大，反应不灵敏，则必须检查测量元件是否被结晶或黏性物包住；孔板和引压管是否被结晶或粉末局部堵塞；仪表本身灵敏度是否变化等。另外，若引压管中不是单相介质，如液中带气或气中带液，而未及时排放，会造成测量信号失真。当由于长期高温或受局部损坏，致使热电偶或热电阻断开，记录曲线就会突变，指针会移向最大值或最小值，这是比较容易判断和处理的。

3. 控制系统运行中的常见问题

控制系统在正常投运以后，经过长期的运行，可能会出现各种问题。除了要考虑前面所讲的测量系统可能出现的故障以外，特别要注意被控对象特性的变化以及控制阀特性变化的可能性，要从仪表和工艺两个方面去找原因，不能只从一个角度去看问题。

由于控制系统内各组成环节的特性对控制质量都有一定的影响，所以当控制系统中某个组成环节的特性发生变化，系统的控制质量也会随着发生变化。首先要考虑对象的特性在运行中有无发生变化。例如所用催化剂是否老化或中毒？换热对象的管壁有无结垢而增大热阻降低传热系数？设备内是否由于工艺波动等原因使结晶不断析出或聚合物不断产生？以上各种现象的产生都会使被控对象的特性发生变化，例如时间常数变大，容量滞后增加等。为了适应对象特性的变化，一般可以通过重新整定控制器参数，以获得较好的控制质量。因为控制器参数值是针对对象特性而确定的，对象特性改变，控制器参数也必须改变。

工艺操作的不正常，生产负荷的大幅度变化，不仅会影响对象的特性，而且会使控制阀的特性发生变化。例如控制系统原来设计在中负荷条件下运行，而在大负荷或很小负荷条件下就不适应了；又如所用线性控制阀在小负荷时特性变化，系统无法获得好质量，这时可考虑采用等百分比特性的控制阀，情况会有所改善。

控制阀本身在使用时的特性变化也会影响控制系统的工作。如有的阀，由于受介质腐蚀，使阀芯、阀座形状发生变化，阀的流通面积变大，特性变坏，也易造成系统不能稳定的工作。严重时应关闭截止阀，人工操作旁路阀，更换控制阀。其他如气压信号管路漏气，阀门堵塞等也是常见故障，可按维修规程处理。

例题分析

1. 试总结归纳一下控制器参数整定的方法、特点与使用场合。

答 工程上常用的整定方法的特点与使用场合列表如下：

整定方法	特　　点	使 用 场 合
临界比例度法	方法简单、容易掌握、容易判断临界振荡；产生临界振荡时，对生产影响较大	广泛用于一般自动控制系统，但对不允许产生等幅振荡的系统，特别是临界比例度较小的系统不适用
经验法	方法简单、方便可靠；实质上是“看曲线、调参数”，因此取决于现场调试经验；对PID三作用控制器整定时可能花时间较长	应用广泛，特别适用于记录曲线不规则，外界干扰很频繁的系统
衰减曲线法	对生产的影响较小，可按一定衰减比直接整定；在记录曲线不规则的情况下，难以判断衰减比	可用于不允许产生等幅振荡的对象，对于外界干扰频繁、记录曲线不规则的控制系统不适用

2. 图12-22是锅炉的压力和液位控制系统的示意图，试确定系统中控制阀的气开、气关型式及控制器的正反作用。

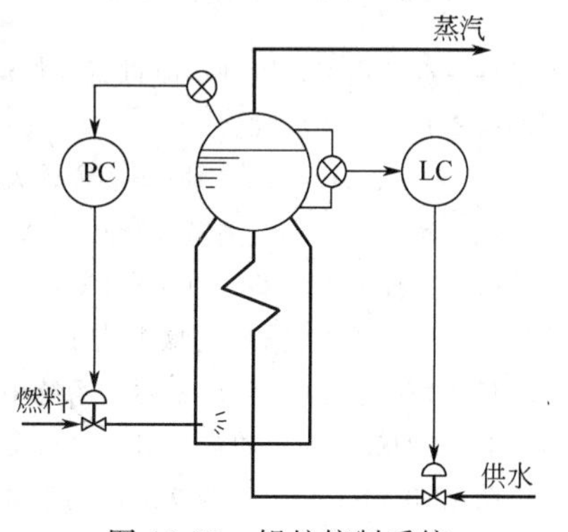

图12-22　锅炉控制系统

答 在液位控制系统中，如果从安全角度出发，主要是要保证锅炉水位不能太低，则控制阀应选择气关型，以便当气源中断时，能保证继续供水，防止锅炉烧坏。如果要保证蒸汽的质量，汽中不能带液，那么就要选择气开阀，以便气源中断时，不再供水，以免水位太高。本题我们假定是属于前者的情况，控制阀应选择气关型，为“－”方向；当供水流量增加时，液位是升高的，故对象为“＋”方向；测量变送器一般都是“＋”方向，故在这种情况下，液位控制器LC应为正作用方向。

在蒸汽压力控制系统中，为了保证气源中断时，能停止燃料供给，以防止烧坏锅炉，故控制阀应选择气开型，为“＋”方向；

当燃料量增加时，蒸汽压力是增加的，故对象为“+”方向；测量变送器为“+”方向，故压力控制器 PC 应为反作用方向。

3. 有一蒸汽加热设备利用蒸汽将物料加热，并用搅拌器不停地搅拌物料，当物料达到所需温度后将其排出。试问：

① 影响物料出口温度的主要因素有哪些？

② 如果要设计一温度控制系统，被控变量与操纵变量应选什么？为什么？

③ 如果物料在温度过低时会凝结，应如何选择控制阀的开关形式及控制器的正反作用？

答 ①影响物料出口温度的主要因素有蒸汽的流量、压力、进料流量、进料温度、环境温度等。

② 温度控制系统应取物料出口温度作为被控变量，因为这是工艺上要求的主要工艺指标，采取直接指标控制比较合理、方便。

在影响被控变量的诸多因素中，进料流量、进料温度一般是由上一工序决定的，是不可控的因素，环境温度亦属于不可控因素，都不能被选作操纵变量。为了较及时地控制物料出口温度，可选加热蒸汽流量为操纵变量。

③ 由于物料在温度过低时会凝结，应该选择气关阀，以便在气源中断时，阀门会自动打开，避免物料在加热设备内凝结。当加热蒸汽量增加时，会使物料温度升高，故该对象为“+”作用方向，气关阀为“−”作用方向，为使整个控制系统能起负反馈作用，控制器应选正作用的。

习题与思考题

1. 简单控制系统由哪几部分组成？各部分的作用是什么？

2. 图 12-23 是一反应器温度控制系统示意图。试画出这一系统的方块图，在本系统中，被控对象、被控变量、操纵变量各是什么？

3. 试简述家用电冰箱的工作过程，画出其温度控制系统的方块图。

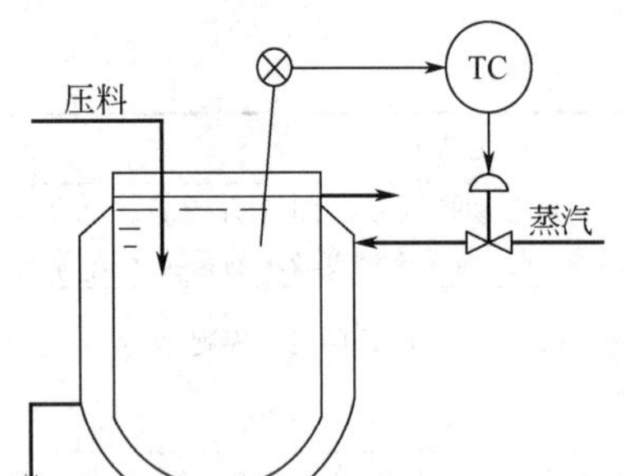

图 12-23　反应器温度控制系统

4. 被控变量的选择原则是什么？

5. 什么叫直接指标控制和间接指标控制？各使用在什么场合？

6. 操纵变量的选择原则是什么？

7. 什么叫可控因素与不可控因素？当存在着若干个可控因素时，应如何选择操纵变量才是比较合理的控制方案？

8. 比例控制器、比例积分控制器和比例积分微分控制器的特点是什么？各适用于什么场合？

9. 控制器参数整定的任务是什么？工程上常用的控制器参数整定有哪几种方法？

10. 为什么要考虑控制器的作用方向？如何选择？

11. 假定在图 12-23 所示的反应器温度控制系统中，反应器内需维持一定的温度，以利反应进行，但温度不允许过高，否则有爆炸危险。试确定控制器的正反作用与控制阀的气开、气关型式。

12. 图 8-2 为水槽液位控制系统，为安全起见，水槽内液体严格禁止溢出，试在下述两种情况下，分别确定执行器的气开、气关型式及控制器的正、反作用。

(1) 选择流入量 Q_1 为操纵量；

(2) 选择流出量 Q_2 为操纵变量。

13. 试确定图 12-24 所示两个系统中执行器的正、反作用及控制器的正、反作用。

图 12-24(a) 为一加热器出口物料温度控制系统，要求物料温度不能过高，否则易分解。

图 12-24(b) 为一冷却器出口物料温度控制系统，要求物料温度不能太低，否则易结晶。

14. 临界比例度的意义是什么？为什么工程上控制器所采用的比例度要大于临界比例度？

15. 试述用衰减曲线法整定控制器参数的步骤及注意事项。

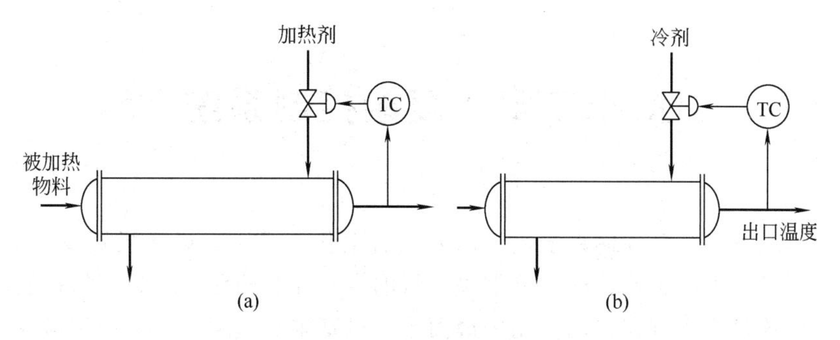

图 12-24　温度控制系统

16. 经验凑试法整定控制器参数的关键是什么？

17. 如何区分由于比例度过小、积分时间过小或微分时间过大所引起的振荡过渡过程？

18. 控制系统之间的相互干扰是怎样产生的？可以通过什么办法来克服？

19. 控制系统由手动切换为自动时要注意什么问题？为什么通常要求生产基本稳定后，控制系统才能投入自动运行？

20. 为什么有的控制系统工作一段时间后控制质量会变坏？

第十三章　复杂控制系统

在大多数情况下，简单控制系统由于需要的自动化工具少，设备投资少，维护、投运、整定较简单，同时，生产实践证明它能解决大量的生产控制问题，满足定值控制的要求，因此，简单控制系统是生产过程自动控制中最简单、最基本、应用最广的一种形式，在工厂里约占自动控制系统的80%左右。但是，随着工业的发展，生产工艺的革新和强化，对自动化的要求日益提高。例如甲醇精馏塔的温度偏离不允许超过1℃，石油裂解气的深冷分离中，乙烯纯度要求达到99.99%，由于简单控制系统往往满足不了这样高的要求，所以相继地出现了各种复杂控制系统。

所谓复杂，只是相对于简单而言的。一般来说，凡是结构上较为复杂或控制目的上较为特殊的控制系统，都可以称为复杂控制系统。通常复杂控制系统是多变量的，具有两个以上变送器、两个以上控制器或两个以上控制阀所组成的多个回路的控制系统，所以又称为多回路控制系统。当然，这类系统的分析、设计、参数整定与投运也相应比简单控制系统要复杂些。

复杂控制系统种类繁多，根据系统的结构和所担负的任务来说，常见的复杂控制系统有串级、均匀、比值、分程、三冲量、前馈、选择性等系统。本章主要介绍这些系统的基本原理、特点及应用。

第一节　串级控制系统

一、串级控制系统概述

串级控制系统是在简单控制系统的基础上发展起来的，当对象的滞后较大，干扰比较剧烈、频繁时，采用简单控制系统往往控制质量较差，满足不了工艺上的要求，可考虑采用串级控制系统。下面举例说明。

管式加热炉是炼油、化工生产中重要装置之一。无论是原油加热或重油裂解，对炉出口温度的控制都十分严格，这一方面可延长炉子寿命，防止炉管烧坏；另一方面可保证后面精馏分离的质量。为了控制炉出口温度，可以设置图13-1所示的温度控制系统，根据炉出口温度的变化来控制燃料阀门的开度，即改变燃料量来维持炉的出口温度在工艺所规定的数值上，这是一个简单控制系统。

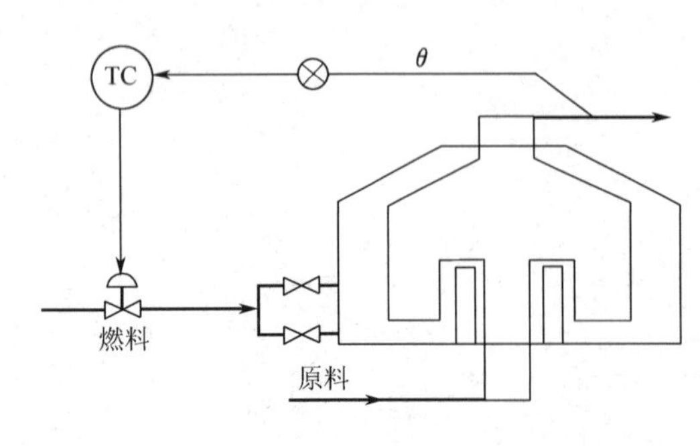

图13-1　管式加热炉出口温度控制系统

由于燃料量的改变要通过炉膛才能使原料油的温度发生变化，所以炉子的调节通道容量滞后很大，时间常数约15min左右，反应缓慢，调节精度低，但是工艺上要求炉出口温度的变化范围为±(1～2)℃。如此高的质量指标要求，图13-1所示的单参数单回路控制系统是难以满足的。为了解决容量滞后问题，还需对加热炉的工艺做进一步的分析。

管式加热炉对象是一根很长的受热管道，它的热负荷很大，它是通过炉膛与原料油的温差将热量传给原料油的，因此燃料量的变化首先是从炉膛的温度反映出来的，那么是否能以炉膛温度作为被控变量组成单回路控制系统呢？当然这样做会使调节通道容量滞后减少，约3min左右，但炉膛温度不能真正代表炉出口温度，如果炉膛温度控制好了，其炉出口温度并不一定能满足生产要求，为解决这一问题，人们在生产实践中，根据炉膛温度的变化，先控制燃料量，再根据炉出口温度与其给定值之差，进一步控制燃料量，以保持炉出口温度的恒定。模仿这样的人工操作就构成了以炉出口温度为主要被控变量的炉出口温度与炉膛温度的串级控制系统，图13-2是这种系统的示意图。它的工作过程是这样的：在稳定工况下，炉出口温度和炉膛温度处于相对稳定状态，控制燃料量的阀门保持在一定的开度，假定在某一时刻，燃料油的压力或组分发生变化，这个干扰首先使炉膛温度 θ_2 发生变化，它的变化使控制器 T_2C 进行工作，改变燃料的加入量，从而使炉膛温度的偏差随之减小。与此同时，由于炉膛温度的变化，或由于原料本身的进口流量或温度发生变化，会使炉出口温度 θ_1 发生变化，θ_1 的变化通过控制器 T_1C 不断地改变控制器 T_2C 的给定值。这样，两个控制器协同工作，直到炉出口温度重新稳定在给定值时过渡过程才告结束。

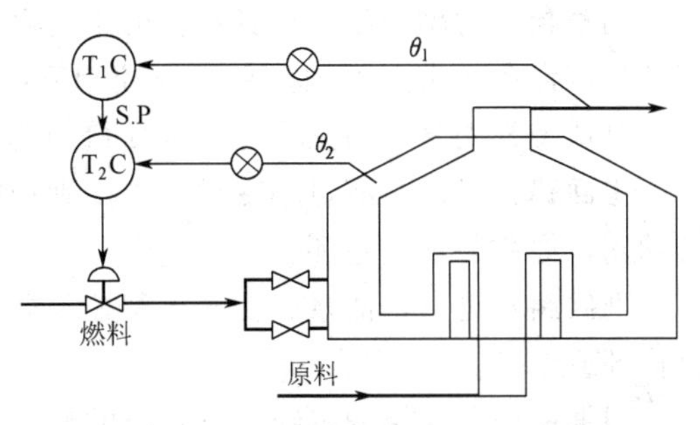

图 13-2 管式加热炉出口温度串级控制系统

图13-3是以上系统的方框图。根据信号传递的关系，图中将管式加热炉对象分为两部分。温度对象2的输出参数为炉膛温度 θ_2，干扰 F_2 表示燃料油的压力、组分等的变化，它通过温度对象2首先影响炉膛温度，然后再通过管壁影响炉出口温度 θ_1。干扰 F_1 表示原料本身的流量，进口温度等的变化，它通过温度对象1直接影响炉出口的温度 θ_1。

从图13-2或图13-3可以看出，在这个控制系统中，有两个控制器，分别接受来自对象不同部位的测量信号。其中一个控制器的输出作为另一个控制器给定值，而后者的输出去控制控制阀以改变操纵变量，从系统的结构来看，这两个控制器是串接工作的，因此，这样的系统称为串级控制系统。

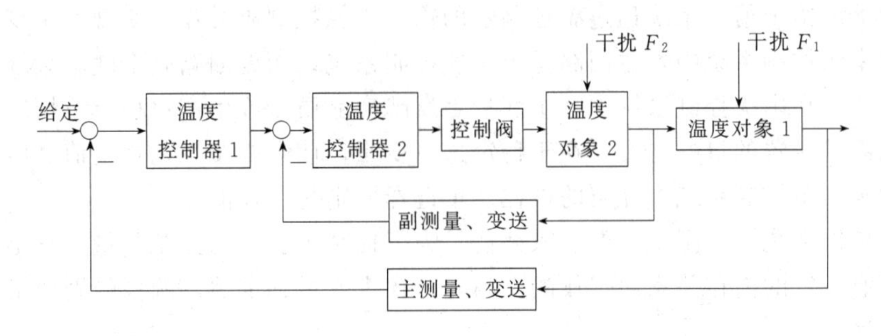

图 13-3 管式加热炉出口温度串级控制系统方框图

为了更好地阐述和研究问题，这里介绍几个串级控制系统中常用的名词。

主变量：是工艺控制指标，在串级控制系统中起主导作用的被控变量，如上例中的炉出口温度 θ_1。

副变量：串级控制系统中为了稳定主变量或因某种需要而引入的辅助变量，如上例中的炉膛温度 θ_2。

主控制器：按主变量对给定值的偏差而动作，其输出作为副变量给定值的那个控制器，称为主控制器（又名主导控制器）。如上例中的温度控制器 T_1C。

副控制器：其给定值由主控制器的输出所决定，并按副变量对给定值的偏差而动作的那个控制器，称为副控制器（又名随动控制器）。如上例中的温度控制器 T_2C。

主对象：对主变量表征其特性的生产设备，如上例中从炉膛温度检测点到炉出口温度检测点间的工艺生产设备，当然还包括必要的工艺管道。

副对象：为副变量表征其特性的工艺生产设备，如上例中控制阀至炉膛温度检测点间的工艺生产设备。由上可知，在串级控制系统中，被控对象被分为两部分——主对象与副对象，具体怎样划分，与主变量和副变量的选择有关。

主回路：是由主测量、变送，主、副控制器，执行器（控制阀）和主、副对象所构成的外回路，亦称外环或主环。

副回路：是由副测量、变送，副控制器，执行器（控制阀）和副对象所构成的回路，亦称内环或副环。

根据前面所介绍的串级控制系统的专用名词，各种形式的串级控制系统都可以画成典型形式的方块图，如图 13-4 所示。

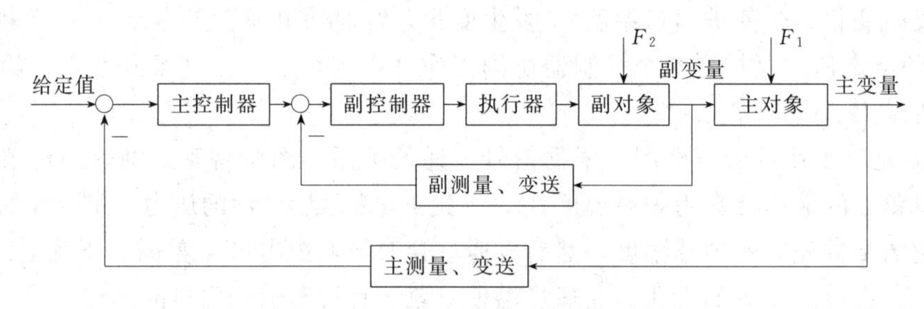

图 13-4　串级控制系统典型方块图

二、串级控制系统的特点及应用

1. 系统的结构

在系统的结构上，串级控制系统有两个闭合回路。主、副控制器串联，主控制器的输出作为副控制器的给定值，系统通过副控制器的输出操纵控制阀动作，实现对主变量的定值控制。所以在串级控制系统中，主回路是个定值控制系统，而副回路是个随动系统。

一般来说，在串级控制系统中，主变量是反映产品质量或生产过程运行情况的主要工艺参数。控制系统设置的目的主要就在于稳定这一变量，使它等于工艺规定值。所以，主变量的选择原则与简单控制系统中介绍的被控变量选择原则是一样的。

在串级控制系统中，副变量的引入往往是为了提高主变量的控制质量，它是基于主，副变量之间具有一定的内在关系而工作的。因此，在主变量选定后，选择的副变量应与主变量有一定的关系。

选择串级控制系统的副变量一般有两类情况，一类情况是选择与主变量有一定关系的某一中间变量作为副变量，例如前面所讲的管式加热炉的温度串级控制系统中，选择的副变量是燃料量至炉出口温度通道中间的一个变量，即炉膛温度，由于它的滞后小，反应快，可以提前预报主变量的变化；另一类选择的副变量就是操纵变量本身，这样能及时克服它的波动，减小对主变量的影响，下面举一个例子来说明这种情况。

图 13-5 是精馏塔塔釜温度串级控制系统的示意图。精馏塔塔釜温度是保证产品分离纯度的重要指标，一般要求将它保持在一定的数值。通常采用改变加热蒸汽量来克服干扰（如进料流量，温度及成分等的变化）对温度的影响，从而保持塔釜温度的稳定。但是，由于温度对象滞后比较大，当蒸汽压力波动比较厉害时，使控制质量不够理想。为解决这个问题就构成如图 13-5 所示塔釜温度与加热蒸汽流量的串级控制系统。温度控制器 TC 的输出作为蒸汽流量控制器的给定值。亦即流量控制器的给定值应该由温度控制的需要来决定它应该"变"或"不变"，以及变化的"大"或"小"。通过这套串级控制系统，希望在塔釜温度稳定不变时蒸汽流量能保持定值，而当温度在外来干扰作用下偏离给定值时，又要求蒸汽流量能做相应的变化，以使能量的需要和供给之间得到平衡，从而保持釜温在要求恒定的数值上。在这个例子中，选择的副变量就是操纵变量，即蒸汽流量本身。这样，当干扰来自蒸汽压力或流量的波动时，副回路能及时加以克服，以大大减小这种干扰对主变量的影响，使塔釜温度的控制质量得以提高。

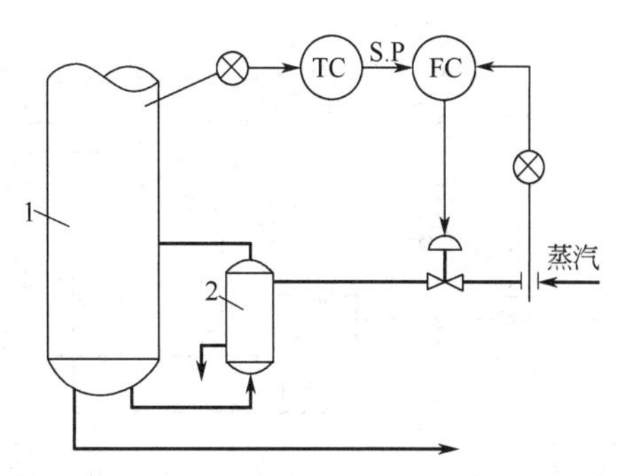

图 13-5　精馏塔塔釜温度串级控制系统

1—精馏塔；2—再沸器

2. 系统的特性

在系统特性上，串级控制系统由于副回路的存在，改善了对象特性，使调节过程加快，具有超前控制的作用，从而有效地克服滞后，提高控制质量。因此，当对象的控制通道很长，容量滞后大或时间常数大，采用简单控制系统不能满足控制质量的要求时，可以考虑采用串级控制系统。

下面以管式加热炉为例，来说明串级控制系统是如何有效地克服滞后提高控制质量的。考虑图 13-2 所示的温度-温度串级控制系统。假定控制阀采用气开型式，断气时关闭控制阀，以防止炉管烧坏而酿成事故。温度控制器 T_1C 和 T_2C 都采用反作用方向。下面我们针对不同情况来分析该系统的工作过程。

（1）干扰作用于副回路　当系统的干扰只是燃料油的压力或组分波动时，亦即在图13-3的方框图中，干扰 F_1 不存在，只有 F_2 作用在温度对象 2 上，这时干扰进入副回路。若采用简单的控制系统（见图 13-1），干扰 F_2 先引起炉膛温度 θ_2 变化，然后通过管壁传热才能引起炉出口温度 θ_1 变化，只有当 θ_1 变化以后，控制作用才能开始，因而控制迟缓，滞后大。设置了副回路以后，干扰 F_2 引起 θ_2 变化，温度控制器 T_2C 及时进行控制，使其很快稳定下来，如果干扰量小，经过副回路控制后，此干扰一般影响不到加热炉出口温度 θ_1；在大幅度的干扰下，其大部分影响为副回路所克服，波及加热炉出口温度 θ_1 已是强弩之末了，再由主回路进一步控制，彻底消除干扰的影响，使被控变量回复到给定值。

假定燃料油的压力增加或热值增加，使炉膛温度升高。显然，这时温度控制器 T_2C 的测量值是增加的。另外由于炉膛温度 θ_2 升高，会使炉出口温度 θ_1 也升高，因为温度控制器 T_1C 是反作用，其输出降低，送至温度控制器 T_2C，因而使 T_2C 的给定值降低。由于温度控制器 T_2C 也是反作用的，给定值降低与测量值升高，都同时使输出值降低，它们的作用都是使控制阀关小。因此，控制作用不仅加快，而且加强了，使加热炉出口温度能尽快地回复到给定值。

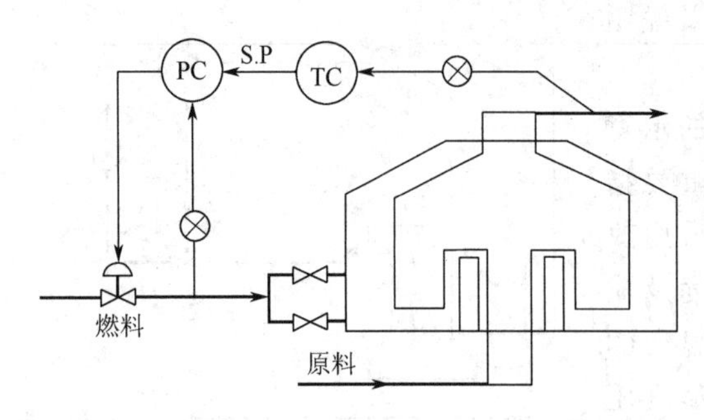

图 13-6　加热炉出口温度与燃料油压力串级控制系统

由于副回路控制通道短，时间常数小，所以当干扰进入副回路时，可以获得比单回路超前的控制作用。为了充分发挥这一优点，当管式加热炉的主要干扰来自燃料油的压力波动时，可以设计图 13-6 所示的加热炉出口温度与燃料油压力串级控制系统。在这个系统中，由于副回路控制通道很短，时间常数很小，因此控制作用非常及时，能有效地克服由于燃料油压力波动对炉出口温度的影响，从而大大提高了控制质量。但是必须指出，在确定副回路时，除了要考虑它的快速性外，还应该使副回路包括主要干扰，可能条件下应力求包括较多的次要干扰。例如前面所说的管式加热炉出口温度控制系统，如果燃料油的压力比较稳定，而燃料油的组分（热值）波动较大，那么，图 13-6 所示的温度-压力串级控制系统的副回路作用就不大了，此时宜采用图 13-2 所示的温度-温度串级控制系统。当然，副回路所包括的干扰越多，往往副对象的时间常数也就越大。如果不恰当地追求副回路多包含几个干扰因素，就会把副变量的位置选得靠近主变量，使副回路控制通道加长，滞后增大，时间常数增大，反应迟缓，便失去了副回路的优越性。况且，当主、副回路的时间常数接近时，两个回路的动态联系密切，严重时会出现“共振效应”。所以，在选择副回路时，既要包含主要干扰，又不能太靠近主变量。另外，所选副变量还应注意工艺的合理性和实现的可能性。特别要注意，有些变量从理论上讲是可以作为副变量的，但从实际上看来，工艺上可能无法实现或无法检测，这就不得不另外选择了。

（2）干扰同时作用于副回路和主对象　如果除了进入副回路的干扰外，还有其他干扰作用在主对象上，根据干扰作用下主、副变量变化的方向，又分下列两种情况。

一种是在干扰作用下主、副变量同方向变化，同时增加或同时减小。譬如在图 13-2 所示的温度-温度串级控制系统中，一方面由于燃料油压力增加（或热值增加），使炉膛温度 θ_2 增加，同时由于原料油进口温度增加（或流量减小）而使炉出口温度 θ_1 增加。这时主控制器 T_1C 的输出减小，副控制器由于测量值增加，给定值减小，所以副控制器的输出大大减小以使控制阀关得较小，减少了燃料供给量，直至主变量 θ_1 回复到给定值为止，由于此时主、副控制器的工作都是使阀门关小的，所以加强了控制作用，加快了控制过程。

另一种情况是主、副变量反方向变化，一个增加，一个减小。譬如在上例中，由于燃料油压力升高（或热值增加）使炉膛温度 θ_2 增加，同时由于原料油进口温度降低（或流量增加）而使炉出口温度 θ_1 降低。这时主控制器的测量值降低，输出增加，而副控制器的测量值增加，给定值也增加，如果恰好两者增加量相等，则偏差为零，副控制器输出不变，阀门不需动作；如果两者增加量不相等，由于互相抵消掉一部分，偏差也不太，只要控制阀稍稍改变一下，即可使系统达到稳定。

通过以上分析可以看出，在串级控制系统中由于引入一个闭合的副回路，不仅能迅速克服作用于副回路的干扰，而且对作用于主对象的干扰也能加速克服过程。副回路具有先调、粗调、快调的特点；主回路具有后调、细调、慢调的特点，并对于副回路没有克服掉的干扰能彻底加以克服。因此，在串级控制系统中主、副回路相互配合，充分发挥控制作用，大大提高了控制质量。

3. 自适应能力

由于增加了副回路，使串级控制系统具有一定的自适应能力，可用于负荷和操作条件有较大变化的场合。

前面已经讲过，对于一个控制系统来说，控制器参数是在一定的负荷，一定的操作条件下，按一定的质量指标整定得到的。因此，一定的控制器参数只能适应一定的负荷和操作条件。如果对象具有非线性，那么，随着负荷与操作条件的改变，对象特性就会发生变化，这样，原先的控制器参数就不再适应了，需要重新整定。如果仍用原先的参数，控制质量就会下降。这一问题，在单回路控制系统中是难于解决的。在串级控制系统中，主回路是一个定值系统，副回路却是一个随动系统，当负荷和操作条件发生变化时，主控制器能够适应这一变化及时地改变副控制器的给定值，使系统运行在新的工作点上，从而保证在新的负荷和操作条件下，控制系统仍然具有较好的控制质量。

总之，根据串级控制系统的特点，当对象的滞后和时间常数很大，干扰作用强而频繁，负荷变化大，简单控制系统满足不了要求时，使用串级控制系统是合适的，尤其是当主要干扰来自控制阀方面时，选择控制介质的流量或压力作为副变量来构成串级控制系统（如图13-5或图13-6所示）是很适宜的。

三、主、副控制器控制规律的选择

串级控制系统一般用来高精度地控制主变量，因而，副控制器主变量在控制过程结束时不应有余差。怎样才能实现无差控制呢？从前面分析中可知，副回路主要用来克服进入副回路的干扰，而主回路能够克服所有影响主变量变化的干扰。因而，主控制器采用比例积分控制规律就可实现主变量的无差控制。对于副变量来说，一般要求它服从主变量恒定的需要，其值应随主控制器的输出在一定范围内变化，因而副控制器应采用比例控制规律，如引入积分作用，不仅难于保持副变量为无差控制，而且还会影响副回路的快速作用。副控制器的微分作用也不需要，否则主控制器输出稍有变化，就容易引起控制阀大幅度变化，这不利于系统的稳定。

此外，当工艺为主、副变量的要求不同时，主、副控制器的控制规律也是不同的。表13-1列出四种情况，其中第一种情况应用是最普遍的。

表 13-1　主、副变量不同时应选用的控制规律

选择方法序号	对变量的要求		应选控制规律		备注
	主变量	副变量	主控	副控	
1	重要指标，要求很高	允许变化，要求不严	PI	P	主控必要时引入微分
2	主要指标，要求较高	主要指标，要求较高	PI	PI	
3	允许变化，要求不高	要求较高，变化较快	P	PI	工程上很少采用
4	要求不高，互相协调	要求不高，互相协调	P	P	

四、主、副控制器正反作用的选择

与简单控制系统一样，在串级控制系统投运和整定之前，必须检查控制器正、反作用开关是否放置在正确的位置。

串级控制系统中，必须分别选择主、副控制器的作用方向，选择方法如下。

1. 副控制器作用方向的选择

串级控制系统中的副控制器作用方向的选择，是根据工艺安全等要求，选定控制阀的开、关型式后，按照使副回路成为一个负反馈系统的原则来确定的。因此，副控制器作用方向与对象特性、控制阀的气关、气开型式有关，其选择方法与简单控制系统中控制器正、反作用的选择方法相同，这时可不考虑主控制器的作用方向，只是将主控制器的输出作为副控制器的给定就行了。

例如图13-2所示的管式加热炉温度-温度串级控制系统的副回路，如果为了在气源中断时，停止供给燃料油，以防烧坏炉子，那么控制阀应该选气开阀，是“正”方向。当燃料量加大时，炉膛温度 θ_2（副变量）是增加的，因此副对象是“正”方向。为了使副回路构成一个负反馈系统，副控制器 T_2C 应选择“反”作用方向。

2. 主控制器作用方向的选择

串级控制系统中主控制器作用方向的选择可按下述方法进行：当主、副变量在增大（或减小）时，为把主、副变量调回来，如果由工艺分析得出对控制阀动作方向要求一致时，主控制器应选用“反”作用；反之，则应选用“正”作用。

例如图13-2所示的串级控制系统，不论是主变量 θ_1 或副变量 θ_2 增加时，对控制阀动作方向的要求是一致的，都要求关小控制阀，减少供给的燃料量，才能使 θ_1 或 θ_2 降下来，所以这时主控制器 T_1C 应确定为反作用方向。

五、控制器参数整定与系统投运

串级控制系统从整体上来看是个定值控制系统，要求主变量有较高的控制精度。但从副回路来看，是一个随动系统，要求副变量能准确、快速地跟随主控制器输出的变化而变化。只有明确了主、副回路的作用及主、副变量的要求后，才能正确地通过参数整定改善控制系统的特性，获取最佳的控制过程。

串级控制系统主、副控制器的参数整定方法主要有下列两种。

1. 两步整定法

按照串级控制系统主、副回路的情况，先整定副控制器，后整定主控制器的方法叫作两步整定法，整定过程是：

① 在工况稳定，主副控制器都在纯比例作用运行的条件下，将主控制器的比例度固定在100%刻度上，逐渐减小副控制器的比例度，求取副回路在满足某种衰减化（如4：1）过渡过程下的副控制器比例度和操作周期，分别用 δ_{2S} 和 T_{2S} 表示；

② 在副控制器比例度等于 δ_{2S} 的条件下，逐步减小主控制器的比例度，直到得到同样衰减比下的控制过程，记下此时主控制器的比例度 δ_{1S} 和操作周期 T_{1S}；

③ 根据上面得到的 δ_{1S}、δ_{2S}、T_{1S}、T_{2S}，按表12-2（或表12-3）的规定公式计算主、副控制器的比例度、积分时间和微分时间；

④ 按“先副后主”，“先比例次积分后微分”的整定规律，将计算出的控制器参数加到控制器上；

⑤ 观察控制过程，适当调整，直到获得满意的过渡过程。

如果主、副对象时间常数相差不大，动态联系密切，可能会出现“共振”现象，主、副变量长时间地处于大幅度波动情况，控制质量严重恶化。这时可适当减少副控制器比例度或积分时间，以达到减小副回路操作周期的目的。同理，可以加大主控制器的比例度或积分时间，以期增大主回路操作周期，使主、副回路的操作周期之比加大，避免“共振”，这样做的结果会降低控制质量。如果主、副对象特性太相近，则说明确定的控制方案欠妥当，当副变量的选择不合适，这时就不能完全靠控制器参数改变来避免“共振”了。

2. 一步整定法

两步整定法虽能满足主、副变量的不同要求，但要分两步进行，比较烦琐。为了简化步骤，串级控制系统中控制器的参数整定可以采用一步整定法。所谓一步整定法就是副控制器的参数按经验直接确定，主控制器的参数按简单控制系统整定。为什么副控制器的参数可以按经验直接确定呢？从串级控制系统的特点得知，串级控制系统中的副回路较主回路动作速度一般都快得多，因此主、副回路动态联系很少，加上对副回路的控制质量一般没有严格的要求，所以，不必按两步整定，可凭经验一步整定。根据副控制器一般采用比例控制的情况，副控制器的比例度可按照经验在一定范围内先取，具体见表 13-2。

表 13-2　采用一步整定法时副变量的选择范围

副变量	放大系数 K_{C2}	比例度 $\delta_{2S}/\%$	副变量	放大系数 K_{C2}	比例度 $\delta_{2S}/\%$
温度	5.0～1.7	20～60	流量	2.5～1.25	40～80
压力	3.0～1.4	30～70	液位	5.0～1.25	20～80

整定步骤如下：

① 在生产正常，系统为纯比例运行的条件下，按照表 13-2 上所列的数据，把副控制器比例度调到某一适当的数值；

② 利用简单控制系统的任一种参数整定方法整定主控制器的参数；

③ 如果出现“共振”现象，可加大主控制器或减小副控制器的整定参数值，一般即能消除。

串级控制系统的投运和简单控制系统一样，要求投运过程保证做到无扰动切换。

串级控制系统使用的仪表和接线方式各不相同，投运方法也不完全一样。目前采用较为普遍的投运方法是先把副控制器投入自动，然后在整个系统比较稳定的情况下，再把主控制器投入自动，实现串级控制。这是因为在一般情况下，系统的主要干扰集中包括在副回路，而且副回路反应较快，滞后较小，如果副回路先投入自动，把副变量稳定，这时主变量就不会产生大的波动，主控制器的投运就比较容易了。再从主、副两个控制器联系上看，主控制器的输出是副控制器的给定，而副控制器的输出直接去控制控制阀，因此，先投运副回路，再投运主回路，从系统结构上看也是合理的。

由于所使用的仪表和对系统的要求不同，除了以上投运方法外，也有先投运主回路，后投运副回路的。为了简化步骤，在有的场合，也可以主、副回路一次投运，应当根据具体情况灵活掌握。

第二节　其他复杂控制系统

复杂控制系统的类型很多，前面已经介绍了串级控制系统，下面再对几种常用的其他复杂控制系统作简单的介绍。

一、均匀控制系统

1. 均匀控制的目的

在化工生产中，各生产过程都是前后紧密联系在一起的。前一设备的出料，往往是后一设备的进料，各设备的操作情况也是互相关联，互相影响的。如连续精馏的多塔分离过程就是一个最说明问题的例子，如图 13-7 所示。甲塔的出料为乙塔的进料，对甲塔来说，为了稳定操作需保持塔釜液位稳定，为此必然频繁地改变塔底的排出量，这就使塔釜失去了缓冲作用。而对乙塔来说，从稳定操作要求出发，希望进料量尽量不变或少变，这样甲、乙两塔

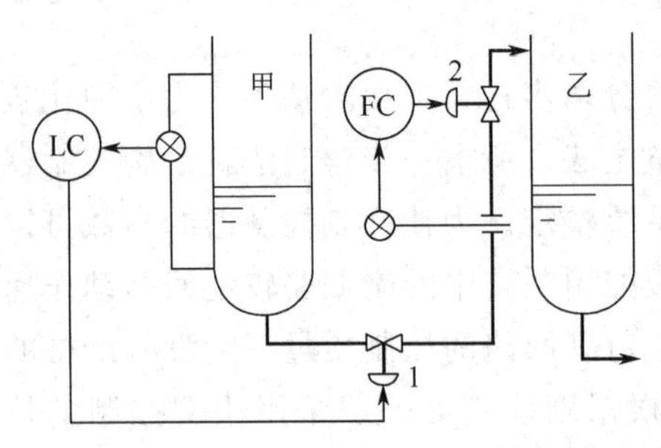

图 13-7 前后精馏塔的供求关系

1—出料阀；2—小阀

间的供求关系就出现了矛盾。如果采用图 13-7 所示的控制方案，两个系统无法正常工作。如果甲塔的液位上升，则液位控制器就会开大出料阀 1，而这将引起乙塔进料量增大，于是乙塔的流量控制器又要关小阀 2。如此下去，顾此失彼，解决不了供求之间的矛盾。要想维持前后精馏塔的正常生产，只能使它们在物料供求上均匀协调，统筹兼顾，这就出现了均匀控制。在具体实现时要根据生产的实际情况，哪一项指标要求高，就多照顾一些，而不是绝对平均的意思。

均匀控制通常是对液位和流量两个参数同时兼顾，通过均匀控制，使这两个互相矛盾的参数达到下列要求。

① 两个参数在控制过程中都应该是变化的，且变化是缓慢的。因为均匀控制是指前后设备的物料供求之间的均匀，那么，表征前后供求矛盾的两个参数都不应该稳定在某一固定的数值。图 13-8(a) 中把液位控制成比较平稳的直线，因此下一设备的进料量必然波动很大，这样的控制过程只能看作液位定值控制而不能看作均匀控制。反之，图 13-8(b) 中把后一设备的进料量调成平稳的直线，那么，前一设备的液位就必然波动很厉害，所以，它只能被看作流量的定值控制。只有如图 13-8(c) 所示的液位和流量的控制曲线才符合均匀控制的要求，两者都有一定程度的波动，但波动比较缓和。

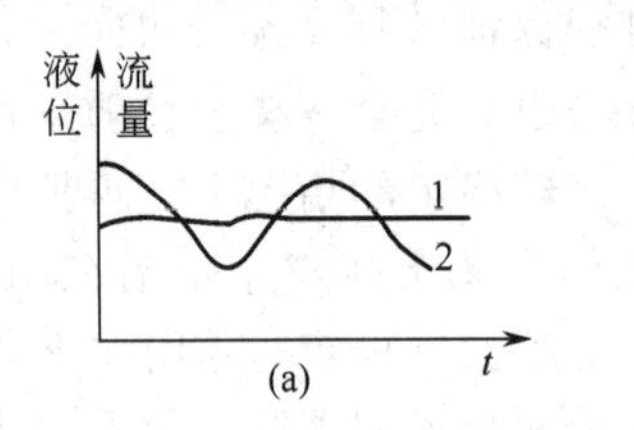

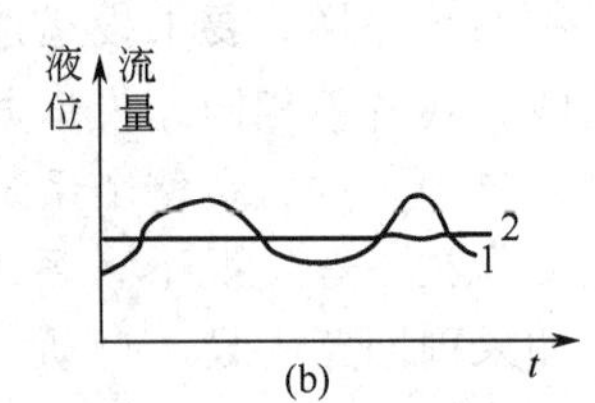

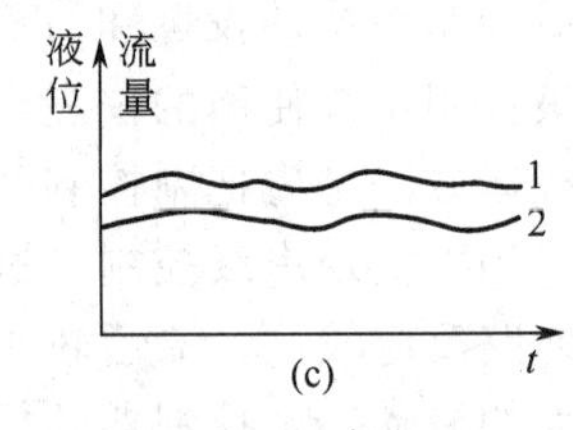

图 13-8 前一设备的液位和后一设备的进料量之关系

1—液位变化曲线；2—流量变化曲线

② 前后互相联系又互相矛盾的两个参数应保持在所允许的范围内波动。如图 13-7 中，甲塔塔釜液位的升降变化不能超过规定的上下限，否则就有淹过再沸器蒸汽管或抽干的危险。同样，乙塔进料流量也不能超越它所能承受的最大负荷或低于最小处理量，否则就不能保证精馏过程的正常进行。为此，均匀控制的设计必须满足这两个限制条件。当然，这里的允许波动范围比定值控制过程的允许偏差范围要大得多。

所以，均匀控制的目的要求与一般的定值控制有所区别，不能一律看待。有些工厂均匀控制系统配置不少，但真正使用得好的并不多，为什么呢？其原因是人们对两个工艺参数保持“均匀”，“缓慢”变化的认识不足，工艺人员对某个工艺参数要求过分，这样就不能起到均匀控制的作用。

2. 均匀控制方案

实现均匀控制的方案主要有三种，即简单均匀控制、串级均匀控制和双冲量均匀控制。这里只介绍前两种方案。

(1) 简单均匀控制　图 13-9 所示的为简单均匀控制系统。外表看起来与简单的液位定值控制系统一样，但系统设计的目的不同，定值控制是通过改变排出流量来保持液位为给定值，而简单均匀控制是为了协调液位与排出流量之间的关系，允许它们都在各自许可的范围内作缓慢地变化。

简单均匀控制系统中的控制器一般是纯比例作用的，而且比例度整定的很大，以便当液位变化时，排出流量只作缓慢的改变，有时为了克服连续发生的同一方向干扰所造成的过大偏差，防止液位超出规定范围，则引入积分作用，这时比例度一般大于 100%，积分时间也要放得大一些，至于微分作用，是和均匀控制的目的背道而驰的，故不采用。

（2）串级均匀控制　前面讲的简单均匀控制系统，虽然结构简单，但有局限性。当塔内压力或排出端压力变化时，即使控制阀开度不变，流量也会随阀前后压力差变化而改变，等到流量改变影响到液位变化时，液位控制器才进行调节，显然这是不及时的。为了克服这一缺点，可在原方案基础上增加一个流量副回路，即构成串级均匀控制，图 13-10 是其原理图。

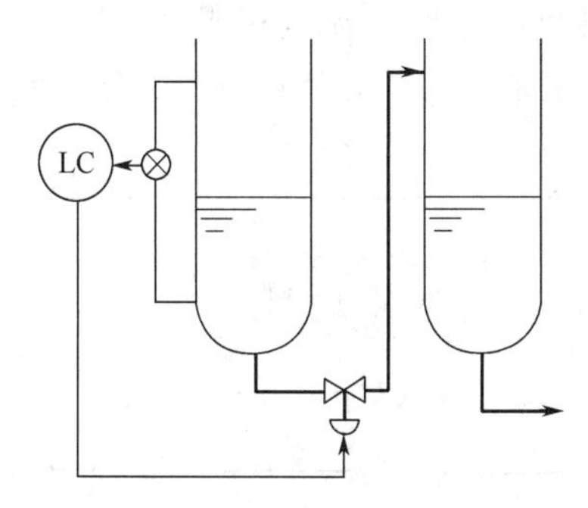

图 13-9　简单均匀控制

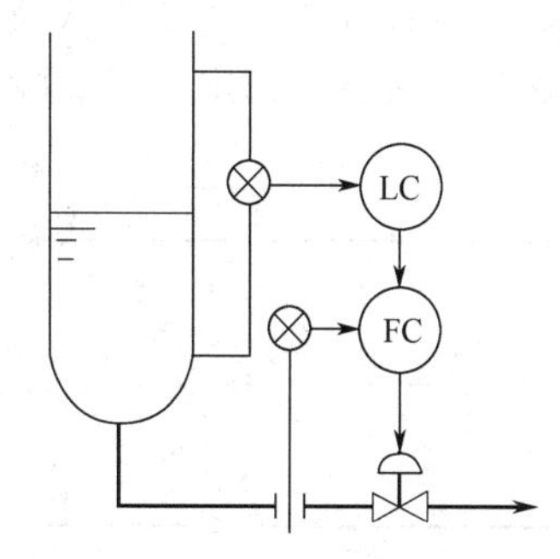

图 13-10　串级均匀控制

从图中可以看出，在系统结构上它与串级控制系统是相同的。液位控制器 LC 的输出，作为流量控制器 FC 的给定值，流量控制器的输出操纵控制阀。由于增加了副回路，可以及时克服由于塔内或排出端压力改变所引起的流量变化，这些都是串级控制系统的特点。但是，由于设计这一系统的目的是为了协调液位和流量两个参数的关系，使之在规定的范围内作缓慢地变化，所以本质上是均匀控制。

串级均匀控制系统，之所以能够使两个参数间的关系得到协调，是通过控制器参数整定来实现的。这里参数整定的目的不是使参数尽快地回到给定值，而是要求参数在允许的一定范围内作缓慢地变化。参数整定的方法也与一般的不同，一般控制系统的比例度和积分时间是由大到小地进行调整，均匀控制系统却正相反，是由小到大地进行调整。因而，均匀控制系统的控制器参数数值都很大。

串级均匀控制系统的主，副控制器一般都采用比例作用的，只在要求较高时，为防止偏差过大超过允许范围，才引入适当的积分作用。

二、比值控制系统

在化工生产中，工艺上经常需要两种或两种以上的物料按一定的比例混合或参加反应，一旦比例失调，就使产品质量不合格，甚至造成生产事故或发生危险。

例如某厂为配制 6%～8%的氢氧化钠溶液，采用 30%的氢氧化钠加水稀释的方法，经过计算可以得到，只要保证 30%的氢氧化钠和水的流量之比在 1∶4～1∶2.75 之间，就能连续配制 6%～8%的氢氧化钠溶液。若不能保证这种比例关系，就会使产品质量不合格。

工业上为了保持两种或两种以上物料的比值为一定的控制叫比值控制，我们这里只讨论两种物料的比值控制问题。

对于比值控制系统，首先要明确哪种物料是主物料，而另一种物料按主物料来配比。一般都是以生产中主要物料量为主动信号，另一种物料量的信号为从动信号，或者以不可控物料为主信号，可控物料与它来配比。

比值控制一般有以下三种方案。

1. 开环比值控制

开环比值控制如图 13-11 所示，它是最简单的比值控制方案，其中 Q_1 是主物料或主动量，在生产过程或控制系统中起主导作用；Q_2 是从动物料量或从动量。当 Q_1 变化时，要控制 Q_2 跟上 Q_1 变化，使 $Q_2/Q_1=K$，以保持一定的比值关系。由于测量信号取自 Q_1，而控制器的输出信号却送至 Q_2，所以是开环系统。

这种方案的优点是简单，只需一台纯比例控制器就可以实现，其比例度可以根据比值要求来设定。但这种方案仅适合于从动物料 Q_2 在阀门开度一定时，流量相当稳定的场合，否则就不能保证两流量的稳定。但实际上，Q_2 的流量往往是波动的，所以这种方案使用较少。

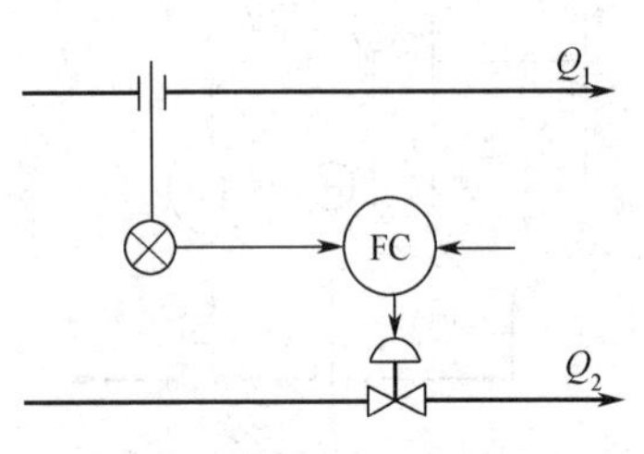

图 13-11 开环比值控制

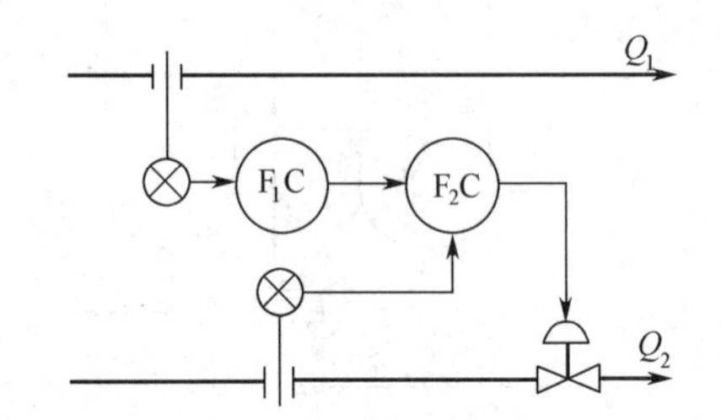

图 13-12 单闭环比值控制

2. 单闭环比值控制

单闭环比值控制系统如图 13-12 所示。这种方案与开环比值控制相比，增加了一个从动物料 Q_2 的流量闭环控制系统，并由主物料的流量控制器（或其他比值装置）的输出作为副控制器的给定。形式上有点像串级控制系统，但主回路不闭合。

当主物料 Q_1 变化时，通过主、副控制器去控制 Q_2 以跟上 Q_1 的变化，保持一定的比值关系；当 Q_1 不变化，Q_2 自己波动时，通过副控制器来稳定 Q_2 的流量。

这种方案的优点是结构简单，能确保两流量比值不变，是应用最多的方案。但是，如果主物料流量本身有变化，虽然两物料的比值保持一定，但总流量就会变化了。为了保持主物料流量也一定，可以采用双闭环比值控制，但由于结构复杂，故很少采用。

本方案中的副控制器 F_2C 除接受主控制器的给定外，还要稳定 Q_2 的流量，应当采用比例积分控制器。而主控制器 F_1C 的作用只是对主流量信号乘以比值系数，可以选用纯比例控制器，或者用比值器、乘法器、除法器和配比器中任一个仪表，代替主控制器实现比值控制。现在也有把主、副控制器合在一起构成配比控制器来使用的。

在比值控制系统中，一般用比值系数 K' 来表示两种物料经过变送器以后的流量信号之间的比值，它与生产上要求两种物料的比值 K 是不一样的。假定

$$K=Q_2/Q_1 \tag{13-1}$$

当流量信号与流量呈线性关系时，则有

$$K'=K\frac{Q_{1\max}}{Q_{2\max}} \tag{13-2}$$

当流量信号与流量成平方关系时，则有

$$K'=K^2\frac{Q_{1\max}^2}{Q_{2\max}^2} \tag{13-3}$$

式中，Q_{1max}、Q_{2max}分别为主物料和从动物料的最大值（或仪表量程）。

比值控制要求从动物料量迅速跟上主动物料量的变化，而且越快越好，一般不希望振荡。所以在比值控制系统中进行控制器参数整定时，不希望得到衰减振荡过程，而是要通过参数整定，得到一个没有振荡或有微弱振荡的过程。

3. 变比值控制系统

前面介绍的两种方案都是属于定比值控制系统。控制过程的目的是要保持主、从物料的比值关系为定值。但有些化学反应过程，要求两种物料的比值能灵活地随第三参数的需要而加以调整，这样就出现了一种变比值控制系统。

图 13-13 是变换炉的煤气与水蒸气的变比值控制系统的示意图。在变换炉生产过程中，煤气与水蒸气的量需保持一定的比值，但其比值系数要能随一段催化剂层的温度变化而变化，才能在较大负荷变化下保持良好的控制质量。从系统的结构上来看，实际上是变换炉催化剂层温度与蒸汽/煤气的比值串级控制系统。系统中控制器的选择，温度控制器按串级控制系统中主控制器要求选择，比值系统按单闭环比值控制系统来确定。

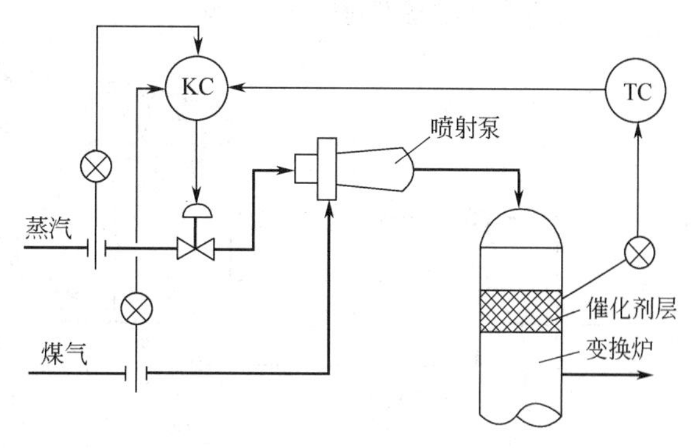

图 13-13　变比值控制系统

三、前馈控制系统

在大多数控制系统中，控制器是按照被控变量相对于给定值的偏差而进行工作的，控制作用影响被控变量，而被控变量的变化也反回来影响控制器的输入。这些控制系统都属于反馈控制。不论什么干扰，只要引起被控变量变化，都可以进行控制，这是反馈控制的优点。例如在图 13-14 所示的换热器出口温度的反馈控制中，所有影响被控变量的因素，如进料流量、温度的变化、蒸汽压力的变化等，它们对出口物料温度的影响都可以通过反馈控制来克服。但是，在这样的系统中，控制信号总是要在干扰已经造成影响，被控变量偏离给定值以后才能产生，控制作用总有些不及时，特别是在干扰频繁，对象有较大滞后时，使控制质量的提高受到很大的限制。

前馈控制是一种按扰动变化大小进行控制的系统，控制作用在扰动发生的同时就产生，而不是等到扰动引起被控变量发生波动后才产生，这就是前馈控制的主要特点。

图 13-15 是换热器的前馈控制系统示意图。假定换热器的出料温度 θ 是要控制的，而影响 θ 变化的主要干扰是进料流量变化。那么就可以测量进料流量的变化，通过流量控制器 FC 改变加热蒸汽量的大小。进料流量增加了，加热蒸汽量也相应增加，反之亦然。如果前馈控制作用恰到好处，就要以使出料温度 θ 不因进料量的改变而变化。由于它是针对干扰的大小而进行控制的，所以又叫干扰补偿控制。相对于反馈控制来说，前馈控制是及时的。因此，它对时间常数或滞后时间较大、干扰大而频繁的对象有显著效果。

上述前馈控制系统，仅能克服由于进料量变化对被控变量的影响，如果同时还存在其他干扰，例如进料温度，蒸汽压力的变化等，它们对被控变量 θ 的影响，通过前述的前馈控制系统是得不到克服的。因此，往往用“前馈”来克服主要干扰，再用“反馈”来克服其他干扰，组成“复合”的前馈-反馈控制系统。

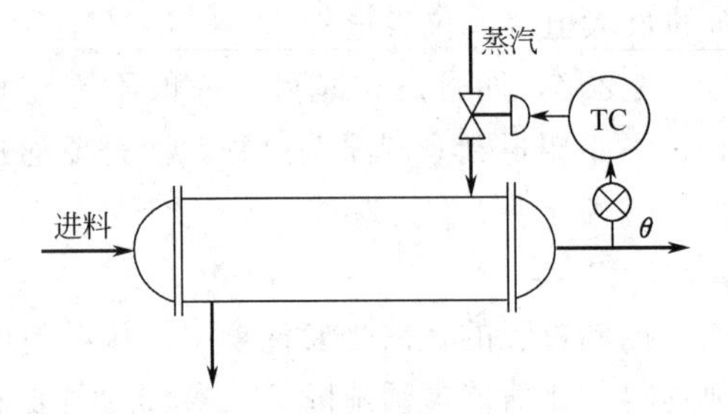

图 13-14　换热器的反馈控制

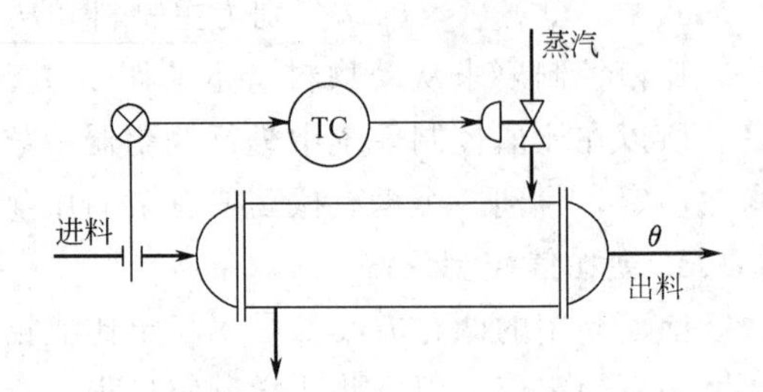

图 13-15　换热器的前馈控制

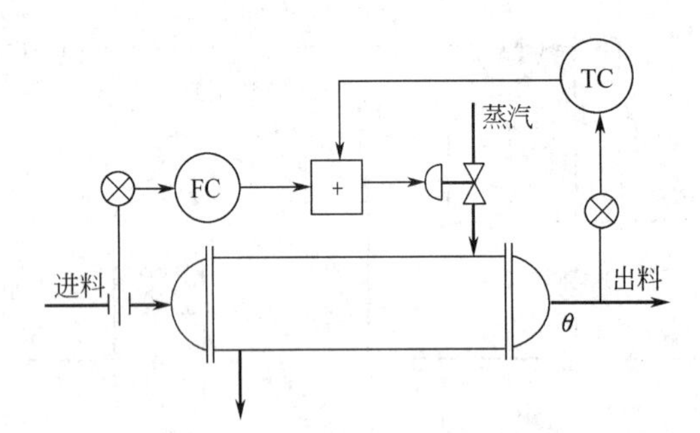

图 13-16　换热器的前馈-反馈控制

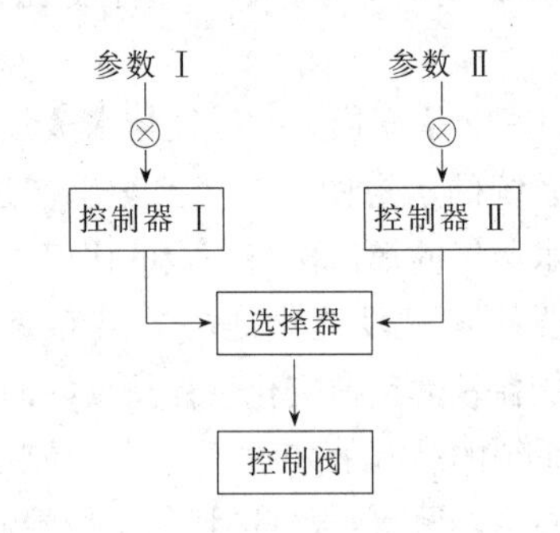

图 13-17　选择性控制示意图

图 13-16 是换热器的前馈-反馈控制系统示意图。用前馈控制来克服由于进料量波动对被控变量 θ 的影响，而用温度控制器的控制作用来克服其他干扰对被控变量 θ 的影响，前馈与反馈控制作用相加，共同改变加热蒸汽量，以使出料温度 θ 维持在给定值上。这种控制方案综合了前馈与反馈两者的优点，因此能使控制质量进一步提高。

四、选择性控制系统

对于现代化大型生产过程来说，除了要求控制系统在生产处于正常运行情况下能克服外界干扰，维持生产的平稳运行外，还要求当生产操作达到安全极限时，控制系统有一种应变能力，能采取相应的保护措施，促使生产操作离开安全极限，返回到正常情况，或者使生产暂时停止下来，以防止事故的发生或进一步扩大。

正常生产过程的保护性措施有两类。一类是硬保护措施，即当生产操作达到安全极限时，有声、光报警产生。此时由人工将控制器切换到手动，进行手动操作、处理；或是通过联锁保护线路，实现自动停车，达到安全生产的目的。就人工保护来说，由于大型生产过程限制性条件多而且严格，安全保护的逻辑关系往往比较复杂，即使编写出详尽的操作规程，人工操作也难免出错。此外，由于生产过程进行的速度往往很快，操作人员的生理反应难以跟上，因此，一旦出现事故状态，若某个环节处理不当，就会使事故扩大。因此，当遇到这类问题时，常常采用联锁保护的办法进行处理。当生产达到安全极限时，通过专门设置的联锁保护线路，自动地使设备停车，达到保护的目的。

通过联锁保护线路，虽然能在生产操作达到安全极限时起到安全保护的作用，但是，这种硬性保护方法，动辄就使设备停车，对于大型连续生产过程来说，即使是短暂的设备停车也会造成巨大的经济损失。因此，另一类保护措施即软保护措施更为合理。

软保护措施通过一个特定设置的自动选择性控制系统，当生产短期内处于不正常情况时，既不使设备停车又起到对生产进行自动保护的目的。

在这种自动选择性控制系统中，根据生产工艺过程限制条件的逻辑关系，设置两套控制系统，一套为正常生产情况下的自动控制系统，另一套为非正常生产情况下的安全保护系统。当生产操作条件趋向限制条件时，用于控制不安全情况的自动保护系统自动取代正常情况下工作的控制系统。直到生产操作重新回到安全范围时，正常情况下工作的控制系统又自动恢复对生产过程的正常控制。

因此，这种选择性控制系统有时被称为取代控制系统或自动保护控制系统。某些选择性控制系统甚至可以实现自动开、停车控制。

要构成选择性控制系统，生产操作必须具有一定的选择逻辑。自动选择的实现由具有选择功能的自动选择器，比如高值选择器或低值选择器；或有切换装置的控制器、仪表等根据选择逻辑来完成。

选择性控制系统的结构有很多种，图 13-17 是常见的选择性控制系统示意图。

正常工况下，选择器选中正常控制器Ⅰ，使之输出送至控制阀，实现对参数Ⅰ的正常控制。这时的控制系统工作情况与一般的控制系统是一样的。但是，一旦参数Ⅱ将要达到危险值时，选择器就自动选中控制器Ⅱ，从而取代了控制器Ⅰ操纵控制阀。这时对参数Ⅰ来说，可能控制质量不高，但生产仍在继续进行，并由于控制器Ⅱ的控制，使生产向正常发展，待到恢复正常后，控制器Ⅰ又取代了控制器Ⅱ的工作。这就保证了在参数Ⅱ达到越限前就自动采取新的控制手段，不必硬性停车，故这种控制也常称为软限控制。

图 13-18 是辅助锅炉蒸汽压力与燃料压力组成的选择性控制系统。蒸汽负荷随用户需要量的多少而经常波动，在正常工况下，用控制燃料量的方法维持蒸汽压力稳定。当蒸汽用量剧增时，蒸汽总管压力显著下降，此时蒸汽压力控制器 P_1C 不断打开燃料阀门，增加燃料量，因而使阀后压力大增。当阀后压力超过一定值后，会造成喷嘴脱火事故，为此，设计了选择性控制系统。

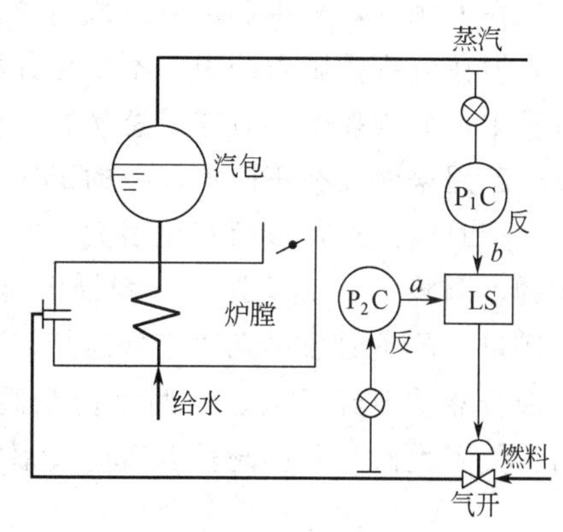

图 13-18　辅助锅炉压力选择性控制系统

图 13-18 所示的选择性控制系统工作过程如下：在正常情况，阀后压力低于脱火压力时，燃料压力控制器 P_2C 的输出信号 a 大于控制器 P_1C 的输出信号 b，由于低值选择器 LS 能够自动选择两个输入信号中的低值作为输出，因此在正常情况下，LS 的输出为 b，即按蒸汽压力控制燃料阀门。而当燃料阀门开大，使阀后压力接近脱火压力时，此时 $a<b$，a 被低值选择器 LS 选中，即由控制器 P_2C 取代控制器 P_1C 去操纵阀门，使控制阀关小，避免因阀后压力过高而造成喷嘴脱火事故。当阀后压力降低，而蒸汽压力回升后，达到 $b<a$ 时，控制器 P_1C 再被选中回复正常工况控制。

五、分程控制系统

分程控制就是由一只控制器的输出信号控制两只或更多只控制阀，每只控制阀在控制器输出信号的某段范围内工作。图 13-19 是由一只控制器控制两只控制阀的简单框图。

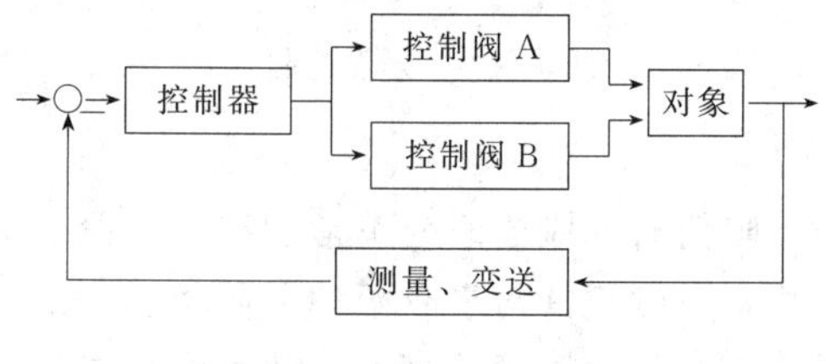

图 13-19　分程控制示意框图

从控制系统的结构来看，分程控制属于单回

路的定值控制系统，其控制过程与简单控制系统一样。

分程控制系统常应用在下列几种场合。

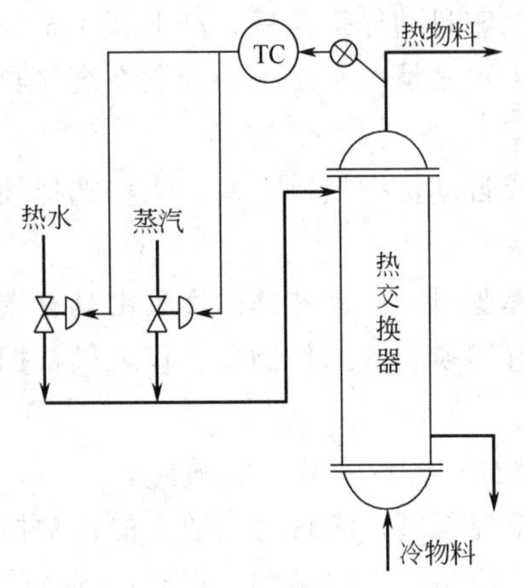

图 13-20 热交换器分程控制

1. 生产中需用多种物料作调节介质的过程

图 13-20 是热交换器分程控制系统示意图。在这个热交换器内，使用热水和蒸汽对物料进行加热。温度较低时，使用蒸汽加热，以加速升温过程，当温度较高时，使用热水加热，以节省蒸汽。为此在蒸汽与热水管道中，各装有一个控制阀。设温度控制器为反作用式，其输出信号为 0.02～0.1MPa。两个控制阀均为气开式，通过阀门定位器使其分别工作在 0.02～0.06MPa 与 0.06～0.1MPa 的范围内（即工作在控制器输出的 0～50%与 50%～100%范围内）。在生产正常的情况下，控制器的输出信号在 0.02～0.06MPa 间变化，此时，热水阀工作，蒸汽阀关闭。当在干扰作用下使出口温度降低时，控制器的输出增加，使热水阀逐渐开大。当增加到 0.06MPa 时，热水阀已全部打开，这时如温度继续下降，控制器的输出继续增加，则蒸汽阀逐渐开启，使出口温度回到给定值。热水阀与蒸汽阀在控制器输出不同范围内的工作情况见图 13-21。

在上例中，采用热水与蒸汽两种不同物料作为调节介质，这用一般控制系统是难于实现的，但在分程控制系统中，不仅充分利用了热水，而且节省了蒸汽，在使用多种控制介质的过程中，分程控制具有重要意义。

2. 用来保证在不同负荷下的正常控制

有时生产过程负荷变化很大，要求有较大范围的流量变化。若用一个控制阀，由于控制阀的可调范围 R 是有限的，当最大流量和最小流量相差太悬殊时，就会降低控制系统的控制质量，严重时根本无法正常运行，这时可采用分程控制系统。例如在丙烯腈生产中，氨进入混合器前要经过大、小两个控制阀，如图 13-22 所示。大负荷时，大小阀都开；小负荷时，关闭大阀只开小阀，以适应大幅度的负荷变化。

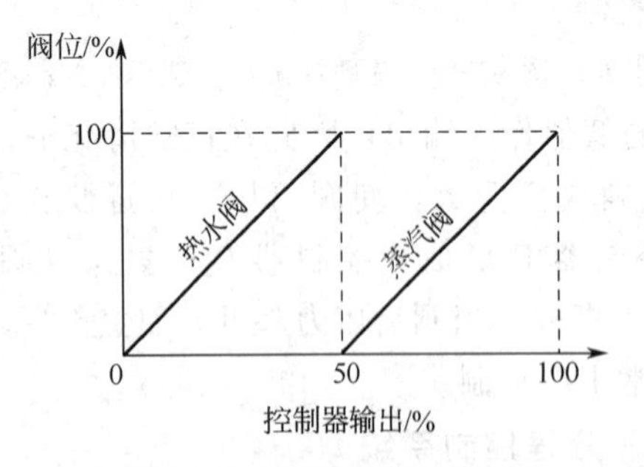

图 13-21 阀门动作示意图

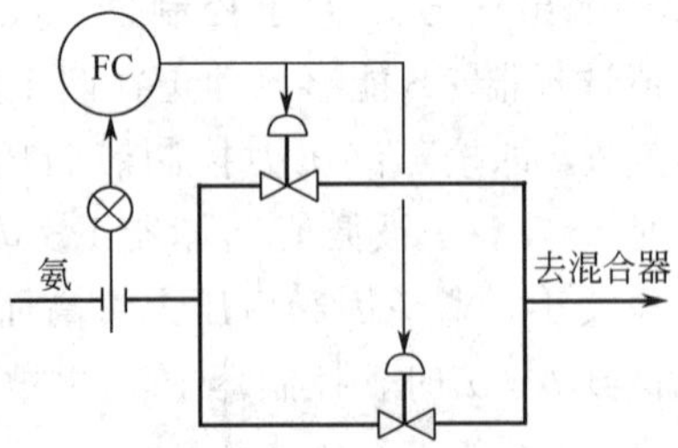

图 13-22 分程控制

3. 用以补充控制手段维持安全生产

有些生产过程在接近事故状态或某个参数达到极限值时，应当改变正常的控制手段，采用补充手段或放空来维持安全生产。一般控制系统很难兼顾正常与事故两种不同状态。采用分程控制系统，用不同的阀门，分别使用在控制器输出信号的不同范围内，就可保证在正常或事故状态下，系统都能安全运行。

六、多冲量控制系统

所谓多冲量控制系统，是指在控制系统中，有多个参数信号，经过一定的运算后，共同控制控制阀，以使某个被控的工艺参数有较高的控制质量。在这里，冲量就是参数的意思，然而冲量本身的含义应为作用时间短暂的不连续的量，而且多参数信号系统也不只是这种类型，因此，多冲量控制系统的名称本身并不确切。考虑到在锅炉液位控制中已习惯使用这一名称，所以就沿用了。

多冲量控制系统在锅炉给水系统控制中运用比较广泛。下面我们以锅炉液位控制为例，来说明多冲量控制系统的工作原理。

在锅炉的正常运行中，汽包水位是重要的操作指标，给水控制系统就是用来自动控制锅炉的给水量，使其适应蒸发量的变化，维持汽包水位在允许的范围内，以使锅炉运行平稳可靠，并减轻操作人员的繁重劳动。

锅炉液位的控制方案有如下几种。

1. 单冲量液位控制系统

图 13-23 是锅炉液位的单冲量控制系统。它实际上是根据汽包液位的信号来控制给水量，属于简单控制系统。其优点是结构简单，使用仪表少，主要用于蒸汽负荷变化不剧烈，用户对蒸汽品质要求不十分严格的小型锅炉。它的缺点是不能适应蒸汽负荷的剧烈变化。在燃料量不变的情况下，若蒸汽负荷突然有较大幅度的增加，由于汽包内蒸汽压力瞬时下降，汽包内的沸腾突然加剧，水中的气泡迅速增多，将这个水位抬高，形成了虚假的水位上升现象。因为这种升高的液位不代表汽包贮液量的真实情况，所以称之为“假液位”。而单冲量液位控制系统却不但不开大给水控制阀，以增加给水量维持锅炉的物料平衡，相反却会关小给水控制阀的开度，减小给水流量，显然，这时单冲量液位控制系统帮了倒忙，引起锅炉汽包水位发生大幅度的波动，严重的甚至会使汽包水位降到危险的程度，以致发生事故。为了克服这种由于“假液位”而引起的控制系统的误动作，引入了双冲量液位控制系统。

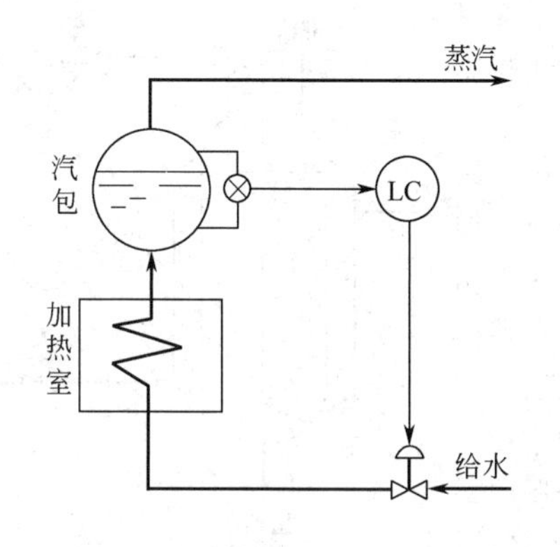

图 13-23　单冲量控制系统

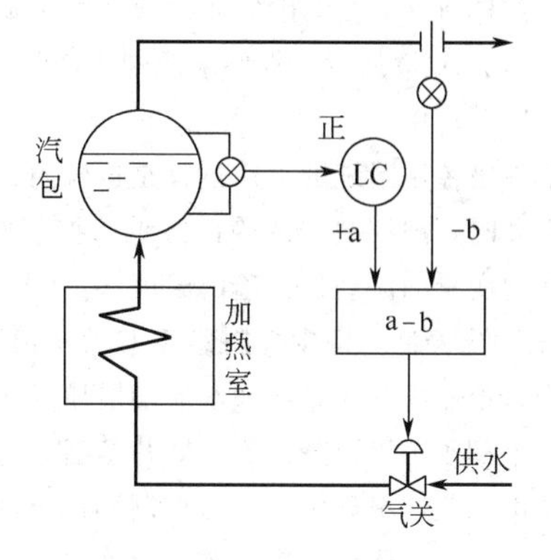

图 13-24　双冲量控制系统

2. 双冲量液位控制系统

图 13-24 是锅炉液位的双冲量控制系统。这里的双冲量是指液位信号与蒸汽流量信号。当蒸汽负荷的变化引起液位大幅度波动时，蒸汽流量信号的引入起着超前的作用（即前馈作用），它可以在液位还未出现波动时提前使控制阀动作，从而减少液位的波动，改善了控制品质。从结构上来说，这实际上是一个前馈-反馈控制系统。图中液位信号为正，以使液位

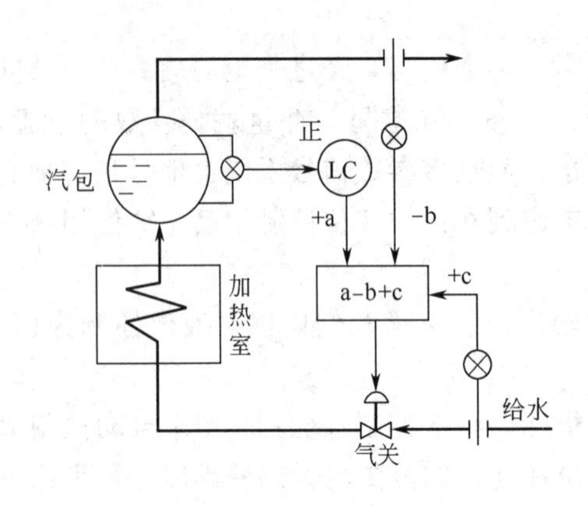

图 13-25　三冲量控制系统

增加时关小控制阀；蒸汽流量信号为负，以使蒸汽流量增加时开大控制阀，满足由于蒸汽负荷增加时对增大给水量的要求。

影响锅炉汽包液位的因素中还有供水压力的变化。当供水压力变化时，会引起供水流量变化，进而引起汽包液位变化。双冲量液位控制系统对这种干扰的克服是比较迟钝的。它要等到汽包液位变化以后再由液位控制器来调整，使进水阀开大或关小。所以当供水压力扰动比较频繁时，双冲量液位控制系统的控制质量较差，这时可采用三冲量液位控制系统。

3. 三冲量液位控制系统

图 13-25 是锅炉液位的三冲量控制系统。这种系统除了液位、蒸汽流量信号外，再增加一个给水流量的信号。它有助于及时克服由于供水压力波动而引起的汽包液位的变化。由于三冲量控制系统的抗干扰能力和控制品质都比单冲量、双冲量控制要好，所以用得比较多，特别是在大容量、高参数的近代锅炉上应用更为广泛。

例 题 分 析

1. 某聚合反应釜内进行放热反应，釜温过高会发生事故，为此采用夹套水冷却。由于釜温控制要求较高，且冷却水压力、温度波动较大，故设置串级控制系统，如图 13-26 所示。试确定控制阀的气开、气关型式与控制器的正、反作用。

答　为了在气源中断时保证冷却水继续供给，以防止釜温过高，故控制阀应采用气关型，为“－”方向。

当冷却水流量增加时，釜温和夹套温度都是下降的，故对象为“－”方向。测量变送器为“＋”方向，故按单回路系统的确定原则，副控制器 T_2C 应为“反”作用。

主控制器 T_1C 的作用方向可以这样来确定：由于主、副变量（温度 T_1、T_2）增加时，都要求冷却水的控制阀开大，因此主控制器应为“反”作用。

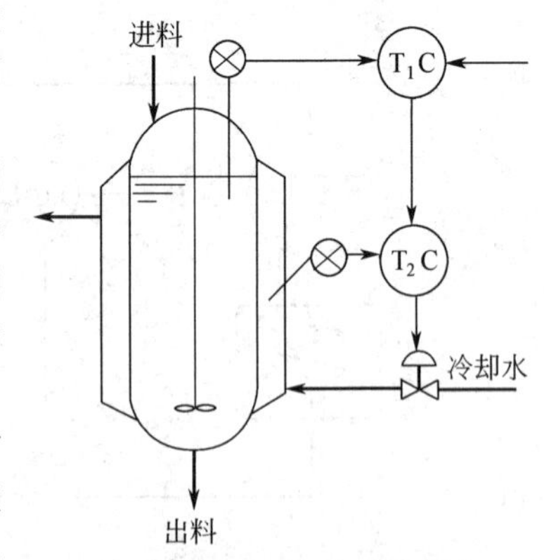

图 13-26　聚合釜温度控制

整个串级控制系统的工作过程是这样的：当夹套内温度 T_2（副变量）升高时，副控制器的输出降低，控制阀开大，冷却水流量增加以克服副变量的波动；当釜内温度 T_1（主变量）升高时，主控制器 T_1C 的输出降低，即副控制器 T_2C 给定值降低，因此副控制器的输出降低，控制阀开大，冷却水流量增加以使釜内温度降下来。

由这个例子可以清楚地看出，串级控制系统主控制器的作用方向完全是由工艺情况确定的，与控制阀的开关形式、副控制器的正反作用完全无关。所以，串级控制系统的控制流程一经确定之后，即可按主、副变量变化对控制阀开度变化的要求直接确定主控制器的作用方向，然后按一般单回路控制系统，再确定控制阀的开、关型式及副控制器的作用方向，这将使整个串级控制系统控制器作用方向的确定工作简捷而方便。从大量实际的串级控制系统分析，发现大多数的串级控制系统主、副变量的变化对控制阀的动作方向要求是一致的，所以使用反作用方向的主控制器为多数。

2. 一高位槽的出口流量需要进行平稳控制，但为防止高位槽液位过高而造成溢出事故，又需对槽的液位采取保护性措施。根据上述情况要求设计一选择性控制系统，画出该系统的结构图、方块图、选择控制阀的开关型式，控制器的正、反作用及选择器的高低类型，并简要说明该系统的工作过程。

答 根据要求，设计了一个高位槽液位与流出量的选择性系统，图 13-27 是它的结构原理图。图中的开方器是为了使流量测量信号线性化而采用的。图 13-28 是该选择性控制系统的方块图。

根据工艺要求，应选择气关型控制阀，以使在气源中断时，阀门自动打开，防止发生溢液事故。

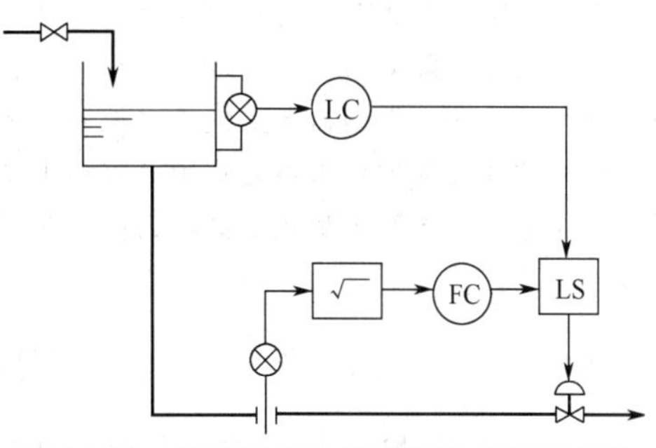

图 13-27 流量液位选择性控制系统原理图

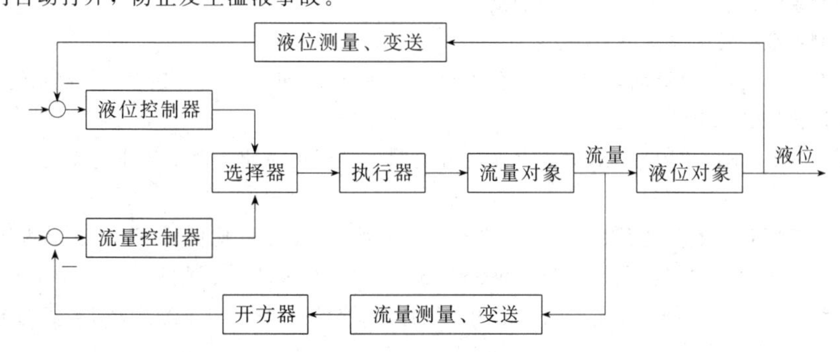

图 13-28 流量液位选择性控制系统方块图

流量控制器和液位控制器的正、反作用可以分别按简单控制系统中控制器作用方向的选择原则来确定。由于控制阀为“－”，流量对象为“＋”，故流量控制器应选择正作用。而液位对象为“－”，故液位控制器应选择反作用。

由于该选择性控制系统是为了防止液位过高而设置的，故选择器的类型应按液位控制器的输出情况来确定。当液位过高时，由于液位控制器是反作用的，故输出降低。此时为了能够选中液位控制器的输出信号，选择器应为低值选择器。

该控制系统的工作过程如下：当高位槽的液位在正常范围时，LC 输出较高，FC 输出较低，LS 选中 FC 作为正常控制器。此时流量增大时，FC 输出增加，阀门关小，以控制流量平稳为目标。当液位过高时，LC 输出大大降低，被 LS 选中，使阀门开大，以降低液位，保证安全。

3. 图 13-29 是某厂锅炉燃烧过程控制系统，试选择控制阀的开关型式及控制器的正反作用。

答 先来决定控制阀的开关型式。为了保证在气源中断时，停止燃料供给，防止锅炉烧坏，燃料阀采用气开型式；为了保证在气源中断时，继续供给空气，防止燃烧不完全，空气阀采用气关型式。

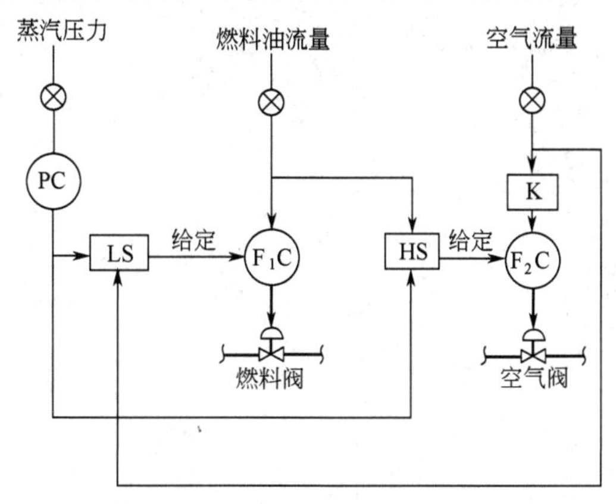

图 13-29 锅炉燃烧过程控制系统

在正常工况时，蒸汽压力的变化通过低值选择器 LS 作为燃料油流量控制器 F_1C 的给定，而 F_1C 的测量值信号来自燃料油流量变送器，因此这实际上是一个串级控制系统。燃料油流量的变化作为空气流量控制器 F_2C 的给定，从而使空气流量与燃料油流量之间保持一定的比例。根据单回路系统确定控制器正反作用的原则，在已知燃料阀为气开、空气阀为气关的情况下，显然 F_1C 应为反作用，F_2C 应为正作用。由于蒸汽压力控制器与燃料油流量控制器组成串级控制系统，并且蒸汽压力增加或燃料油流量增加时，都需要关小燃料阀，即对阀的动作要求是一致的，因此主控制器 PC 应为反作用。

当蒸汽压力降低需要提高燃料油流量时，为了使燃烧完全，必须先加大空气流量。由于PC是反作用的，故压力降低时，PC的输出增加，通过高值选择器HS作为F_2C的给定值，以加大空气供给量。此时蒸汽压力控制器与空气流量控制器组成串级控制系统。由于蒸汽压力降低或空气流量降低，对空气阀动作方向的要求也是一致的（要求开大），所以压力控制器应是反作用的。由此可见，虽然燃料阀与空气阀的开关型式不同，F_1C与F_2C的作用方向也不同，但作为主控制器PC来说，却都应为反作用的。

习题与思考题

1. 什么叫串级控制系统？它有什么特点？应用在什么场合？

2. 串级控制系统中主、副变量应如何选择？

3. 均匀控制系统的目的与特点是什么？

4. 参考图13-10，画出串级均匀控制系统的方块图，并分析这个方案与普通串级控制系统的异同点。

5. 什么叫比值控制系统？

6. 参考图13-12，画出单闭环比值控制系统的方块图，并分析为什么说单闭环比值控制系统的主回路是不闭合的。

7. 假如某化肥厂硝酸生产过程中，氨气与空气的流量要保持一定的比例关系。正常情况下，工艺指标规定：氨气流量为2000m^3/h，空气流量为22000m^3/h，氨气流量表的测量范围为0～3200m^3/h，空气流量表的测量范围为0～25000m^3/h，流量的测量采用差压计。试分别计算信号未经开方器与经过开方器以后的比例系数K'。

8. 与简单控制系统相比，比值控制系统和均匀控制系统在控制器参数整定方面各有什么特点？

9. 前馈控制系统有什么特点？应用在什么场合？

10. 在什么情况下要采用前馈-反馈控制系统？参考图13-16，画出前馈—反馈控制系统的方块图，并指出该系统中，被控变量和操纵变量各是什么量？

11. 选择性控制系统的特点是什么？应用在什么场合？

12. 分程控制系统与选择性控制系统的主要区别是什么？什么情况下需要采用分程控制系统？

13. 什么是多冲量控制系统？试结合图13-25所示的锅炉液位三冲量控制系统，分别分析当汽包液位、蒸汽流量及供水压力增加时，控制阀是怎么动作的？

第十四章　高级控制系统

随着工业生产水平的提高与自动控制理论的发展，在前述的单回路控制系统与复杂控制系统的基础上，出现了许多新的控制策略、控制系统结构和控制算法，这些新型控制系统的主要特征是：

① 被控过程是多输入多输出的多变量系统，且变量之间互相耦合；

② 被控过程的数学模型难以精确获得或具有明显的时变性；

③ 控制算法丰富，不只局限于 PID 形式，系统的目的不是简单地实现输出控制；

④ 控制工具不再是简单的模拟式控制器，而是采用各种大、中、小、微型计算机。

本章简要介绍几种发展较快且有一定代表性的高级控制系统。由于这些系统的结构与控制算法上一般都比较复杂，一些概念与观点必须运用较复杂的数学才能讲清，所以这里只能就这些系统的基本原理做些粗浅的介绍。

第一节　自适应控制系统

自适应控制是针对不确定性的系统而提出的。这里的所谓“不确定性”是指描述被控对象及其环境的数学模型不是完全确定的，其中包含一些未知因素和随机因素。面对这些客观存在的各式各样的不确定性，如何综合适当的控制作用，使得某一指定的性能指标达到并保持最优或近似最优，这就是自适应控制系统所要研究解决的问题。

对于自适应控制系统来说，根据不确定性的不同情况，主要有两种类型：一类是系统本身的数学模型是不确定的，例如模型的参数未知而且是变化的，但系统基本工作在确定性的环境之中，这类系统称为确定性自适应控制系统；另一类是不仅被控对象的数学模型不确定，而且系统还工作在随机环境之中，这类系统称为随机自适应控制系统。当随机扰动和测量噪声都比较小时，对于参数未知的对象的控制可以近似地按确定性自适应控制问题来处理。

自从 20 世纪 50 年代末期出现第一个自适应控制系统以来，先后出现过许多形式完全不同的自适应控制系统。但是，发展到现阶段，无论从理论研究还是从实际应用的角度来看，比较成熟的自适应控制系统有以下两种形式。

一、参考模型自适应控制系统

该系统主要由参考模型、被控对象、常规反馈控制器和自适应控制回路（自适应律）等四部分组成，系统的方块图如图 14-1 所示。

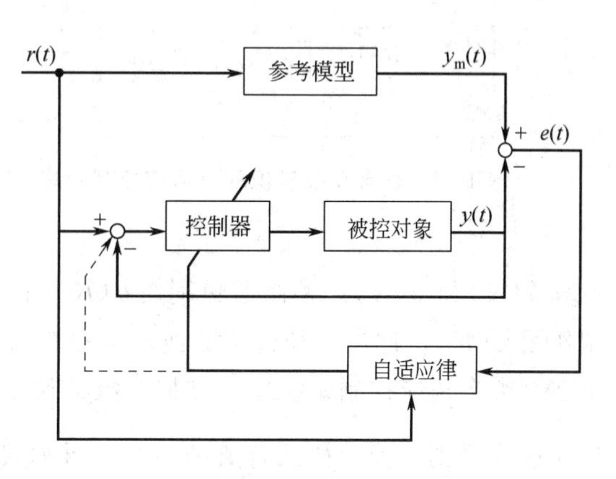

图 14-1　参考模型自适应控制系统方块图

由图可见，该类自适应控制系统实际上是在原来的反馈控制基础上附加一个参考模型和一个控制器参数的自动调整回路。这类系统主要用于随动控制。由于人们希望随动控制系统在给定输入 $r(t)$ 的作用下有一种理想的响应模式，所以引入一个参考模型作为理想模型。参考模型在输入 $r(t)$ 作用下的输出响应 $y_{\mathrm{m}}(t)$ 直接表示系统希望的动态响应，当被控对象的输出 $y(t)$ 达到与 $y_{\mathrm{m}}(t)$ 相一致时，认为系统达到了预期的控制指标。

控制器参数的自动调整过程是这样的：当给定输入 $r(t)$ 同时加到系统和参考模型上时，由于对象的参数不确定，控制器的初始参数不可能整定得很好，因此一开始系统的输出响应$y(t)$ 与模型的输出响应 $y_{\mathrm{m}}(t)$ 是不会完全一致的。结果产生偏差信号 $e(t)$。当 $e(t)$ 进入自适应调整回路后，经过由自适应律所决定的运算，产生适当的调整作用，直接改变控制器的参数。如果直接改变控制器的参数不方便，也可产生等效的附加控制作用，如图14-1中虚线所示。从而使系统输出 $y(t)$ 逐步与 $y_{\mathrm{m}}(t)$ 接近，直到 $y(t)=y_{\mathrm{m}}(t)$，$e(t)=0$ 后，自适应调整过程就自动结束，控制器参数也就自动整定完毕。当由于运行过程中系统的参数发生变化，从而使 $y(t)$ 偏离 $y_{\mathrm{m}}(t)$ 后，上述调整过程又能自动进行，所以系统对参数变化是有适应能力的。

设计这类自适应控制系统的关键问题是如何综合自适应律。关于自适应律的综合目前存在两种不同的方法，其中一种称为参数最优化的综合方法，即利用最优化技术搜索到一组控制器的参数，使得某个预定的性能指标达到最小。另一种方法是基于稳定理论的综合方法，其基本思想是保证控制器参数的自适应调整过程是稳定的，然后再使这个调整过程尽可能收敛得快一些。

二、具有被控对象数学模型在线辨识的自适应控制系统

这类系统是典型的辨识和控制的结合体。本系统就是通过在线辨识获取对象的数学模型，然后由控制器对系统进行控制。通常这类系统在设计辨识算法和控制算法时，考虑了随机扰动和测量噪声的影响，所以应该属于随机自适应控制系统这一类。

这类系统由被控过程、辨识器和控制器三部分组成，其方块图如图 14-2 所示。

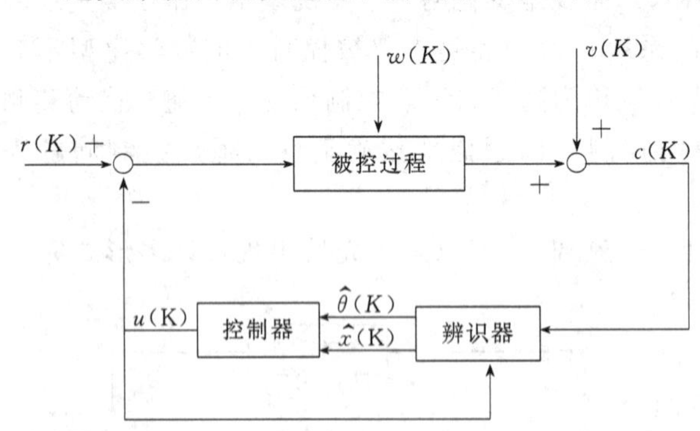

图 14-2　具有在线辨识的自适应控制系统

图中 $r(K)$ 为给定的参考输入，K 表示第 K 次采样时刻。$w(K)$、$v(K)$ 分别为随机扰动和测量噪声，$\hat{\theta}(K)$、$\hat{x}(K)$分别表示对象的参数估计值和状态估计值，$c(K)$ 为对象的观测输出，$u(K)$ 为输入控制作用。

系统的工作过程是这样的：辨识器根据一定的估计算法，由系统的输出 $c(K)$ 和控制作用 $u(K)$在线随时地计算被控对象未知参数 $\theta(K)$和未知状态 $x(K)$的估计算 $\hat{\theta}(K)$和 $\hat{x}(K)$。控制器再利用 $\hat{\theta}(K)$和$\hat{x}(K)$以及事先指定的性能指标，综合出最优控制作用 $u(K)$。这样，经过不断地辨识和控制，系统的性能指标将渐近地趋于最优，这是由于在这类自适应控制系统中，被控对象的初始不确定性可以通过对对象参数和状态的在线估计而逐步得到减少。如果对象的参数估计$\hat{\theta}(K)$和状态估计 $\hat{x}(K)$都是收敛的，而且最后都渐近地收敛到它们各自的真值，那么，最后的自适应控制也将收敛到其最优控制。

图 14-2 中的辨识器和控制器实质上都是一些递推计算公式。要实时地完成所需的递推运算必须采用数字计算机。因此，这类随机自适应控制系统实际上是一类计算机控制系统。设计这类自适应控制系统的理论基础，是估计理论和随机最优控制理论。

第二节　预测控制系统

预测控制是 20 世纪 70 年代末开始出现的一种基于模型的计算机控制算法。1978 年 Richalet 提出的模型预测启发式算法，不但完整地给出这一算法，也给出工业应用的实例。近 20 年来，无论在理论上或工业上，由于它的先进性和有效性，控制界投入大量人力和物力进行研究，使预测控制有了很大发展，成为控制理论及其工业应用的热点。目前已经有了几十种的预测控制算法，其中比较有代表性的是模型算法控制（MAC）、动态矩阵控制（DMC）和广义预测控制（GPC）等。

一、预测控制系统的基本结构

尽管预测控制的算法很多，但归纳起来，主要都是由四部分组成，即预测模型、反馈校正、滚动优化和参考轨迹，图 14-3 是预测控制系统的基本结构图。

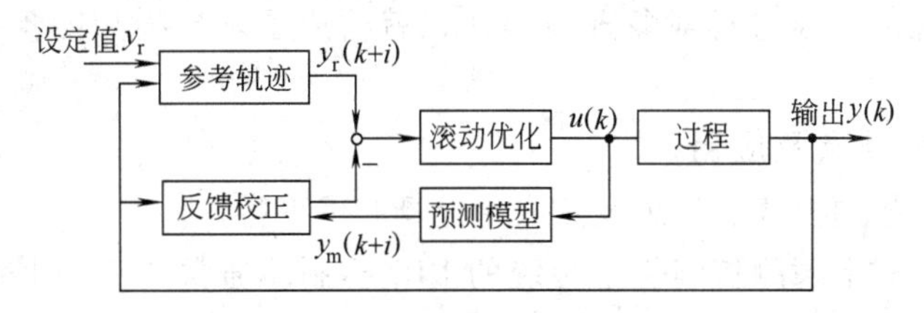

图 14-3　预测控制系统的基本结构

1. 预测模型

预测控制需要一个描述系统动态行为的模型作为预测模型。它应具有预测功能，即能够根据系统的现时刻的控制输入以及过程的历史信息，预测过程输出的未来值。在预测控制中各种不同算法，采用不同类型的预测模型，如最基本的模型算法控制（MAC）采用的是系统的单位脉冲响应曲线，而动态矩阵控制（DMC）采用的是系统的阶跃响应曲线。这两者模型互相之间可以转换，且都属于非参数模型，在实际的工业过程中比较容易通过实验测得，不必进行复杂的数据处理，尽管精度不是很高，但数据冗余量大，使其抗干扰能力较强。

预测模型具有展示过程未来动态行为的功能，这样就可像在系统仿真时那样，任意地给出未来控制策略，观察过程不同控制策略下的输出变化，从而为比较这些控制策略的优劣提供了基础。

2. 反馈校正

在预测控制中，采用预测模型进行过程输出值的预估只是一种理想的方式，对于实际过程，由于存在非线性、时变、模型失配和扰动等不确定因素，使基于模型的预测不可能准确地与实际相符。因此，在预测控制中，通过输出的测量值 $y(k)$ 与模型的预估值 $y_m(k)$ 进行比较，得出模型的预测误差，再利用模型预测误差来对模型的预测值进行修正。

由于对模型施加了反馈校正的过程，使预测控制具有很强的抗扰动和克服系统不确定的能力。预测控制中不仅基于模型，而且利用了反馈信息，因此预测控制是一种闭环优化控制算法。

3. **滚动优化**

预测控制是一种优化控制算法。它是通过某一性能指标的最优化来确定未来的控制作用。这一性能指标还涉及过程未来的行为，它是根据预测模型由未来的控制策略决定的。

但预测控制中的优化与通常的离散最优控制算法不同，它不是采用一个不变的全局最优目标，而是采用滚动式的有限时域优化策略。也就是说，优化过程不是一次离线完成的，而是反复在线进行的，即在每一采样时刻，优化性能指标只涉及从该时刻起到未来有限的时间，而到下一个采样时刻，这一优化时段会同时向前推移。因此，预测控制不是用一个对全局相同的优化性能指标，而是在每一个时刻有一个相对于该时刻的局部优化性能指标。

4. **参考轨迹**

在预测控制中，考虑到过程的动态特性，为了使过程避免出现输入和输出的急剧变化，往往要求过程输出沿着一条所期望的、平缓的曲线达到设定值 y_r。这条曲线通常称为参考轨迹。它是设定值经过在线“柔化”后的产物。

最广泛采用的参考轨迹为一阶指数变化的形式，它可以使急剧变化的信号转变为比较缓慢变化的信号。

将上述四个组成部分与过程对象连成整体，就构成了基于模型的预测控制系统，如图 14-3 所示。

二、预测控制的特点及应用

预测控制系统在控制方式、原理及其应用上具有以下特点。

首先，从控制方式上预测控制优于传统的 PID 控制。通常的 PID 控制，是根据过程当前的和过去的输出测量值和设定值的偏差来确定当前的控制输入。而预测控制不但利用当前的和过去的偏差值，而且还利用预测模型来预估过程未来的偏差值，以滚动优化确定当前的最优输入策略。

其次，从原理来说，预测控制中的预测模型、反馈校正、滚动优化虽然只不过是一般控制理论中模型、反馈和控制概念的具体表现形式。但是，由于预测控制对模型结构的不唯一性，使它可以根据过程的特点和控制要求，以最为方便的方法在系统的输入输出信息中，建立起预测模型。由于预测控制的优化模式和预测模式的非经典性，使它可以把实际系统中的不确定因素体现在优化过程中，形成动态优化控制，并可处理约束和多种形式的优化目标。因此，可以认为预测控制的预测和优化模式是对传统最优控制的修正，它使建模简化，并考虑了不确定性及其他复杂性因素，从而使预测控制能适合复杂工业过程的控制。

另外，预测控制对数学模型要求不高且模型的形式是多样化的；能直接处理具有纯滞后的过程；具有良好的跟踪性能和较强的抗扰动能力；对模型误差具有较强的鲁棒性。

以上特点使预测控制更加符合工业过程的实际要求，在实际工业中已得到广泛重视和应用，而且必将获得更大的发展，特别是多变量有约束预测控制的推广应用，使工业过程控制出现新的面貌。

第三节　智能控制系统

人工智能与原子能技术、空间科学一起被称为 20 世纪三大科技成就，它是一门研究人脑功能及其仿真和实现，研究其中知识信息的处理规律的新兴科学。应用各种智能系统可以帮助人类处理各种复杂的问题，这些工具相当于人类思维的延伸。各种智能系统的发展与完善，终将导致新一代计算机—智能计算机的到来，它将引起人类科学体系的重大变革。它的近期目标是研究如何使计算机更“聪明”，即如何使计算机完成更多具有智能意义的工作；它的长远目标是研究人类智能的根本机理，从而揭示人类思维的奥秘。人工智能被誉为下一世纪的带头学科，有人甚至声称，谁能首先掌握人工智能，谁就能在下一世纪的竞争中处于领先地位。

这些年来，人工智能的研究有了飞跃的发展，它开始从研究、实验阶段进入实用阶段。将人工智能与自动控制学科结合起来，就形成了智能控制系统。将一些定性的、叙述性的、法则性的知识表述与处理方法应用于自动控制，或者与现有的控制规律结合起来，是当代智能控制的基本内容。

专家系统是人工智能的一个重要分支，也是智能控制所采用的一种主要形式。

专家系统的一种比较一致、粗略的定义是：专家系统是一个（或一组）能在某特定领域内，以人类专家水平去解决该领域中困难问题的计算机程序。

专家系统作为理论研究的工具推动了人工智能的发展；作为一种实用工具为人类提供了保存、传播、利用和评价知识的有效手段。

专家系统的性能水平主要取决于它所拥有知识的数量与质量。一个专家系统所拥有的知识越多、质量越高，它解决问题的能力也就越强。

目前多数专家系统的一般结构如图 14-4 所示。它有六个组成部分：知识库、推理机、综合数据库、人机接口、解释程序和知识获取程序。

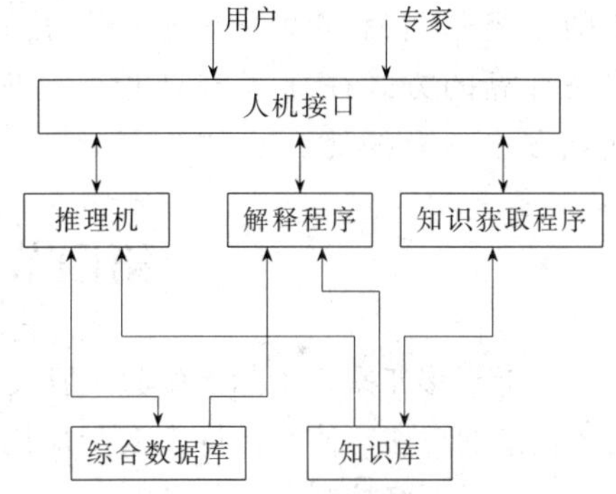

图 14-4　专家系统的一般结构

知识库用以存放该领域的专家所提供的专门知识，它的建立是专家系统建造的中心工作。知识工程师要选择合适的数据结构把获取的专家知识进行形式化并存入知识库内。

推理机负责使用知识库中的知识去解决实际问题。推理机的设计与实现一般与知识的表示方法与组织结构有关。

综合数据库用于存放系统运行过程中所需要和产生的所有信息，包括问题的描述、中间结果、解题过程的记录等信息。

解释程序负责回答用户提出的各种问题。包括与系统运行有关的问题和与系统运行无关的关于系统自身的一些问题。

知识获取程序负责管理知识库中的知识，包括根据需要修改、删除或添加知识及由此引起的一切必要的改动，维持知识库的一致性、完整性等方面。

人机接口负责把用户输入的信息转换成系统的内部表示形式，然后把这些内部表示交给相应的部件去处理。系统输出的内部信息也由人机接口转换成用户易于理解的外部表示形式显示给用户。

将专家系统应用于生产过程控制的一种典型的结构见图 14-5。

受控过程的数学模型根据实际工况的有关工艺变量及扰动量，不断预估过程的输出。

模式识别模块根据预估输出的变化，不断分析确定与期望输出相比产生偏差的原因，并以此作为专家系统运行的条件。

专家系统的知识库集总了根据工艺规范、操作经验等制定的调整受控过程输出变量达到最佳范围的一系列控制策略。专家系统在知识库的基础上，通过推理求解出相应的控制策略。这些控制策略提供了控制单元中相关工艺变量的给定值。

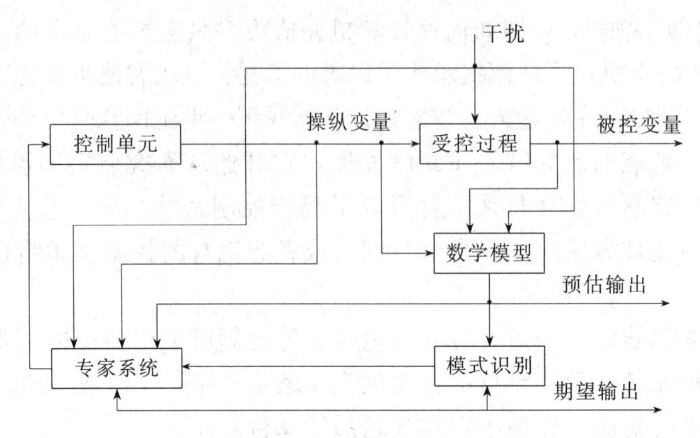

图 14-5 智能控制系统

智能控制可以置于基层控制、优化控制、甚至经营管理的不同层次。如果图 14-5 中的受控过程为对象，则解决的是基层控制命题；如果图 14-5 中的受控过程为整个闭环系统，则解决的是优化控制、适应控制等命题；如果范围更广，则用专家系统来解决的是经营管理层次的经营、调度、计划等命题。特别是在经营管理层次，用精确、严密计算的方式往往很难处理，这时引入一些定性的、叙述性的、法则式的非精确量处理方法颇有好处。

第四节 神经元网络控制

最近十多年来，国际上掀起一股人工神经网络的热潮。人工神经元网络以其独特的结构和处理信息的方法，使其在许多实际应用领域中取得了显著的成效，在自动控制领域也相当突出。神经元网络控制是一种基本上不依赖于模型的控制方法，比较适用于那些具有不确定性或高度非线性的被控对象，并具有较强的适应和学习功能，因而它也属于智能控制的范畴。

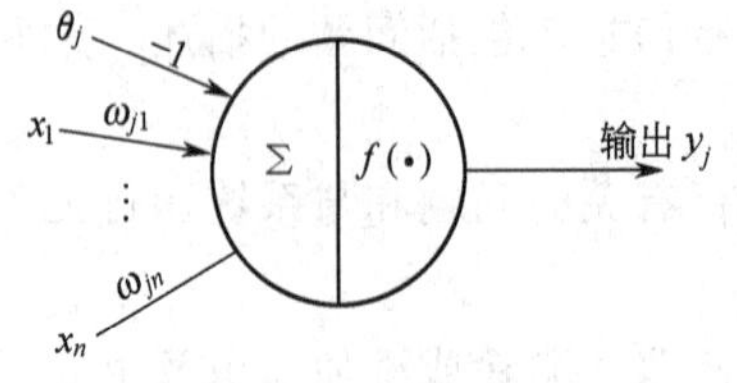

图 14-6 人工神经元模型

人脑的结构极其复杂，是一个由上千亿个细胞组成的网状结构，每个神经细胞称为神经元。神经元之间以一定的连接方式进行信息的互相传递，构成生物神经网络。

人工神经元网络就是利用物理器件来模拟生物神经网络的某些结构和功能。人工神经元模型如图 14-6 所示。

人工神经元模型的输入输出关系为

$$y_j = f(s_j)$$

$$s_j = \sum_{i=1}^{n} \omega_{ji} x_i - \theta_j$$

式中 y_j——第 j 个人工神经元模型的输出；

$f(\cdot)$——输出变换函数；

x_i——状态变量；

ω_{ji}——连接 x_i 的连接权函数；

θ_j——第 j 个人工神经元模型的阈值。

常见的变换函数 $f(\cdot)$ 有比例函数、符号函数、饱和函数、双曲函数、阶跃函数和s型函数等。

很多具有不同功能的人工神经元模型，按一定方式连接而成的网络结构，称为人工神经网络。人工神经元网络的结构主要有两种，即前馈型的神经网络与反馈型的网络结构。

人工神经网络是生物神经网络的一种模拟和近似，主要从两个方面加以模拟。一种是从结构和实现机理方面加以模拟。由于生物神经网络的结构和机理相当复杂，所以，这种模拟方式离实现还有很大距离。第二种模拟方式是从功能上加以模拟，即尽量使人工神经网络具有生物神经网络的某些功能特性，如学习、识别和控制等。实现这种模拟方式的主要有反向传播（BP）网络和径向基函数（RBF）网络等。

神经元网络控制是指在控制系统中采用人工神经网络这一工具，一般来说，神经网络在控制中的作用有：在基于精确模型的各种控制结构中充当被控对象的模型；在反馈控制系统中直接充当控制器的作用；在传统控制系统中起优化计算作用；在与其他智能控制方法，如模糊控制、专家控制等相融合中，为其提供非参数化对象模型、优化参数、推理模型、故障检测和诊断等。

神经网络控制的形式一般可分为两大类，即基于传统控制理论的神经控制和基于神经网络的智能控制。

第五节　模糊控制系统

众所周知，经典控制论解决线性定常系统的控制问题是十分有效的，但在工业生产中，却有相当数量的过程难以自动控制，如那些大滞后，非线性等复杂工业对象，以及那些无法获得数学模型或模型粗糙的复杂的非线性时变系统，按传统的方法难以实现自动控制。但一个熟练工人或技术人员，却能凭自己的丰富实践经验，用手工操纵来控制一个复杂的生产过程，这就使人联想到，能否把他们头脑中丰富的经验加以总结，将凭经验所采取的措施变成相应的控制规则，并且研制一个“控制器”来代替这些控制规则，从而对这个复杂的工业过程实现控制呢？实践证明，以模糊控制理论为基础的“模糊控制器”能完成这个任务。它与传统的控制相比，具有实时性好，超调量小，抗干扰能力强，稳态误差小等优点。

与一般工业控制的根本区别是模糊控制并不需要建立控制过程的精确的数学模型，而是完全凭人的经验知识“直观”地控制，属于智能控制的范畴。这样的模糊控制策略如何实现呢？我们先从单独的一个模糊控制器所必需的基本结构谈起。

1. 模糊控制系统的基本结构

图 14-7 为模糊控制系统的方框图，我们根据从对象中测得的数据 y（被控变量）如温度、压力等。与给定值进行比较，将偏差 e 和偏差变化率 c 输入到模糊控制器。由模糊控制器推断出控制量 u，用它来控制对象。

由于对一个模糊控制来说，输入和输出都是精确的数值，而模糊控制原理是采用人的思维，也就是按语言规则进行推理，因此必须将输入数据变换成语言值，这个过程称为精确量的模糊化，然后进行推理及控制规则的形成，最后将推理所得结果变换成实际的一个精确的控制值，即清晰化（亦称反模糊化）。模糊控制器的基本结构框图如图 14-8 所示。

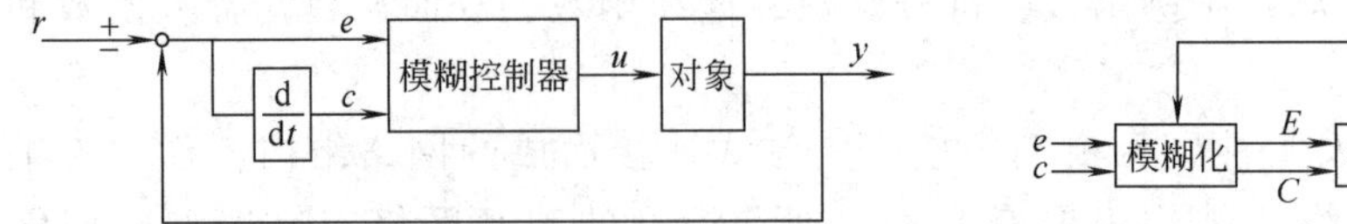

图 14-7 模糊控制系统的方框图

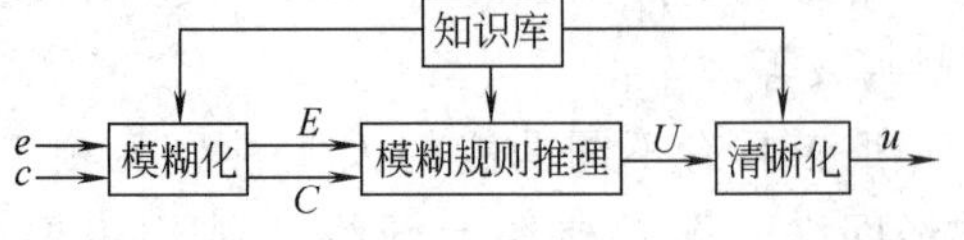

图 14-8 模糊控制器的基本结构框图

2. 模糊控制的几种方法

（1）查表法 查表法是模糊控制最早采用的方法，也是应用最广泛的一种方法。

所谓查表法就是将输入量的隶属度函数、模糊控制规则及输出量的隶属度函数都用表格来表示，这样输入量的模糊化、模糊规则推理和输出量的清晰化都是通过查表的方法来实现。输入模糊化表、模糊规则推理表和输出清晰化表的制作都是离线进行的，可以通过离线计算将这三种表合并为一个模糊控制表，这样就更为省事了。

（2）专用硬件模糊控制器 专用硬件模糊控制器是用硬件直接实现上述的模糊推理。它的优点是推理速度快，控制精度高。现在世界上已有各种模糊芯片供选用。但与使用软件方法相比，专用硬件模糊控制器价格昂贵。目前主要应用于伺服系统，机器人，汽车等领域。

（3）软件模糊推理法 软件模糊推理法的特点就是模糊控制过程中输入量模糊化，模糊规则推理、输出清晰化和知识库这四部分都用软件来实现。

第六节 最优控制系统

最优控制是现代控制技术中的一个重要组成部分。

要想使最优控制系统的设计和运行获得成功，必须解决好三个关键的问题，即目标函数的确定，数学模型的建立和更新，以及优化技术的选定。

在优化控制中，衡量控制过程的好坏，往往采用某一种性能指标，称为目标函数。当生产过程中的目标函数达到极大（或极小）时，我们认为过程是最优的。一般来说，目标函数总是一个与经济效益密切相关的指标，如收益、产率、成本、能耗等。确定目标函数时，很重要的一点是必须突出重点、统筹兼顾、综合考虑。例如，你如果单纯地以产率作为目标函数，则可能会使生产成本很高；如果单纯地以收益作为目标函数，则能耗可能会很大。解决的办法有两个：一个是按照处理多目标优化的简单办法，即将几项单个目标函数加权后相加，这样可以防止某项目标函数过坏的情况出现。另一个办法是将一些较为次要的指标作为约束条件，规定这些指标不能超过某个限值，而将主要的指标作为目标函数来考虑。

最优控制可以分为动态最优控制和静态最优控制。动态最优控制要求的数学模型应是动态的。解决动态最优控制的方法主要有古典变分法、极大值原理和动态规划法。由于化工生产过程的复杂性，要求建立精确的动态数学模型尚有一些困难，因此到目前为止，在化工行业应用动态最优控制取得满意效果的还不多。

静态最优控制通常被称为操作优化控制。它的任务是寻找或确定在具体的工作环境条件下，能使规定的目标函数达到极大（或极小）的各个控制器所应该具有的给定值。

对于自动控制系统，我们以往总是这样认为：被控变量应该尽量保持或接近给定值。在定值控制系统中，要求系统能克服扰动的影响，使被控变量稳得住、稳得快、稳得准。然而，如果我们进一步问一句，给定值是怎样定出来的？是否真正合适？与给定值保持一致是否就是最优工况？我们将会发现问题并不那么简单。

有时会发现，对某一个化学反应器，尽管反应器温度、进料流量及其配比都控制得很精确，然而反应物的收率并不比人工控制时有明显提高。有时还会发现，尽管控制的情况没有变化，但反应物的收率却随着时间有所改变。其原因可能是原来设置的给定值本身就不是最优的，也可能是当环境条件变化后，最优的给定值将发生转移。例如当催化剂老化或其他因素引起的活性变化，处理量的变化，原料成分的变化，都会引起给定值最优点的变化。所以仅使被控变量保持或接近给定值，有时并不能说明工况就是最优的。

操作优化控制能随时根据实际工况，始终保持给定值在最优工作点上。依据文献材料和实践结果，对于给定值比较合理的生产装置，操作优化控制的经济效益仍在1%～3%，对于给定值原来不合理的情况，效益当然更高。随着计算机应用的普及及推广，操作优化控制值得继续大力开发和组织推广。

根据操作优化控制的做法不同，大致有三种情况。

1. 一次性调优

操作优化控制的目标函数一般可以表示为

$$J=f(c_1,c_2,\cdots,c_n;d_1,d_2,\cdots,d_m) \tag{14-1}$$

式中 J——目标函数；

$c_1,c_2,\cdots,c_n$——待求的给定值；

$d_1,d_2,\cdots,d_m$——工作和环境条件。

所以，操作优化控制的实质是在测量得到各 d_i 信息后，用解析或搜索的办法来确定能使 J 取极值的各控制器的给定值 c_1，c_2，…，c_n。

一次性调优就是在工作和环境条件基本不变的情况下，通过一个阶段收集生产现场数据、分析、仿真、计算等工作，求出各工艺变量的最优工作点，作为相应的各控制器的给定值。目前调优技术颇受大、中型企业的欢迎，正在推广之中。在有些工厂，特别是在原来的给定值偏离最优点较远的情况下，经济效益非常显著。

2. 开环的操作优化指导

上述的一次性调优，只是在具体的工作和环境条件能长期保持不变，或者目标函数对这些条件的变化不敏感，其结果才可以长期使用。但是对于大多数生产过程来说，工作和环境条件的变化往往不可避免，而且对目标函数的影响非常明显。这时应当随着工作和环境条件的变化，给定值作相应的调整，才能使目标函数保持极值。

由式（14-1）可以看出，目标函数 J 是给定值 c_i 和工作环境条件变量 d_i 的函数。当 c_i 和 d_i 数目都较少的情况下，也许可以用简单的图形或表格来表示相互的对应关系，调整给定值的策略很容易给出。但对更多的情况，函数关系比较复杂，需要用计算机根据测得的工作和环境条件数据进行计算，并给出各工艺变量的给定值来指导操作。这时，测量和计算都是在线进行的，但是对给定值的调整却是离线的，即必须由操作人员来进行，监督控制没有构成闭环形式。当数学模型不十分精确，优化计算不十分可靠的情况下，这种开环指导的形式是比较安全的。

3. 闭环的操作优化控制

如果操作优化的计算结果可靠，那么，给定值的调整可自动进行。这就是说，把操作优化的回路也闭合起来，图14-9是这类系统的方块图。图中的计算机根据输入对象的控制作

用 u，干扰作用 f 及输出的被控变量 y 进行优化计算，计算结果就为工艺变量的给定值 x，直接送往控制器。在这类系统中，基层控制级的控制器可以是模拟式控制器、数字式控制器，也可以是微型计算机。进行优化计算的优化控制级一般都使用微型计算机。这样的系统通常称为计算机监督控制系统（SCC 或 SPC）。

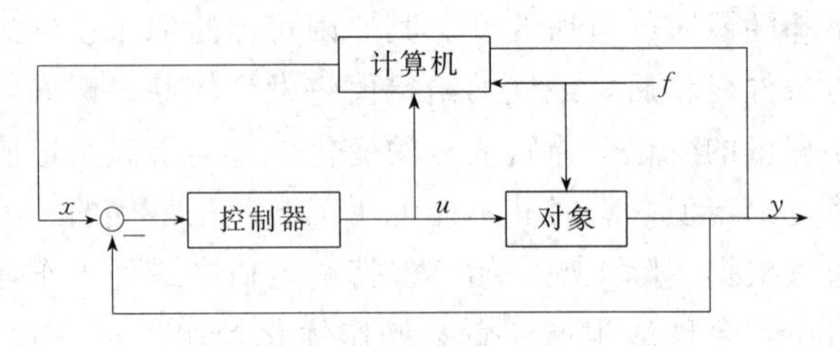

图 14-9　闭环操作优化控制方块图

习题与思考题

1. 新型控制系统的主要特征是什么？

2. 什么是自适应控制系统？试述参考模型自适应控制系统和具有被控对象数学模型在线辨识的自适应控制系统的基本原理，并画出其方块图。

3. 什么是预测控制系统？如何理解预测控制算法中的滚动式优化目标？

4. 什么是专家系统？专家系统一般由哪几部分组成？

5. 什么是神经元网络控制？它在控制中的作用有哪些？

6. 什么是模糊控制系统？模糊控制器一般应包括哪三个部分？

7. 什么是操作优化控制？开环的操作优化指导和闭环的操作优化控制各有什么特点？

第十五章　计算机控制系统

随着计算机技术的迅速发展，各种类型的计算机控制装置已经成了工业生产实现安全、高效、优质、低耗的基本条件和重要保证，各类计算机控制系统在外观上区别很大，但内在本质又有许多相同点。现在，更多的大化工企业采用集散控制系统或现场总线控制系统。

第一节　概　　述

一、计算机控制系统的组成

所谓计算机控制系统就是利用计算机实现工业生产过程的自动控制系统。在计算机控制系统中，计算机的输入、输出信号都是数字信号，因此在典型的计算机控制系统中需要有输入与输出的接口装置（I/O），以实现模拟量与数字量的转换，其中包括模/数转换器（A/D）和数/模转换器（D/A）。

计算机控制的工作过程可以归纳为三个步骤：数据采集、控制决策与控制输出。数据采集就是实时检测来自传感器的被控变量瞬时值；控制决策就是根据采集到的被控变量按一定的控制规律进行分析和处理，产生控制信号，决定控制行为；控制输出就是根据控制决策实时地向执行器发出控制信号，完成控制任务。

计算机控制系统主要由传感器、过程输入输出通道、计算机及其外设、操作台和执行器等组成，图 15-1 是一般计算机控制系统的组成框图。

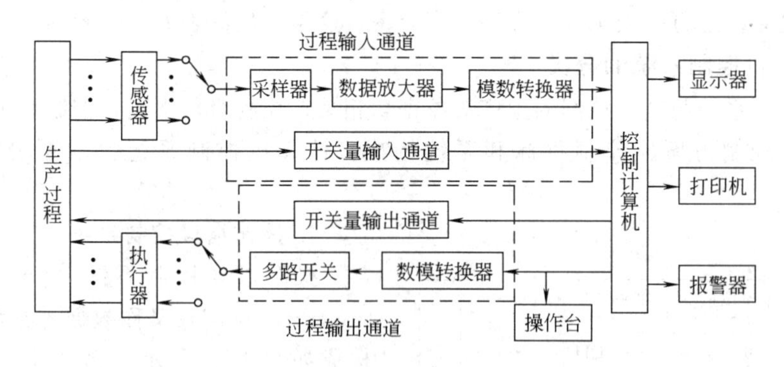

图 15-1　计算机控制系统组成框图

下面简述一下计算机控制系统中各组成部分的主要作用。

① 传感器　将过程变量转换成计算机所能接受的信号，如 4～20mA 或 1～5V。

② 过程输入通道　包括采样器、数据放大器和模数转换器。接受传感器传送来的信号进行相关的处理（有效性检查、滤波等）并转换成数字信号。

③ 控制计算机　根据采集的现场信息，按照事先存储在内存中的依据数学模型编写好的程序或固定的控制算法计算出控制输出，通过过程输出通道传送给相关的接收装置。控制计算机可以是小型通用计算机，也可以是微型计算机。计算机一般由运算器、控制器、存储器以及输入、输出接口等部分组成。

④ 外围设备　外围设备主要是为了扩大主机的功能而设置的，它们用来显示、打印、存储及传送数据。一般包括光电机、打印机、显示器、报警器等。

⑤ 操作台　进行人机对话的工具。操作台一般设置键盘与操作按钮，通过它可以修改被控变量的设定值，报警的上、下限，控制器的参数 K_C、T_I、T_D 值，以及对计算机发出指令等。

⑥ 过程输出通道　将计算机的计算结果经过相应的变换送往执行机构，对生产过程进行控制。

⑦ 执行机构　接受由多路开关送来的控制信号，执行机构产生相应的动作，改变控制阀的开度，从而达到控制生产过程的目的。

二、计算机控制系统的特点

以计算机为主要控制设备的计算机控制系统与常规控制系统比较，其主要特点如下。

① 随着生产规模的扩大，模拟控制盘越来越长，这给集中监视和操作带来困难；而计算机采用分时操作，用一台计算机可以代替许多台常规仪表，在一台计算机上操作与监视则方便了许多。

② 常规模拟式控制系统的功能实现和方案修改比较困难，常需要进行硬件重新配置调整和接线更改；而计算机控制系统，由于其所实现功能的软件化，复杂控制系统的实现或控制方案的修改可能只需修改程序、重新组态即可实现。

③ 常规模拟控制无法实现各系统之间的通信，不便全面掌握和调度生产情况；计算机控制系统可以通过通信网络而互通信息，实现数据和信息共享，能使操作人员及时了解生产情况，改变生产控制和经营策略，使生产处于最优状态。

④ 计算机具有记忆和判断功能，它能够综合生产中各方面的信息，在生产发生异常情况下，及时做出判断，采取适当措施，并提供故障原因的准确指导，缩短系统维修和排除故障时间，提高系统运行的安全性，提高生产效率，这是常规仪表所达不到的。

三、计算机控制系统的分类

计算机控制系统与其所控制的生产对象密切相关，控制对象不同，控制系统也不同，根据应用特点、控制方案、控制目标和系统构成，计算机控制系统一般可分为以下几种类型。

1. 操作指导控制系统

操作指导控制系统（Operation Guide Control，OGC）又称数据采集和监视系统，构成如图 15-2 所示，它是计算机应用于生产过程控制最早的一种类型，主要是对大量的过程参数进行巡回检测、数据记录、数据计算、数据统计和处理、参数的越限报警及对大量的数据进行积累和实时分析。它不直接参与生产过程的控制，在过程参数的测量和记录中代替大量的常规显示记录仪表，对整个生产过程进行集中监视。

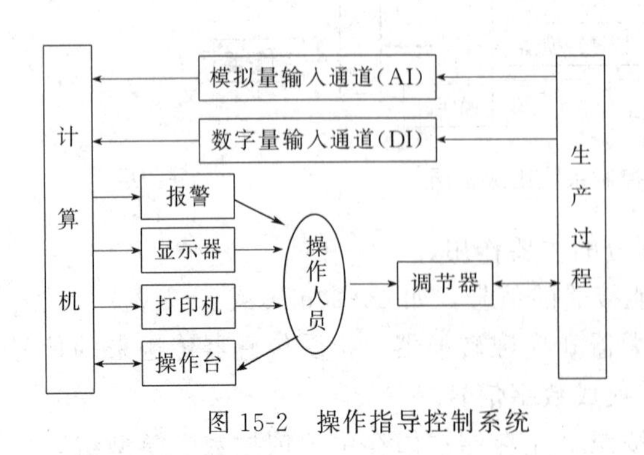

图 15-2　操作指导控制系统

2. 直接数字控制系统

直接数字控制系统（Direct Digital Control，DDC）的构成如图 15-3 所示。

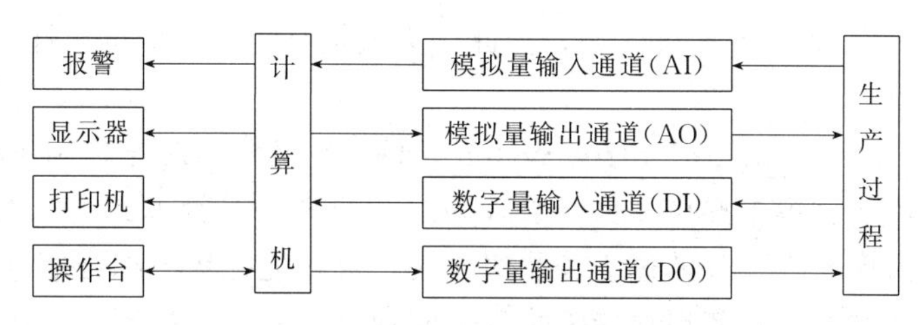

图 15-3　直接数字控制系统

直接数字控制系统是计算机在工业上应用最普遍的一种方式，是用一台计算机对多个被控参数进行巡回检测，检测结果与给定值进行比较，并按预定的数学模型进行运算，其输出直接控制被控对象，使被控参数稳定在给定值上。该系统中的计算机不仅能完全取代模拟调节器，实现多回路的 PID 调节，而且只要改变程序就可以实现复杂的控制规律，如非线性控制，前馈控制、串级控制、自适应控制、最优控制等。

3. 监督控制系统

监督控制系统（Supervisory Computer Control，SCC）中，计算机根据原始工艺信息和其他参数，按照描述生产过程的数学模型或其他方法，计算出生产过程的最优设定值，输入给模拟调节系统或 DDC 系统。SCC 系统的输出值不直接控制执行机构，而是自动的改变模拟调节器或以直接数字控制方式工作的微型机中的给定值。它不仅可以进行给定值控制，还可以进行顺序控制，自适应控制等。监督控制系统有两种不同的结构形式，如图 15-4 所示。

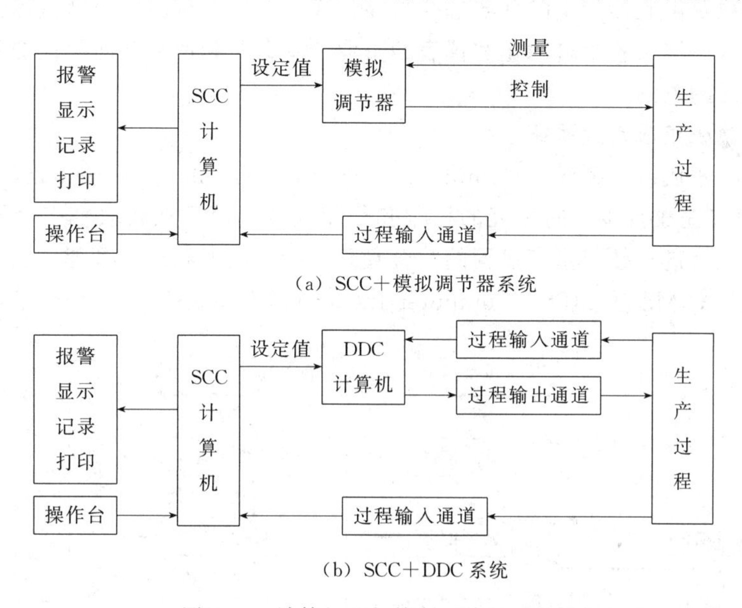

(a) SCC＋模拟调节器系统

(b) SCC＋DDC 系统

图 15-4　计算机监督控制系统的两种结构形式

(1) SCC＋模拟调节器的控制系统　如图 15-4(a) 所示，该系统是由计算机对各物理量进行巡回检测，并按一定的数学模型对生产工况进行分析、计算后得出控制对象各参数最优给定值送给调节器，使工况保持在最优状态。当微型机出现故障时，可由模拟调节器独立完成操作。

(2) SCC＋DDC 的分级控制系统　如图 15-4(b) 所示，该系统是一个两级控制系统，SCC 可采用高档微型机，它与 DDC 之间通过接口进行联系。SCC 微型机可完成工段、车间高一级的最优化分析和计算，并给出最优给定值，送给DDC级执行过程控制。当DDC级微型机出现故障时，可由SCC计算机代替，因此，大大提高了系统的可靠性。

4. 集散控制系统

集散控制系统（Distributed Control System，DCS）又称为分布控制系统或分散型控制系统，它采用分散控制、集中操作，分级管理和综合协调的设计原则与网络化的控制结构，把系统从上到下分为现场级、分散过程控制级、集中操作监控级、综合信息管理级等。它是以计算机为核心的基本控制器实现功能上物理上和地理上的分散控制，又通过高速数据通道把各个分散点的信息集中起来送到监控计算机和操作站，进行集中监视和操作，并实现高级复杂的控制。DCS在电力、冶金、石油化工、制药等领域都得到了极其广泛的应用。

5. 现场总线控制系统

现场总线控制系统是计算机技术和网络技术发展的产物，是建立在智能化测量与执行装置的基础上，发展起来并逐步取代DCS控制系统的一种新型自动化控制装置。

根据国际电工委员会和现场总线基金会对现场总线的定义，现场总线是连接智能现场装置和自动化系统的数字式、双向传输、多分支结构的通信网络。现场总线在本质上是全数字式的，取消了原来DCS系统中独立的控制器，避免了反复进行A/D、D/A的转换。它有两个显著特点：一是双向数据通信能力；二是把控制任务下移到智能现场设备，以实现测量控制一体化，从而提高系统固有可靠性。对于厂商来说，现场总线技术带来的效益主要体现在降低成本和改善系统性能，对于用户来说，更大的效益在于能获得精确的控制类型，而不必定制硬件和软件。

当前，现场总线及由此而产生的现场总线智能仪表和控制系统已成为全世界范围自动化技术发展的热点，这一涉及整个自动化和仪表的工业“革命”和产品全面换代的新技术在国际上已引起人们广泛的关注。

6. 工业过程计算机集成制造系统

工业过程计算机集成制造系统（Computer Integrated Manufacture System，CIMS）如图15-5所示。它可以完成直接面向过程的控制和优化任务，而且在获取生产全部过程尽可能多的信息的基础上，进行整个生产过程的综合管理、指挥调度和经营管理，当CIMS用于流程工业时简称流程CIMS或CIPS（Computer Integrated Processing System）。

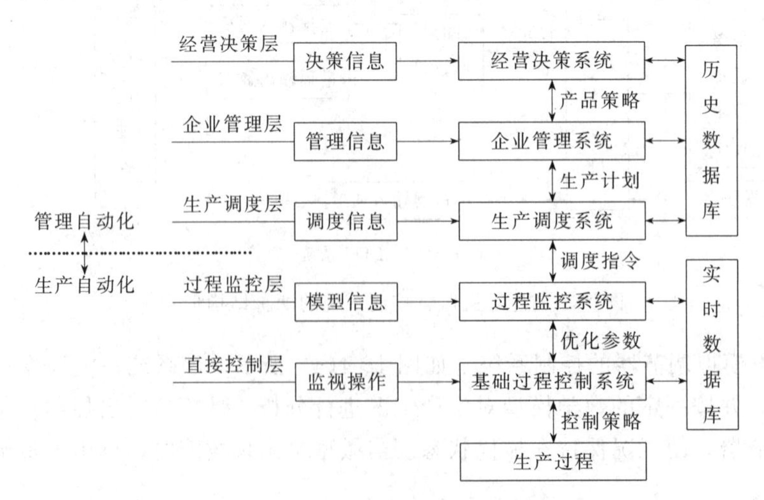

图15-5　工业过程计算机集成制造系统

它可以实现常见的过程直接控制、先进控制与过程优化，还可以完成生产管理、收集经济信息、计划调度和产品订货、销售、运输等任务。它解决的是企业综合自动化问题，是工业过程自动化及计算机控制系统发展的一个方向。

第二节　集散控制系统概述

集散控制系统以多台微处理机分散应用于过程控制，通过通信网络、CRT 显示器、键盘、打印机等设备以实现高度集中的操作、显示和报警管理。这种实现集中管理、分散控制的新型控制装置，自 1975 年问世以来，发展十分迅速，目前已经得到了广泛的应用。

一、集散控制系统的基本构成

集散控制系统的基本组成通常包括现场监控站（监测站和控制站）、操作站（操作员站和工程师站）、上位机和通信网络等部分，如图 15-6 所示。图 15-7 为横河 CENTUM-CS 系统的外形图，图中前排为操作台，即操作员站和工程师站；后排立柜为现场监控站。

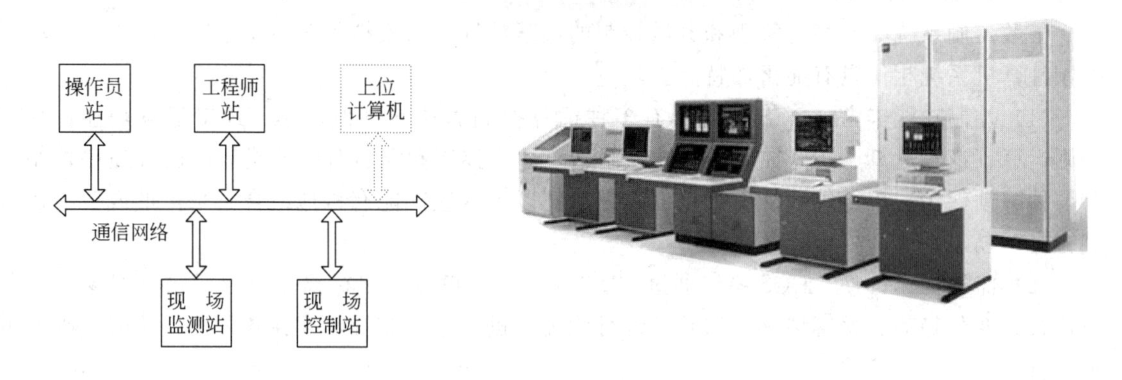

图 15-6　集散控制系统基本构成图　　　图 15-7　CENTUM-CS 系统外形图

现场监测站又叫数据采集站，直接与生产过程相连接，实现对过程变量进行数据采集。它完成数据采集和预处理，并对实时数据进一步加工，为操作站提供数据，实现对过程变量和状态的监视和打印，实现开环监视，或为控制回路运算提供辅助数据和信息。

现场控制站也直接与生产过程相连接，对控制变量进行检测、处理，并产生控制信号驱动现场的执行机构，实现生产过程的闭环控制。它可控制多个回路，具有极强的运算和控制功能，能够自主地完成回路控制任务，实现连续控制、顺序控制和批量控制等。

操作员站简称操作站，是操作人员进行过程监视、过程控制操作的主要设备。操作站提供良好的人机交互界面，用以实现集中显示、集中操作和集中管理等功能。有的操作站可以进行系统组态的部分或全部工作，兼具工程师站的功能。

工程师站主要用于对 DCS 进行离线的组态工作和在线的系统监督、控制与维护。工程师能够借助于组态软件对系统进行离线组态，并在 DCS 在线运行时实时地监视 DCS 网络上各站的运行情况。

上位计算机用于全系统的信息管理和优化控制，在早期的 DCS 中一般不设上位计算机。上位计算机通过网络收集系统中各单元的数据信息，根据建立的数学模型和优化控制指标进行后台计算、优化控制等功能。

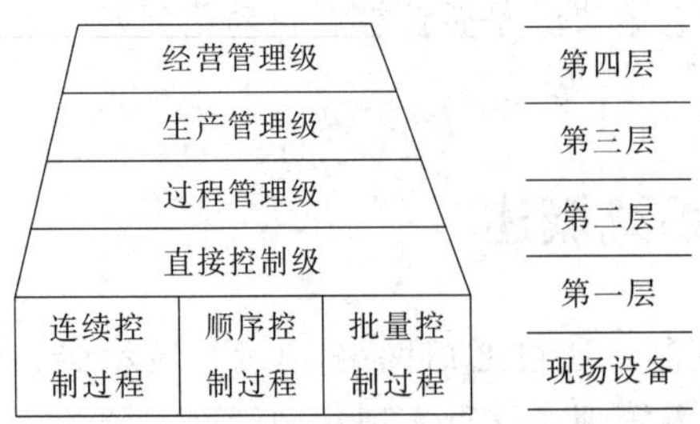

图 15-8 集散型控制系统的体系结构

通信网络是集散控制系统的中枢，它连接DCS的监测站和控制站、操作站、工程师站、上位计算机等部分。各部分之间的信息传递均通过通信网络实现，完成数据、指令及其他信息的传递，从而实现整个系统协调一致地工作，进行数据和信息共享。

可见，操作站、工程师站和上位计算机构成集中管理部分；现场监测站、现场控制站构成分散控制部分；通信网络是连接集散系统各部分的纽带，是实现集中管理、分散控制的关键。

经过30多年时间的发展，集散型控制系统的结构不断更新。DCS的层次化体系结构已成为它的显著特征，使之充分体现集散系统集中管理、分散控制的思想。若按照功能划分，可把集散型控制系统分成以下四层分层体系结构，如图15-8所示。

二、集散控制系统的特点

集散控制系统具有集中管理和分散控制的显著特征，与模拟仪表控制系统和集中式工业控制计算机系统相比具有显著的特点。

（1）控制功能丰富　DCS系统具有多种运算控制算法和其他数学、逻辑运算功能，如四则运算、逻辑运算、PID控制、前馈控制、自适应控制和滞后时间补偿等；还有顺序控制和各种联锁保护、报警等功能。可以通过组态把以上这些功能有机地组合起来，形成各种控制方案，满足系统的要求。

（2）监视操作方便　DCS系统通过CRT显示器和键盘、鼠标操作可以对被控对象的变量值及其变化趋势、报警情况、软硬件运行状况等进行集中监视，实施各种操作功能，画面形象直观。

（3）信息和数据共享　DCS系统的各站独立工作同时，通过通信网络传递各种信息和数据协调工作，使整个系统信息共享。DCS系统通信采用国际标准通信协议，符合OSI七层体系，具有极强的开放性，便于系统间的互联，提高了系统的可用性。

（4）系统扩展灵活　DCS系统采用标准化、模块化设计，可以根据不同规模的工程对象要求，硬件设计上采用积木搭接方式进行灵活配置，扩展灵活。

（5）安装维护方便　DCS采用专用的多芯电缆、标准化插接件和规格化端子板，便于装配和维修更换。DCS具有强大的自诊断功能，为故障判别提供准确的指导，维修迅速准确。

（6）系统可靠性高　集散控制系统管理集中而控制分散，使得危险分散，故障影响面小。系统的自诊断功能和采用的冗余措施等，支持系统无中断工作，平均无故障时间（*MTBF*）可达十万小时以上。

第三节　CENTUM-CS集散控制系统

DCS控制系统的种类很多，生产厂家也有上百个，如福克斯波罗有限公司的I/A Series，日本横河的CENTUM、CENTUM-XL、μXL、CENTUM-CS，贝利控制有限公司的N-90、INFI-90，霍尼韦尔公司的TDC-3000等。这些产品在国内已经大量使用，取得较好的信誉。每一种DCS的操作方法各不相同，虽然有些标准逐步统一，但在许多细节上差别还很大。本节将着重介绍 CENTUM-CS 这种典型的 DCS 产品的构成和基本操作方法。

一、CENTUM-CS 系统的构成

图 15-9 为 CENTUM-CS 系统的构成图。系统包括操作员站（ICS）、工程师站（EWS）、现场控制站（FCS）、高级控制站（ACS）、用于连接 FCS 与 ICS、ACG、ABC 等其他站的实时控制网（V Net）、用于 ICS 之间通信的信息局域网（E Net）、用于 ICS 与 EWS 之间信息通信的局域网（Ethernet）、远程总线 RIO Bus、光纤通信网（FDDI）以及连接各种网络的通信网关（ACG）和总线转换器（ABC）等。还包括用于过程控制用的检测元件与传感器、调节阀等现场控制装置。按照控制要求也可挂接可编程控制器（PLC）。

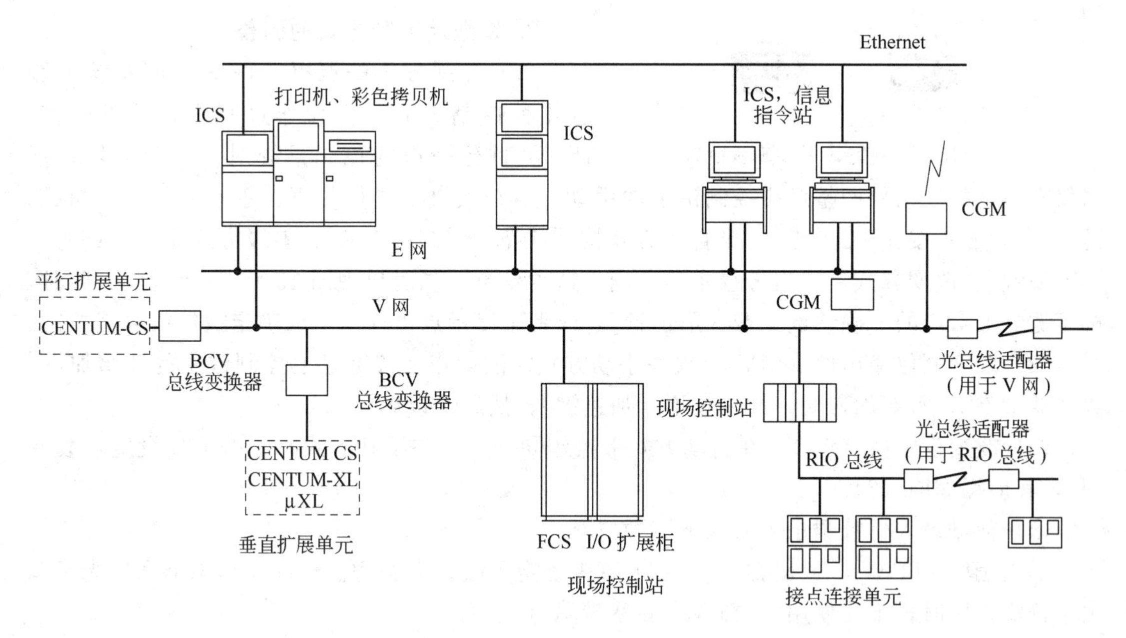

图 15-9 CENTUM-CS 系统构成

二、基本操作方法

1. 画面的调出

操作站的画面有三大类：操作画面、应用画面和组态画面。其调出可以有以下几种方法。

（1）利用画面名称调出　对于具有名称的 10 种系统监视画面，可以通过输入其名称而调出来。这 10 种监视画面名称见表 15-1。如要调用报警画面的第二页，只要按［●］［A］［L］［2］［⇥］键，输入结果在字符输入区绿色显示，画面被调出后变成深蓝色。

表 15-1 CENTUM-CS 系统 10 种监视画面名称

画面类别	画面名称	画面类别	画面名称
综观画面	・OV××××	趋势点画面	・TP××××
分组画面	・CG××××	流程图画面	・GR××××
报警画面	・AL××××	过程报警画面	・PR
操作指导信息画面	・OG	操作应用画面	・OU
趋势组画面	・TG××××	系统维护画面	・SM

注：××××表示页面号。

（2）利用功能键调出　利用操作员应用功能或系统生成功能，预先把某个画面定义到某个功能键上。在系统使用时，只要触按此键即可调出相应的画面。如将流程图画面的第 5 页定义到 2 号功能键上，在使用时，只要按 2 号功能键就可以调出流程图画面第 5 页。

（3）利用画面选择键或操作员应用功能键调出　在按［ENG］键和［UTILITY］键之前可先按［　］键，以清除当前显示的画面。然后按压要调出的画面的选择键或操作员应用功能键。

（4）利用画面展开调出　用软键、［◁△▷▽］或［°□］或［┬┴］，可以向指定的画面展开，对于带触摸功能的操作站，可以使用触摸板向指定的画面展开。

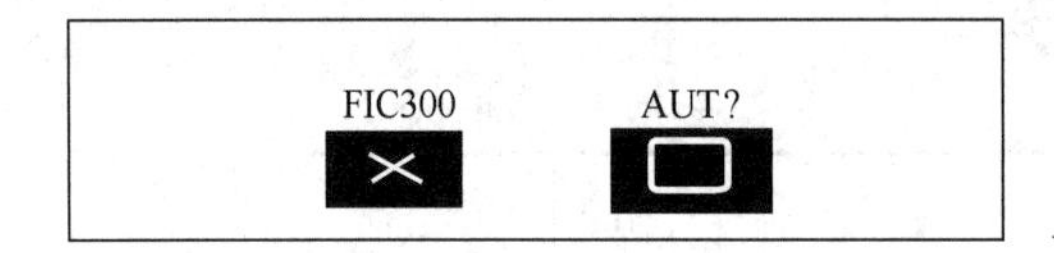

图 15-10　控制方式更改确认窗口

2. 参数及控制方式的调整

（1）控制方式的调整　DCS 控制系统一般有几种控制方式，在操作过程中，可以调整。调出要进行操作的控制系统对应的仪表图，根据仪表图下的软键号调整对应控制键上的手动、自动按键。具体如下：手动方式按［MAN 键］；自动方式按［AUT 键］；半自动方式按［CAS］+［MAN 键］；串级方式按［CAS］+［AUT 键］。改变方式后，报警提示是否确认这种变更，同时出现图 15-10 所示窗口。此时，按下键盘上对应的［确认键］或［取消键］，或者用鼠标点击窗口上的确定按钮或取消按钮。

（2）改变阀位输出值（MV）　仅在手动方式时能操作。按键盘上控制键中的［增加键］或［减少键］，需要加速时，同时按下［加速键］，然后予以确认。

（3）改变设定值（SV）　在自动方式下操作同（2）；在手动方式时先按下［设定点改变键］，其他操作同（2）。

（4）数据录入　数据录入有以下四种情况。

① 按压［ITEM］［数据类型］［⊣⊡］键来确定更改数据类型。但在流程图上利用光标调出字符输入区时，不能使用［ITEM］键更改数据类型。

② 按压［DATA］［更改后的数字］［⊣⊡］。

③ 输入错误可用［BS←］键进行修改。

④ 数据输入后或控制方式更改后，按［确认键］数据真正进入内部仪表。最后用［CL］键关闭录入窗口。

三、显示画面及操作

CENTUM-CS 系统的操作站主要有 9 种类型的画面用于系统的监视和操作，它们分别是综观画面、分组画面、调整画面、报警画面、操作指导信息画面、流程图画面、趋势画面、用户屏幕及信息屏幕。下面介绍 8 种画面的功能规格、显示内容及有关画面的调出等。

1. 仪表图

为了操作习惯，DCS 系统中仍采用仪表图来作为控制系统操作的界面。仪表图是系统显示的主要内容，也是操作的关键。仪表图没有单独的显示画面，但在大部分显示画面中都可调出。主要的仪表图如图 15-11 所示。用输入仪表位号（如 FIC100-A）或者在综观画面及流程图画面上使用触摸屏或［显示键］的方法单独调用，也可以用画面调用键调出包含该仪表位号在内的各类画面。图中表示 4 种类型仪表图，分别为反馈控制仪表、趋势仪表、开关仪表和批量状态显示仪表。仪表图显示由工位号说明、工程单位、数字显示、方式状态显示、模拟显示和工位号几部分组成。

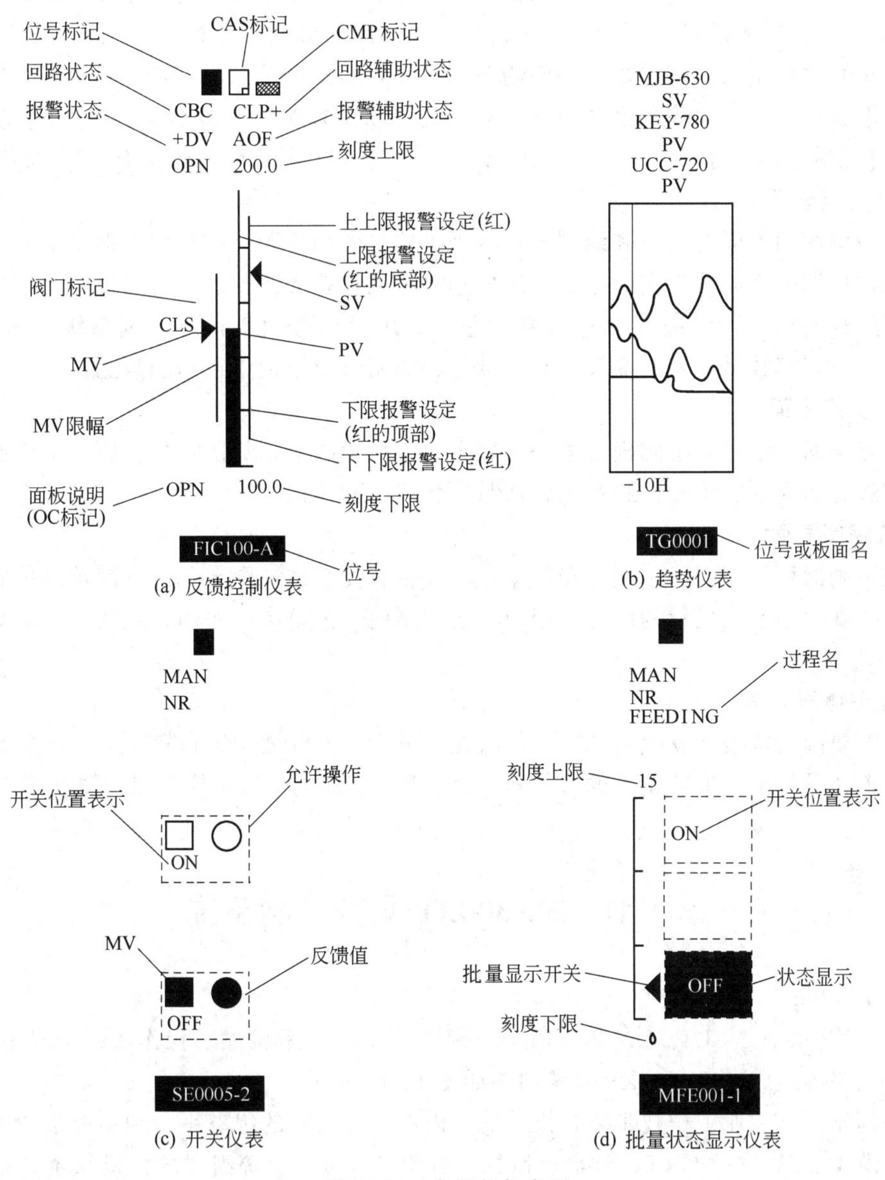

图 15-11 主要的仪表图

2. 综观显示画面

综观显示画面的作用是把反馈控制系统、顺序控制系统、各种操作画面定义在一个个显示块中，以便了解过程系统的综合概貌。若发生报警时，可用声光通知操作人员进行确认。利用光标的操作，也可以从综观画面转移到其他画面上。直接在键盘上按［°♯］键或输入综观画面名称可以调出该画面，再利用［翻页键］或按［PAGE］键＋输入页号的方法来翻页。使用触摸屏或［显示键］可以调出显示块对应的仪表位号，再转入其他相应的画面。

3. 分组显示画面

分组显示画面每页可以显示 8 个工位号的仪表图，对应显示过程控制的测量值 PV、设定值 SV、输出值 MV，并可以对其进行调整。

4. 调整画面

调整画面用以显示一个工位号反馈控制的内部仪表或顺序控制的顺序元素的各种设定参数、控制参数、3 点调整趋势图和仪表图。主要内容包括工位号标记、工位号、工位号说明、该工位号的设定及控制参数、调整趋势图和仪表图。调整画面每页显示一个工位号，画面名称一般为仪表位号。除画面调出外，对于趋势图需要调整，包括用［⇔ * n］改变数据轴、用［⇕ nM］改变时间轴、用［PAUSE］暂停趋势记录、用［RESERVE］保留数据。

5. 趋势组画面

趋势组画面用不同的颜色和线型显示 8 个工位号的趋势图。趋势图根据采集方式、记录周期和采样周期的不同分为实时趋势、历史趋势和批量趋势三种。实时趋势用于记录控制系统的过渡过程曲线，可以进行 PID 参数的整定；历史趋势用于记录控制系统的运行状况，以备检查，或将其数据存入硬盘及软盘；批量趋势用于记录批量过程的数据。

6. 趋势点画面

趋势点画面显示趋势组画面中某一个数据项，显示两组趋势图：包含所有采样点的总体趋势图和放大的详细趋势图。趋势点画面与趋势组画面相似。

7. 流程图画面

流程图画面可以用图形、颜色和数据，将设备和控制系统图案化，以满足用户监视和操作的要求。在主显示区显示的内容是用户自己编制的工艺设备、控制系统的显示图案以及仪表图。

8. 报警概要画面

报警概要画面按报警发生的顺序，依次在主显示区显示 20 个报警信息。每个报警信息按序号，工位号标记，报警发生的月、日、分、秒，工位号，工位号说明，报警状态这一顺序进行显示。

第四节　JX-300XP 集散控制系统

一、JX-300XP 系统结构

JX-300XP 系统是 SUPCON WebField 系列产品，由工程师站、操作员站、现场控制站、过程控制网络等组成。JX-300XP 系统结构如图 15-12 所示。

工程师站是为专业工程技术人员设计的，内部装有相应的组态平台和系统维护工具。操作员站是由工业 PC 机、CRT、键盘、鼠标、打印机（可选）等组成的人机系统，是操作人员完成过程监控管理任务的环境与人机界面。现场控制站是系统中直接与现场打交道的 I/O 处理单元，完成整个工业过程的实时监控功能，直接与工业现场进行信息交互。

JX-300XP 第一层网络是信息管理网 Ethernet（用户可选）采用商业以太网络，用于工厂级的信息传送和管理，是实现全厂综合管理的信息通道。

第二层网络是过程控制网 SCnetII 连接了系统的现场控制站、操作员站、工程师站、通信接口单元等，是传送过程控制实时信息的通道。

JX-300XP 最大系统可配置 15 个冗余的控制站和 32 个操作员站或工程师站，系统容量最大可达到 15360 点。每个控制站最多可完成 128 个控制回路，JX-300XP 系统每个控制站最多可挂接 8 个 IO 机笼。每个机笼最多可配置 20 块卡件，即除了最多配置一对互为冗余的主控制卡和数据转发卡之外，还可最多配置 16 块各类 I/O 卡件。在每一机笼内，I/O 卡件

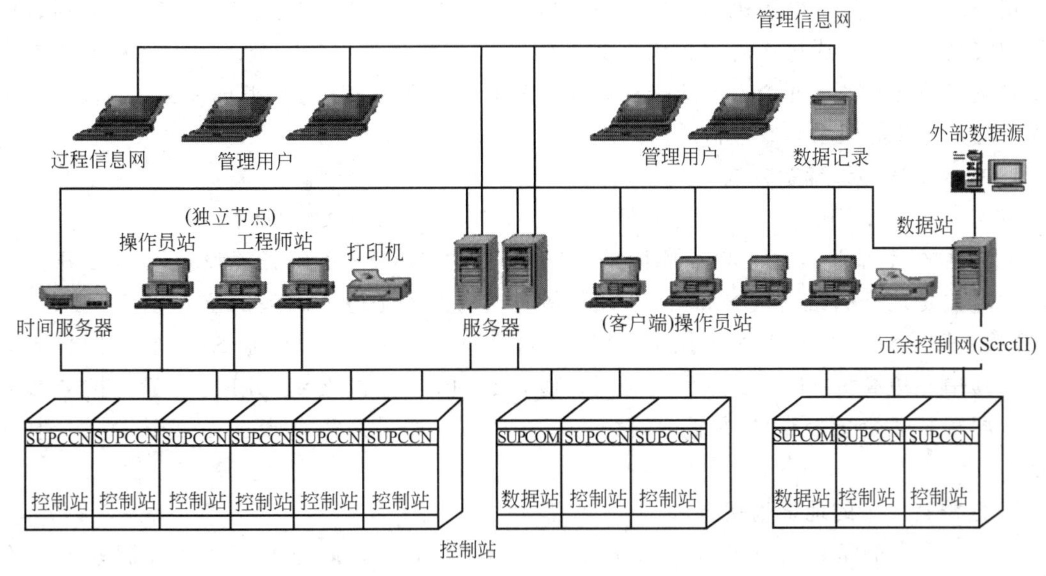

图 15-12　JX-300XP 系统结构图

均可按冗余或不冗余方式任意进行配置。

二、现场控制站认识与安装

现场控制站（CS）是 JX-300XP 实现过程控制的核心设备之一，一个现场控制站最多有两个机柜组成，一个主机柜，另一个副机柜，副机柜内除没有主控卡外和主机柜相同，两者通过数据线连接起来成为一个整体。现场控制站分别由电源单元、主控卡、数据转发卡、各种 I/O 卡件、数据交换机和交流配电箱等组成，各卡件插入机笼（机箱）之中。控制站外形图见图 15-13 所示。

在现场控制站内部，如图 15-14 所示，从上到下，第一层为电源机箱，下面几层为 I/O 机笼（视控制站规模而定，一个控制站最多放置四层），最下面是冗余的两台交换机。电源机箱安装有两组互为冗余的直流电源，电源接入两路 220V 交流电源，向各机箱输出 5VDC 和 24DC 电源。I/O 机箱共有 20 个插槽，自左至右第 1、2 槽安装主控卡，第 3、4 槽安装数据转发卡，其余 16 个槽安装 I/O 卡件（标号 00～15）。

图 15-13　控制站外形图

图 15-14　机箱卡件排列图

现场控制站机笼、电源机箱、控制站机柜一般由供方根据用户配置直接安装好，所以控制站的安装，主要完成机笼内主控卡、数据转发卡及I/O卡件的安装。各卡件在安插前应该正确设置地址开关、冗余方式的选择跳线、配电选择跳线、信号类型选择跳线。安插时操作人员应带好防静电手腕或进行适当的放电。

1. **主控卡的地址确定方法**

主控卡型号为XP243，外形图见图15-15，主控卡SW2开关图见图15-16。

控制站的IP地址通过主控卡侧面的SW2开关的S4～S8拨码开关设定，SW2开关最左端的开关是地址的最高位S1，SW2开关最右端的开关是地址的最低位S8，开关ON为1，开关OFF为0。主控卡的主控卡IP地址码范围为2～31，也就是SW2的二进制地址范围，其中左边高位S1～S3为系统保留资源，必须为0，即拨到OFF。一般主控卡都采用冗余配置，冗余主控卡的地址设置为$2n$，$2n+1$，如果采用单卡工作，则主控卡地址为$2n$。

2. **数据转发卡的地址确定方法**

数据转发卡的型号为XP233，与主控卡的型号相对应。适应各个典型控制系统的不同型号的主控卡对应相配套的不同型号的数据转发卡进行数据交换。数据转发卡的地址通过跳线开关设置，线路板下面的跳线开关从左到右，分别是数据转发卡的S8，S7，…，S2，S1跳线开关，跳线开关短路为ON（1），断开则为OFF（0），短路用短路块跨接。其中，S8～S5跳线开关为系统保留资源，应全部设置为OFF（0）。数据转发卡地址范围为0～15，冗余数据转发卡地址设定为$2n$，$2n+1$，选择单卡工作方式时，则该卡地址为$2n$。

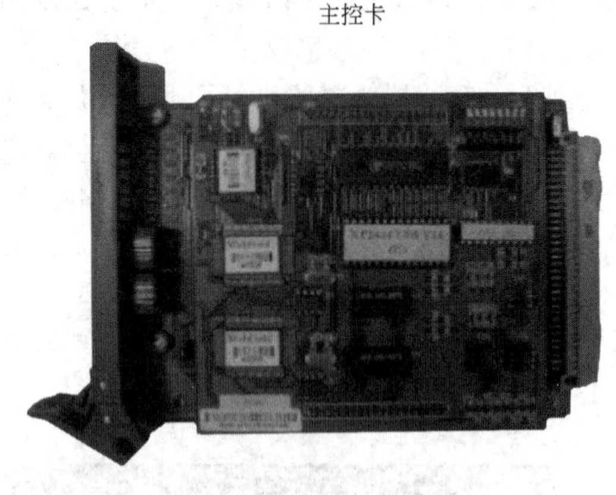

图15-15　主控卡外形图

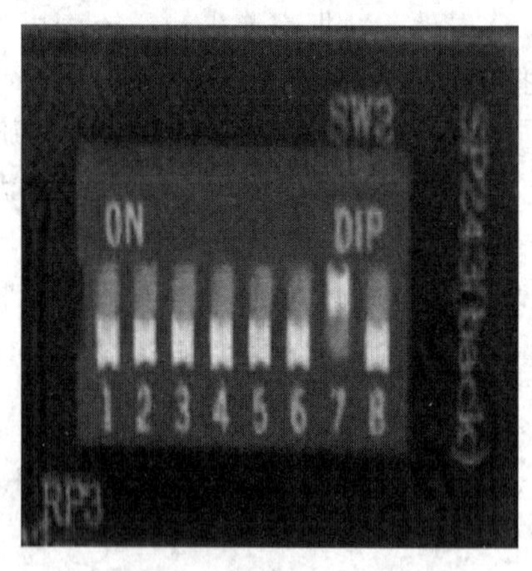

图15-16　主控卡SW2开关图

3. **其余常见I/O卡件**

XP243主控卡下的其余常见I/O卡件见表15-2，其详细的说明和安装方法可参看系统硬件手册。

表15-2　常用I/O卡件表

型号	卡件名称	性能及输入/输出点数
XP313	电流信号输入卡	6路输入，可配电，分组隔离，可冗余
XP314	电压信号输入卡	6路输入，分组隔离，可冗余
XP316	热电阻信号输入卡	4路输入，分组隔离，可冗余

续表

型号	卡件名称	性能及输入/输出点数
XP322	模拟信号输出卡	4路输出，点点隔离，可冗余
XP361	电平型开关量输入卡	8路输入，统一隔离
XP362	晶体管触点开关量输出卡	8路输出，统一隔离
XP363	触点型开关量输入卡	8路输入，统一隔离
XP000	空卡	I/O槽位保护板

三、操作站认识与安装

操作站是操作人员完成过程监控任务的操作平台。工艺操作人员通过显示器（包括CRT显示器、液晶显示器）完成总貌显示、流程图显示、调整画面显示、一览表显示、生成报表及报表打印。操作站硬件部分包括计算机主机及其外部设备，计算机主机可采用PC机或工业PC机。除了通用键盘外，JX-300XP还可选配操作员键盘。操作站应安装Windows 2000操作系统和Advantrol实时监控软件，为保证系统正常运行，应安装操作员狗。

四、通信网络及安装

1. JX-300XP系统通信网络

JX-300XP系统通信网络分为三层，分别为信息管理网、过程控制网（SCnetII网络）以及系统内部的S总线。S总线分为S1总线和S2总线，如图15-17所示。S1总线位于机箱底部，是数据转发卡（XP233）和各I/O卡件的数据通道，一对数据转发卡负责一个机笼中最多16块I/O卡件和主控卡之间的数据转换。S2总线是数据转发卡和机笼之间的数据传输通道，机笼之间的连接电缆即S2总线。

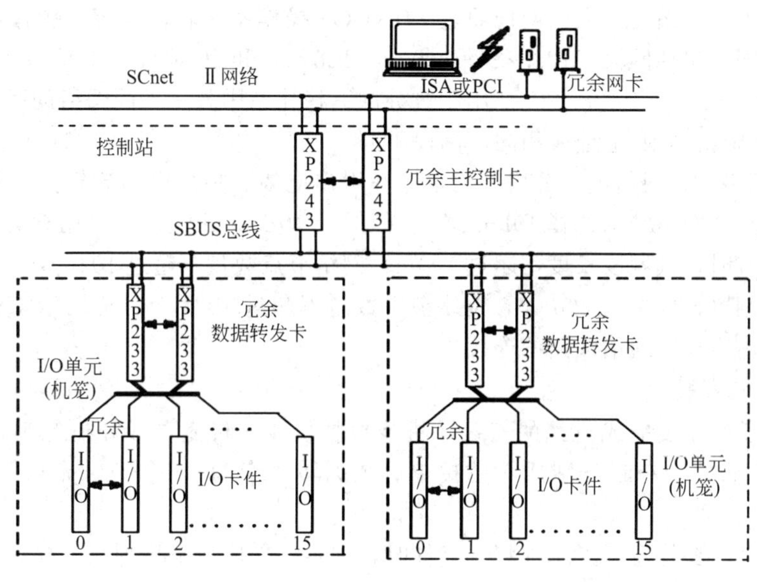

图15-17　S总线系统结构图

2. 通信网络的安装

JX-300XP通信网络的安装主要完成双重化冗余工业以太网的安装。从结构上，网络分为 A 网和 B 网。工程师站和操作站采用双以太网适配器网卡，双重化冗余工业以太网的安装方法见图 15-18。

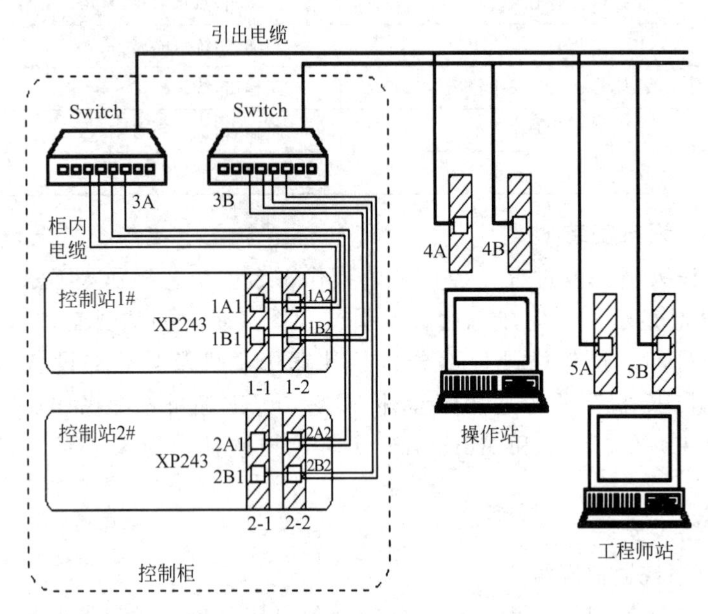

图 15-18　双重化冗余网络安装图

控制站的 SCnet 网址包括网段（128.128.1 或 128.128.2）和 IP 地址（地址范围为 2-31，IP 地址通过拨码开关设定），一块主控卡具有两个以太网接口，分别通过电缆接入交换机进入 A 网（接入 A 网的网段为 128.128.1，网段由厂家出厂时设定）和 B 网（网段为 128.128.2，网段由厂家出厂时设定）。

操作站和工程师站的以太网网址通过 WINDOS 操作系统软件设定。操作站和工程师站的以太网网址同样包括网段（128.128.1 或 128.128.2）和 IP 地址（地址范围为 129-160）。注意，网段 128.128.1 和 128.128.2 用于区分同一操作站中处于不同网络的两块网卡，即同一操作站/工程师站的 IP 地址应相同，网段不同。

SCnet Ⅱ 网络中，通信电缆分为柜内电缆和引出电缆。柜内电缆确定为双绞线。引出电缆则需要根据具体网络结构选择 10Base-T 双绞线或 10Base-F 光缆。采用五类或超五类无屏蔽双绞电缆安装时，其网段长度不超过 100m，网络节点数量不超过 1024 个。光缆主要用于引出电缆，其网段长度可达 2000m，网络节点数量不超过 1024 个，适用于工业现场电气干扰较严重、距离很长的通信线路的连接。

五、机柜内安装

机柜内的安装主要完成机笼的安装，机笼包括机笼、机笼母板和机笼 I/O 端子板。机笼底部有 20 个插槽，左起分别插入主控卡、数据转发卡和 16 个 I/O 卡件（位置号 00～15）。

机柜内安装时要注意：在排列 I/O 卡件时，同类卡件应尽量排列在一起；互为冗余的卡件必须排列在一起，而且这两个卡件的槽号位置分别为 $2n$，$2n+1$（n 为 0，1，2，…）即从偶数位开始排布。

六、系统软件及系统组态

JX-300XP 系统软件基于中文 Windows 2000/NT 开发，采用 Advantrol Pro 软件包。它

由系统组态软件和系统运行监控软件两大部分构成，系统组态软件通常安装在工程师站，系统组态软件包括：用户授权管理软件（SCReg）、系统组态软件（SCKey）、图形化编程软件（SCControl）、语言编程软件（SCLang）、流程图制作软件（SCDrawEx）、报表制作软件（SCFormEx）、二次计算组态软件（SCTask）、ModBus 协议外部数据组态软件（AdvMBLink）。

系统运行监控软件包括：实时监控软件（Advantrol）、数据服务软件（AdvRTDC）、数据通信软件（AdvLink）、报警记录软件（AdvHisAlmSvr）、趋势记录软件（AdvHisTrdSvr）、ModBus 数据连接软件（AdvMBLink）、OPC 数据通信软件（AdvOPCLink）、OPC 服务器软件（AdvOPCServer）、网络管理和实时数据传输软件（AdvOPNet）、历史数据传输软件（AdvOPNetHis）。

1. 用户授权管理软件

用户授权管理软件（SCReg）用于完成对系统操作人员的授权管理。在软件中将用户级别分为观察员、操作员－、操作员、操作员＋、工程师－、工程师、工程师＋、特权－、特权、特权＋共十个层次。不同级别的用户拥有不同的授权设置，即拥有不同范围的操作权限。对每个用户也可专门指定（或删除）其某种授权。只有工程师及以上的级别才可以进入用户授权管理界面进行授权设置。

2. 系统组态软件

SCKey 组态软件主要是完成 DCS 的系统组态工作。组态软件界面中设计有组态树窗口，用户从中可清晰地看到从控制站直到信号点的各层硬件结构及其相互关系，也可以看到操作站上各种操作画面的组织方式。SCKey 组态软件通过简明的下拉菜单和弹出式对话框建立友好的人机交互界面，并大量采用 Windows 的标准控件，易学易用。另外，SCKey 组态软件还提供了强大的在线帮助功能。

3. 流程图制作软件

流程图制作软件（SCDrawEx）是一个具有良好用户界面的流程图制作软件。它以中文 Windows2000 操作系统为平台，为用户提供了一个功能完备且简便易用的流程图制作环境。

4. 实时监控软件

实时监控软件（AdvanTrol）是基于 Windows2000 中文版开发的上位机监控软件，其基本功能为数据采集和数据管理。它可以从控制系统或其他智能设备采集数据以及管理数据，进行过程监视、控制、报警、报表、数据存档等。实时监控软件所有的命令都化为形象直观的功能图标，通过鼠标和操作员键盘的配合使用，可以方便地完成各种监控操作。

实时监控软件的主要监控操作画面有：调整画面、报警一览画面、系统总貌画面、控制分组画面、趋势画面、流程图画面、数据一览画面、故障诊断画面等。

5. 系统组态

系统组态是通过工程师站完成系统软、硬件参数配置的过程。由于不同用户生产工艺和控制要求差异很大，因此在 DCS 工程设计时，系统的许多功能和匹配参数需要由用户设定。例如：系统需要多少个控制站和操作站；系统需要处理多少信号；信号类型是什么；采用何种控制方案；操作时应该显示哪些参数；如何操作等。另外，为适应各种特定的需要，集散控制系统备有丰富的各种 I/O 卡件各种操作平台，用户一般根据自身的要求选择硬件设备，有关系统的硬件设备配置情况也需要用户提供。当系统需要与另外的系统进行数据通信时，用户还需要将系统所使用的协议、使用的端口告诉系统，包括系统总体信息设置、控制站组态、操作站组态、组态的编译、下载及传送等。

第五节　现场总线控制系统

现场总线控制系统是计算机技术和网络技术发展的产物，是建立在智能化测量与执行装置的基础上，发展起来并逐步取代DCS控制系统的一种新型自动化控制装置。

一、现场总线系统的产生和特征

1. 现场总线系统的产生

现场总线控制系统（Fieldbus Control System）简称FCS。因DCS的检测、变送和执行等现场仪表仍采用模拟信号（4～20mA DC）连接，无法满足上位机系统对现场仪表的信息要求，限制了控制过程视野，阻碍了上位机系统功能的发挥，因而产生了上位机与现场仪表进行数字通信的要求。从20世纪80年代起，出现了智能化的现场仪表，如智能变送器等。这些智能化的现场仪表的功能远远超过模拟现场仪表，可对量程和零点进行远方设定，具有仪表工作状态自诊断功能，能进行多参数测量和对环境影响的自动补偿等，智能化现场仪表的出现，也要求与上位机系统实现数字通信。正是在上述因素的驱动下，要求建立一个标准的现场仪表与上位机系统的数字通信链路，这条通信链路就是现场总线，FCS也就应运而生了。实际上，现场总线就是连接现场变送器、传感器及执行机构等智能化现场仪表的通信网络。

2. 现场总线系统的特征

传统的计算机控制系统广泛采用了模拟仪表系统中的传感器、变送器和执行机构等现场设备，现场仪表与位于控制室的控制器之间均采用一对一的物理连接，一只现场仪表需要一对传输线来单向传送一个模拟信号。这种传输方式一方面要使用大量的信号线缆，另一方面模拟信号的传输抗干扰能力低。

现场总线是一种计算机网络，这个网络上的每个节点都是智能化仪表。

现场总线控制系统FCS是在DCS系统的基础上发展而成的，它继承了DCS的分布式特点，但在各功能子系统之间，尤其是在现场设备和仪表之间的连接上，采用了开放式的现场网络，从而使系统现场设备的连接形式发生了根本的改变，具有自己所特有的性能和特征。

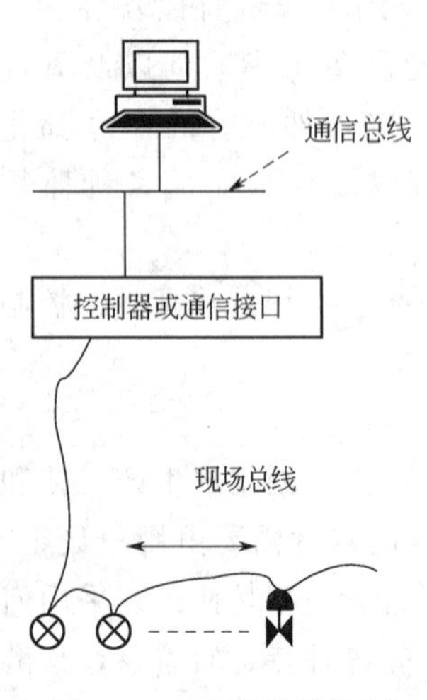

图15-19　现场总线控制系统结构示意图

全网络化、全分散式、可互操作、开放式和全开放是现场总线控制系统FCS相对于DCS的基本特征。具体包括以下内容。

① 现场总线是一个全数字化的现场通信网络。现场总线是用于过程自动化和制造自动化的现场设备或现场仪表互连的现场数字通信网络，利用数字信号代替模拟信号，其传输抗干扰性强，测量精度高，大大提高了系统的性能。

② 现场总线网络是开放式互联网络。用户可以自由集成不同制造商的通信网络，通过网络对现场设备和功能块统一组态，把不同厂商的网络及设备有机地融合为一体，构成统一的FCS。

③ 现场总线采用数字信号传输取代模拟信号传输。现场总线允许在一条通信线缆上挂多个现场设备，而不需要A/D、D/A等I/O组件，如图15-19所示。与传统的一对一的连接方式相

比，现场总线可以节省大量的线缆、桥架和连接件。所以安装费用降低，工程周期缩短，易于维护。与DCS相比，现场总线减少了专用的I/O装置及控制站，降低了成本，提高了可靠性。

④ 增强了系统的自治性，系统控制功能更加分散。智能化的现场设备可以完成许多先进的功能，包括部分控制功能，促使简单的控制任务迁移到现场设备中来，使现场设备既有检测、变换功能，又有运算和控制功能，一机多用。这样既节约了成本，又使控制更加安全和可靠。FCS废除了DCS的I/O单元和控制站，把DCS控制站的功能块分散到现场设备，实现了彻底的分散控制。

二、现场总线国际标准化

现场总线自20世纪90年代开始发展以来，一直是世界各国关注和发展的热点。世界各国都是在开发研究的过程中，同步制定了各自国家标准（或协会标准），同时都力求将自己的协议标准转化成各区域的标准化组织的标准。

国际电工委员会、国际标准化组织、各大公司及世界各国的标准化组织虽然都给予了极大的关注，但由于行业与地域发展等历史原因，加之各大公司的利益驱使，直到1999年才形成了一个由8个类型组成的IEC61158现场总线国际标准。

IEC61158包括8个组成部分，分别是：IEC61158原先的技术报告、ControlNet、Profibus、P-Net、FF-HSE、SwiftNet、WorldFIP和Interbus，如图15-20所示。IEC61158国际标准只是一种模式，它既不改变原IEC技术报告的内容，也不改变各组织专有的行规，各组织按照IEC技术报告Type1的框架组织各自的行规。IEC标准的8种类型是平等的，其中Type2～Type8需要对Type1提供接口，而标准本身不要求Type2～Type8之间提供接口。用户在应用各类时，仍可使用各自的行规，其目的就是为了保护各自的利益。

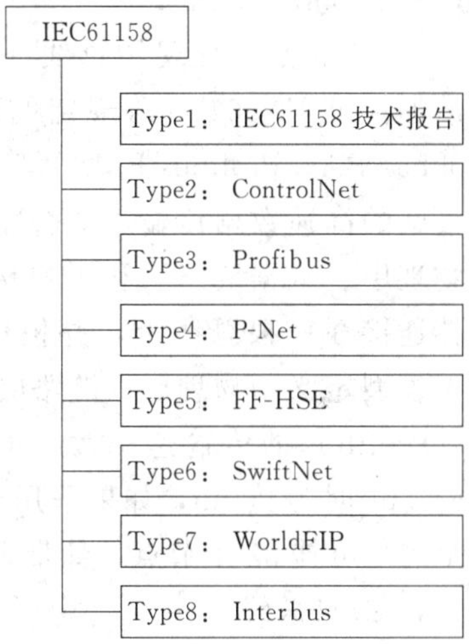

IEC61158
Type1：IEC61158技术报告
Type2：ControlNet
Type3：Profibus
Type4：P-Net
Type5：FF-HSE
Type6：SwiftNet
Type7：WorldFIP
Type8：Interbus

图15-20　IEC61158采用的8种类型

三、几种有影响的现场总线技术

1. FF总线

1993年ISP与北美现场总线组织WorldFIP合并为FF（Fieldbus Foundation），共同制定遵循ISA/IEC的SP50现场总线标准。SP50的最大特点是其物理层使用了双绞线，该双绞线既用于传送数字信息，也用于为现场供电，这是利用“两相曼彻斯特编码”技术实现的。SP50的数据链路层为LAS（Link Active Scheduler）协议，按照令牌循环方式控制。SP50的传输速率为2.5Mbps，最大传输距离为2km，每条双绞线可连接节点32个。FF除了定义ISO的第一层、第二层、第七层外，还定义了新的一层——用户协议，该层中FF采用了HART协议中的DDL作为该层的一个组成部分。

2. LonWorks总线

LonWorks（Local Operating Network）是局部操作网络的缩写。它是由美国Echelon公司研制，于1990年正式公布的现场总线网络，它采用了ISO/OSI模型中完整的七层通信协议，采用了面向对象的设计方法，通过网络变量把网络通信设计简化为参数设置，其通信速率从 300bps～1.5Mbps 不等，直接通信距离可达 2700m（通信速率为 78Kbps，双绞线），支持双绞线、同轴电缆、光纤、射频、红外线、电源线等多种通信介质，被誉为通用控制网络。

LonWorks 技术所采用的 LonTalk 协议被封装在称为 Neuron 的芯片中并得以实现。集成芯片中有 3 个 8 位 CPU，一个用于完成开放互连模型中第 1、2 层的功能，称为媒体访问控制处理器，实现介质访问的控制与处理；第二个用于完成第 3～6 层的功能，称为网络处理器，进行网络变量的寻址、处理、背景诊断、函数路径选择、软件计量、网络管理、并负责网络通信控制、收发数据包等；第三个是应用处理器，执行操作系统服务与用户代码。芯片中还具有存储信息缓冲区，以实现 CPU 之间的信息传递，并作为网络缓冲区和应用缓冲区。

LonWorks 技术的不断推广促成了神经元芯片的低成本，在开发智能通信接口、智能传感器方面，LonWorks 神经元芯片也具有独特的优势。LonWorks 技术已经被美国暖通工程师协会定为建筑自动化协议的一个标准，美国消费电子制造商协会已经通过协议，以 LonWorks 技术为基础制定了 EIA-709 标准。

3. Profibus 总线

Profibus 是过程现场总线（Process Field Bus）的缩写。它是德国国家标准 DIN19245 和欧洲标准 EN50170 所规定的现场总线标准。它由 3 个兼容部分组成，即 Profibus-DP、Profibus-PA、Profibus-FMS。其中 Profibus-DP 是一种高速低成本通信系统，它用于分散外设间的高速数据传输，适合于加工自动化领域的应用，它按照 ISO/OSI 参考模型定义了物理层、数据链路层和用户接口；Profibus-PA 专为过程自动化设计，可使变送器和执行器连接在一根总线上，并提供本质安全和总线供电特性；Profibus FMS 根据 ISO/OSI 参考模型定义了物理层、链路层和应用层。

Profibus 的传输速率为 9.6Kbps～12Mbps，最大传输距离在 9.6Kbps 时为 1200m，1.5Mbps 时为 200m，如果采用中继器可延长至 10km，其传输介质可以是双绞线或光缆，每个网络可挂 32 个节点，如带中继器，最多可挂 127 个节点。

4. CAN 总线

CAN 是控制网络 Controller Area Network 的简称，最早由德国 BOSCH 公司推出。用于汽车内部测量与执行部件之间的数据通信。CAN 协议采用了 ISO/OSI 模型全部七层的两层——物理层和数据链路层。CAN 的信号传输采用短帧结构，每一帧的有效字节数为 8 个，因而传输时间短，受干扰的概率低。CAN 的信号传输介质为双绞线，其通信速率最高可达 1Mbps，直接传输距离最高可达 10km，网络上的节点数没有限制。

5. HART 总线

1985 年 Rosemount 公司开发出一种将模拟信号调制成数字调频信号，并利用数字调频信号进行传输的 HART（Highway Addressable Remote Transducer）协议。现场仪表内置 Smart 调制解调器，将 4～20mA 的模拟信号调制成符合 Bell202 标准的 FSK（调频信号）。Smart 仪表可用同一对传输线同时传送出 4～20mA 的模拟信号和 FSK 的调频数字信号。如果采用模拟仪表的常规接法（点对点），可以使用 4～20mA 的模拟信号；如果将多个 Smart 仪表共线连接，则应使用 FSK 数字信号并通过 Bell202 标准的 MODEM 将信号送入计算机。HART 协议还可以使用设备说明语言 DDL（Device Description Language）实现控制中心与仪表之间的双向通信。

第六节　安全仪表系统

安全仪表系统（Safety Instrumented System，SIS）也称为安全连锁系统（Safety Interlocks）、紧急停车系统（Emergency Shutdown System，ESS）等，它是能实现一个或多个安全仪表功能的系统。它是由国际电工委员会（IEC）标准 IEC 61508 及 IEC 61511 定义的专门用于工业过程的安全控制系统，用于对设备可能出现的故障进行动作，使生产装置按照规定的条件或者程序退出运行，从而使危险降低到最低程度，以保证人员、设备的安全或避免工厂周边环境的污染。

一、安全仪表系统的基本概念

1. 安全度等级（SIL）

安全度等级是指在一定的时间和条件安全系统能成功执行其安全功能的概率，它是对风险降低能力和期望故障率的度量，是对系统可靠程度的一种衡量。国际电工委员会 C61508 将过程安全度等级定义为 4 级（SIL1～SILJ4，其中 SILJ4 用于核工业）。

SIL1 级：装置可能很少发生事故。如发生事故对装置和产品有轻微的影响，不会立即造成环境污染和人员伤亡，经济损失不大。

SIL2 级：装置可能偶尔发生事故。如发生事故对装置和产品有较大的影响，并有可能造成环境污染和人员伤亡，经济损失较大。

SIL3 级：装置可能经常发生事故。如发生事故对装置和产品将造成严重的影响，并造成严重的环境污染和人员伤亡，经济损失严重。

石油和化工生产装置的安全度等级一般都低于 SIL3 级，采用 SIL2 级安全仪表系统基本上都能满足多数生产装置的安全需求。

2. 安全仪表系统

安全仪表系统是用仪表构成的实现安全功能的系统，主要由传感器、逻辑运算器、最终执行元件及相应软件组成。当生产过程出现变量越限、机械设备故障、SIS 系统本身故障或能源中断时，安全仪表系统必须能自动（必要时可手动）完成预先设定的动作，保证操作人员、生产装置转入安全状态。安全仪表系统的 SIL 等级是由传感器、逻辑运算器、最终执行元件等各组成部件的 SIL 等级共同决定的。其中根据 SIL 等级不同，逻辑运算器可采用以下不同的结构，如 1oo2 D（1 out of 2 with Diagnostic）——二取一带故障自诊断，当一个 CPU 被检测出故障时，该 CPU 被切除，另一个 CPU 继续工作，若第二个 CPU 再被检测出故障，则系统停车。2oo3（2 out of 3）——三取二表决方式，即三个 CPU 中若一个与其他两个不同，该 CPU 故障，其余两个继续工作，若再有一个 CPU 故障，则剩下的那个继续工作，直到三个都故障，则系统停车。2oo4 D（2 out of 4 with Diagnostic）——双重化二取一带自诊断方式，系统中二个控制模块共有二个 CPU，当一个控制模块中 CPU 被检测出故障时，该 CPU 被切除，另一个控制模块开始以 1oo2 D 方式工作，若这一模块中再有一个 CPU 被检测出故障，则系统停车。其中第二和第三种方式在实际中应用较多。

在工程设计中，逻辑运算器的 SIL 等级一般选的都比较高，可达到 SIL3 级，但传感器和最终执行元件的 SIL 等级通常都在 SIL2 级以下，因此，整个系统的 SIL 等级一般都不会高于 SIL2 级。

3. 安全仪表系统评价指标

安全仪表系统是为生产过程的安全而设置的，在工艺参数偏离允许范围时系统必须正确无误地执行安全程序。其可靠性（可用度）和安全性（故障安全）是评价安全仪表系统好坏的两个重要指标。但是可用度并不代表系统故障安全。它们的区别在于：可用度是基于导致系统停车的故障进行计算的，可是对引起系统进入安全状态的故障和引起系统进入危险状态的故障是不区别的，它是系统故障频度的度量；故障安全是指系统在故障时按预知的方式进入安全状态。高可用度的重要性在于系统很少出现进入安全状态或危险状态的故障；故障安全的重要性在于即使系统出现故障，也不会出现灾难性事故。一个好的安全仪表系统，既应该有较高的可靠性，又具有很高的安全性。

二、安全仪表系统的结构

目前安全仪表系统主要有继电器系统结构、PLC 系统结构、三重化（TMR）系统结构等。不同的结构用于不同的场合。

1. 继电器系统结构

继电器系统结构的安全仪表系统在工程控制中已经使用数十年，证明“失效安全”型的继电器系统具有良好的安全性能。由继电器线路构成的安全仪表系统虽然价格便宜，但存在系统庞大、维护困难、可靠性不高、不能与 DCS 系统通信、无自诊断功能等缺点，正被逐渐淘汰。

2. PLC 系统结构

PLC 系统结构的安全仪表系统灵活性好、体积小、可以编程和扩展修改方便、可靠性高，能实现与 DCS 通信以及具备自诊断功能。但只有取得安全证书的 PLC 才能作为石油化工生产装置的安全仪表系统逻辑部件。PLC 系统结构的安全仪表系统，安全等级在 SIL2～SIL3 之间，可以覆盖大多数的石油化工装置，价格比较适中。

3. TMR 系统结构

目前，出现了一些专业的安全仪表系统制造商，如 TRICONEX。这些系统大都采用 TMR（三重化模块冗余）系统：主处理器、I/O 模块、电源采用三重化冗余配置，任何一个模块发生故障都不会影响其他两个模块的正常工作，并可以实现在线更换。同时采用容错技术进行三取二表决，将安全系统的显性故障率和隐性故障率大为降低，可适合于所有的工业过程，是目前最为先进的安全仪表系统，其不足之处是价格比较昂贵。

三、安全仪表系统集成设计

1. 独立设置原则

安全仪表系统应独立于过程控制系统，以降低控制功能和安全功能同时失效的概率，使其不依附于过程控制系统就能独立完成自动保护联锁的安全功能。同时，按照需要配置相应的通信接口，使过程控制系统能够监视安全仪表系统的运行状况。原则上，要求独立设置的部分有检测元件、执行元件、逻辑运算器、通信设备。复杂的安全仪表系统应该合理地分解为若干个子系统，各子系统应该相对独立，分组设置后备手动功能。

通常安全仪表系统的安全等级要高于过程控制系统的安全等级，独立设置有利于采用高级系统而不至于大幅度的增加企业投资。对不可能将安全仪表系统与过程控制系统分开的特殊情况（如气体透平控制系统包括了控制和安全功能），可以将二者合二为一，但该系统的安全等级应按安全仪表系统的安全等级来考虑。为了控制投资，安全仪表系统所包含的过程控制系统应尽可能地缩小。

2. **安全仪表系统结构分类及选用原则**

安全仪表系统可采用电气、电子或者可编程技术，也可以采用由它们组合的混合技术。安全仪表系统采用电气、电子技术方案时，主要是用继电器线路来完成其逻辑联锁功能，难以完成复杂系统的安全方面的要求，有其局限性。尤其在安全生产日益受到重视的今天，PES（可编程控制器、分散控制系统控制器或专用的独立微处理器）技术发展成熟的今天，采用 PES 技术实现安全仪表系统安全联锁功能已是各专业安全仪表系统供应厂商的首选。

下列情况不可采用继电器：高负荷周期性频繁改变状态；定时器或锁定功能；复杂的逻辑应用。固态继电器适用于高负荷的应用，但选用时应恰当处理好非故障安全模式。不推荐固态逻辑用于安全仪表系统。当固态逻辑用于安全仪表系统时，通常要用 PES 作为其诊断测试工具。

下列情况必须采用 PES 技术：有大量的输入/输出，或许多模拟信号；逻辑要求复杂或者包括计算功能；要求外部数据与过程控制系统进行通信；对不同的操作有不同的设定点。

3. **安全仪表系统冗余原则**

对于安全仪表系统，不管是硬件还是软件，一般都采用冗余结构，但冗余结构元件必须是可靠的，以防降低系统的可靠性。系统常采用的冗余方法有：①在知道参数间有一定的关系的情况下，可以使用不同的测量方法；②对同一变量采用不同的测量技术；③对冗余结构的每一个通道，采用不同类型的可编程；④采用不同的地址。

选用安全仪表系统结构时，有以下方面的内容是必须确认：选择励磁停车或非励磁停车设计方式；选择同类还是不同类的冗余检测元件，逻辑运算器和最终控制元件；选择什么样的冗余能源和系统电源；选择好操作员接口部件以及它们连接到系统的方法；选择好安全仪表系统与其他子系统（如 DCS）的通信接口和通信方式；考虑系统元件的故障率；考虑诊断覆盖率；考虑好测试间隔。

4. **安全故障型原则**

安全仪表系统应该是安全故障型的。安全仪表系统的检测元件以及最终执行元件在系统正常时应该是励磁的，在系统不正常时应该是非励磁的，即非励磁停车设计。一理想的安全仪表系统应该具有 100%可用性。但由于系统内部的故障概率不能等于零，因此不可能得到可用性为 100%的安全仪表系统。安全仪表系统的设计目标应该为：当出现故障时，系统能自动转入安全状态，即故障安全系统，从而可以避免由于安全仪表系统自身故障或因停电、停气而使生产装置处于危险状态。

5. **中间环节最少原则**

安全仪表系统的中间环节应该是最少的。中间环节多，发生故障的概率就会增加，系统可用性也就会降低。安全仪表系统设计切忌华而不实，应当用最为简捷的方式实现其功能。

四、安全仪表系统中传感器设计原则

安全仪表系统的设计包括传感器的设计、执行机构设计和逻辑运算器设计。这里主要介绍一下安全仪表系统中传感器的设计。

（1）传感器的独立设置原则　不同安全级别的安全仪表系统，选择不同的传感器的个数、不同的连接方式。一般来说，一级安全仪表系统可采用单一的传感器，并可以和过程控制系统共用。二级及以上的安全仪表系统应采用冗余的传感器，且应与过程控制系统分开连接。

（2）传感器的冗余设置原则　1 级安全仪表系统，可采用单一的传感器。2 级及以上的安全仪表系统、宜采用冗余的传感器。

（3）传感器的冗余方式选用　设计时，在重点考虑系统的安全性时，传感器输出信号应采用“或”逻辑结构。在重点考虑系统的可用性时，传感器输出应采用“与”逻辑结构。在系统的安全性和可用性均需保障时，传感器输出宜采用三取二逻辑结构。

（4）从安全角度考虑，安全仪表系统的传感器宜采用隔爆型。

具体来说，传感器的设计主要有以下几条：

（1）传感器采用隔爆型（减少故障点），宜与过程控制系统分开，独立设置；

（2）传感器输出采用开关量或4～20mA DC模拟信号，不采用现场总线、HART或其他串行通信信号；

（3）为了提高系统的安全性和可用性，采用单个传感器时，传感器输出不能直接作为启动安全仪表系统的自动联锁条件；

（4）当传感器输出作为启动安全仪表系统的自动联锁条件时，应采用两个或两个以上传感器。重点考虑系统的安全性时，传感器配置采用二取一“或”逻辑结构；重点考虑系统的可用性时，传感器配置采用二取二“与”逻辑结构；系统的安全性和可用性均需保障时，传感器配置采用三取二逻辑结构。

例题分析

1. DCS系统硬件日常维护工作主要有哪些？

答　硬件日常维护工作主要有以下几点：

（1）检查环境条件（温度、湿度等），使其满足系统正常运行要求；

（2）检查供电及接地系统，定期更换电池，使其符合技术标准；

（3）确保电缆接头、端子、转接插件接触良好；

（4）检查系统风扇的运转状况，定期对运动机件加润滑油；

（5）观察系统状态画面及指示灯状态，确认系统运行正常；

（6）周期做好各种过滤网、设备的清洁工作；

（7）按防静电的要求，正确存放好各种常用备件，并建立好硬件设备档案及维护档案。

2. 试述CENTUM-CS系统的V Net功能。

答　V Net是操作站与控制站连接的实时通信网络，是一个基于IEEE802.4标准的双重化冗余总线。通信方式为令牌通信，通信速率为10Mbps。V网的标准长度为500m，传输介质为同轴电缆，采用光纤可扩展20km。

V Net上可连接64个站，通过总线转换器可扩展到256个站。在正常工作情况下，两根总线交替使用，保证了极亮水平的冗余度，如果一根总线发生故障，另外一根可实现不间断切换。

3. CENTUM-CS系统造成V Net故障可能有哪些原因？

答　V Net出现故障可能的原因有：

（1）网络连接不好；

（2）控制站通信卡有问题；

（3）操作站V网卡有问题；

（4）终端电阻连接有问题，或者电阻值发生变化。

4. 试分析DCS组态下装过程的故障及处理方法。

答　DCS组态下装分为在线下装和离线下装，下装又可分为增量下装和全下装。在线下装是指在装置运行状态下，将编好的程序通过下装软件下装到DPU中，而不影响装置的运行，但很多DCS系统并不支持在线下装。

离线下装不会对生产安全造成影响，但离线下装不能立即见到效果，而且有可能存在一些较隐蔽的缺陷，难以检查确认。一般可采取增量下装，可保留控制器中原有状态信息，仅自动对更改处进行下装，下装前不要对控制器做过多的修改，以避免离线组态与控制器中的组态存在较多差异，否则有可能出现一些莫名其妙的问题。

对DCS组态做任何修改，均应做相应的文字记录，修改组态应及时保存，编译过程中若发生任何错误报告，必须一一确认。下装前应进行系统状态的检查，检查控制器的主备状态、报警信息，检查系统中的点强制、点报警情况，做好记录，方便下装后与系统状态进行比对。

习题与思考题

1. 什么是计算机控制系统？
2. 简述计算机控制系统的组成及各部分的作用。
3. 什么是集散控制系统？
4. 集散控制系统由哪几部分组成？各部分的作用是什么？
5. CENTUM-CS集散控制系统由哪几部分组成？
6. CENTUM-CS集散控制系统主要显示画面有哪些？画面名称是什么？
7. 简述CENTUM-CS显示画面调出方法和参数更改方法。
8. 简述JX-300XP集散控制系统的结构。
9. JX-300XP集散控制系统中常见的I/O卡件有哪些？
10. 什么是现场总线控制系统？它有哪些技术特征？
11. 有哪几种典型的现场总线？它们的特点各是什么？
12. 安全仪表系统中安全仪表分为几个等级？各适用于哪些场合？
13. 安全仪表系统由哪些环节构成？如何确定系统的安全度等级？
14. 安全仪表系统中检测元件的设计原则是什么？

第十六章 可编程控制器

第一节 概 述

随着计算机和微电子技术的飞速发展，作为自动化控制装置的可编程控制器，已经成为工业控制领域的主流控制设备，在现代工业控制中有着愈来愈广泛的应用。

可编程控制器产生的初期只具备逻辑运算功能，用来代替继电器-接触器控制。因此，可编程控制器被人们习惯称为可编程逻辑控制器（Programmable Logic Controller）简称PLC。随着PLC功能的不断增加，国际上给它统一的名称：可编程控制器（Programmable Controller）。为了避免与个人计算机混淆，通常可编程控制器的简称仍然为PLC。

PLC是经过改造的工业控制计算机，是面积企业中电气工程技术人员的控制电器。它的特点是编程方便、易学易用、可靠性高、适用性强、系统的设计和施工周期缩短、操作和维护方便。

可编程控制器不仅具有逻辑功能，带增加了运算、数据传送和处理等功能，成为真正具有计算机特征的工业控制装置。PLC在钢铁、石油、化工、电力、机械制造、汽车、轻纺、交通运算和军工等各个行业都有广泛的应用。PLC除了用于开关量的逻辑控制、步进控制外，PLC的模拟量控制功能和通信功能在工厂自动化生产、运行监控、数据记录等方面都有广泛应用。

由于PLC在工业控制中的重要性，国内外众多自动化设备生产厂家都开发和生产PLC。一些PLC生产厂家已经形成规模化生产，自成系列，其产品在工业控制系统中占有很大的份额。

一、可编程控制器的基本组成

可编程控制器的主体由三部分组成，主要包括中央处理器CPU、存储系统和输入、输出接口。PLC的基本组成如图16-1所示。系统电源在CPU模块内，也可单独视为一个单元，编程器一般看作PLC的外设。PLC内部采用总线结构，进行数据和指令的传输。

外部的开关信号、模拟信号以及各种传感器检测信号作为PLC的输入变量，它们经PLC的输入端子进入PLC的输入存储器，收集和暂存被控对象实际运行的状态信息和数据；经PLC内部运算与处理后，按被控对象实际动作要求产生输出结果；输出结果送到输出端子作为输出变量，驱动执行机构。PLC的各部分协调一致地实现对现场设备的控制。

1. 中央处理器

中央处理器（CPU）的主要作用是解释并执行用户及系统程序，通过运行用户及系统程序完成所有控制、处理、通信以及所赋予的其他功能，控制整个系统协调一致地工作。常用的CPU主要有通用微处理器、单片机和双极型位片机。

2. 存储器

（1）存储器类型　目前PLC常用的存储器有RAM、ROM、EPROM和E^2PROM，外存常用盒式磁带或磁盘等。

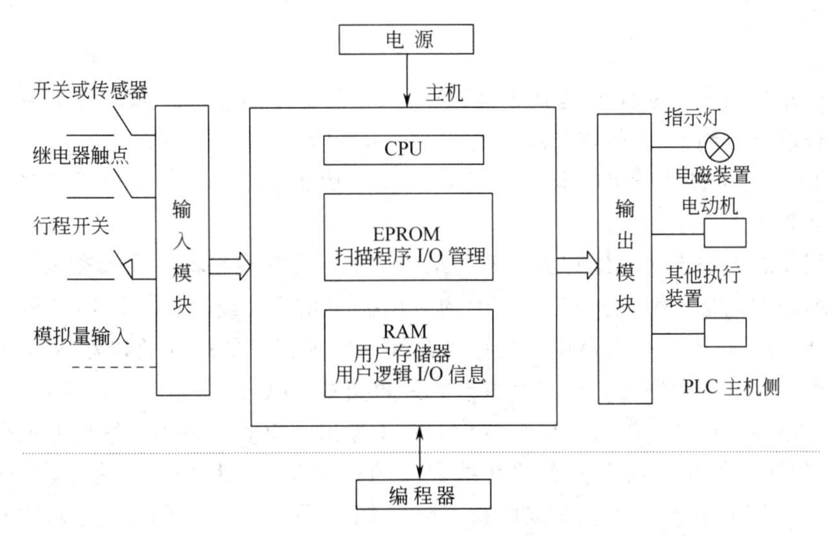

图 16-1　PLC 的基本组成框图

RAM 随机存取存储器用于存储 PLC 内部的输入、输出信息，并存储内部继电器（软继电器）、移位寄存器、数据寄存器、定时器/计数器以及累加器等的工作状态，还可存储用户正在调试和修改的程序以及各种暂存的数据、中间变量等。

ROM 用于存储系统程序。EPROM 主要用来存放 PLC 的操作系统和监控程序，如果用户程序已完全调试好，也将程序固化在 EPROM 中。

(2) 存储区分配　PLC 的存储器使用时可分为两类，即 PLC 系统存储区存储器和用户存储区存储器。

系统存储区包括系统程序存储区和内部工作状态存储区，用户存储区包括数据存储区和用户程序存储区，如图 16-2 所示。

系统存储区	系统程序存储区
	内部工作状态存储区
用户存储区	数据存储区
	用户程序存储区

图 16-2　简化的存储映像

① 系统程序存储区：存放 PLC 永久存储的程序和指令，如继电器指令、块转移指令、算术指令等。

② 内部工作状态存储区：该区为 CPU 提供的临时存储区，用于存放相对少量的供内部计算用的数据。一般将快速访问的数据放在这一区域，以节省访问时间。

③ 数据存储区：存放与控制程序相关的数据，如定时器/计数器预置数、其他控制程序和 CPU 使用的常量与变量；读入的系统输入状态和输出状态。该区的应用非常灵活，用户可将它们的每个字节甚至每一位定义一个特定的含义。同时了解数据存储区中各存储器的分配，对编程是十分必要的。

④ 用户程序存储区：存放用户输入的编程指令、控制程序。

3. 输入输出模块

可编程序控制器是一种工业控制计算机系统，它的控制对象是工业生产过程，与 DCS 相似，它与工业生产过程的联系也是通过输入输出接口模块（I/O）实现的。I/O 模块是可编程序控制器与生产过程相联系的桥梁。

PLC 连接的过程变量按信号类型可分为开关量（即数字量）、模拟量和脉冲量等，相应输入输出模块可分为开关量输入模块、开关量输出模块、模拟量输入模块、模拟量输出模块和脉冲量输入模块等。

4. 编程器

（1）编程器的功能　编程器是 PLC 必不可少的重要外部设备。编程器将用户所希望的功能通过编程语言送到 PLC 的用户程序存储器。编程器不仅能对程序进行写入、读出、修改，还能对 PLC 的工作状态进行监控。随着 PLC 的功能不断增强，编程语言多样化，编程已经可以在计算机上完成。

（2）编程器的工作方式　编程器有两种编程方式，即在线编程方式和离线编程方式。在线（联机）编程方式是指编程器与 PLC 上的专用插座相连，或通过专用接口相连，程序可直接写入 PLC 的用户程序存储器中，也可先在编程器的存储器内存放，然后再下装到 PLC 中。在线编程方式可对程序进行调试和修改，并可监视 PLC 内部器件（如定时器、计数器）的工作状态，还可强迫某个器件置位或复位，强迫输出。离线（脱机）编程方式是指编程器先不与 PLC 相连，编制的程序先存放在编程器的存储器中，程序编写完毕，再与 PLC 连接，将程序送到 PLC 存储器中。离线编程不影响 PLC 的工作，但不能实现对 PLC 的监视。

（3）编程器的分类　现在使用的编程器主要有便携式编程器和通用计算机。便携式编程器又称为简易编程器，这种编程器通常直接与 PLC 上的专用插座相连，由 PLC 给编程器提供电源。这种编程器一般只能用助记符指令形式编程，通过按键将指令输入，并由显示窗口显示。便携式编程器只能联机编程，对 PLC 的监控功能少，便于携带，因此适合小型 PLC 的编程要求。在通用计算机中加上适当的硬件接口和软件包，使用这些计算机能进行编程。通常用这种方式可直接进行梯形图编程，监控的功能也较强。

二、可编程控制器的编程语言

可编程控制器目前常用的编程语言有以下几种：梯形图语言、助记符语言、功能表图和某些高级语言。原来使用的手持编程器多采用助记符语言，现在多采用梯形图语言，也有采用功能表图语言。

1. 梯形图语言

梯形图的表达式沿用了原电气控制系统中的继电接触控制电路图的形式，二者的基本构思是一致的，只是使用符号和表达方式有所区别。

【例 16-1】 某一过程控制系统中，工艺要求开关 1 闭合 40s 后，指示灯亮，按下开关 2 后灯熄灭。图 16-3(a) 为实现这一功能的梯形图程序（OMRON PLC），它是由若干个梯级组成的，每一个输出元素构成一个梯级，而每个梯级可由多条支路组成。

梯形图从上至下按行编写，每一行则按从左至右的顺序编写。CPU 将按自左到右、从上而下的顺序执行程序。梯形图的左侧竖直线称为母线（源母线）。梯形图的左侧安排输入触点（如果有若干个触点相并联的支路应安排在最左端）和中间继电器触点（运算中间结果），最右边必须是输出元素。

梯形图中的输入触点只有两种：常开触点（—| |—）和常闭触点（—|/|—），这些触点可以是 PLC 的外接开关的内部影像触点，也可以是 PLC 内部继电器触点，或内部定时、计数器的状态。每一个触点都有自己特殊的编号，以示区别。同一编号的触点可以有常开和常闭两种状态，使用次数不限。因为梯形图中使用的“继电器”对应 PLC 内的存储区某字节或某位，所用的触点对应于该位的状态，可以反复读取，故人们称 PLC 有无限对触点。梯形图中的触点可以任意的串联、并联。

梯形图中的输出线圈对应 PLC 内存的相应位，输出线圈不仅包括中间继电器线圈、辅

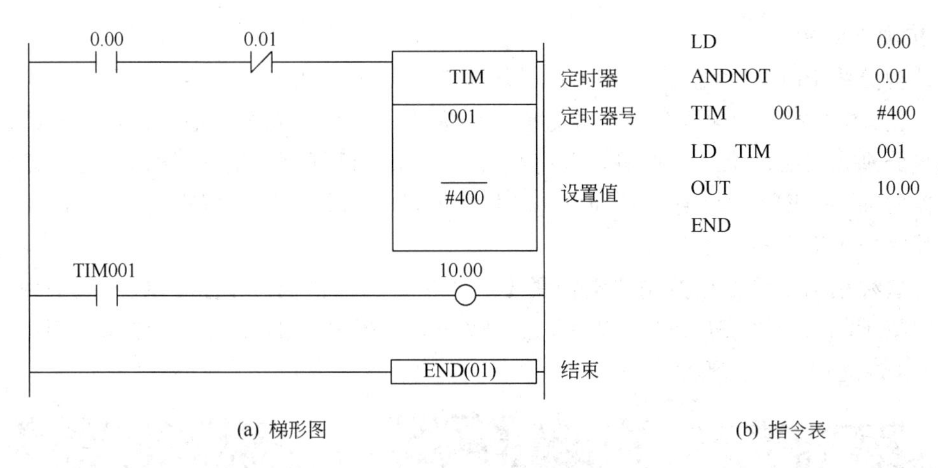

(a) 梯形图　　(b) 指令表

图 16-3　梯形图程序

助继电器线圈以及计数器、定时器，还包括输出继电器线圈，其逻辑动作只有线圈接通后，对应的触点才可能发生动作。用户程序运算结果可以立即为后续程序所利用。

2. 助记符语言

助记符语言又称命令语句表达式语言，它常用一些助记符来表示 PLC 的某种操作。助记符语言类似微机中的汇编语言，但比汇编语言更直观易懂。用户可以很容易地将梯形图语言转换成助记符语言。

图 16-3(b) 为梯形图对应的用助记符表示的指令表。

这里要说明的是不同厂家生产的 PLC 所使用的助记符各不相同，因此同一梯形图写成的助记符语句不相同。用户在梯形图转换为助记符时，必须先弄清 PLC 的型号及内部各器件编号、使用范围和每一条助记符的使用方法。

三、可编程控制器的分类

1. 按容量分

大致可分为小型 PLC、中型 PLC、大型 PLC 三种类型。

(1) 小型 PLC　I/O 点总数一般为 20～128 点。这类 PLC 的主要功能有逻辑运算、定时计数、移位处理等，采用专用简易编程器。它通常用来代替继电器控制，用于机床控制、机械加工和小规模生产过程联锁控制。小型 PLC 价格低廉，体积小巧，是 PLC 中生产和应用量较大的产品。如 OMRON 的 C * * P/H、CPM1A 系列、CPM2A 系列、CQM 系列，SIMENS 的 S7-200 系列。

(2) 中型 PLC　其 I/O 点总数通常为 129～512 点，内存在 8K 以下，适合开关量逻辑控制和过程变量检测及连续控制。主要功能除了具有小型 PLC 的功能外，还具有算术运算、数据处理及 A/D、D/A 转换、联网通信、远程 I/O 等功能，可用于比较复杂过程的控制。如 OMRON 的 C200P/H，SIMENS 的 S7-300 系列。

(3) 大型 PLC　其 I/O 点总数在 513 点以上。大型 PLC 除了具有中小型 PLC 的功能外，还具有 PID 运算及高速计数等功能，用于机床控制时，具有增加刀具精确定位、机床速度和阀门控制等功能，配有 CRT 显示及常规的计算机键盘，与工业控制计算机相似。编程可采用梯形图、功能表图及高级语言等多种方式。如 OMRON 的 C500P/H、C1000P/H，SIMENS 的 S7-400 系列。

2. 按硬件结构分

按结构分将 PLC 分为整体式 PLC、模块式 PLC、叠装式 PLC 三类。

（1）整体式 PLC　它是将 PLC 各组成部分集装在一个机壳内，输入、输出接线端子及电源进线分别在机箱的上、下两侧，并有相应的发光二极管显示输入/输出状态。面板上留有编程器的插座、EPROM 存储器插座、扩展单元的接口插座等。编程器和主机是分离的，程序编写完毕后即可拔下编程器。

具有这种结构的可编程控制器结构紧凑、体积小、价格低。小型 PLC 一般采用整体式结构，如图 16-4 所示的 SIMENS SIMATIC S7-200 系列 PLC 即采用这类结构。图中表示了不同 CPU 类型 PLC 的外形图。

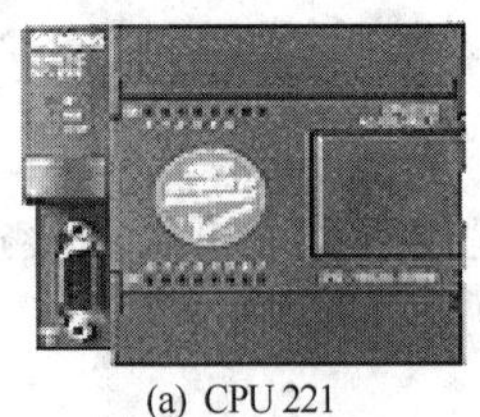

(a) CPU 221

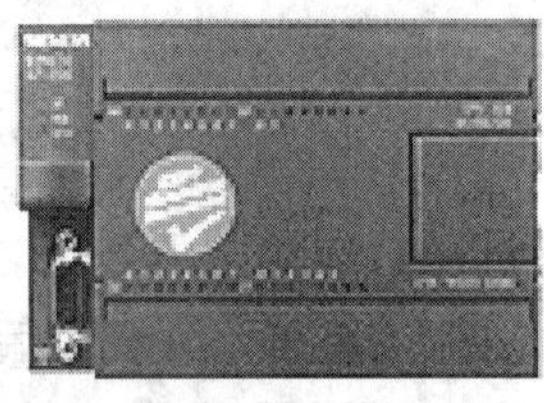

(b) CPU 224

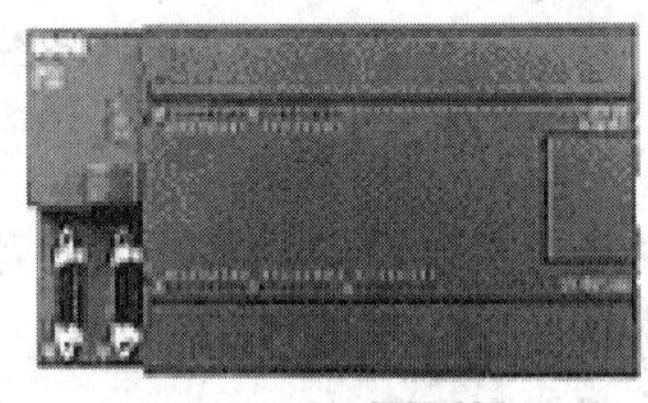

(c) CPU 226

图 16-4　SIMENS SIMATIC S7-200 的外形图

（2）模块式 PLC　输入/输出点数较多的大型、中型和部分小型 PLC 采用模块式结构，如图 16-5 所示。

模块式 PLC 采用积木搭接的方式组成系统，便于扩展，其 CPU、输入、输出、电源等都是独立的模块，有的 PLC 的电源包含在 CPU 模块之中。PLC 由框架和各模块组成，各模块插在相应插槽上，通过总线连接。PLC 厂家备有不同槽数的框架供用户选用。用户可以选用不同档次的 CPU 模块、品种繁多的 I/O 模块和其他特殊模块，硬件配置灵活，维修时更换模块也很方便。采用这种结构形式的有 SIMENS 的 S5 系列、S7-300 系列、S7-400 系列，OMRON 的 C500、C1000H、C2000H 等，以及小型 CQM 系列。图 16-5 为 SIMENS SIMATIC S7-300 系列 PLC 的外形图。

图 16-5　SIMENS SIMATIC S7-300 的外形图

（3）叠装式 PLC　上述两种结构各有特色，整体式 PLC 结构紧凑、安装方便、体积小，易于与被控设备组成一体，但有时系统所配置的输入、输出点不能被充分利用，且不同 PLC 的尺寸大小不一致，不易安装整齐；模块式 PLC 点数配置灵活，但是尺寸较大，很难与小型设备连成一体。为此开发了叠装式 PLC，它吸收了整体式和模块式 PLC 的优点，其基本单元、扩展单元等高等宽，它们不用基板，仅用扁平电缆连接，紧密拼装后组成一个整齐的体积小巧的长方体，而且输入、输出点数的配置也相当灵活。如三菱公司的 FX2 系列等。

第二节　OMRON C 系列 PLC

PLC 的生产厂家很多，品种也很多，各自有各自的特点。但其特点相同区域差别不大，因此，有些学者按照生产厂家的分布情况，将其分为日本流派、欧洲流派和美国流派。日本产的 PLC 虽然起步较晚，但在中小 PLC 市场上有相当的竞争能力。欧美的 PLC 在通信方面比较完善，但小型 PLC 的功能不够完善，用日本产小型 PLC 就能完成的功能，用欧美 PLC 需要中型或大型 PLC 才能胜任。

OMROM（立石公司）是日本主要的 PLC 生产企业之一，在中国也有独立的生产企业，市场占有率较高。SIMENS 公司是德国著名的企业，其生产的 PLC 也很有代表性，在欧美有很高的市场占有率，近几年来，在中国的使用范围也越来越广。

一、简介

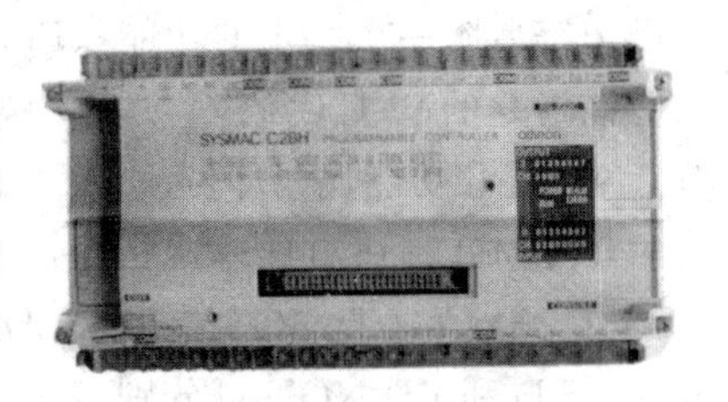

图 16-6　SYSMAC C28H 外形示意图

日本 OMRON（欧姆龙）公司的 PLC 在中国有较大的市场占有率，OMRON C 系列 PLC 有微型、小型、中型和大型四大类十几种型号。微型 PLC 以 C20P 和 C40H 为代表，是整体结构，I/O 容量为几十点，最多可扩至 120 点。图 16-6 为 SYSMAC C28H 外形示意图。小型 PLC 分为 C120 和 C200H 两种，C120 最多可扩展 256 点 I/O，是紧凑型整体结构。此型号为OMRON公司较早期产品，为了得到更好的性价比，可选用 P 型机升级产品 CPM1A 或 CPM2A 替代，图 16-7 为 CPM1A 系列外形图。而 C200H PLC 虽然也属于小型 PLC，但它是紧凑型模块式结构，可扩展到控制 384 点 I/O，同时还可以配置智能 I/O 模块，是一种小型高性能 PLC，图 16-8 为 C200H 外形示意图。中型 PLC 有 C500 和 C1000H 两种，I/O 容量分别为 512 点和 1024 点。此外 C1000HPLC 采用多处理器结构，功能整齐，处理速度快。大型 PLC 有 C2000H，I/O 点数可达 2048 点，同时多处理器和双冗余结构使得 C2000H 不仅功能全、容量大，而且速度快，由于也是模块化结构，外形与 C200H 相近。

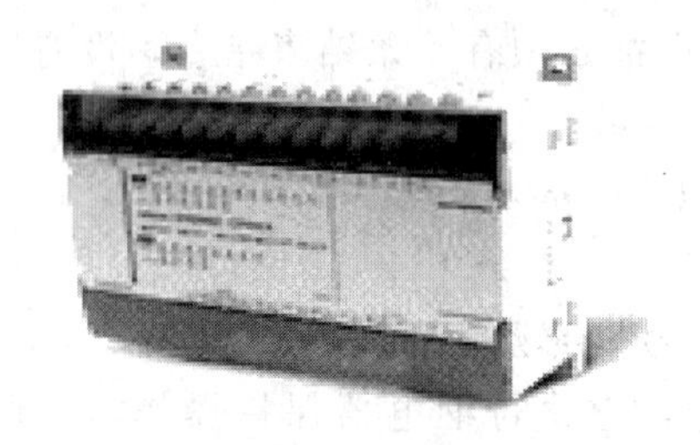

图 16-7　CPM1A C＊＊P 外形图

图 16-8　C200H 外形示意图

二、OMRON PLC 指令

OMRON PLC 有多个系列，指令系统也有区别，但基本指令基本相同。OMRON PLC 指令大多数也是按照位（bit）寻址，个别指令按照通道寻址。按位寻址的地址编号为：通道号．位号，如 0.00 表示 0 通道的第 0 位，位的表示采用十进制数，范围为 0～15。在 OMRON PLC 中，对于输入、输出等继电器的编号不用加字母。小型整体 PLC 的输入、输出编号是固定不变的，使用者可以按照 PLC 主机标注编号编程；对于模块式 PLC 则根据输入或输出模块安装位置决定其编号。

OMRON PLC 指令有很多条，如 C200H PLC 具有 145 条指令。指令按功能可分为两大类，一类是基本指令，是指直接对输入、输出点进行简单操作的指令，是梯形图控制的最基本指令，包括输入、输出和逻辑“与”“或”“非”等；另一类是特殊功能指令，是指进行数据处理、运算和顺序控制等操作的指令，包括定时器与计数器指令、数据移位指令、数据传送指令、数据比较指令、算术运算指令、数制转换指令、逻辑运算指令、程序分支与转移指令、子程序与中断控制指令、步进指令以及一些系统操作指令等。

指令是由助记符和操作数组成的，助记符表示指令要完成的功能，操作数指出了要操作的对象。若操作数是一个立即数则用＃*nnnn* 表示，不加＃号的操作数被认作通道号。输入基本指令时，只要按下编程器上相应的指令键即可。C200H PLC 系统为每条特殊功能指令在助记符后附一个特定的功能（Function）代码，用两位数字表示。书写时，助记符后面要书写该指令的功能代码，并用一对圆括号将代码括起来。用编程器输入时，只要按下“FUN”键和功能代码即可。

1. OMRON PLC 的基本指令

（1）LD 和 LD NOT 指令　LD 和 LD NOT 指令是梯形图每一个程序段或一条逻辑行的起始。LD 和 LD NOT 可分别表示连接的起始触点为常开触点和常闭触点。

（2）OUT 和 OUT NOT 指令　OUT 指令表示将逻辑操作的结果输出给指定的输出继电器、内部辅助继电器、保持继电器或移位寄存器等。OUT NOT 指令表示将逻辑操作的结果取反后，再输出给上述继电器或移位寄存器。OUT 和 OUT NOT 指令用于一个继电器线圈，是每一条逻辑行的结束元件。

（3）AND 和 AND NOT 指令　AND 指令表示与常开触点串联；AND NOT 指令表示与常闭触点串联。

（4）OR 和 OR NOT 指令　OR 指令表示与常开触点并联；OR NOT 指令表示与常闭触点并联。

（5）AND LD 指令　用于两个程序段的串联。

（6）OR LD 指令　用于两个程序段的并联。

（7）END 指令　表示程序结束。每个程序的结束都必须有一条结束指令，没有结束指令的程序不执行。

【例 16-2】 OMRON PLC 基本指令应用示例，如图 16-9 所示。

2. 几个功能指令

功能指令很多，这里仅介绍其中几个。指令后括号里的数字代表指令的编号。

（1）保持指令 KEEP（11）　KEEP 是保持指令，它执行继电器保持操作，可保持为 ON 或 OFF 状态，直到它的两个输入端之一使它复位或置位。KEEP 指令的梯形图符号如图16-10所示。当置位输入 S（上行）为 ON 时，继电器为 ON 状态；当复位输入 R（下行）为 ON 时，继电器为 OFF 状态。当置位输入与复位输入同时为 ON 时，复位输入优先。

【例 16-3】 电机启动控制，要求按下启动按钮 0.00 后电机转动，按下停止按钮 0.01，电机停转。可以利用自锁电路或用 KEEP 指令来实现，10.00 控制交流接触器的线圈，控制程序如图 16-10 所示。

（2）微分指令 DIFU（13）和 DIFD（14）　微分指令在执行条件满足后第一次扫描时才执行，且只执行一次；若执行条件解除后再次满足，则再执行。DIFU 是上升沿微分指令，当 DIFU 输入为上升沿（OFF→ON）时，所指定的继电器在一个扫描周期内为 ON。DIFD 是下降沿微分指令，当 DIFD 输入为下降沿（ON→OFF）时，所指定的继电器在一个扫描周期内为 ON。

【例 16-4】 按键开关（开关自锁）闭合时红灯亮，由通变断开时绿灯亮，用微分指令编写的控制程序如图 16-11 所示。

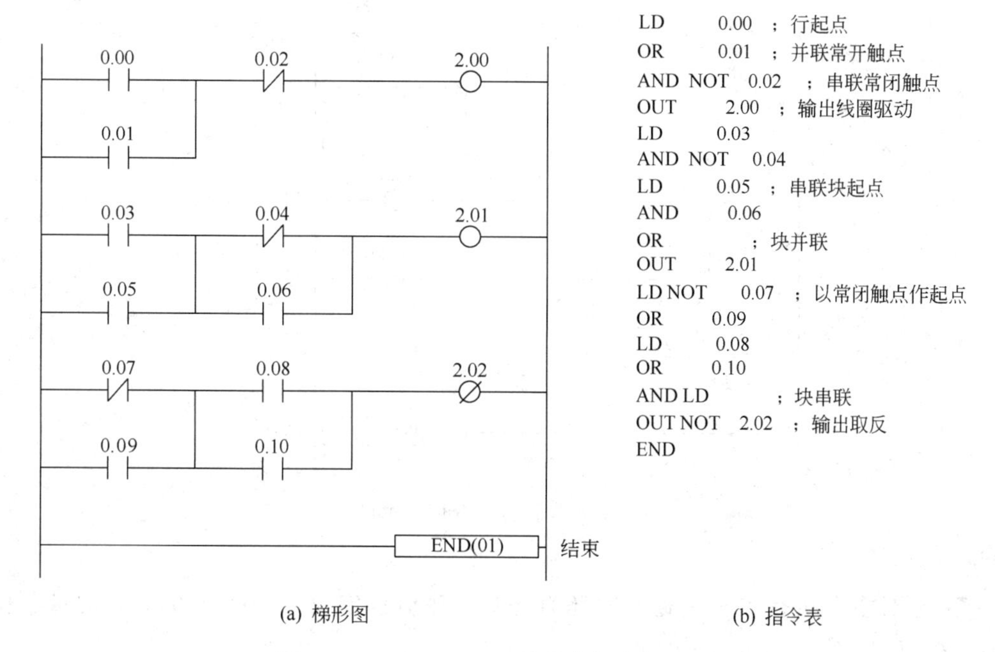

(a) 梯形图　　(b) 指令表

图 16-9　OMRON PLC 的基本指令应用示例

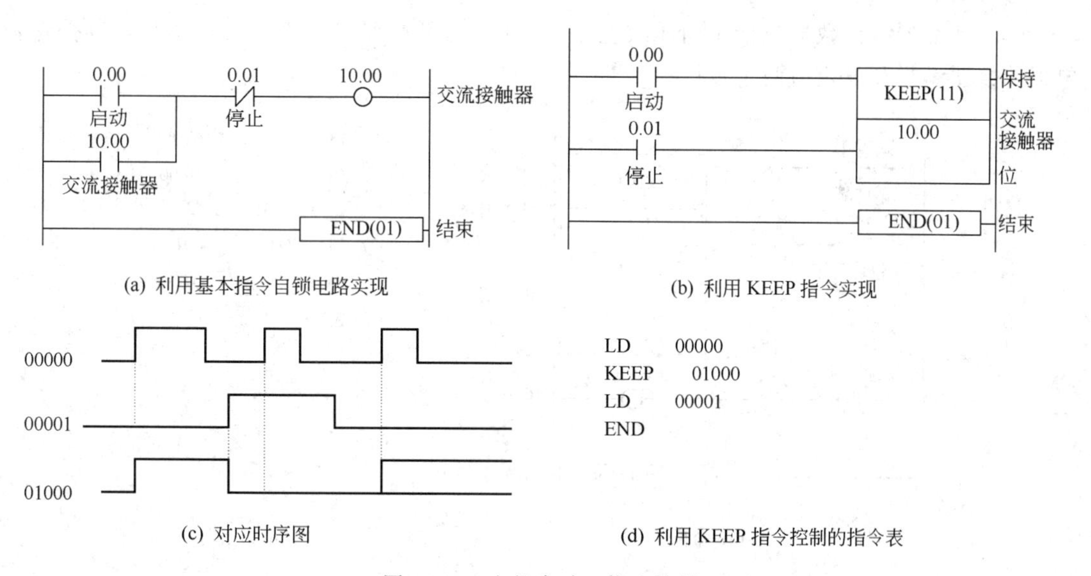

(c) 对应时序图　　(d) 利用 KEEP 指令控制的指令表

图 16-10　电机启动、停止控制

（3）定时器　定时器为递减型，有低速 TIM 和高速 TIMH（15）两种。定时器的操作数包括定时器编号（N）和设定值（SV）两个数据，其编号 N 对应 TC 继电器区通道地址 000～511（C200H），该范围是与计数器共同的范围，即计数器和定时器的个数共为 512 个，定时器和计数器的编号可以顺排，但不能重复。注意不同系列 PLC 的定时器和计数器的编号范围也不同。

低速定时指令执行减 1 延时闭合操作。延时设定值为 0000～9999，度量单位为 0.1s，相应的设定时间为 0～999.9s。低速定时操作功能为：当定时器的输入为 ON 时开始定时，定时到，则定时器输出 ON，否则为 OFF。无论何时只要定时器的输入为 OFF，则定时器

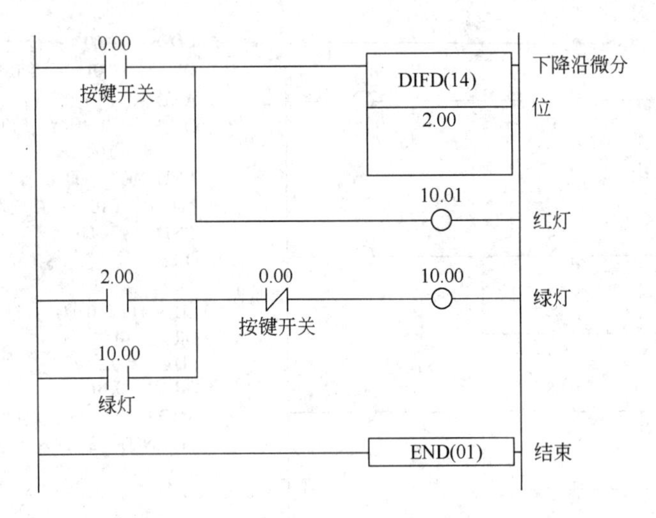

图 16-11　微分指令应用示例

的输出为 OFF。

高速定时指令执行减 1 高速延时闭合操作。延时设定值为 0000～9999，度量单位为 0.01s，相应的设定时间是 0～99.99s。

定时器的应用表示方法参见例 16-1 中图 16-3。

（4）计数器　计数器包括单向递减型 CNT 和双向可逆型 CNTR（12）两种，其操作数包括计数器编号和设定值两个数据。

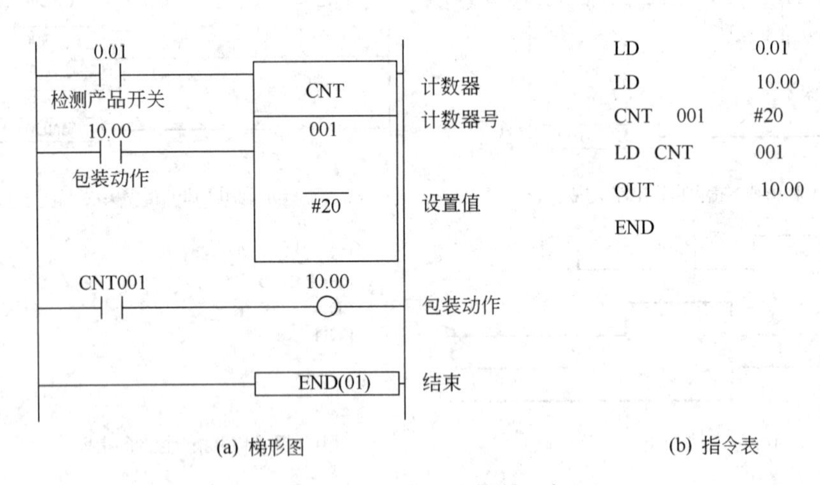

(a) 梯形图　　(b) 指令表

图 16-12　计数包装控制程序

计数指令 CNT 执行单向减 1 操作的计数。计数器设定值范围为 0000～9999。当计数输入信号从 OFF→ON（上升沿）时，计数器的当前计数值（PV）减 1。如计数器的当前值为 0000 时，“计数到”输出为 ON，并保持到复位信号为 ON 时。当复位信号从 OFF→ON（上升沿）时，当前值（PV）重新为设定值（SV）。计数器在复位信号为 ON 时，不接受计数输入。

【例 16-5】 利用 PLC 控制的自动包装设备，每 20 个产品为一包装盒。控制梯形图如图 16-12 所示。利用计数器指令进行计数，注意 OMRON 的 PLC 计数器和定时器一般为递减型，而 SIMENS 的 PLC 为增加型。

第三节　SIEMENS S7-200

德国西门子公司是世界上研制、开发PLC较早的公司，目前西门子公司的PLC有S7、M7和C7三个系列。其中S7系列又分成三个子系列：S7-200、S7-300、S7-400，分别属于小型、中型和大型系列PLC。S7-200系列指令功能很强大，表功能指令、PID功能指令为构造多功能系统提供了方便。S7-200系列PLC还具有通信联网功能。本节简单介绍S7-200系列PLC。

一、S7-200系列的基本构成

S7-200系列PLC采用模块式结构，其基本模块是一个完整的控制装置，可独立工作。为了实现PLC的灵活配置和功能扩展，S7-200系列产品还配有开关量扩展模块、模拟量扩展模块和通信模块等。

1. 基本模块

S7-200的基本模块包括中央处理器（CPU）、存储器、电源以及开关量输入/输出（I/O）接口，这些部件集中在一个箱体中。

S7-200系列PLC提供6种不同型号的基本模块。这六个基本模块包括：CUP221、CPU222、CPU224、CPU224XP、CPU226、CPU226XM（这里的CPU×××表示的是S7-200基本模块的型号，并非中央处理器CPU的型号）。如图16-13所示为CPU222的外部结构。

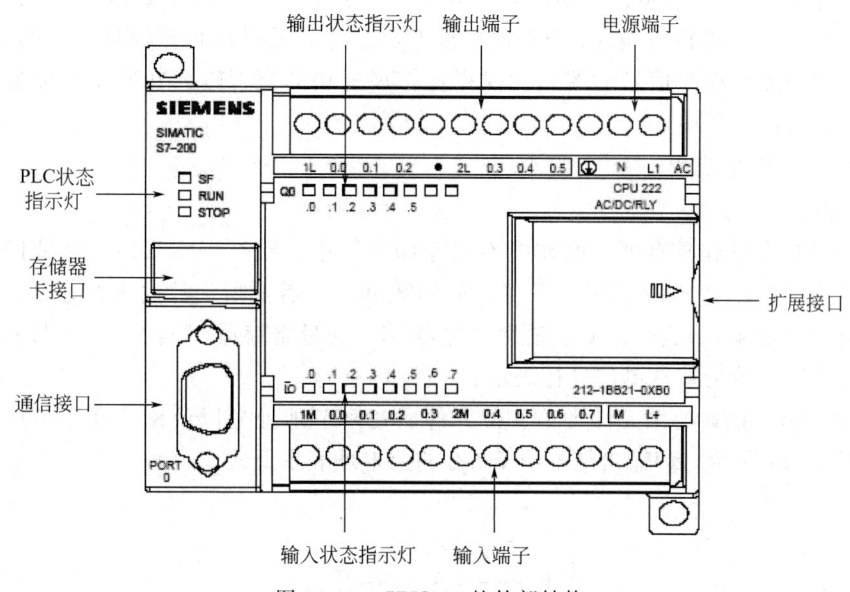

图16-13　CPU222的外部结构

（1）输入端子　外部输入信号与PLC连接的接线端子。

（2）输入状态指示灯（LED）　显示输入接点的当前状态。接点接通时指示灯亮，接点断开时指示灯灭。

（3）输出端子　外部负载与PLC连接的接线端子。

（4）输出状态指示灯（LED）　显示输出接点的当前状态。接点接通时指示灯亮，接点断开时指示灯灭。

（5）电源端子　PLC 基本模块连接外部电源的接线端子。S7-200 使用的电源为直流 24V 或交流 110V/220V。

（6）PLC 状态指示灯（LED）　分别显示基本模块的工作状态：（RUN）运行、STOP（停止）和 SF（报警）。

（7）存储器卡接口　该端口用于安装以下部件：存储器卡、锂电池和实时时钟芯片。

（8）通信接口　通过通信电缆，实现 PLC 与编程器、PLC 与计算机、PLC 与 PLC 或其他设备的通信。

（9）扩展端口　该端口包括以下部件：模块连接接口、工作方式开关和电位器调节旋钮。

2. 扩展模块

在基本模块的输入/输出接点不够时，除 CPU221 外，可增加扩展模块。

S7-200 的开关量输入/输出扩展模块包括输入接点、输出接点、状态指示灯和扩展接口等部件构成，这些部件集中在一个箱体中，与基本模块通过扩展线相连。开关量输入/输出扩展模块不能独立工作，它受基本模块控制，完成输入/输出扩展接点对输入信号的采集和对外部负载的驱动。

S7-200 系列 PLC 可提供 3 种不同型号的开关量扩展模块：EM221（8 点 DC 输入）、EM222（8 点继电器或晶体管输出）、EM223（4 输入/4 输出、8 输入/8 输出、16 输入/16 输出）。

S7-200 系列 PLC 模拟量扩展模块有 EM231（4 点模拟量输入）、EM232（2 点模拟量输出）和 EM235（4 点模拟量输入、1 点模拟量输出）等。通过模拟量模块，可实现对温度、流量、压力和速度等连续信号的控制。模拟量扩展模块的模拟输入在使用时需要进行的校准、量程与增益的参数设置。

二、S7-200 指令应用

1. S7-200 的编址

PLC 将数据存储在具有唯一地址的不同存储单元中，允许程序采用直接或间接等多种方式存取数据。当 S7-200 存取用户内存区域的数据时，需要指定数据所在地址，数据地址包括元件类型（如输入 I、输出 Q、辅助继电器 M、变量寄存器 V 等），字节号和位号。所有数据地址均以字节为基本单位进行表示。

（1）位（bit）地址　用元件类型、位元件所在字节地址号以及该位在字节中的位置号表示。如图 16-14 所示，为输出继电器 Q0.2 的位地址表示形式。

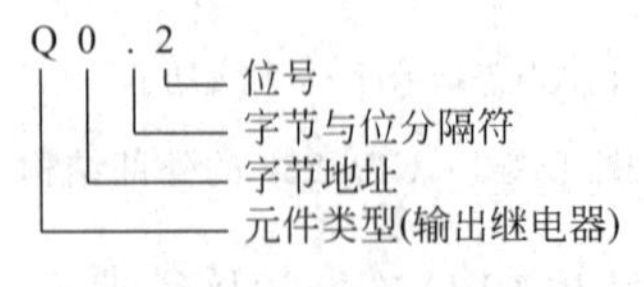

图 16-14　位地址表示形式

（2）字节地址　用元件类型以及该字节所在的地址号表示。如图 16-15 所示，为输入继电器 IB0 的字节地址表示形式。

（3）字地址　用元件类型，以字为存储单位，按字节地址编号（偶数：0，2，4…）表

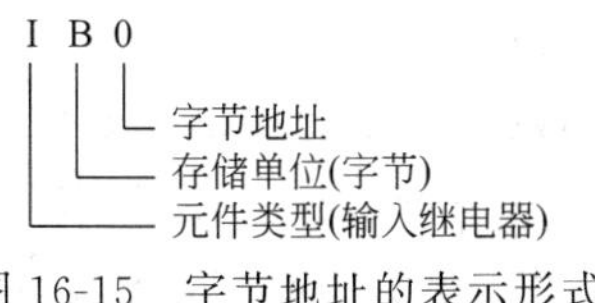

图 16-15　字节地址的表示形式

示。如图 16-16 所示，为辅助继电器 MW2（由字节 MB2 和 MB3 组成）的字表示形式。

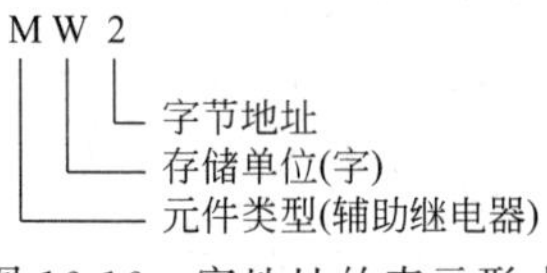

图 16-16　字地址的表示形式

（4）双字地址　用元件类型，以双字为存储单位，按字节地址编号（加 4 递增：0，4，8…）表示。如图 16-17 所示，为变量寄存器 VD4（由字节 VB4，VB5，VB6，VB7 组成）的双字表示形式。

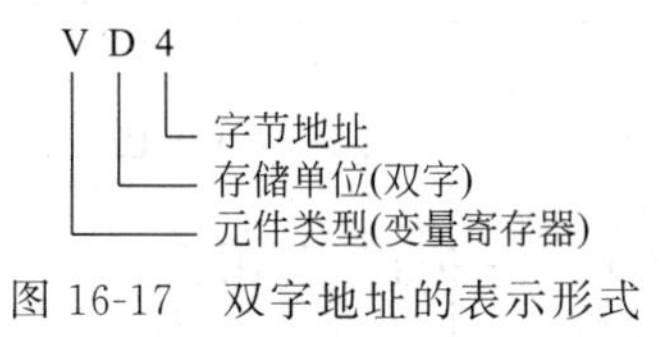

图 16-17　双字地址的表示形式

2. 编程元件

将 PLC 的数据存储区参照继电器控制电路的电器元件命名（便于电气技术人员识别），得到输入继电器、输出继电器、辅助继电器、变量寄存器、定时器、计数器、数据寄存器等多种编程元件。

S7-200 的指令包括基本指令和功能指令。基本指令包括基本逻辑指令，算术、逻辑运算指令，数据处理指令，程序控制指令等。下面以 S7-200 系列 PLC 的 SIMATIC 指令系统为例，简单介绍几个基本指令的应用及基本编程方法。

3. 位逻辑指令应用举例

如同继电器控制电路，熟悉并掌握梯形图的基本控制环节，有助于复杂控制系统程序的编制与设计。

【例 16-6】 启动-保持-停止（自锁）程序。如图 16-18 所示，当 I0.0 接通一下，辅助继电器 M0.0 线圈通电并自锁，Q0.0 有输出；给 I0.1 一个输入信号，其常闭触点断开，M0.0 线圈断电并解除自锁，Q0.0 无输出，这是常用的自锁控制程序，可将输入信号加以保持记忆。

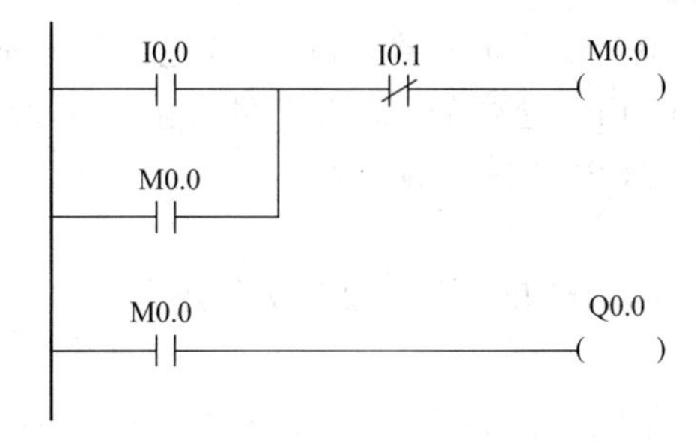

图 16-18　启-停梯形图程序

4. 定时器和计数器指令应用举例

【例 16-7】 定时、计数长时间延时程序。如图 16-19 所示，按 I0.0→Q0.0 得电，信号灯亮，表明电路开始工作；M10.0 得电→M10.0 常开点闭合→自锁；T40 得电→开始延时，60s 延时到→T40 常开触点接通一次→C0 计数 1 次；T40 常闭触点断开→T40 断电复位→T40 常闭触点闭合→T4O 得电，又重新开始计时。如此重复，当 T40 常开触点给 C0 60 个计数→C0 得电→C0 常开触点接通→Q0.1 得电。

总延时的时间 T＝60×60＝3600s，即 1h。

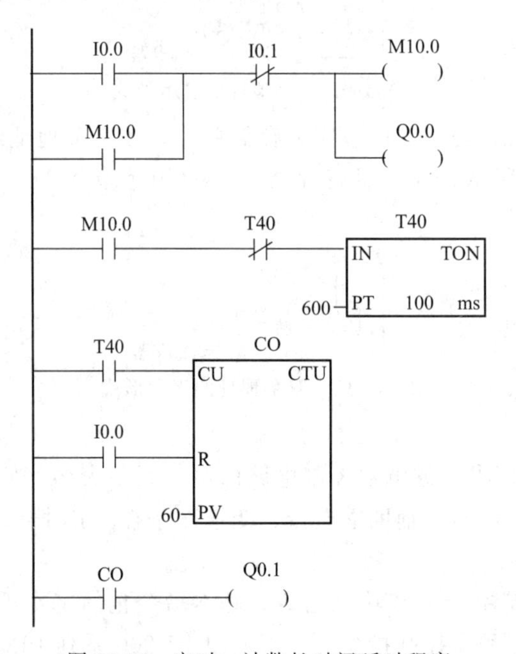

图 16-19 定时、计数长时间延时程序

三、编程软件 STEP7-Micro/WIN

SIMATIC S7-200 编程软件是指西门子公司为 S7-200 系列 PLC 编制的工业编程软件的集合，其中 STEP7-Micro/WIN 软件是基于 Windows 的应用软件。

1. STEP7-Micro/WIN 操作界面

STEP7-Micro/WIN 是在 Windows 平台上运行的 SIMATIC S7-200 PLC 编程软件，可以安装在 PC（个人计算机）及 SIMATIC 编程设备 PG70 上。双击 STEP7-Micro/WIN 图标可进入如图 16-20 所示操作界面。

2. S7-200 与计算机的连接

一台 PLC 用 PC/PPI 电缆与计算机连接，PC/PPI 电缆是一条支持 PC、按照 PPI 通信协议设置的专用电缆线。PC/PPI 电缆的 RS-232 端连接到个人计算机的 RS-232 通信口 COM1 或 COM2 接口上，PC/PPI 的另一端（RS-485 端）接到 S7-200 CPU 通信口上。

3. 编程流程

（1）建立项目（用户程序） 打开已有的项目文件或者创建一个新项目，在开始写程序之前应先确定 PLC 的类型。

（2）程序的输入方法 编程元件的输入首先是在程序编辑器窗口中将光标移到需要放置元件的位置，然后输入编程元件。

（3）程序的编译及下载 用户程序输入完成后，单击主菜单条中的 PLC \ 编译或单击

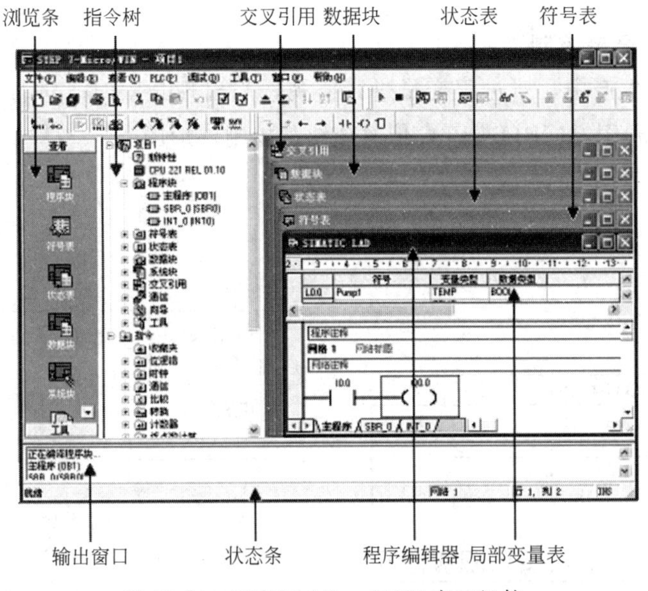

图 16-20　STEP7-Micro/WIN 窗口组件

工具条中的图标，可对当前程序编辑器下的程序进行编译。根据编译结果提示对程序的错误进行修改。用户程序编译成功后，单击主菜单条中的文件\下载或单击工具条中的图标，将选中的内容下载到 PLC 的存储器中。

第四节　应 用 示 例

PLC 可编程控制器在工业生产中广泛应用，本节以 PLC 完成液位控制、过程变量越限报警控制和自动包装机控制为例，简单说明 PLC 在企业的应用情况。

一、水箱液位控制

为了保证水箱液位保持在一定范围，分别在控制的上限和下限设置检测传感器，用 PLC 控制注入水电磁阀。当液位低于下限时，下限检测开关断开，打开电磁阀开始注水；当注水达到上限位置时，上限检测开关闭合，切断电磁阀。PLC 采用 OMRON 的 CPM2A-60CDR。工艺要求如图 16-21 所示。

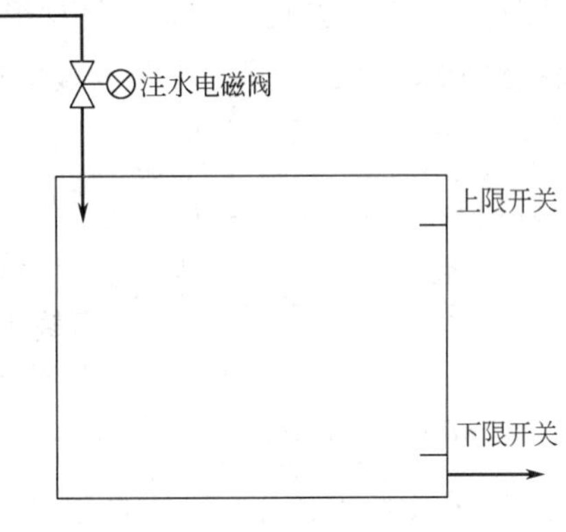

图 16-21　水箱液位控制示意图

输入、输出点分配如下：上限检测开关　0.00

下限检测开关　0.01

电磁阀　10.00

控制接线如图 16-22 所示，图 16-23 为液位控制梯形图。当低于液位下限时，下限开关与上限开关均断开，0.00 与 0.01 常闭触点闭合，使输出继电器 10.00 导通，注水电磁阀打开；一旦超过下限液位，虽然 0.01 触点断开，但由于 10.00 触点的自锁作用，仍保证注水阀打开，直至上限检测开关闭合，0.00 的常闭触点断开，输出继电器 10.00 断开，注水阀关闭。

二、变量越限报警控制

PLC 用于化工生产中，对过程变量进行监视，当出现越限时，进行声光报警。下面根据不同报警要求，利用 OMRON PLC 依次介绍其控制梯形图。

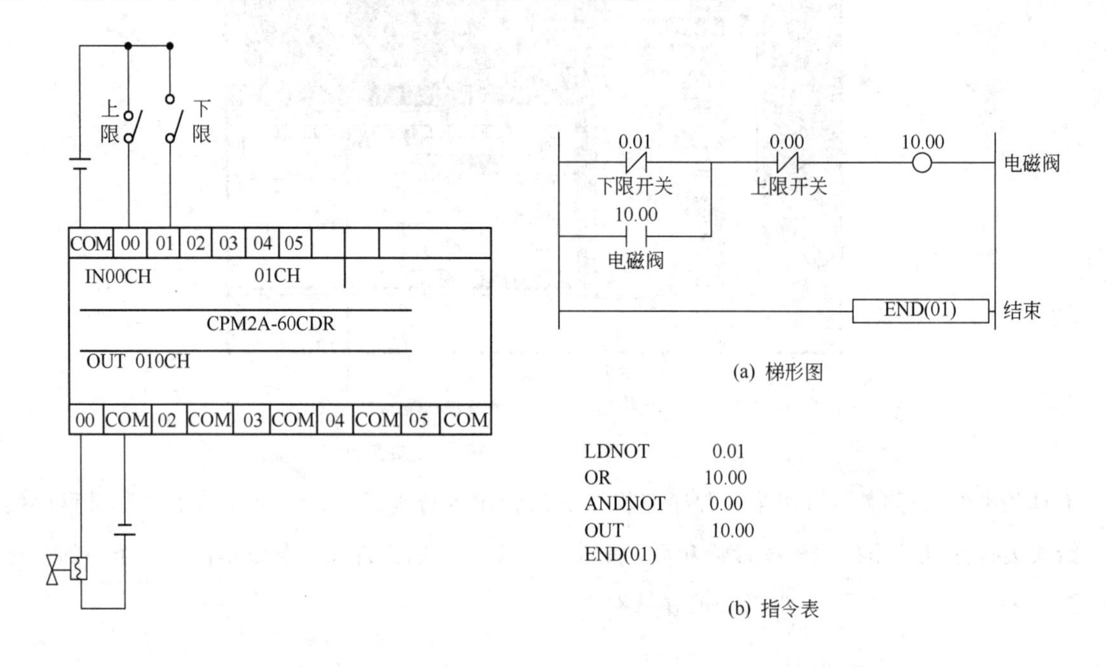

图 16-22　控制接线示意图

图 16-23　液位控制梯形图

1. 基本控制环节

① 工艺要求过程变量越限后立即用指示灯和电笛报警，当工艺变量恢复到正常之后，报警自动解除。按此要求，设计梯形图如图 16-24 所示。如工艺变量通过带电接点的压力仪表接到 PLC 的 0.00 点，10.00 接电笛，10.01 接指示灯。

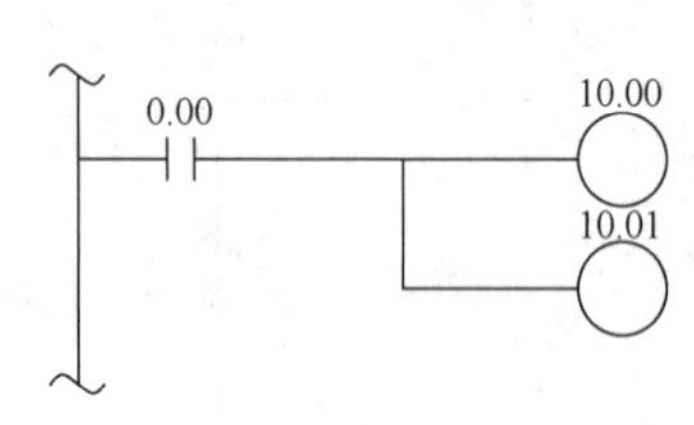

图 16-24　报警梯形图之一

当压力表越限后，电接点闭合，PLC 将该状态扫描储存在 0.00 中，执行该段梯形图。由于 0.00 存“1”（ON 状态），对应的常开触点闭合，10.00 和 10.01“通”，并将该结果刷新输出到 PLC 输出接点，灯和电笛接通。

当压力表恢复到正常值后，其电接点断开，0.00 内为“0”（OFF 状态）。0.00 对应的常开点断开，灯和电笛断开。

② 在实际中往往要求一旦变量超限，即使恢复到正常值，仍然进行声光报警，直到操作人员按下确定按钮后，报警才解除。图 16-24 就是为该要求而设计的梯形图。

要想保持报警，必须把报警情况记忆住。图 16-25 采用自锁方法，一旦 0.00 接通，中间辅助点 2.00 接通，并通过它自己的常开触点锁住。只有当按下解除按钮（点动，接到 0.01 点上）且变量已经恢复到正常值后，由于 0.01 的常闭点断开而自锁解除，报警灯和电笛才断开。

记忆报警信息也可以采用 KEEP 指令来实现。

③ 在②的要求基础上，要求一旦报警，指示灯是闪亮的。图 16-26 为符合该要求的梯形图。

闪亮即要求在通、断两个状态循环。一种方法是用两个定时器来实现通断控制；另一种方法是利用 PLC 内部的特殊继电器来实现。OMRON PLC 有不少脉冲继电器，其中 255.02 是一种脉冲特殊继电器（0.5s 通、0.5s 断）。

④ 在③的要求基础上，如果允许按下消音按钮（点动），则电笛断开，灯变成平光。图 16-27 为符合要求的梯形图。

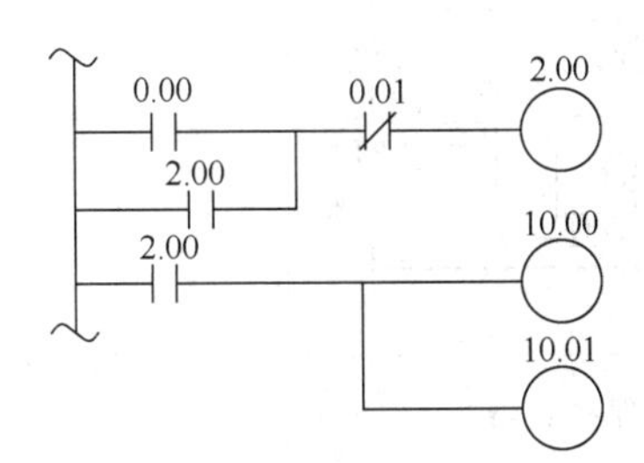

图 16-25 报警梯形图之二

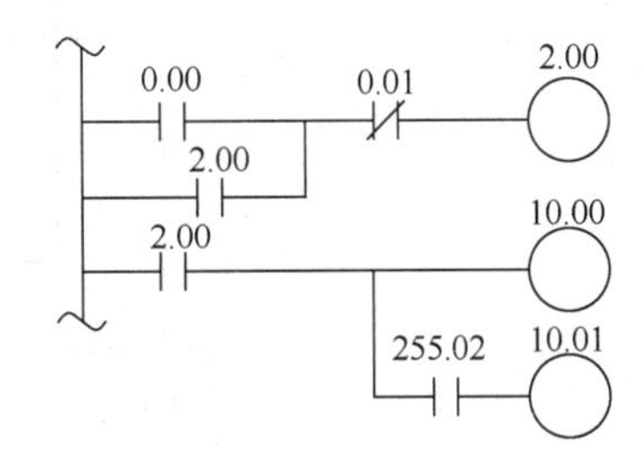

图 16-26 报警梯形图之三

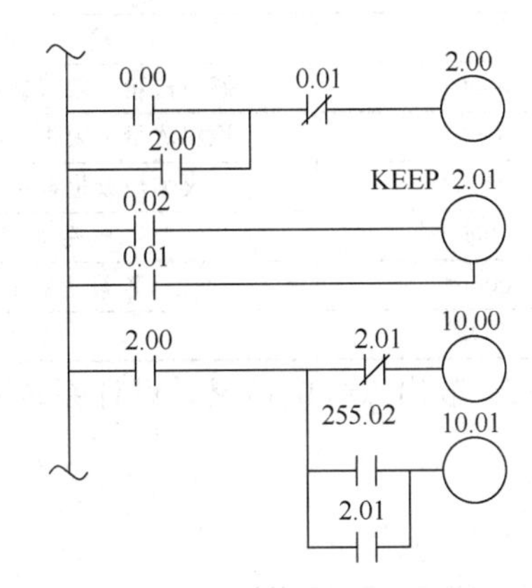

图 16-27 报警梯形图之四

消音按钮（接 0.02）是点动的，因此，要保证松开后，仍有效，需要在报警状态下记忆该动作。可以自锁，也可用 KEEP 指令。在这里用 KEEP 指令实现，按下 0.02 使 2.01 保持接通。2.01 的常闭点断开使电笛断开，其常开点闭合使 255.02 被短路，灯变平光。当按下解除按钮后，记忆擦除。

2. 闪光报警系统

如图 16-28 所示的加热炉的安全联锁保护系统中，共有三个联锁报警点，分别为：燃料流量下限、原料流量下限和火焰检测（熄火时检测装置触点导通）。要求用三个指示灯指示三个报警点。无论哪一变量工艺超限，立即联锁，切断压缩空气，且指示灯闪光、蜂鸣器响，以示报警。当按下消音按钮后，灯光变为平光，蜂鸣器不响；只有在事故解除后，人工复位，才能解除联锁，灯光熄灭。按下实验按钮，灯变为平光，蜂鸣器响。

在整个系统中有三个工艺检测输入、一个复位按钮、一个实验按钮和一个消音按钮，输出有三个指示灯和一个电磁阀。若采用 OMRON CPM2A-60CDR PLC 来控制，则输入、输出点分配如表 16-1 所示。

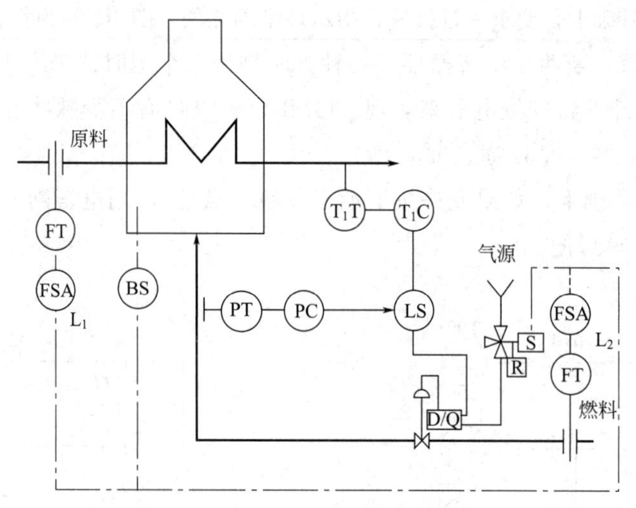

图 16-28　加热炉的安全联锁保护系统

表 16-1　输入、输出点分配表

输　　入		输　　出	
燃料流量下限检测 FL1	00001	燃料流量下限报警指示灯 L1	01001
原料流量下限检测 FL2	00002	原料流量下限报警指示灯 L2	01002
火焰检测 BS	00003	火焰熄灭报警指示灯 L3	01003
消音按钮 AN1	00000	电磁阀 V	01000
复位按钮 AN2	00004	蜂鸣器 D	01004
实验按钮 AN3	00005		

按照前面的控制要求和输入、输出点分配情况，设计系统接线示意图如图 16-29 所示，控制梯形图较复杂，在此省略。

三、送料小车自动控制

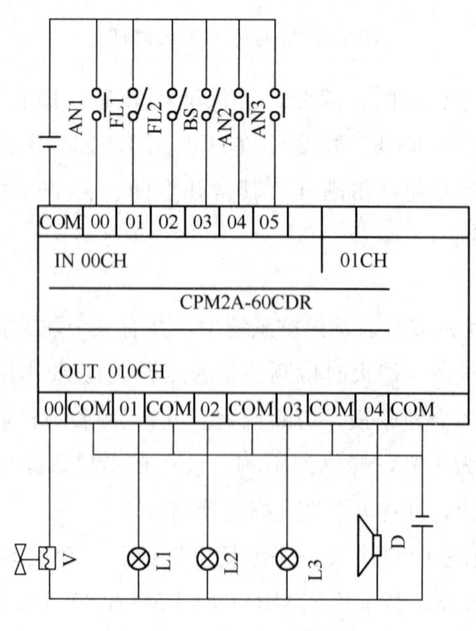

图 16-29　系统接线示意图

1. 控制系统的要求

如图16-30所示，为送料小车的运行示意图。小车周期性往复运行，在每个周期要完成的运动过程如下：

① 按下正向启动按钮，送料小车前进，碰到限位开关SQ1后，送料小车停止，开始装料。

② 20s后装料结束，送料小车后退，碰到限位开关SQ2后，送料小车停止，开始卸料。

③ 10s后卸料结束，送料小车前进，碰到限位开关SQ1后，送料小车停止，开始装料。

④ 送料小车如此循环工作，直到按下停止按钮，送料小车停止。

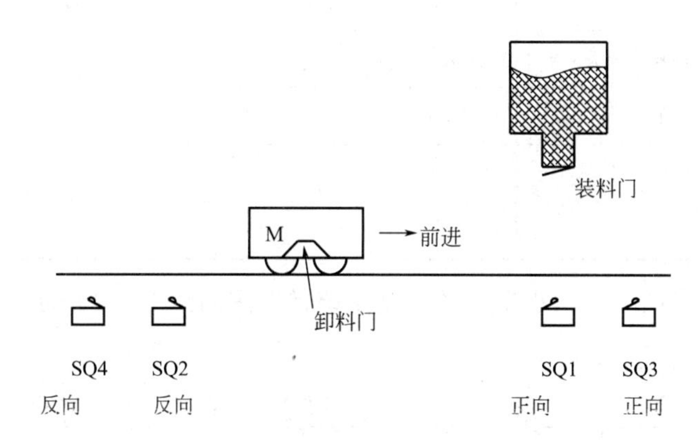

图16-30 送料小车的运行示意图

2. 程序设计

PLC采用SIEMENS S7-200，程序设计过程如下。

(1) PLC的接线图及I/O地址分配表 输入/输出设备与PLC的连接如图16-31所示。由于电磁阀线圈采用直流36V驱动，因此在PLC的输出中与接触器分在不同的组。表16-2为I/O地址分配表。

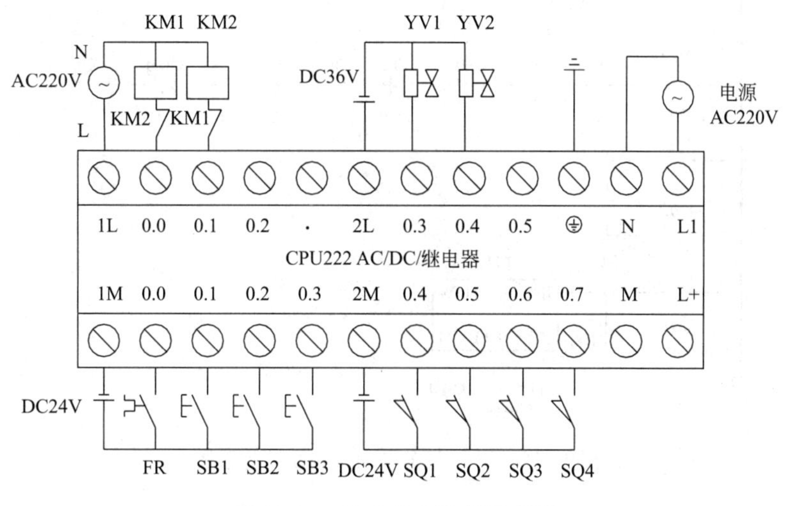

图16-31 PLC的I/O端连接图

表 16-2 输入/输出设备与 PLC 的 I/O 地址分配表

输入设备			输出设备		
符号	功能	输入地址	符号	功能	输出地址
FR	热继电器	I0.0	KM1	电动机正转接触器	Q0.0
SB1	停止按钮	I0.1	KM2	电动机反转接触器	Q0.1
SB2	正转启动按钮	I0.2	YV1	装料电磁阀	Q0.3
SB3	反转启动按钮	I0.3	YV2	卸料电磁阀	Q0.4
SQ1	前进装料限位开关	I0.4			
SQ2	后退卸料限位开关	I0.5			
SQ3	前进限位保护开关	I0.6			
SQ4	后退限位保护开关	I0.7			

（2）梯形图和时序图 送料小车自动控制系统梯形图如图 16-32 所示。控制过程时序图如图 16-33 所示。

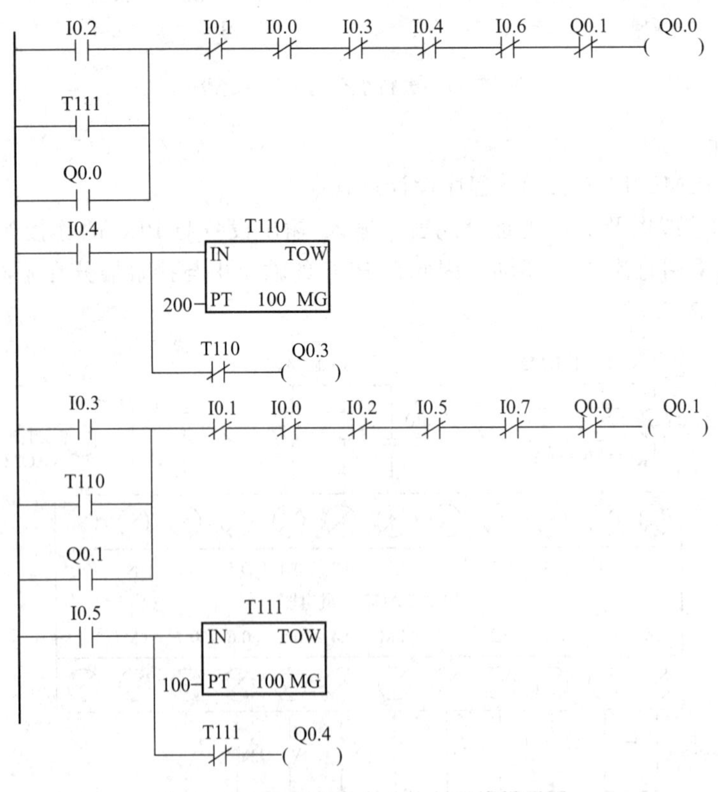

图 16-32 送料小车自动控制系统梯形图

（3）工作过程

① 正转启动到装料。按下 SB2→I0.2 得电→常开接点 I0.2 闭合→线圈 Q0.0 得电→KM1 吸合，电动机 M 正转启动，小车前进；常开接点 Q0.0 闭合，自锁；常闭接点 Q0.0

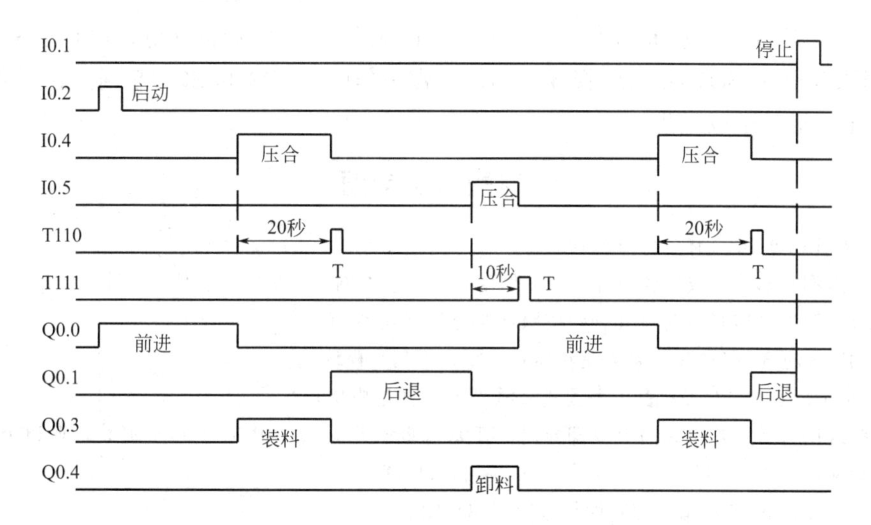

图 16-33 送料小车自动控制时序图

断开，实现内部互锁。

小车前进碰到限位开关 SQ1→I0.4 得电→

{常闭接点 I04 断开→线圈 Q0.0 断电→KM1 释放→电动机 M 断电，小车停止。
常开接点I0.4 闭合→T110 开始延时；线圈 Q0.3 得电→装料电磁阀 YV1 得电，开始装料。

② 反转启动到卸料。T110 延时 20s 到→

{常闭接点 T110 断开→线圈 Q0.3 断电→装料电磁阀 YV1 释放→装料结束。
常开接点T110 闭合→线圈 Q0.1 得电→KM2 吸合→电动机 M 反转，小车后退；
常开接点 Q0.1 闭合，自锁；常闭接点 Q0.1 断开，实现内部互锁。

小车后退，限位开关 SQ1 释放→I0.4 断电→常开接点 I0.4 断开→T110 断电，复位→小车后退碰到限位开关 SQ2→I0.5 得电→

{常闭接点 I0.5 断开→线圈 Q0.1 断电→KM2 释放→电动机 M 断电，小车停止。
常开接点I0.5 闭合→T111 开始延时；线圈 Q0.4 得电→卸料电磁阀 YV2 得电，
开始卸料。

③ 卸料结束到正转启动。T111 延时 10s 到→

{常闭接点 T111 断开→线圈 Q0.4 断电→卸料电磁阀 YV2 释放→卸料结束。
常开接点T111 闭合→线圈 Q0.0 得电→KM1 吸合→电动机 M 正转，小车前进；
常开接点 Q0.0 闭合，自锁；常闭接点 Q0.0 断开，实现内部互锁。

小车如此，往复循环工作。

④ 停止。无论电动机处于前进还是后退，只要按停止按钮 SB1，都可以使电动机停止，但在卸料和装料过程中不能停止工作。现在以电动机前进中停止为例，说明电机停止过程。

按下停止 SB1→I0.1 得电→常闭接点 I0.1 断开→线圈 Q0.0 断电→KM1 释放→电动机断开，停止运转；常开接点 Q0.0 断开，取消自锁。

⑤ 保护环节

a. 当发生过载或断相时：热继电器 FR 动作→FR 常开接点闭合→I0.0 得电→常闭接点

I0.0 断开→线圈 Q0.0 或 Q0.1 断电→KM1 或 KM2 释放→电动机断电，停止运转。

b. 当限位开关 SQ1 或 SQ2 损坏，不能正常工作时，SQ3 和 SQ4 起到限位保护的作用，使小车停止，避免事故发生。

习题与思考题

1. 什么是 PLC？PLC 有何特点？

2. PLC 由哪几部分组成？各部分有什么作用？与工业控制计算机相比有什么不同？

3. PLC 按照 I/O 容量分为哪几种？按照结构分为哪几种？

4. SIMENS 的 S7 PLC 哪一系列是整体式？哪一系列是模块式？

5. OMRON PLC 的 C 系列哪几种是整体式？哪几种是模块式？

6. 开关 A 闭合后，输出阀门 B 立即导通，开关 A 断开后，阀门 B 延时 4s 断开，按照以上控制要求，试用 OMRON CPM2A 系列 PLC 指令系统编写控制梯形图。

7. 使用 OMRON PLC 指令编写两组抢答器梯形图。

8. S7-200 基本模块有哪些型号？

9. S7-200 扩展模块有哪些型号？

10. 如何使用 STEP7-Micro/WIN 编程软件进行编程？

第十七章　典型化工单元的控制方案

控制方案的确定是实现化工生产自动化的首要环节。要确定出一个好的控制方案，必须深入了解生产工艺，按化工过程的内在机理来探讨其自动控制方案。化工单元操作按其物理和化学实质来分，有流体流动过程、热量传递、质量传递和化学反应过程等。操作单元设备很多，控制方案各种各样，这里只选择一些典型化工单元为例进行讨论。有关单元设备的结构、原理和特性，在有关课程中已经学过，本章只从自动控制的角度出发，根据对象特性和控制要求，分析一些典型单元操作的控制方案，从中阐明确定控制方案的共同原则和方法。

第一节　流体输送设备的自动控制

在化工生产中，各种物料大多数是在连续流动状态下，或是进行传热，或是进行传质和化学反应等过程。为使物料便于输送、控制，多数以液态或气态方式在管道内流动。倘若是固态物料，有时也以流态化的方式进行生产。

流体在管道内流动，常需要从泵和压缩机等输送设备获得能量，克服流动阻力。本节主要是阐述泵和压缩机的一般控制方案，并对流量控制系统的一般特性作简单的说明。

一、离心泵的自动控制方案

离心泵是最常见的液体输送设备。它的压头是由旋转翼轮作用于液体的离心力而产生的。转速愈高，则离心力愈大，压头也愈高。

离心泵流量控制的目的是要将泵的排出流量恒定于某一给定的数值上。流量控制在化工厂中是常见的，例如进入化学反应器的原料量需要维持恒定，精馏塔的进料量或回流量需要维持恒定等。

离心泵流量控制大体有三种方法。

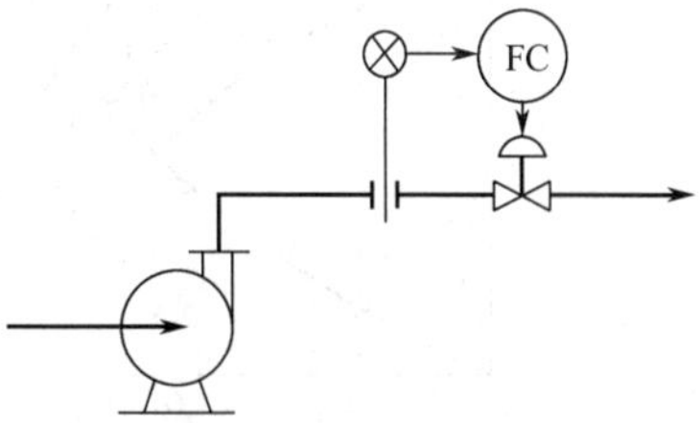

1. 控制泵出口阀门开度

FC

图 17-1　改变泵出口阻力调流量

通过控制泵出口阀门开度来控制流量的方法如图 17-1 所示。当干扰作用使被控变量（流量）发生变化偏离给定值时，控制器发出控制信号，阀门动作，控制结果将使流量回到给定值。

改变出口阀门的开度就是改变管路上的阻力，为什么阻力的变化就能引起流量的变化呢？这得从离心泵本身的特性加以解释。

在一定转速下，离心泵的排出量 Q 与泵产生的压头 H 有一定的对应关系，如图 17-2 曲线 A 所示。在不同流量下，泵所能提供的压头是不同的，曲线 A 称为泵的流量特性曲线。泵提供的压头又必须与管路上的阻力相平衡才能进行操作，克服管路阻力所需压头大小随流量的增加而增加，如曲线 1 所示。曲线 1 称为管路特性曲线。曲线 A 与 1 的交点 C_1 即为进行操作的工作点。此时泵所产生的压头正好用来克服管路的阻力，C_1 点对应的流量 Q_1 即为泵的实际出口流量。

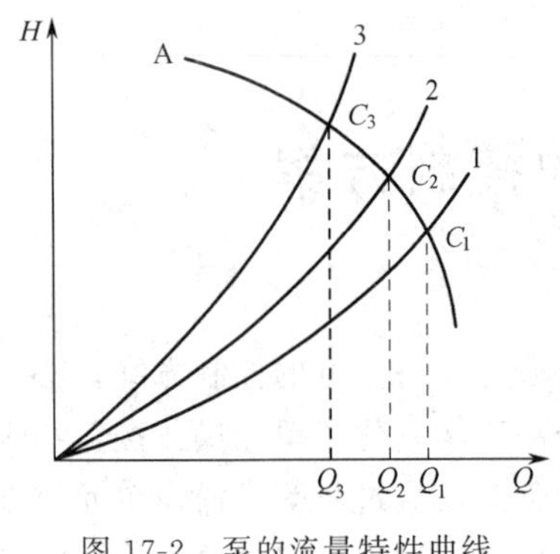

图 17-2 泵的流量特性曲线与管路特性曲线

当控制阀开度发生变化时，由于转速是恒定的，所以泵的特性没有变化，但管路上的阻力却发生了变化，即管路特性曲线不再是曲线 1，随着控制阀的关小，可能变为曲线 2 或曲线 3 了。工作点就由 C_1 移向 C_2 或 C_3，出口流量也由 Q_1 改变为 Q_2 或 Q_3。以上就是通过控制泵出口阀门开度以改变排出流量的原理。

采用本方案时，要注意控制阀一般应该装在泵的出口管线上，而不应该装在泵的吸入管线上。这是因为控制阀在正常工作时，需要有一定的压降，而离心泵的吸入高度是有限的。

控制泵出口阀门开度的方案简单可行，是应用最为广泛的方案。但是，此方案总的机械效率较低，特别是控制阀开度较小时，阀上压降较大，对于大功率的泵，损耗的功率就相当大，因此是不经济的。

2. 控制泵的转速

从前一种方案分析中可知，当泵的转速改变时，泵的流量特性曲线也会改变。图 17-3 中曲线 1、2、3 表示转速分别为 n_1、n_2、n_3 时的流量特性，且有 $n_1>n_2>n_3$。在一定的管路特性曲线 B 的情况下，减少泵的转速，会使工作点由 C_1 移向 C_2 或 C_3，流量相应也由 Q_1 减少到 Q_2 或 Q_3。

这种方案从能量消耗角度衡量最为经济，机械效率较高，但调速机械一般较复杂，所以多用在蒸汽透平驱动离心泵的场合，此时仅需控制蒸汽量即可控制转速。

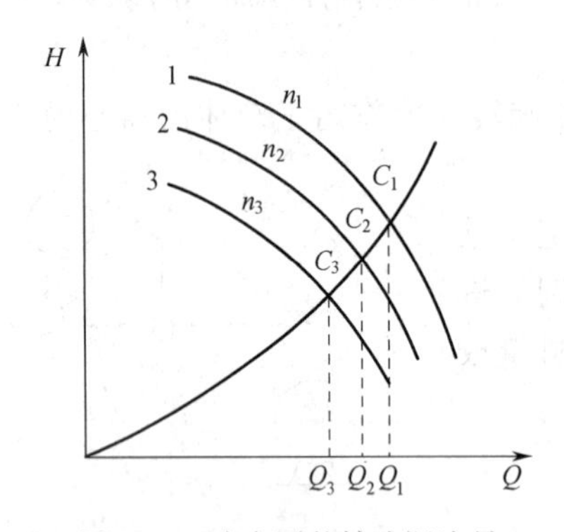

图 17-3 改变泵的转速调流量

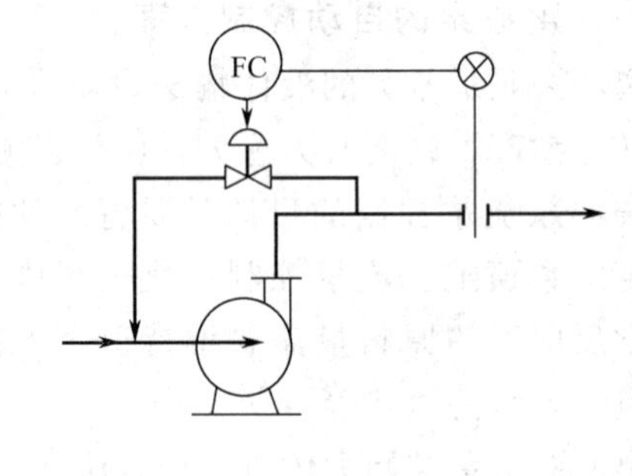

图 17-4 改变旁路阀调流量

3. 控制泵的出口旁路

如图 17-4 所示，将泵的部分排出量重新送回到吸入管路，用改变旁路阀开度的方法来控制泵的实际排出量。

控制阀装在旁路上，由于压差大、流量小，所以控制阀的通径可以选得比装在出口管道上的小得多。但是这种方案不经济，因为旁路阀消耗一部分高压液体能量，使总的机械效率较低，故很少采用。

二、往复泵的自动控制方案

往复泵也是常见的流体输送机械，多用于流量较小、压头要求较高的场合。它是利用活塞在气缸中往复滑行来输送流体的。

往复泵提供的理论流量可按下式计算

$$Q_{理}=60nFS \quad m^3/h \tag{17-1}$$

式中 n——每分钟的往复次数；

F——气缸截面积，m^2；

S——活塞冲程，m。

由上述计算公式中可清楚地看出，从泵体角度来说，影响往复泵出口流量变化的仅有 n、F、S 三个参数，或者说只能通过改变 n、F、S 来控制流量。了解这一点对设计流量控制方案很有帮助。常用的流量控制方案有三种。

1. 改变原动机的转速

这种方案适用于以蒸汽机或汽轮机作原动机的场合，此时，可借助于改变蒸汽流量的方法方便地控制转速，如图 17-5 所示。当用电动机作原动机时，由于调速机构较复杂，较少采用。

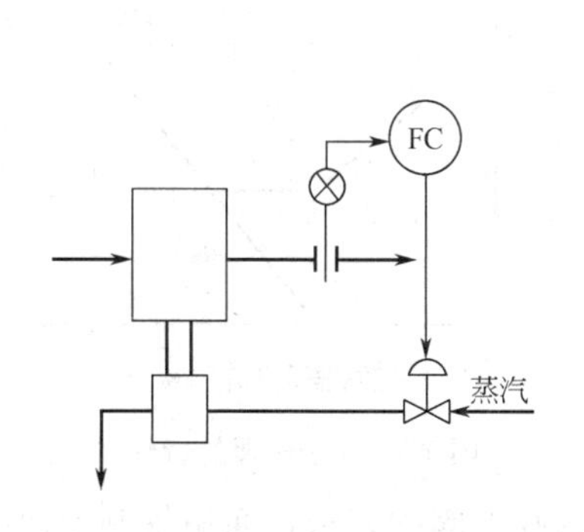

图 17-5 控制转速的方案

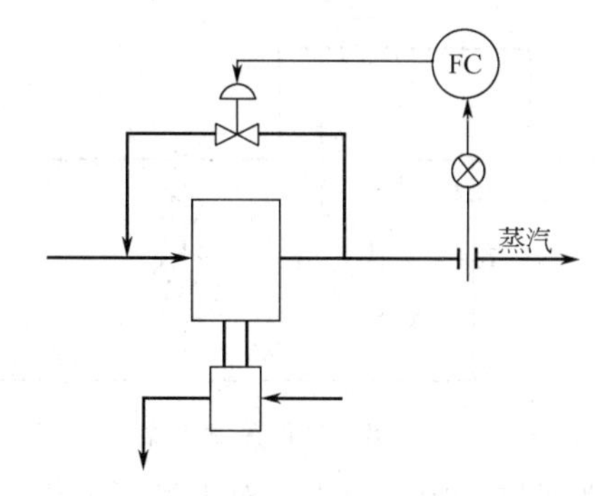

图 17-6 控制旁路流量

2. 改变旁路阀开度

如图 17-6 所示，用改变旁路阀开度的方法来控制实际排出量。这种方案由于高压流体的部分能量要白白消耗于旁路阀上，故经济性较差。

3. 改变冲程 *S*

计量泵常用改变冲程 S 来进行流量控制。冲程 S 的调整可在停泵时进行，也有在运转状态下进行的。

往复泵的前两种控制方案，原则上亦适用于其他直接位移式的泵，诸如齿轮泵等。

往复泵的出口管道上不允许安装控制阀，这是因为往复泵活塞往复一次，总有一定体积的流体排出，当在出口管线上节流时，压头 H 会大幅度增加。图 17-7 是往复泵的压头 H 与流量 Q 之间的特性曲线。在一定的载速下，用改变出口管道阻力既达不到控制流量的目的，又极易导致泵体损坏。

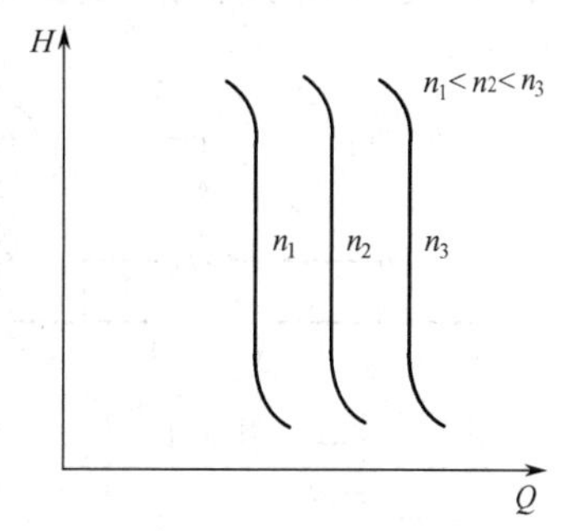

图 17-7 往复泵的特性曲线

三、压缩机的自动控制方案

压缩机和泵同为输送流体的机械，其区别在于压缩机是提高气体的压力，气体是可以压缩的，所以要考虑压力对密度的影响。压缩机的种类很多，按其作用原理不同，可分为离心式和往复式两大类。在制定控制方案时必须考虑到各自的特点。

压缩机的控制方案与泵的控制方案有很多相似之处，被控变量同样是流量或压力，控制手段大体上可分三类。

1. 直接控制流量

对于低压的离心式鼓风机，一般可在其出口直接控制流量，由于管径较大，执行器可采用蝶阀。其余情况下，为了防止出口压力过高，通常在入口端控制流量。因为气体的可压缩性，所以这种方案对于往复式压缩机也是适用的。在控制阀关小时，会在压缩机入口端形成负压，这就意味着，吸入同样容积的气体，其质量流量减少了。流量降低到额定值的50％～70％以下时，负压严重，压缩机效率大为降低。这种情况下，可采用分程控制方案，如图17-8所示。出口流量控制器FC控制两个控制阀，吸入阀1只能关小到一定开度，如果需要的流量更小，则应打开旁路阀2，以避免入口端负压严重，两个阀的特性见图17-9。

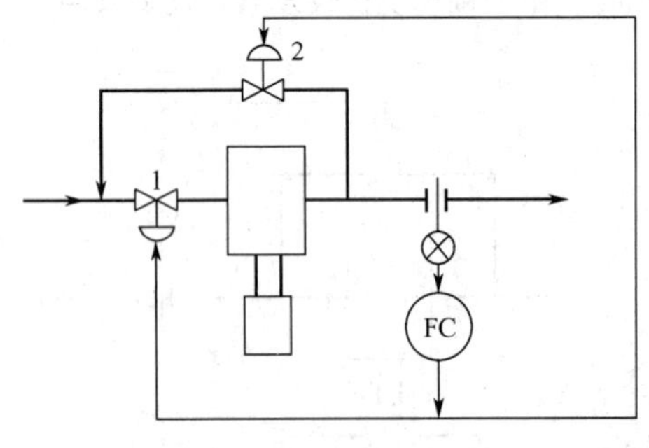

图 17-8　分程控制方案

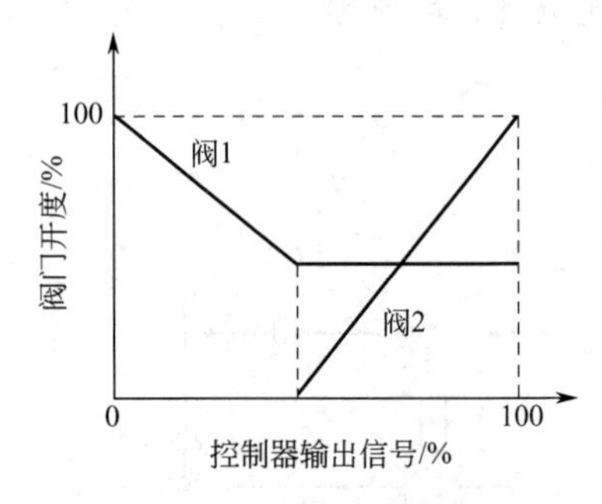

图 17-9　分程阀的特性

为了减少阻力损失，对大型压缩机，往往不用控制吸入阀的方法，而用控制导向叶片角度的方法。

2. 控制旁路流量

它和泵的控制方案相同，见图17-10。对于压缩比很高的多段压缩机，从出口直接旁路回到入口是不适宜的。这样控制阀前后压差太大，功率损耗太大。可从中间某段设置旁路阀，使其回到入口端，用一只控制阀可满足一定工作范围的需要。

3. 控制转速

压缩机的流量控制可以通过控制转速来达到，这种方案效率最高，问题在于调速机构比较复杂，没有前两种方法简便。

近年来，离心式压缩机的应用日益增加，对于这类压缩机的控制，还有一个特殊的问题，就是“喘振”现象。当负荷降低到一定程度时，气体的排送会出现强烈的振荡，从而引起机身的剧烈振动。这种现象称为“喘振”。喘振会造成事故，操作中必须防止喘振现象产生。

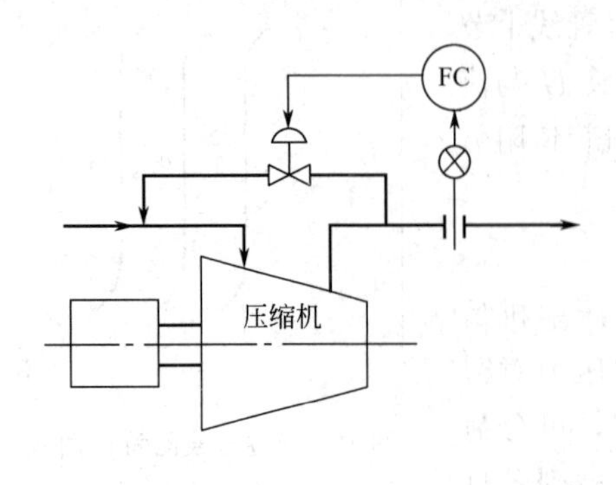

图 17-10　控制压缩机旁路方案

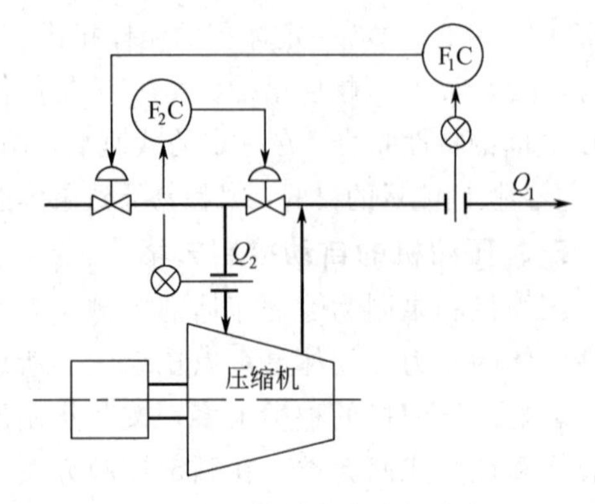

图 17-11　简单的防喘振方案

防喘振的控制方案有很多种，其中最简单的是旁路控制方案，如图 17-11 所示。正常工作时，由流量控制器 F_1C 维持压缩机的输出流量 Q_1 为给定值。当压缩机的入口流量 Q_2 低于临界值时，流量控制器 F_2C 就打开旁路阀，使一部分气体返回输入端，以保持入口流量 Q_2 不低于安全保护临界值，从而避免了喘振的产生。

第二节　传热设备的自动控制

化工生产过程中，传热设备的种类很多，主要有换热器、蒸汽加热器、再沸器、冷凝器、加热炉和锅炉。由于传热的目的与方式不相同，被控变量的选择也不完全一样。在多数情况下，被控变量是温度。本节简单介绍各种传热设备的常用控制方案。

一、两侧均无相变化的换热器控制方案

换热器的目的是为了使工艺介质加热（或冷却）到某一温度，自动控制的目的就是要通过改变换热器的热负荷以保证工艺介质在换热器出口的温度恒定在给定值上。当换热器两侧流体在传热过程中均不起相变化时，常采用下列几种控制方案。

1. 控制载热体的流量

图 17-12 是利用控制载热体流量来稳定被加热介质出口温度的控制方案。从传热基本方程式可以解释这种方案的控制原理。

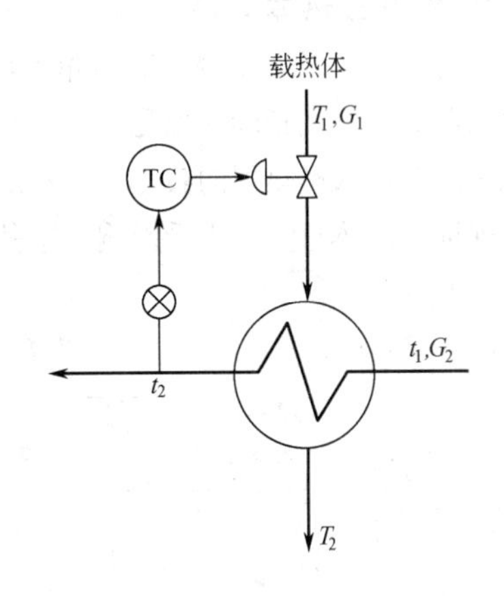

图 17-12　改变载热体流量控制温度

若不考虑传热过程中的热损失，则热流体失去的热量应该等于冷流体获得的热量，可写出下列热量平衡方程式

$$Q=G_1c_1(T_1-T_2)=G_2c_2(t_2-t_1) \tag{17-2}$$

式中　Q——单位时间内传递的热量；

G_1，G_2——分别为载热体与冷流体的流量；

c_1，c_2——分别为载热体与冷流体的比热容；

T_1，T_2——分别为载热体的入口与出口温度；

t_1，t_2——分别为冷流体的入口与出口温度。

另外，传热过程中传热的速率可按下式计算

$$Q=KF\Delta t_m \tag{17-3}$$

式中　K——传热系数；

F——传热面积；

Δt_m——两流体间的平均温差。

由于冷热流体间的传热既符合热量平衡方程式(17-2)，又符合传热速率方程式(17-3)，因此有下列关系式

$$G_2c_2(t_2-t_1)=G_1c_1(T_1-T_2)=KF\Delta t_m \tag{17-4}$$

移项后可改写为

$$t_2=\frac{KF\Delta t_m}{G_2c_2}+t_1 \tag{17-5}$$

从上式可以看出，在传热面积 F、冷流体进口流量 G_2、温度 t_1 及比热容 c_2 一定的情况下，影响冷流体出口温度 t_2 的因素主要是传热系数 K 及平均温差 Δt_m，控制载热体流量实质上是控制 Δt_m。假如由于某种原因使 t_2 升高，控制器将使阀门关小以减少载热体流量，传热就更加充分，因此载热体的出口温度 T_2 将要下降，这就必然导致冷热流体平均温差 Δt_m 下降，从而使工艺介质出口温度 t_2 也下降。因此这种方案实质上是通过改变 Δt_m 来控制出口温度 t_2 的。必须指出，载热体流量的变化也会引起传热系数 K 的变化，只是通常 K 的变化不大，所以讨论中可以忽略不计。

控制载热体流量是应用最为普遍的控制方案，适用于载热体流量变化对温度影响较灵敏的场合。

如果载热体压力不稳定，可另设稳压系统，或者采用以温度为主、流量为副的串级控制系统，如图 17-13 所示。

2. 控制载热体旁路

当载热体是工艺流体，其流量不允许变动时，可用图 17-14 所示的控制方案。这种方案的控制原理与前一种方案相同，也是利用改变温度 Δt_m 的手段来达到温度控制的目的。这里，采用三通控制阀来改变进入换热器的载热体流量及其旁路流量的比例，这样既可控制进入换热器的载热体流量，又可保证载热体总流量不受影响。这种方案在载热体为工艺介质时，极为常见。

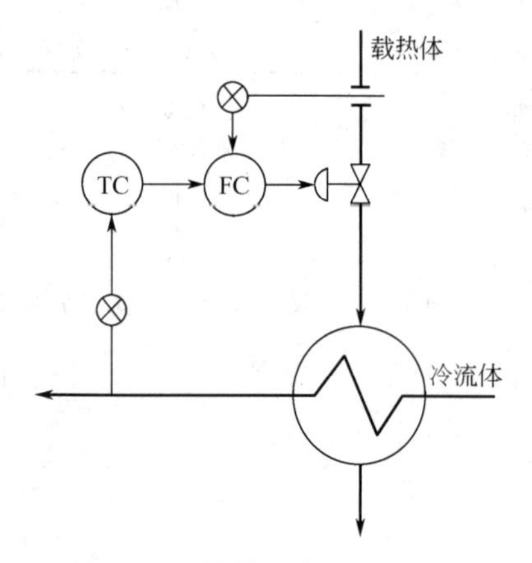

图 17-13　换热器串级控制系统

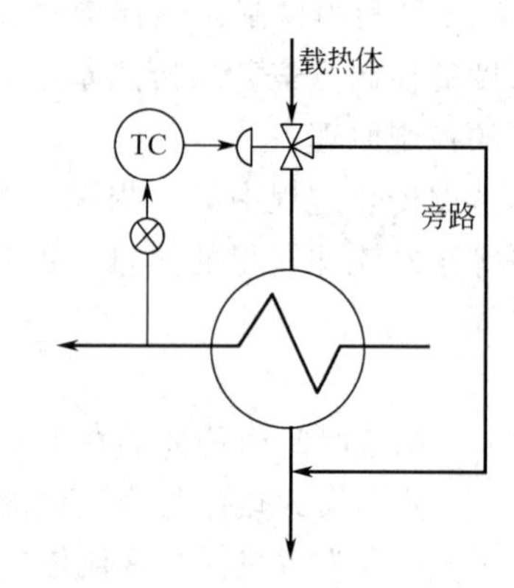

图 17-14　用载热体旁路控制温度

旁路的流量一般不用直通阀来直接进行控制，这是由于在换热器流体阻力小的时候，控制阀前后压降很小，这样就使控制阀的口径要选得很大，而且阀的流量特性易发生畸变。

3. 控制被加热流体自身流量

如图 17-15 所示，控制阀安装在被加热流体进入换热器的管道上，从式(17-5) 可以看出，被加热流体流量 G_2 愈大，出口温度 t_2 就愈低，这是因为 G_2 愈大，流体的流速愈快，与热流体换热必然不充分，出口温度一定会下降。这种控制方案，只能用在工艺介质的流量允许变化的场合，否则可考虑采用下一种方案。

4. 控制被加热流体自身流量的旁路

当被加热流体的总流量不允许控制，而且换热器的传热面积有余量时，可将一小部分被加热流体由旁路直接流到出口处，使冷热物料混合来控制温度，如图 17-16 所示。这种控制方案从控制原理来说同第三种方案，即都是通过改变被加热流体自身流量来控制出口温度的，只是在调流量的方法上采用三通控制阀，控制进入换热器的被加热介质流量与旁路流量的比例，这一点与第二种方案相似。

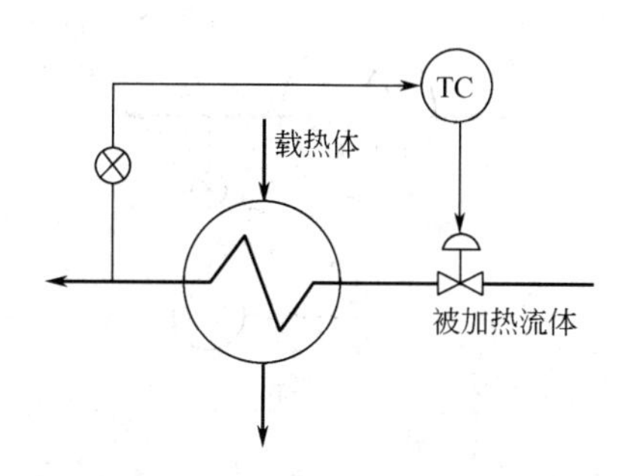

图 17-15 用介质自身流量控制温度

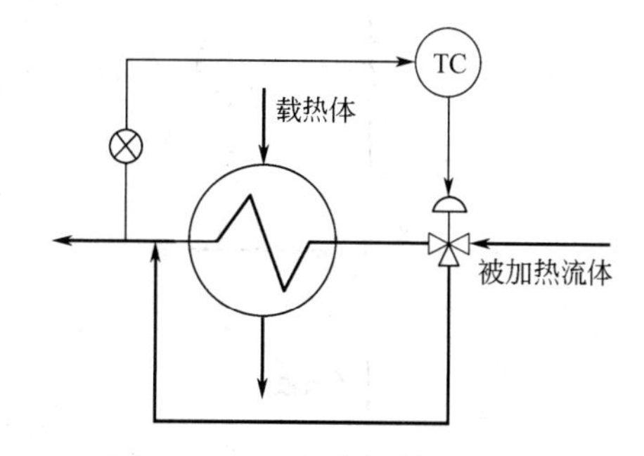

图 17-16 用介质旁路控制温度

由于此方案中载热体一直处于最大流量，而且要求传热面积有较大的裕量，因此在通过换热器的被加热介质流量较小时，就不太经济，这是其缺点。

二、载热体进行冷凝的加热器自动控制

利用蒸汽冷凝的加热器，在石油、化工中十分常见。在蒸汽加热器内，蒸汽冷凝由汽相变为液相，放出热量，通过管壁加热工艺介质。如果要求加热到200℃以上或30℃以下时，也可采用一些有机化合物作为载热体。

这种蒸汽冷凝的传热过程不同于两侧均无相变的传热过程。蒸汽在整个冷凝过程中温度保持不变，直到蒸汽将所有冷凝潜热释放完毕为止，若还需继续换热，凝液才进一步降温。因此这种传热过程分两段进行，先冷凝后降温。但在一般情况下，由于蒸汽冷凝潜热比冷凝液降温的显热要大得多，所以有时为简化起见，就不考虑显热部分的热量。当仅考虑汽化潜热时，工艺介质吸收的热量应该等于蒸汽冷凝放出的汽化潜热，于是热量平衡方程式为

$$Q=G_1c_1(t_2-t_1)=G_2\lambda \tag{17-6}$$

式中 Q——单位时间传递的热量；

G_1——被加热介质流量；

G_2——蒸汽流量；

c_1——被加热介质比热容；

t_1，t_2——分别为被加热介质的入、出口温度；

λ——蒸汽的汽化潜热。

传热速率方程式仍为

$$Q=G_2\lambda=KF\Delta t_m \tag{17-7}$$

式中，K、F、Δt_m 的意义同式(17-3)。

当以被加热介质的出口温度 t_2 为被控变量时，常采用下面两种控制方案，一种是控制进入的蒸汽流量；另一种是通过改变冷凝液排出量以控制冷凝的有效面积 F。

1. 控制蒸汽流量

这种方案最为常见。当蒸汽压力稳定时可采用如图 17-17 所示的简单控制方案。通过改变加热蒸汽量来稳定被加热介质的出口温度。当阀前蒸汽压力有波动时，可对蒸汽总管加设压力控制，或者采用温度与流量（或压力）的串级控制。一般来说，设压力控制比较方便，但采用温度与流量的串级控制另有一个好处，它对于副环内的其余干扰，或者阀门特性不够完善的情况，也能有所克服。

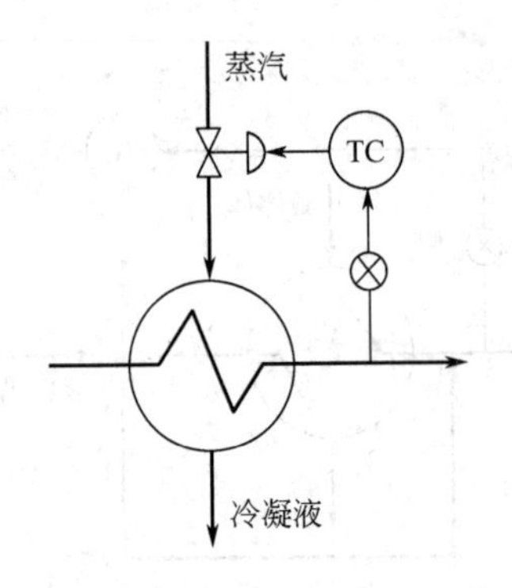

图 17-17　用蒸汽流量控制温度

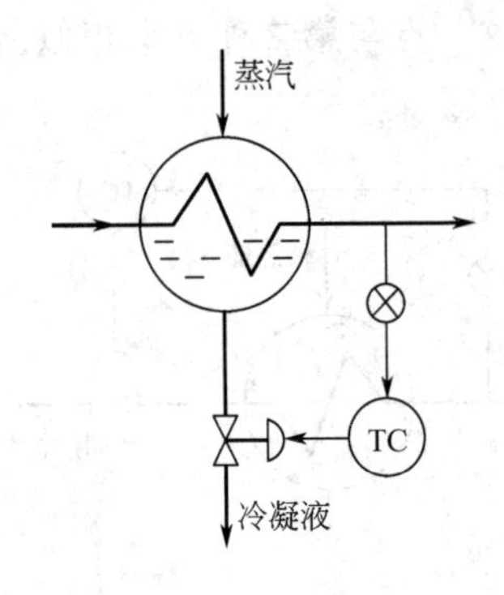

图 17-18　用冷凝液排出量控制温度

2. 控制换热器的有效换热面积

如图 17-18 所示，将控制阀装在冷凝液管路上。如果被加热物料温度高于给定值，说明传热量过大，可将冷凝液控制阀关小，冷凝液就会积聚起来，减少了有效的蒸汽冷凝面积，使传热量减少，工艺介质出口温度就会降低。反之，如果被加热物料温度低于给定值，可开大冷凝液控制阀，增大传热面积，使传热量相应增加。

这种控制方案由于冷凝液量至传热面积的通道是个滞后环节，控制比较迟钝。当工艺介质温度偏离给定值后，往往需要很长时间才能校正过来，影响了控制质量。较有效地克服办法为采用串级控制。串级控制有两种方案，图 17-19 为温度与冷凝液的液位串级控制，图 17-20 为温度与蒸汽流量的串级控制。由于串级控制系统克服了进入副回路的主要干扰，改善了对象的特性，因而提高了控制品质。

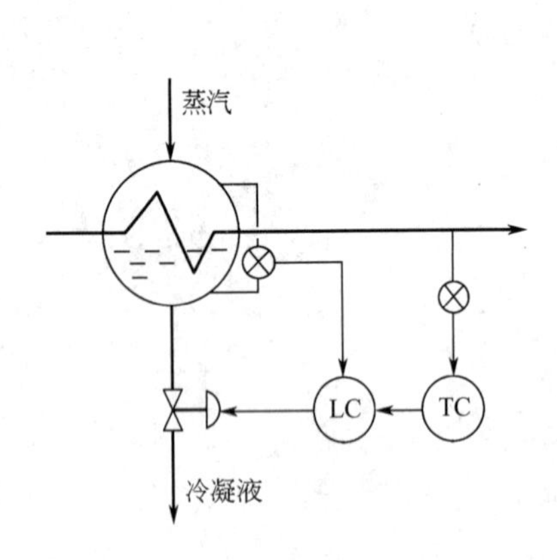

图 17-19　温度-液位串级控制

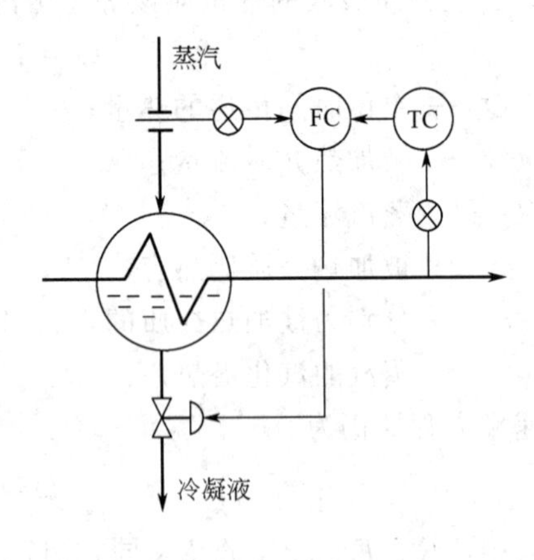

图 17-20　温度-流量串级控制

以上介绍了两种控制方案及其各自改进的串级控制方案，它们各有优缺点。控制蒸汽流量的方案简单易行，过渡过程时间短，控制迅速，缺点是需用较大的蒸汽阀门，传热量变化比较剧烈，有时冷凝液冷到 100℃以下，这时加热器内蒸汽一侧会产生负压，造成排液不连续，影响均匀传热。控制冷凝液排出量的方案，调节通道长，变化迟缓，且需要有较大的传热面积裕量。但由于变化和缓，有防止局部过热的优点，所以对一些过热后会起化学变化的热敏性介质较适用。另外，由于蒸汽冷凝后冷凝液的体积比蒸汽体积小得多，所以可以选用尺寸较小的控制阀门。

三、冷却剂进行汽化的冷却器自动控制

当用水或空气作为冷却剂不能满足冷却温度的要求时，需要用其他冷却剂。这种冷却剂有液氨、乙烯、丙烯等。这些液体冷却剂在冷却器中由液体汽化为气体时带走大量潜热，从而使另一种物料得到冷却。以液氨为例，当它在常压下汽化时，可以使物料冷却到零下30℃的低温。

在这类冷却器中，以氨冷器为最常见，下面以它为例介绍几种控制方案。

1. 控制冷却剂的流量

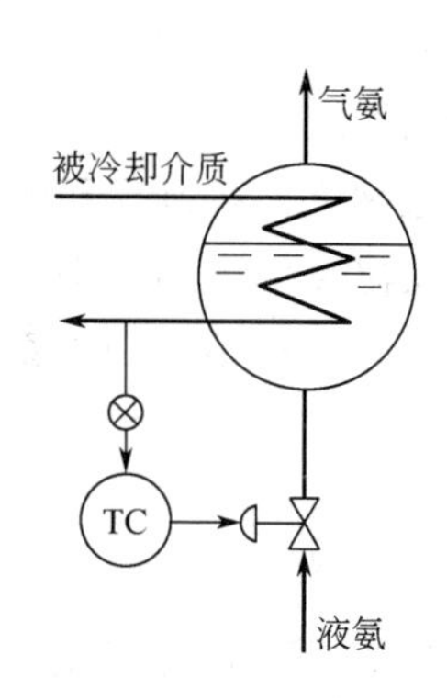

图 17-21 用冷却剂流量控制温度

图 17-21 所示的方案为通过改变液氨的进入量来控制介质的出口温度。这种方案的控制过程为：当工艺介质温度上升时，可增加液氨进入量使氨冷器内液位上升，液体传热面积就增加，因而使传热量增加，介质的出口温度下降。

这种控制方案并不以液位为操纵变量，但要注意液位不能过高，液位过高会造成蒸发空间不足，使氨气中夹带大量液氨，引起氨压缩机的操作事故。因此，这种控制方案往往带有上限液位报警，或采用温度-液位自动选择性控制，当液位高于某上限值时，自动把液氨阀暂时切断。

2. 温度与液位的串级控制

图 17-22 所示方案中，被控变量仍是液氨流量，但以液位作为副变量，以温度作为主变量构成串级控制系统。应用此类方案时可以限制液位的上限，以保证足够的蒸发空间。

这种方案的实质仍然是改变传热面积。但由于采用了串级控制，将液氨压力变化而引起液位变化的这一主要干扰包括在副环内，从而提高了控制质量。

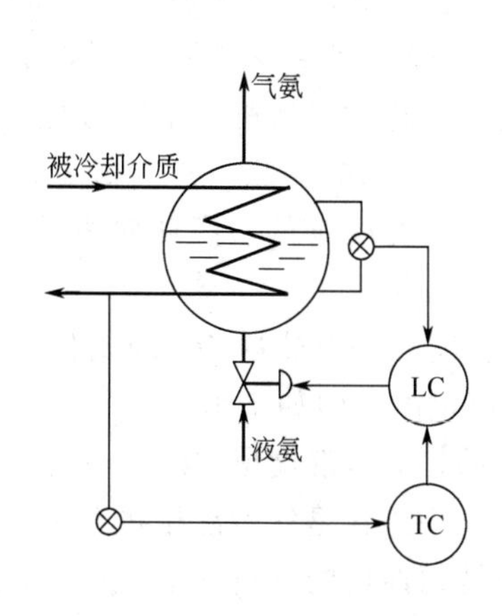

图 17-22 温度-液位串级控制

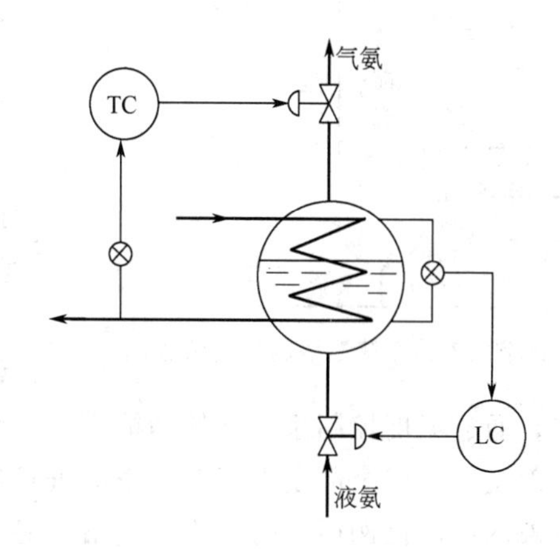

图 17-23 用汽化压力控制温度

3. 控制汽化压力

由于氨的汽化温度与压力有关，所以可将控制阀装在气氨出口管道上，阀门开度改变时，引起氨冷器内的汽化压力改变，相应的汽化温度也就改变了。图 17-23 所示的就是这种控制方案。其控制过程为：当工艺介质温度升高偏离给定值时，开大氨气出口处的控制阀门使氨冷器内压力下降，液氨温度也就下降，冷却剂与工艺介质间的温差 Δt_m 增大，传热量

就增大，工艺介质温度就会下降。为了保证液位不高于允许上限，在该方案中还设有辅助液位控制系统。

这种方案控制作用迅速，只要汽化压力稍有变化，就能很快影响汽化温度，达到控制工艺介质温度的目的。但是由于控制阀安装在气氨出口管道上，故要求氨冷器要耐压，并且当气氨压力由于整个制冷系统的统一要求不能随便加以控制时，这个方案就不能采用了。

第三节 精馏塔的自动控制

精馏过程是现代化工生产中应用极为广泛的传质过程，其目的是利用混合液中各组分挥发度的不同将各组分进行分离，并达到规定的纯度要求。

精馏塔是精馏过程的关键设备，它是一个非常复杂的对象。精馏塔内的通道很多，内在机理复杂，参数之间互相关联，反应迟缓，但对它的控制要求却日益提高。为了满足精馏塔对自动控制的要求，可以采用各种控制方案。

一、精馏塔的干扰因素及对自动控制的要求

1. 干扰因素

图 17-24 表示精馏塔塔身、冷凝器和再沸器的物料流程图。在精馏塔的操作过程中，影响其质量指标的主要干扰有以下几种。

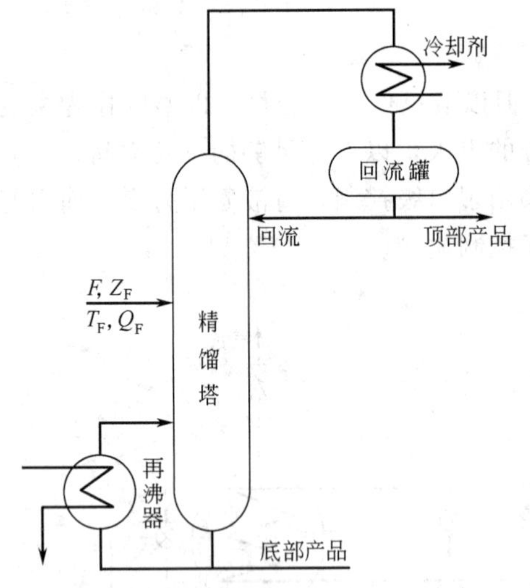

图 17-24 精馏塔的物料流程图

(1) 进料流量 F 的波动 进料量的变化通常是难免的。如果精馏塔位于整个生产过程的起点，则采用定值控制是可行的。但是精馏塔的处理量往往是由上一工序决定的，如果一定要使进料量恒定，势必要设置很大的中间贮槽进行缓冲。工艺上新的趋势是尽可能减小或取消中间贮槽，而采取在上一工序设置液位均匀控制系统来控制出料，使进塔的流量 F 波动比较平稳，尽量避免剧烈的变化。

(2) 进料成分 Z_F 的变化 进料成分是由上一工序出料或原料情况决定的，因此对塔系统来讲，它是不可控的干扰。

(3) 进料温度及进料热焓 Q_F 的变化 进料温度通常是较为恒定的。假如不恒定，可以先将进料预热，通过温度控制系统来使精馏塔进料温度恒定。然而，进料温度恒定时，只有当进料状态全部是气态或全部是液态时，塔的进料热焓才能一定。当进料是气液混相状态时，则只有当气液两相的比例恒定时，进料热焓才能恒定。为了保持精馏塔的进料热焓恒定，必要时可通过热焓控制的方法来维持恒定。

(4) 再沸器加热剂（如蒸汽）加入热量的变化 当加热剂是蒸汽时，加入热量的变化往往是由蒸汽压力的变化引起的。通常可以在蒸汽总管设置压力控制系统，也可在串级控制系统的副回路中予以克服。

(5) 冷却剂在冷凝器内除去热量的变化 这个热量的变化会影响到回流量或回流温度，它的变化主要是由于冷却剂的压力或温度变化引起的。一般冷却剂的温度变化较小，而压力的波动可采用克服加热剂压力变化的同样方法予以克服。

(6) 环境温度的变化　在一般情况下，环境温度的变化较小，但在采用风冷器作冷凝器时，则天气骤变与昼夜温差，对塔的操作影响较大，它会使回流量或回流温度变化。为此，可采用内回流控制的方法予以克服。内回流通常是指精馏塔的精馏段内上一层塔盘向下一层塔盘流下的液体量。内回流控制就是指在精馏过程中控制内回流为恒定量或按某一规律而变化的操作。

由上述干扰分析可以看出，进料流量和进料成分的波动是精馏操作的主要干扰，而且往往是不可控的。其余干扰一般比较小，而且往往是可控的，或者可以采用一些控制系统预先加以克服的。当然，有时可能并不一定是这样，还需根据具体情况做具体分析。

2. 精馏塔对自动控制的要求

(1) 保证质量指标　对于一个正常操作的精馏塔，一般应当使塔顶或塔底产品中的一个产品达到规定的纯度要求，另一个产品的成分亦应保持在规定的范围内。为此，应当取塔顶或塔底的产品质量作被控变量，用再沸器加热量或塔顶回流量作操纵变量组成控制系统，这样的控制系统称为质量控制系统。

质量控制系统需要应用能测出产品成分的分析仪表。由于目前被测物料种类繁多，还不能相应地生产出多种测量滞后小而又精确的分析仪表。所以，质量控制系统目前所见不多，大多数情况下，是由能间接控制质量的温度控制系统来代替。

(2) 保证平稳操作　为了保证塔的平稳操作，必须把进塔之前的主要可控干扰尽可能预先克服，同时尽可能缓和一些不可控的主要干扰。例如，可设置进料的温度控制、加热剂和冷却剂的压力控制、进料量的均匀控制系统等。为了维持塔的物料平衡，必须调整塔顶馏出液和釜底采出量，使其之和等于进料量，而且两个采出量变化要缓慢，以保证塔的平稳操作。塔内的蓄液量应保持在规定的范围内。控制塔内压力稳定，对塔的平稳操作是十分必要的。

(3) 约束条件　为保证正常操作，需规定某些参数的极限值为约束条件。例如对塔内气体流速的限制，流速过高易产生液泛；流速过低，会降低塔板效率，尤其对工作范围较窄的筛板塔和乳化塔的流速问题，必须很好注意。因此，通常在塔底与塔顶间装有测量压差的仪表，有的还带报警装置。塔本身还有最高压力限，超过这个压力，容器的安全就没有保障。

二、精馏塔的控制方案

精馏塔控制方案繁多，这里只择其有代表性的、常见的原则方案介绍。

1. 精馏塔的提馏段温控

如果采用以提馏段温度作为衡量质量指标的间接变量，而以改变加热量作为控制手段的方案，就称为提馏段温控。

图 17-25 是最常见的提馏段温控的一种方案。这种方案中的主要控制系统是以提馏段塔板温度为被控变量，加热蒸汽量为操纵变量。除了这个主要控制系统外，还设有五个辅助控制系统。对塔底采出量 B 和塔顶馏出液 D，按物料平衡关系各设有液位控制器作均匀控制；进料量 F 为定值控制（如不可控，也可采用均匀控制系统）；为维持塔压恒定，在塔顶设置压力控制系统，控制手段一般为改变冷凝器的冷剂量；提馏段温控时，回流量采用定值控制，而且回流量应足够大，以便当塔的负荷最大时，仍能保持塔顶产品的质量指标在规定的范围内。

提馏段温控的主要特点与使用场合为：

① 由于采用了提馏段温度作为间接质量指标，因此，它能较直接地反映提馏段产品情况；将提馏段温度恒定后，就能较好地保证塔底产品的质量达到规定值，所以，在以塔底采

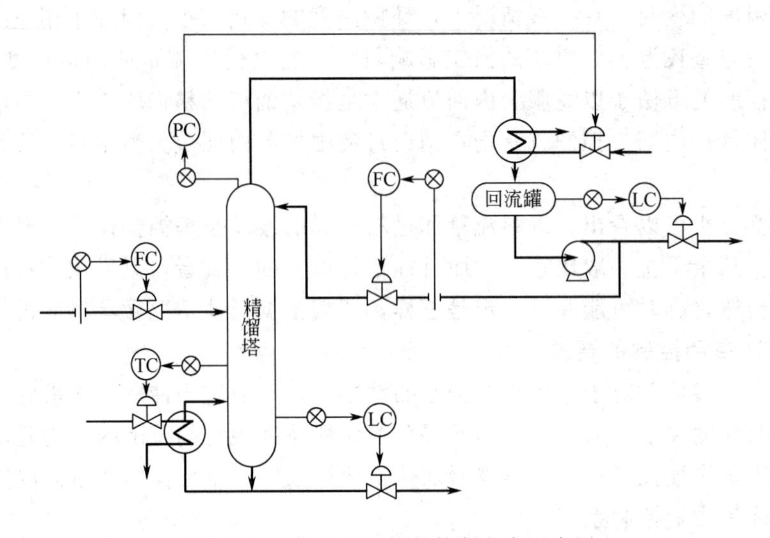

图 17-25　提馏段温控的控制方案示意图

出为主要产品，对塔釜成分要求比馏出液为高时，常采用提馏段温控方案；

② 当干扰首先进入提馏段时，例如在液相进料时，进料量或进料成分的变化首先要影响塔底的成分，故用提馏段温控就比较及时，动态过程也比较快。

由于提馏段温控时，回流量是足够大的，因而仍能使塔顶产品保持在规定的纯度范围内，这就是经常在工厂中看到的即使塔顶产品质量要求比塔底严格时，仍有采用提馏段温控的原因。

2. 精馏塔的精馏段温控

如果采用以精馏段温度作为衡量质量指标的间接变量，而以改变回流量作为控制手段的方案，就称为精馏段温控。

图 17-26 是最常见的精馏段温控的一种方案。它的主要控制系统是以精馏段塔板温度为被控变量，而以回流量为操纵变量。

除了上述主要控制系统外，精馏段温控方案还设有五个辅助控制系统。对进料量、塔压、

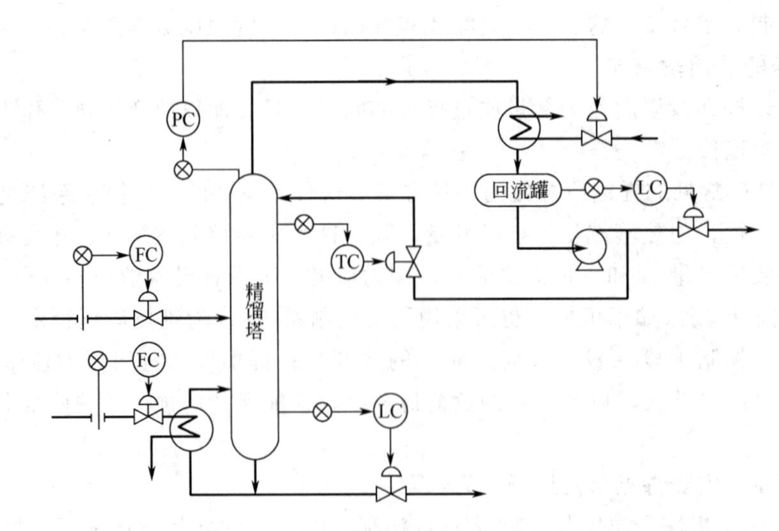

图 17-26　精馏段温控的控制方案示意图

塔底采出量与塔顶馏出液的控制方案与提馏段温控时相同。在精馏段温控时，再沸器加热量应维持一定，而且足够大，以使塔在最大负荷时仍能保证塔底产品的质量指标在一定范围内。

精馏段温控的主要特点与使用场合为：

① 由于采用了精馏段温度作为间接质量指标，因此，它能较直接地反映精馏段的产品情况，当塔顶产品纯度要求比塔底严格时，宜采用精馏段温控方案；

② 如果干扰首先进入精馏段，例如气相进料时，由于进料量的变化首先影响塔顶的成分，所以采用精馏段温控就比较及时。

在采用精馏段温控或采用提馏段温控时，当分离的产品较纯时，由于塔顶或塔底的温度变化很小，对测温灵敏度和控制精度都提出了很高的要求，但实际上却很难满足。解决这一问题的方法，是将测温元件安装在塔顶以下或塔底以上几块塔板的灵敏板上，以灵敏板的温度作为被控变量。

所谓灵敏板，是指在受到干扰时，当达到新的稳定状态后，温度变化量最大的那块塔板。由于灵敏板在受到干扰后，温度变化比较大，因此，对温度检测装置灵敏度的要求就可不必很高了，同时，也有利于提高控制精度。

灵敏板的位置视各个具体的精馏塔而定。

3. 精馏塔的温差控制

以上两种方案，都是以温度作为被控变量，这在一般的精馏塔中是可行的。但是在精密精馏时，产品纯度要求很高，而且塔顶、塔底产品的沸点差又不大时，应当采用温差控制，以进一步提高产品的质量。

采用温差作为衡量质量指标的间接变量，是为了消除塔压波动对产品质量的影响。因为系统中即使设置了压力控制，压力也总是会有些微小的波动，因而引起成分变化，这对一般产品纯度要求不太高的精馏塔是可以忽略不计的。但如果是精密精馏，产品纯度要求很高，微小的压力波动足以影响质量，这时就不能再忽略了。也就是说，精密精馏时，用温度作为被控变量就不能很好地代表产品的成分，温度的变化可能是成分和压力两个变量都变化的结果。可以在塔顶（或塔底）附近的一块塔板上检测出该板温度，再在灵敏板上也检测出温度，由于压力波动对每块塔板的温度影响是基本相同的，只要将上述检测到的两个温度相减，压力的影响就消除了，这就是采用温差来衡量质量指标的原因。

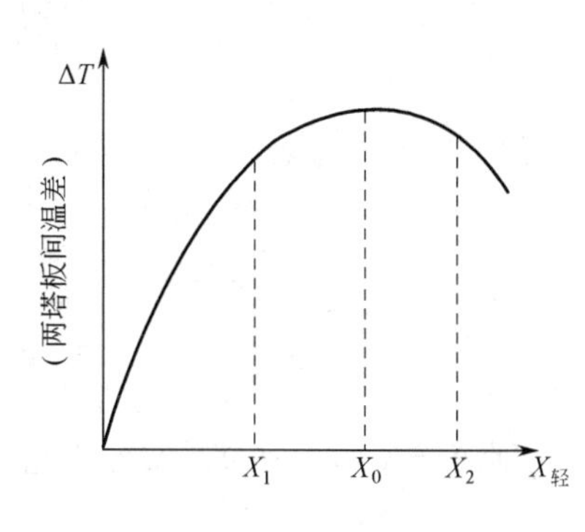

图 17-27　ΔT-$X_{轻}$ 曲线

值得注意的是，温差与产品纯度之间并非单值关系。图 17-27 是正丁烷和异丁烷分离塔的温差 ΔT 和塔底产品轻组分浓度 $X_{轻}$ 之关系曲线。由图可见，曲线最高点，其左侧表示塔底产品纯度较高（轻组分浓度 $X_{轻}$ 较小）情况下，温差随着产品纯度的增加而减小；其右侧表示在塔底产品不很纯的情况下，温差随产品纯度的降低而减小。为了使控制系统能正常工作，温差与产品纯度应该具有单值对应关系。为此，一般将工作点选择在曲线的左侧，并采取措施使工作点不至于进入曲线的右侧。

为了使控制器的正常工作范围在曲线最高点的左侧，在使用温差控制时，控制器的给定值不能改变太大，干扰量（尤其是加热蒸汽量的波动）不能太大，以防止工作状态变到图 17-27 中曲线最高点的右侧，致使控制器无法工作。

4. **按产品成分或物性的直接控制**

以上介绍的温度或温差控制都是间接控制产品质量的方法。如果能利用成分分析器，例如红外分析器、色谱仪、密度计、干点和闪点以及初馏点分析器等，分析出塔顶（或塔底）的产品成分并作为被控变量，用回流量（或再沸器加热量）作为控制手段组成成分控制系统，就可实现按产品成分的直接控制。

与温度的情况类似，塔顶或塔底产品的成分能体现产品的质量指标。但是当分离的产品较纯时，在邻近顶、底的各板间，成分差已经很小了，而且每板上成分在受到干扰后变化也很小了，这就对检测成分仪表的灵敏度提出了很高的要求。但是目前来讲，成分分析器一般精度较低，往往控制效果不够满意，这时可选择灵敏板的成分作为被控变量进行控制。

按产品成分的直接控制方案是最直接，也是最有效的。但是，由于目前对成分参数测量的仪表，一般准确度较差，滞后时间较长，维护比较复杂，致使控制系统的控制质量受到很大影响，因此目前这种方案使用还不普遍。但是，在成分分析仪表的性能不断得到改善以后，按产品成分的直接控制方案还是很有前途的。

第四节　化学反应器的自动控制

化学反应器是化工生产中重要的设备之一，反应器控制的好坏直接关系到生产的产量与质量指标。

由于反应器在结构、物料流程、反应机理和传热情况等方面的差异，自控的难易程度相差很大，自控的方案也千差万别。下面我们只对反应器的控制要求及几种常见的反应器控制方案作一简单的介绍。

一、化学反应器的控制要求

在设计化学反应器的自控方案时，一般要考虑下列要求。

（1）质量指标　化学反应器的质量指标一般指反应的转化率或反应生成物的规定浓度。显然，转化率应当是被控变量。如果转化率不能直接测量，就只能选取几个与它有关的参数，经过运算去间接控制转化率。如聚合釜进出口温差与转化率的关系为

$$y=\frac{\rho g c(\theta_o-\theta_i)}{X_i H} \tag{17-8}$$

式中　y——转化率；

θ_i，θ_o——分别为进料与出料温度；

X_i——进料浓度；

ρ——进料密度；

g——重力加速度；

H——每摩尔进料的反应热。

上式表明，当进料浓度一定时，转化率与温度差成正比，即 $y=K(\theta_o-\theta_i)$。实际上这时是以温差 $\Delta\theta=\theta_o-\theta_i$ 作为被控变量来控制转化率的。

因为化学反应不是吸热就是放热，反应过程总伴随有热效应。所以，温度是最能够表征质量的间接控制指标。

也有用出料浓度作为被控变量的，如焙烧硫铁矿或尾砂，取出口气体中 SO_2 含量作为被控变量。在成分仪表尚属薄弱环节的条件下，通常采用温度为质量的间接控制指标构成各

种控制系统，必要时再附以压力和处理量等控制系统，即可保证反应器正常操作。

以温度、压力等工艺参数作为间接控制指标，有时不能保证质量稳定。当有干扰作用时，转化率和反应生成物组分等仍会受到影响，特别是在有些反应中，温度、压力等工艺参数与生成物组分间不完全是单值关系，这就需要不断地根据工况变化去改变温度控制系统的给定值。在有催化剂的反应器中，由于催化剂的活性变化，温度给定值也要随之改变。

(2) 物料平衡　为使反应正常，转化率高，要求维持进入反应器的各种物料量恒定，配比符合要求。为此，在进入反应器之前，往往采用流量定值控制或比值控制。另外，在有一部分物料循环的反应系统中，为保持原料的浓度和物料平衡，需另设辅助控制系统。如氨合成过程中的惰性气体自动排放系统。

(3) 约束条件　对于反应器，要防止工艺参数进入危险区域或不正常工况。例如，在不少催化接触反应中，温度过高或进料中某些杂质含量过高，将会损坏催化剂；在有些氧化反应中，流体速度过高，会将固相吹走，而流速过低，又会让固相沉降等。为此，应当配置一些报警、联锁或取代控制系统，当工艺参数越出正常范围时，就发出信号；当接近危险区域时，就把某些阀门打开、切断或者保持在限定位置。

二、釜式反应器的温度自动控制

釜式反应器在化学工业中应用十分普遍，除广泛用作聚合反应外，在有机染料、农药等行业中用作碳化、硝化、转化、卤化等反应也极为普遍。

反应温度的测量与控制是实现釜式反应器最佳操作的关键问题，下面主要针对温度控制进行讨论。

(1) 控制进料温度　提高进料温度将使反应釜温度上升，这是由于引进热量增加的缘故，图 17-28 为这类方案的示意图。

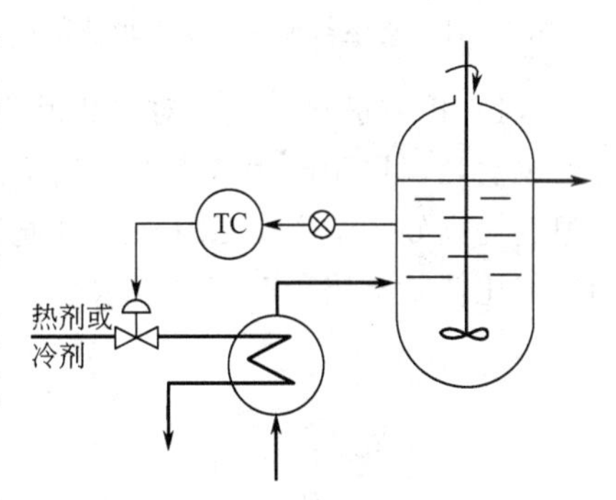

图 17-28　改变进料温度控制釜温

(2) 控制传热量　由于大多数反应釜均有传热面，以引入或移去反应热，所以用改变引入传热量多少的方法就能实现温度控制。图 17-29 为一带夹套的反应釜，当釜内温度改变时，可用改变加热剂或冷却剂流量的方法控制釜内温度。这种方案，结构比较简单，使用仪表少，但由于反应釜容量大，温度滞后严重，特别是当聚合釜物料黏度大，热传递较差，混合又不易均匀时，较难达到严格的温度要求。

(3) 串级控制　为了克服反应釜滞后较大的特点，采用串级控制方案。根据进入反应釜的主要干扰的不同情况，可以分别采用釜温与冷剂（或热剂）流量串级控制（见图 17-30）、釜温与夹套温度串级控制（见图 17-31）及釜温与釜压串级控制（见图 17-32）等。

三、固定床反应器的自动控制

固定床反应器是指催化剂床层固定于设备中不动的反应器，流体原料在催化剂上进行化学反应生成所需反应物。

固定床反应器的温度控制十分重要。任何一个化学反应都有自己的最适宜温度。最适宜温度综合考虑了化学反应速度、化学平衡和催化剂活性等因素。最适宜温度通常是转化率的函数。

温度控制首要的是要正确选择敏点位置，把感温元件安装在敏点处，以便及时反映整个催化剂床层温度的变化，多段的催化剂床层往往要求分段进行温度控制，这样可使操作更趋合理。常见的温度控制方案有以下几种。

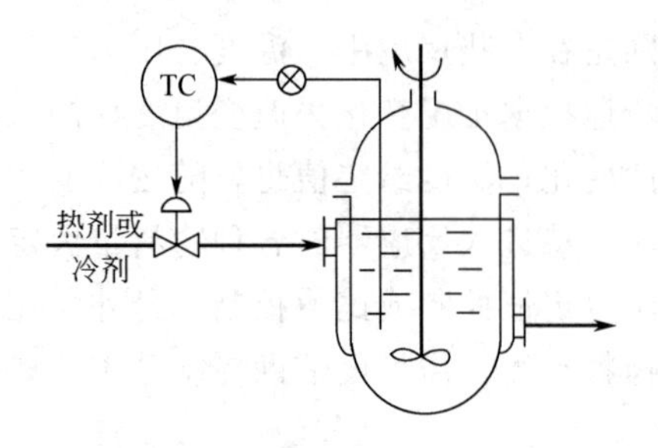

图 17-29 改变加热剂或冷却剂流量控制釜温

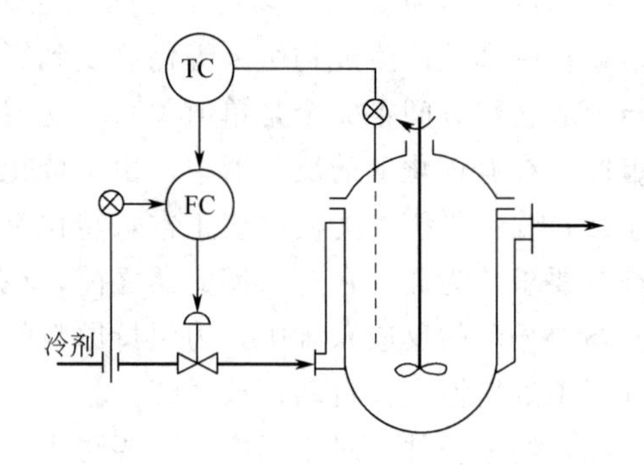

图 17-30 釜温与冷剂流量串级控制示意图

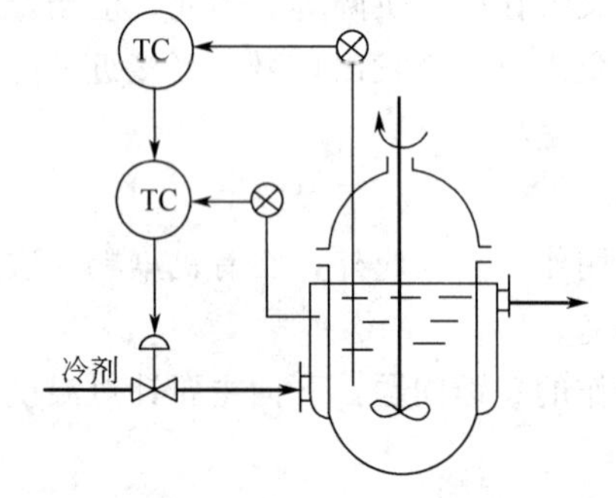

图 17-31 釜温与夹套温度串级控制示意图

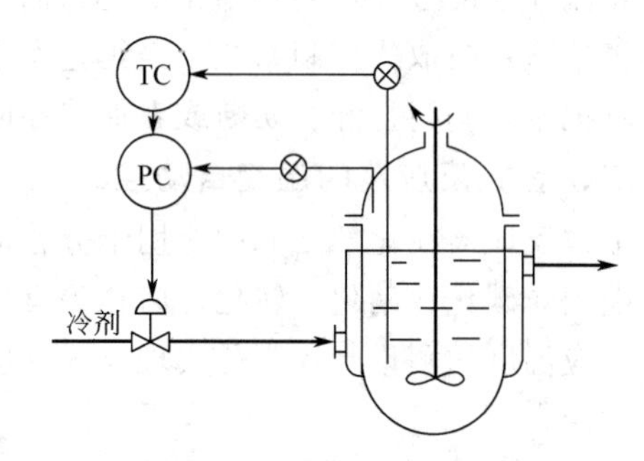

图 17-32 釜温与釜压串级控制示意图

(1) 控制进料浓度 对放热反应来说，原料浓度愈高，化学反应放热量愈大，反应后温度也愈高。以硝酸生产为例，当氨浓度在 9%～11%范围内时，氨含量每增加 1%可使反应温度提高 60～70℃。图 17-33 是通过控制进料浓度保证反应温度恒定的一个实例，改变氨和空气比值就相当于改变进料浓度。

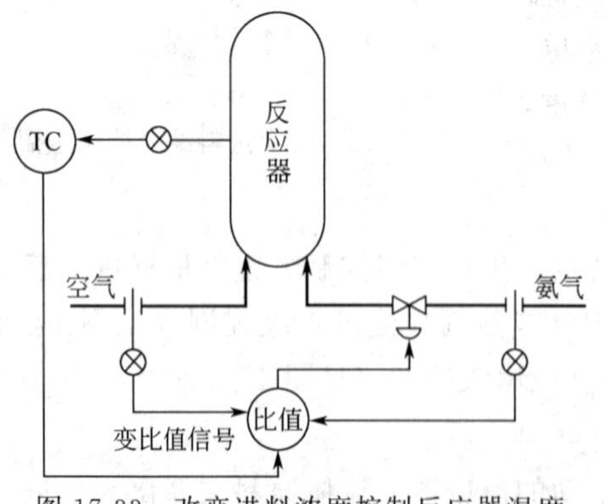

图 17-33 改变进料浓度控制反应器温度

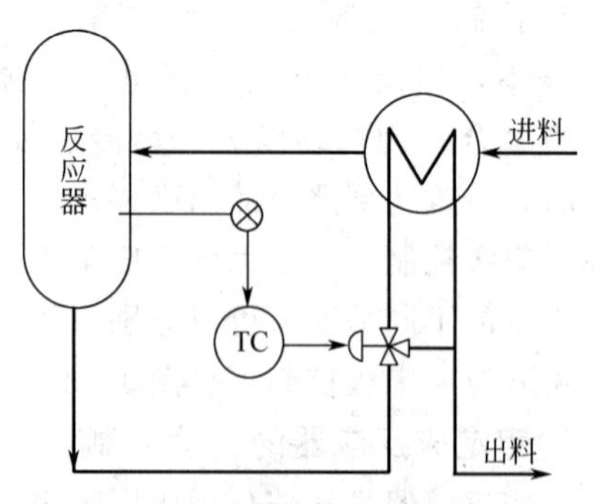

图 17-34 用载热体流量控制温度

(2) 控制进料温度 改变进料温度，整个床层温度就会变化，这是由于进入反应器的总热量随进料温度变化而改变的缘故。若原料进反应器前需预热，可控制进换热器的载热体流量，以控制反应床上的温度，如图 17-34 所示。也有按图 17-35 所示方案用改变旁路流量大小来控制床层温度的。

(3) 控制段间进入的冷气量　在多段反应器中，可将部分冷的原料气不经预热直接进入段间，与上一段反应后的热气体混合，从而降低了下一段入口气体的温度。图 17-36 所示为硫酸生产中用 SO_2 氧化成 SO_3 的固定床反应器温度控制方案。这种控制方案由于冷的那一部分原料气少经过一段催化剂层，所以原料气总的转化率有所降低。另一种情况如在合成氨工业中，当用水蒸气与一氧化碳变换成氢时，水蒸气往往是过量很多的，段间冷气采用水蒸气则不会降低一氧化碳转化率，图 17-37 所示为这种方案的原理图。

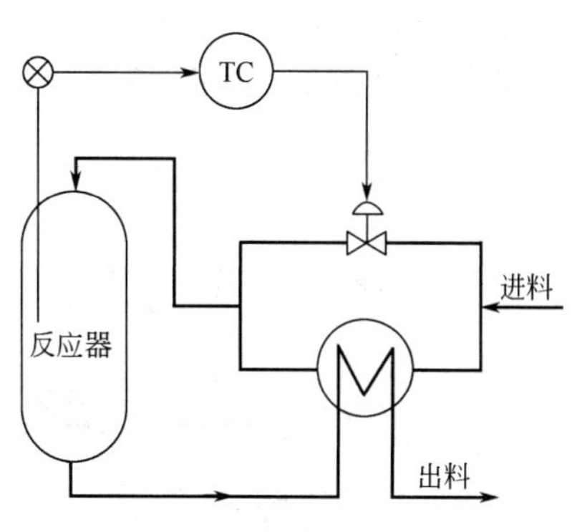

图 17-35　用旁路流量控制温度

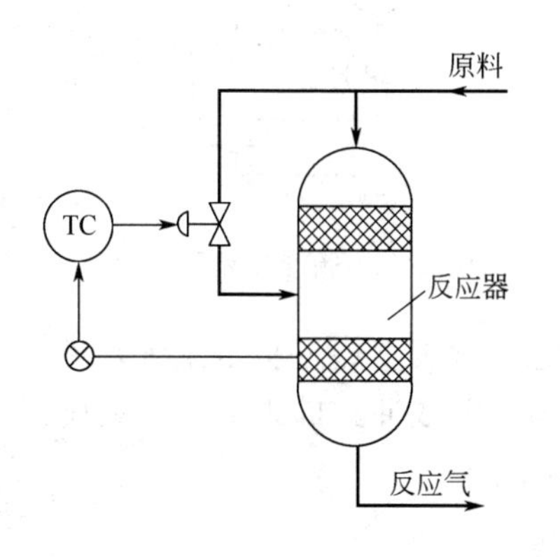

图 17-36　用改变段间冷气量控制温度

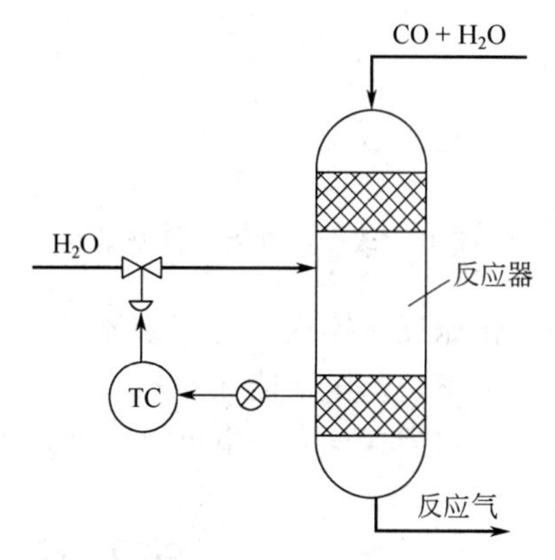

图 17-37　用改变段间冷水量控制温度

四、流化床反应器的自动控制

图 17-38 是流化床反应器的原理示意图。反应器底部装有多孔筛板，催化剂呈粉末状，放在筛板上，当从底部进入的原料气流速达到一定值时，催化剂开始上升呈沸腾状，这种现象称为固体流态化。催化剂沸腾后，由于搅动剧烈，因而传质、传热和反应强度都高，便于连续化和自动化生产。

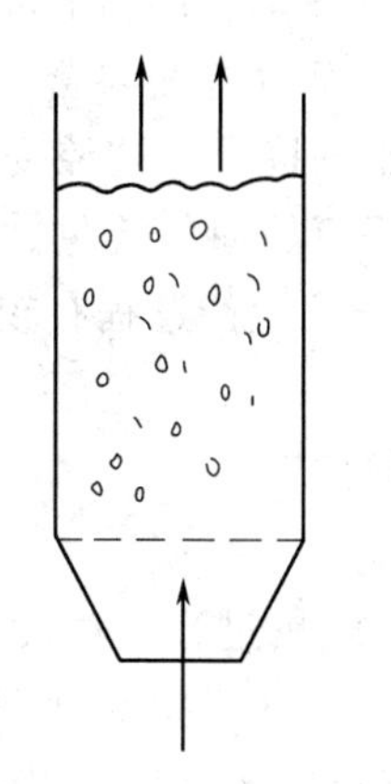
图 17-38　流化床反应器原理示意图

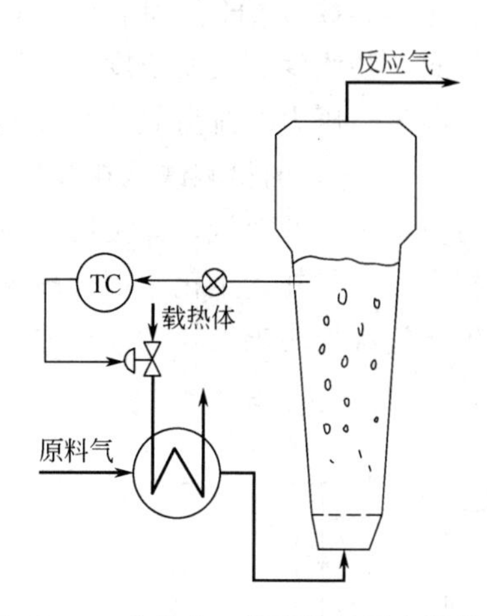

图 17-39　改变入口温度控制反应器温度

与固定床反应器的自动控制相似，流化床反应器的温度控制是十分重要的。为了自动控制流化床的温度，可以通过改变原料气入口温度（如图 17-39 所示），也可以通过改变进入流化床的冷剂流量（如图 17-40 所示），以控制流化床反应器内的温度。

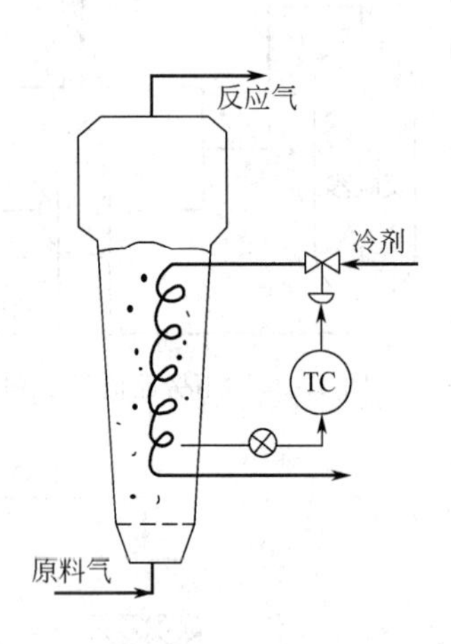

图 17-40　改变冷剂流量控制温度

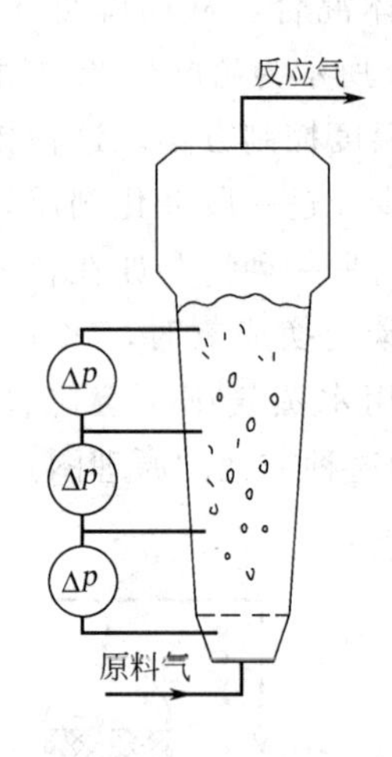

图 17-41　流化床差压指示系统

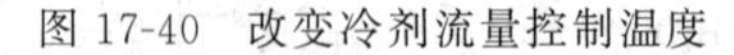

在流化床反应器内，为了观察催化剂的沸腾状态，常设置差压指示系统，见图 17-41。在正常情况下，差压不能太小或太大，以防止催化剂下沉或冲跑的现象。当反应器中有结块、结焦和堵塞现象时，也可以通过差压仪表显示出来。

第五节　生化过程的控制

生化过程十分复杂，涉及生物化学、化学工程等诸多学科。生化过程的基础是发酵，利用微生物发酵可为人类提供大量食品和药品，如啤酒、谷氨酸、抗生素等。生化过程需要检测的参数包括物理参数、化学参数、生物参数。物理参数通常有生化反应器温度、生化反应器压力、空气流量、冷却水流量、冷却水进口温度、搅拌马达转速、搅拌马达电流、泡沫高度等。化学参数有 pH 值和溶解氧浓度。生物参数包括生物物质呼吸代谢参数、生物物质浓度、代谢产物浓度、底物浓度、生物比生长速率、底物消耗速率、产物形成速率等。这些参数中，温度、压力、流量等运用常规检测手段就能检测，而对有些参数（如成分浓度、糖、氮、DNA 等）的检测缺乏在线检测仪表，这些参数不能直接作为被控变量，因此主要可采用与质量有关的变量，如温度、搅拌转速、pH 值、溶解氧、通气流量、罐压、泡沫等作为被控变量。另外，生化过程大多采用间歇生产过程，与连续生产过程有较大差别。总体上讲，生化过程控制难度较大。

一、常用生化过程控制

1. 发酵罐温度控制

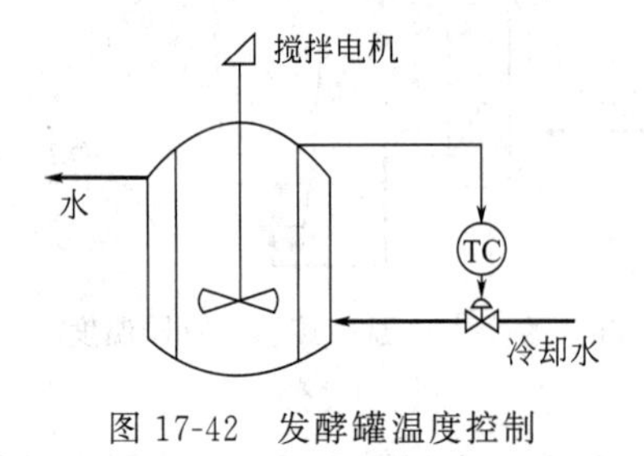

图 17-42　发酵罐温度控制

一般发酵过程均为放热过程，温度多数要求控制在 30～50℃（±0.5℃）。过程操纵变量为冷却水量，一般不需加热（特别寒冷地区除外）。图 17-42 为发酵罐温度控制流程图。由于发酵过程容量滞后较大，因此多数采用 PID 控制规律。

2. 通气流量、罐压和搅拌转速控制

当搅拌转速、罐压和通气流量进行单回路控制时，其流程图如图 17-43 所示。由于在同一发酵罐中通气流量和罐压相互关联影响严重，因此这两个控制回路不宜同时使用。图 17-43（a）控制罐压，而图 17-43（b）控制通气流量。

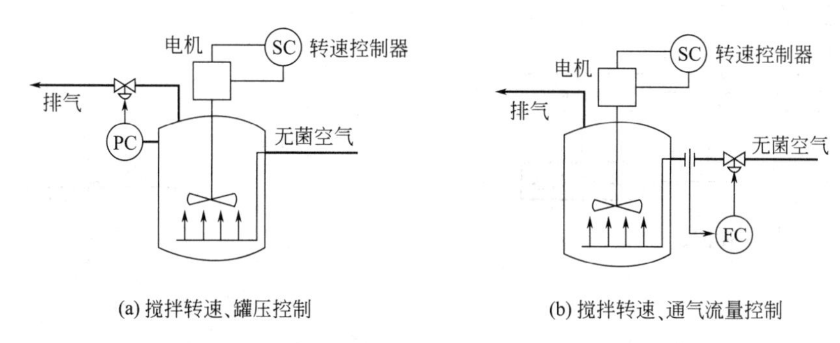

图 17-43　发酵罐搅拌转速、罐压（或通气流量）控制

3. 溶氧浓度控制

在好气菌的发酵过程中，必须连续地通入无菌空气，使空气中的氧溶解到培养液中，然后在液流中传给细胞壁进入细胞质，以维持菌体生长和产物的生物合成。在发酵过程中必须控制溶解氧浓度，使其在发酵过程的不同阶段都略高于临界值，这样既不影响菌体的正常代谢，又不致为维持过高的溶氧水平而大量消耗动力。

培养液的溶解氧水平其实质为供氧和需氧矛盾的结果。影响溶氧浓度有多种因素，在控制中可以从供氧效果和需氧效果两方面加以考虑。需氧效果方面要考虑菌体的生理特性等。供氧效果方面要考虑通气流量、搅拌速率和气体组分中的氧分压、罐压、罐温以及培养液的物理性能。通常以控制供氧手段来控制溶氧浓度，最常用的溶氧浓度控制方案是改变搅拌速率和改变通气速率。

① 改变通气速率　在通气速率低时改变通气速率可以改变供气能力，加大通气量对提高溶氧浓度有明显效果。但是在空气流速已经较大时，再提高通气速率则控制作用并不明显，反而会产生副作用，如泡沫形成、罐温变化等。

② 改变搅拌速率　该方案控制效果一般要比改变通气速率方案好。这是因为通入的气泡被充分破碎，增大有效接触面积，而且液体形成涡流，可以减少气泡周围液膜厚度和菌丝表面液膜厚度，并延长气泡在液体中停留时间，提高供氧能力。

图 17-44 是改变搅拌转速的溶氧串级控制系统。

4. pH 值控制

在发酵过程中为控制 pH 值而加入的酸碱性物料，往往就是工艺要求所需的补料基质，所以在 pH 控制系统中还须对所加酸碱物料进行计量，以便进行有关离线参数的计算。图 17-45 是采用连续流加酸碱物料方式控制 pH 值。

图 17-46 是采用脉冲式流加方式控制 pH 值。在这种控制方式中，控制器将 PID 运算的输出转换成在一定周期内开关信号，控制隔膜阀（或计量杯）。该控制方式在目前应用较为广泛。

5. 自动消泡控制

在很多发酵过程中，由于多种原因会产生大量泡沫，从而引起发酵环境的改变，甚至引起逃液现象，造成不良后果。通常在搅拌轴的上方安装机械消泡桨，少量的泡沫会不断地被打破。但当泡沫量较大时，就必须加入消泡剂（俗称“泡敌”）进行消泡，采用位式控制方

式。当电极检测到泡沫信号后，控制器便周期性地加入消泡剂，直至泡沫消失。在控制系统中可以对加入的消泡剂进行计量，以便控制消泡剂总量和进行有关参数计算，控制流程见图17-47。

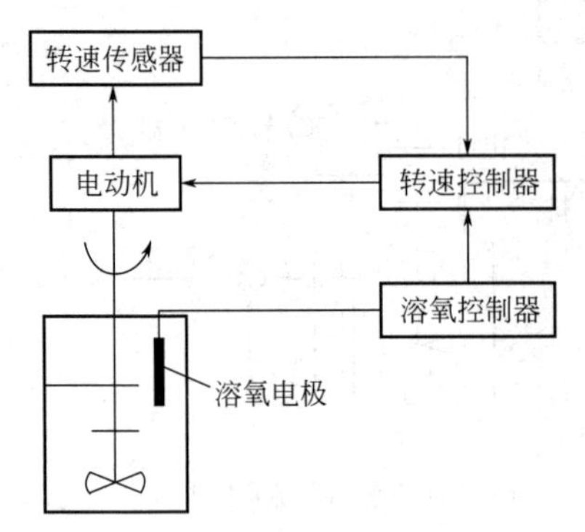

图 17-44　改变搅拌转速的溶氧串级控制系统

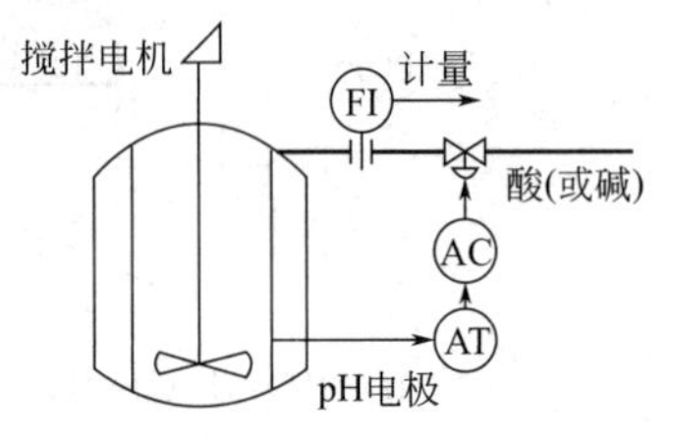

图 17-45　连续流加 pH 控制

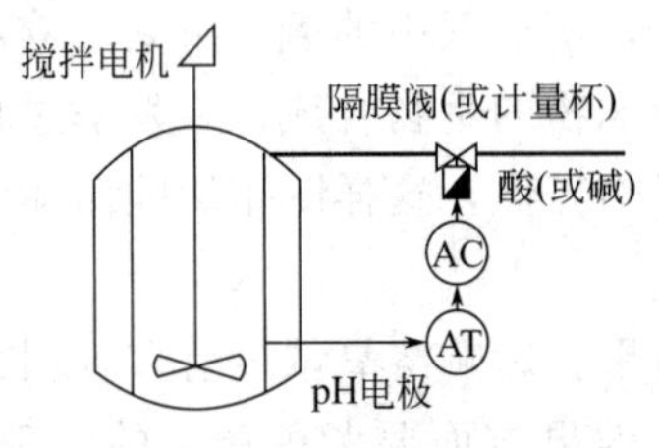

图 17-46　脉冲式流加 pH 控制

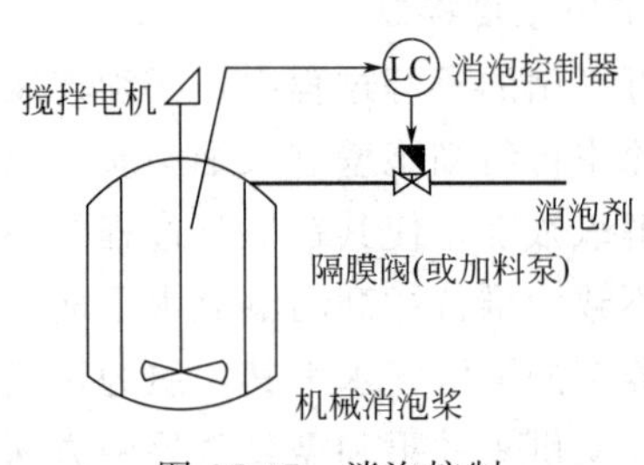

图 17-47　消泡控制

二、青霉素发酵过程控制

青霉素发酵过程中直接检测的变量有：温度、pH 值、溶解氧、通气流量、转速、罐压、溶解 CO_2、发酵液体积、排气 CO_2、排气 O_2 等。离线检测的参数有：菌体量、残糖量、含氮量、前体浓度和产物浓度等。通过检测这些参数，还可以进一步获取有关间接参数。各种参数随着菌体培养代谢过程的进行而变化，并且参数之间有耦合相关，会影响控制的稳定性。相关性包括两个方面，其一是理化相关，指参数之间由于物质理化性质的变化引起的关联，如传热与温度、酸碱与 pH 值和转速、通气流量和罐压与溶氧水平的相关性。其二是生物相关，指通过生物细胞的生命活动所引起的参数之间关联，如在青霉素发酵一定条件下，补糖将引起排气 CO_2 浓度的增加和培养液的 pH 值下降。

三、啤酒发酵过程控制

啤酒发酵过程是一个微生物代谢过程。它通过酵母的多种酶解作用，将可发酵的糖类转化为酒精和 CO_2，以及其他一些影响质量和口味的代谢物。在发酵期间，工艺上主要控制的变量是温度、糖度和时间的变化。糖度的控制是由控制发酵温度来完成，而在一定麦芽汁浓度、酵母数量和活性的条件下时间的控制也取决于发酵温度。因此控制好啤酒发酵过程的温度及其升降速率是决定啤酒质量和生产效率的关键。

啤酒发酵过程典型的温度控制曲线如图 17-48 所示。*oa* 段为自然升温段，无须外部控制；*ab* 段为主发酵阶段，典型温度控制点是 12℃；*bc* 段为降温逐渐进入后酵，典型的降温速度为 0.3℃/h；*cd* 段为后酵阶段，典型温度控制点为 5℃；*de* 段为降温进入储酒阶段，典型的降温速度为 0.15℃/h。

啤酒发酵生产工艺对控制的要求主要是：

① 控制罐温在特定阶段时与标准的工艺生产曲线相符；

② 控制罐内气体的有效排放，使罐内压力符合不同阶段的需要；

③ 控制结果不应与工艺要求相抵触，如局部过冷、破坏酵母沉降条件等。

发酵工艺过程对温控偏差要求很高，但由于采用外部冷媒间接换热方式来控制体积较大的发酵罐温度，极易引起超调和持续振荡，整个过程存在大纯滞后环节。使用普通的PID控制是无法满足控制要求的。因此采用了一些特殊的控制方法，如工艺曲线分解、温度超前拦截、连续交互式PID控制技术等，以获得较高的控制品质。

啤酒发酵过程常采用计算机控制。整个控制系统的硬件结构见图17-49。控制系统分为二级。第一级是PC监控站，用于提供操作界面，并且向控制器下装控制组态软件，便于系统功能和控制算法的修改。第二级是控制器和I/O，每个控制器可以完成对十个发酵大罐的全部测控任务。

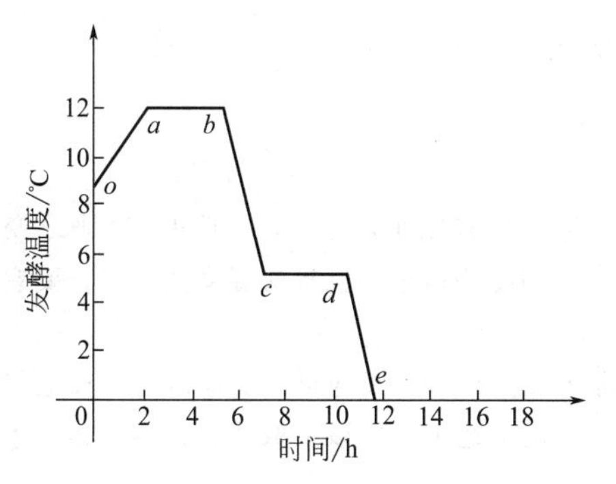

图17-48　啤酒发酵温度控制曲线

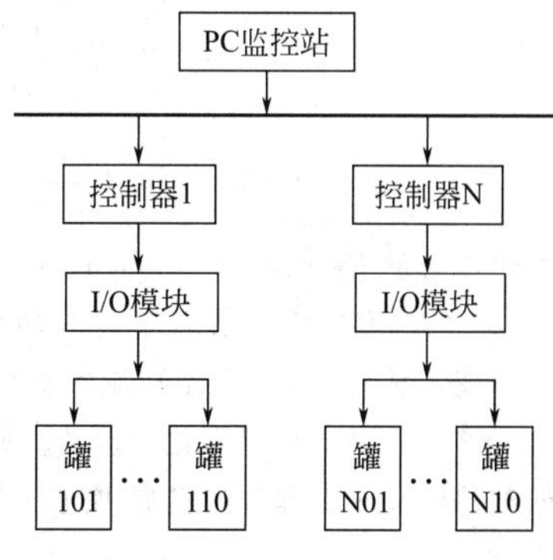

图17-49　系统硬件结构

例题分析

1. 试判断图17-50(a)、(b)控制方案是否正确。

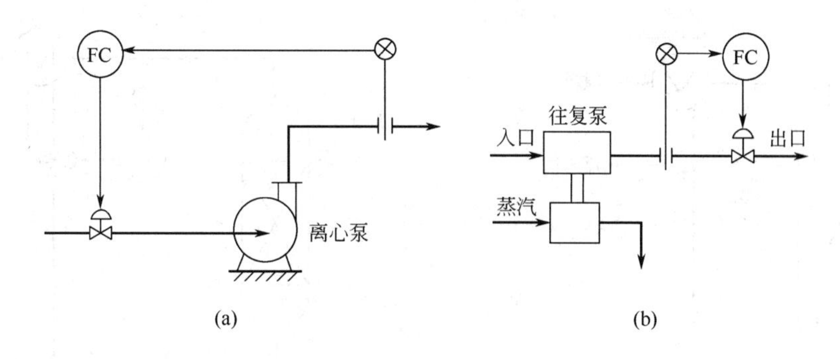

图17-50　泵的控制方案

答　要分析图17-50所示控制方案是否正确，首先必须了解离心泵和往复泵的特性。

图17-50(a)是离心泵的流量控制方案。为了控制出口流量的大小，控制阀一般应该直接装在出口管线上。这是因为离心泵吸入高度是有限的，如果控制阀装在吸入管线上，会产生压降，这样一来，进口端压力就有可能过低，因为液体气化，使泵失去排液能力，这叫气缚。或者压到出口端又急速冷凝，冲蚀厉害，这叫气蚀。这两种情况都要避免发生。所以控制阀一般不应安装在离心泵的入口管线上。

图 17-50(b) 为往复泵出口流量控制方案。从往复泵的特性来看，只要转速一定，排出的流量是基本不变的。因此采用出口节流的方法来控制出口流量是不行的。

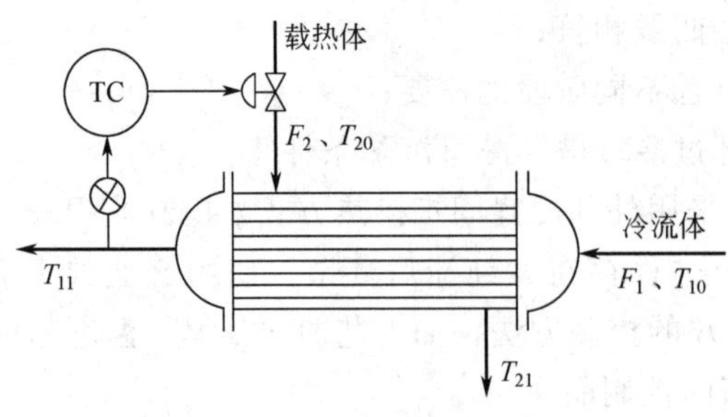

图 17-51 加热器控制方案

2. 图 17-51 所示的加热器，如果两侧无相变，载热体流量很大，且进出口温差（$T_{21}-T_{20}$）很小时，采用图示温控方案是否合理？

答 从分析对象（加热器）的静态特性来看，采用图示控制方案是不合理的。

设载热体流量为 F_2，摩尔热容为 C_2，冷流体流量为 F_1，摩尔热容为 C_1。为了弄清主要问题，对图 17-51 所示加热器可忽略一些次要因素（如热损失等），则可列出热量平衡式，即单位时间内冷流体吸收的热量等于载热体放出的热量。

$$F_1C_1(T_{11}-T_{10})=F_2C_2(T_{21}-T_{20})$$

或

$$T_{11}=\frac{C_2}{F_1C_1}(T_{21}-T_{20})\cdot F_2+T_{10}=KF_2+T_{10}$$

式中

$$K=\frac{C_2}{F_1C_1}(T_{21}-T_{20})$$

由于载热体流量 F_2 已足够大，且进出口温差（$T_{21}-T_{20}$）已经很小，这时，靠改变 F_2 来改变冷流体出口温度 T_{11} 的静态放大系数 K 很小，所以控制很不灵敏。当冷流体进口流量或温度变化时，要想维持其出口温度不变，靠图 17-51 所示控制方案是很难做到的。

3. 图 17-52 所示为一放热催化反应器。原料气在预热器内加热后进入反应器。反应以后的反应气作为预热器内的载热体，放出部分热量后再进入下一工序。试问上述工艺过程应该采取什么控制方案，才能使生产正常运行。

答 分析放热反应器的特性，可知上述生产过程不加控制是不行的。如果没有任何控制系统，一旦原料气由于某种原因温度升高时，进入催化放热反应器后，会使反应加剧，放出更多热量，出来的反应气温度也相应升高，进入预热器后，使原料气的温度进一步升高，于是反应更加剧烈，反应气出口的温度也继续升高，这样就起正反馈的作用，使反应器失去控制，催化剂损坏，以致造成事故。

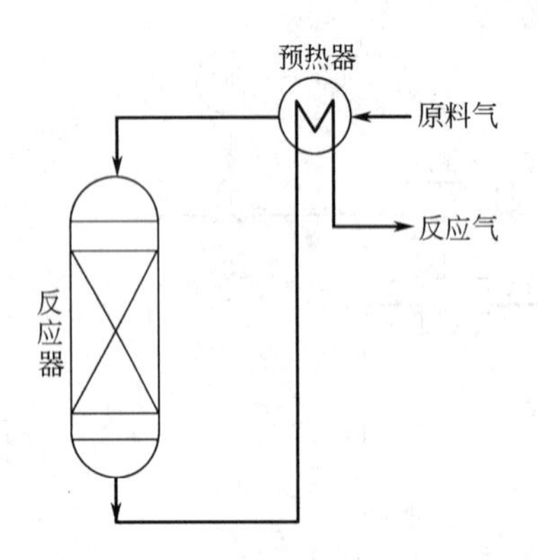

图 17-52 放热催化反应器

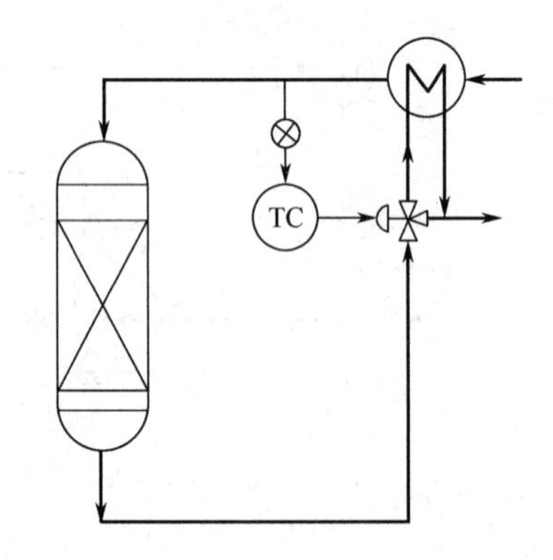

图 17-53 反应器温度控制系统

为了使生产正常进行，可采用图 17-53 所示的温度控制系统，来切断反应器内部这一正反馈通道。当原料气的温度升高时，通过温度控制器减少进入预热器的载热体（反应气）流量，从而保持反应器气体入口温度不变。这里采用三通（一进二出）控制阀是因为反应器出来的反应气总量（负荷）是不允许任意改变的，当预热器需要的载热体数量减少时，另一部分反应气仍可通过旁路进入下一工序。

习题与思考题

1. 离心泵的控制方案有哪几种？各有什么优缺点？

2. 试述图 17-54 所示的离心式压缩机两种控制方案的特点，它们在控制目的上有什么不同？

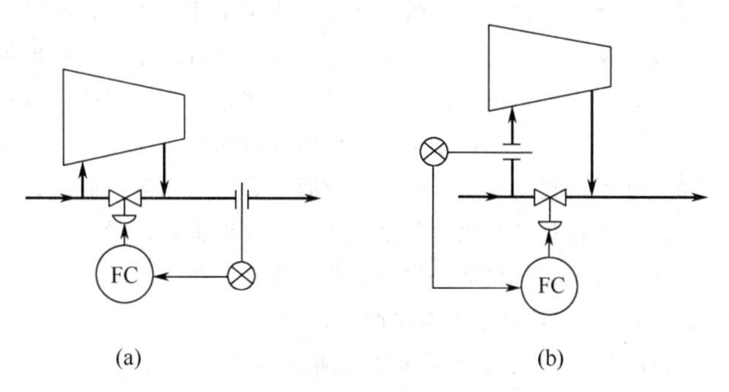

图 17-54　离心式压缩机的控制方案

3. 两侧均无相变化的换热器常采用哪几种控制方案？各有什么特点？

4. 图 17-55 所示的列管式换热器，工艺要求出口物料温度稳定，无余差，超调量小。已知主要干扰为载热体（蒸汽）压力不稳定，试确定控制方案，画出自动控制系统的原理图与方块图，并说明所选控制器的控制规律及正反作用（假定介质的温度不允许过高，否则易分解）。

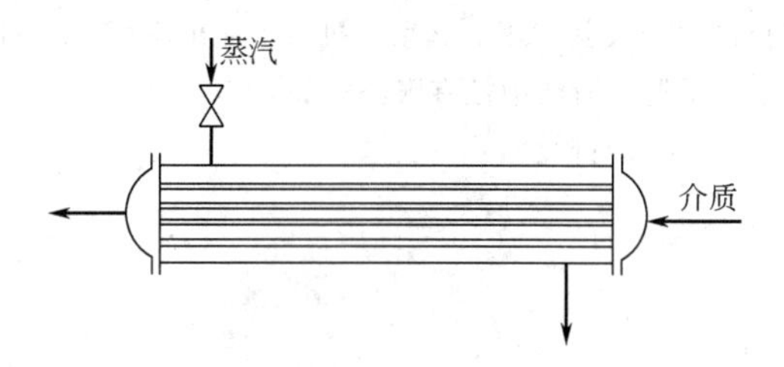

图 17-55　列管式换热器

5. 精馏塔操作的主要干扰有哪些？

6. 精馏塔的操作对自动控制有哪些基本要求？

7. 精馏段温控与提馏段温控方案各有什么特点？分别应用在什么场合？

8. 化学反应器对自动控制的基本要求是什么？

9. 为什么对大多数化学反应器来说，其主要的被控变量都是温度？如何实现釜式、固定床和流化床反应器的温度自动控制？

10. 生化过程控制有何特点？

11. 发酵过程有哪些变量需要检测控制？

参考文献

[1] 厉玉鸣，刘慧敏．化工仪表及自动化（化工类专业适用）．第5版．北京：化学工业出版社，2014.
[2] 厉玉鸣．化工仪表及自动化（化学工程与工艺专业适用）．第6版．北京：化学工业出版社，2018.
[3] 俞金寿，孙自强．过程自动化及仪表．第3版．北京：化学工业出版社，2014.
[4] 厉玉鸣，刘慧敏．化工仪表及自动化例题习题集．第3版．北京：化学工业出版社，2016.
[5] 张光新，杨丽明，王会芹．化工自动化及仪表．第2版．北京：化学工业出版社，2015.
[6] 王化祥．自动检测技术．第3版．北京：化学工业出版社，2017.
[7] 杜维，张宏建，王会芹．过程检测技术及仪表．第3版．北京：化学工业出版社，2018.
[8] 孟华，刘娜，厉玉鸣．化工仪表及自动化．北京：化学工业出版社，2009.
[9] 吴勤勤．控制仪表及装置．第4版．北京：化学工业出版社，2013.
[10] 黄文鑫．仪表工上岗必读．北京：化学工业出版社，2014.
[11] 黄文鑫．教你成为一流仪表维修工．北京：化学工业出版社，2018.
[12] 丁炜．过程检测及仪表．北京：北京理工大学出版社，2010.
[13] 王树青，乐嘉谦．自动化与仪表工程师手册．北京：化学工业出版社，2010.
[14] 金沙，耿惊涛．PLC应用技术．北京：中国电力出版社，2010.
[15] 李留格，刘慧敏．环境工程仪表及自动化．北京：化学工业出版社，2013.
[16] 王慧．计算机控制系统．第3版．北京：化学工业出版社，2011.
[17] 张宏建，黄志尧，周洪亮，冀海峰．自动检测技术与装置．第3版．北京：化学工业出版社，2019.
[18] 何道清，谌海云，张禾．仪表及自动化．第2版．北京：化学工业出版社，2011.
[19] 张雪申，叶西宁．集散控制系统及其应用．北京：机械工业出版社，2006.
[20] C3000数字过程控制器用户手册．浙江中控有限公司．
[21] JX-300XP系统说明书．浙江中控有限公司．